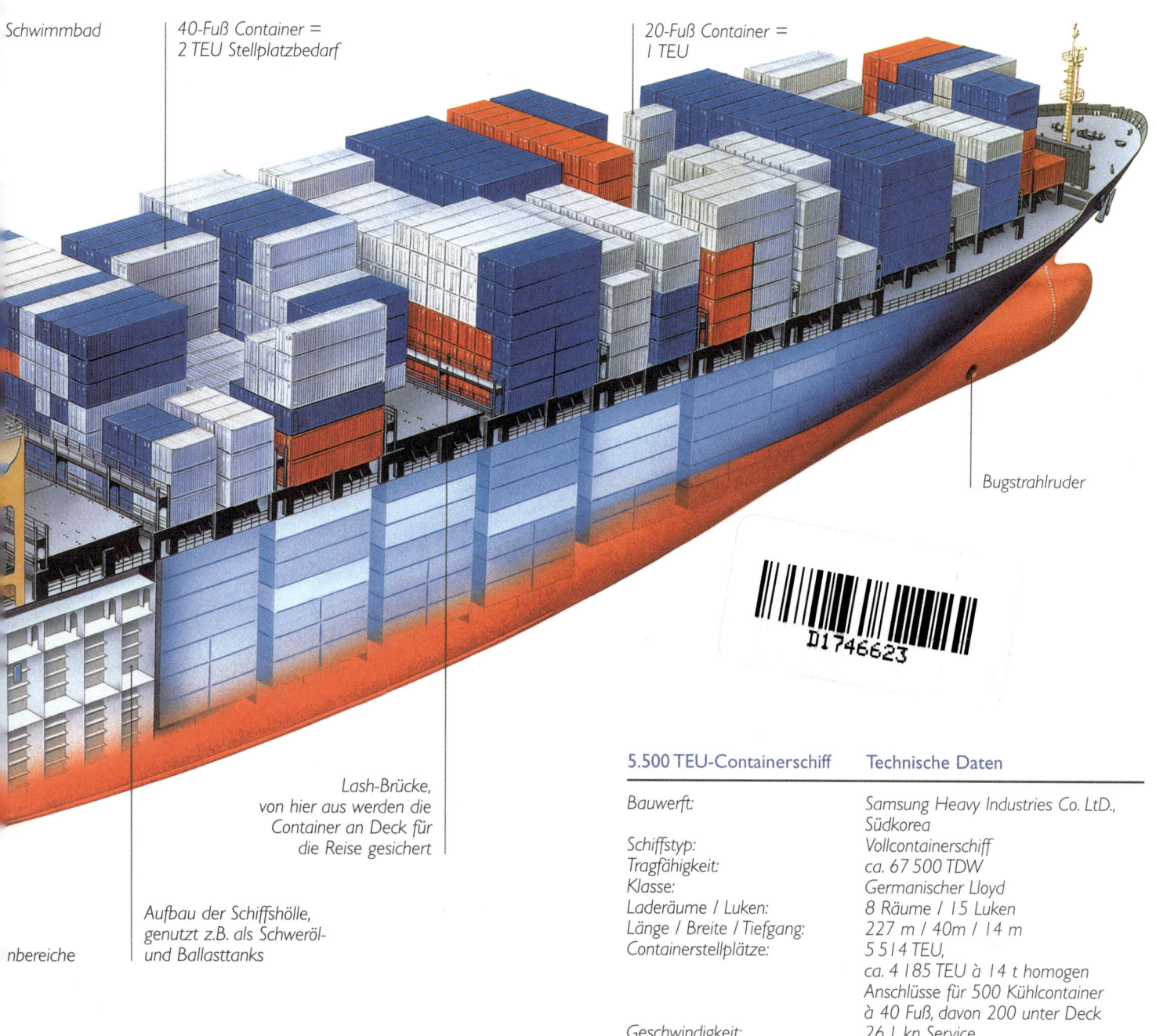

Schwimmbad

40-Fuß Container = 2 TEU Stellplatzbedarf

20-Fuß Container = 1 TEU

Bugstrahlruder

Lash-Brücke, von hier aus werden die Container an Deck für die Reise gesichert

Aufbau der Schiffshölle, genutzt z.B. als Schweröl- und Ballasttanks

nbereiche

5.500 TEU-Containerschiff	Technische Daten
Bauwerft:	Samsung Heavy Industries Co. LtD., Südkorea
Schiffstyp:	Vollcontainerschiff
Tragfähigkeit:	ca. 67 500 TDW
Klasse:	Germanischer Lloyd
Laderäume / Luken:	8 Räume / 15 Luken
Länge / Breite / Tiefgang:	227 m / 40m / 14 m
Containerstellplätze:	5 514 TEU, ca. 4 185 TEU à 14 t homogen Anschlüsse für 500 Kühlcontainer à 40 Fuß, davon 200 unter Deck
Geschwindigkeit:	26,1 kn Service
Sonstige Ausrüstung:	Bugstrahlruder, Festpropeller-Anlage, 3 Hilfsdiesel, Wellengenerator, moderne elekt. Zusatzausrüstung, GMDSS, SAT-COM B
Antrieb / Verbrauch:	12 Zylinder 2 Takt Dieselmotor mit 74 640 PS / ca. 210 t pro Tag
Reichweite:	ca. 21 000 Seemeilen (ca. 39 000 km)

Hans Jürgen Witthöft
Container

Hans Jürgen Witthöft

Container
Eine Kiste macht Revolution

Koehlers Verlagsgesellschaft mbH
Hamburg

Schutzumschlag:
Containerschiff in voller Fahrt. Es veranschaulicht die Dynamik, die für dieses Transportsystem kennzeichnend ist

Foto: Archiv »Hansa«

Ein Gesamtverzeichnis der lieferbaren Titel der Verlagsgruppe Koehler/Mittler schicken wir Ihnen gern zu. Sie finden es aber auch im Internet unter www.koehler-mittler.de

---

Die Deutsche Bibliothek – CIP-Einheitsaufnahme

Witthöft, Hans Jürgen:
Container: eine Kiste macht Revolution / Hans Jürgen Witthöft.– Hamburg: Koehler, 2000
ISBN 3-7822-0777-7

ISBN 3 7822 0777 7; Warengruppe 41
© 2000 by Koehlers Verlagsgesellschaft mbH, Hamburg
Alle Rechte – insbesondere das der Übersetzung – vorbehalten
Titelgestaltung: Robert Johannes
Layout und Produktion: Hans-Peter Herfs-George
Druck und Bindung: Druckerei zu Altenburg GmbH, Altenburg
Printed in Germany

Inhalt

Einleitung ... 7
Die Schiffahrt im Containersystem ... 9
   Grundsätzliches zur Entwicklung ... 10
   Begriffsbestimmungen ... 13
   Die Reedereien im Mittelpunkt ... 15
      Es begann in den Vereinigten Staaten ... 18
Weitere Fahrtgebiete werden erfaßt ... 29
      Europa–Nordamerika ... 31
      Europa–Australien/Neuseeland ... 32
      Nordamerika–Australien/Neuseeland ... 35
      Europa–Fernost ... 36
      Transpazifik ... 40
      Mittelmeerlinien ... 40
      Europa–Karibik/Mittelamerika ... 43
      Südamerika ... 44
      Europa–Südafrika ... 44
      Europa–Persisch/Arabischer Golf Mittelostverkehre ... 46
      Landbrücken ... 48
Die Entwicklung geht weiter ... 49
Entwicklung im Containerschiffbau ... 57
   Lukendeckellose »Open-Top«-Containerschiffe ... 63
   Kühlcontainerschiffe ... 66
Zu neuen Dimensionen ... 69
      Weiter rasantes Wachstum und zunehmende Konzentration ... 74
      Ausblicke ... 83
Container-Normung ... 87
      Identifizierung ... 90
Containerbau ... 92
Containertypen ... 97
      Standard-Container ... 97
      Open-Side-Container ... 98
      Open-Top- oder Hardtop-Container ... 98
      Schüttgut- oder Bulkcontainer ... 98
      Flats ... 100
      Belüftete Container ... 100
      Coilcontainer ... 100
      Platforms ... 101
      Isoliercontainer ... 101
      Ventilierte Container ... 101
      Kühlcontainer ... 101
      Tankcontainer ... 105
      SeaCell-Container ... 106
      Weitere Containertypen ... 107
Container-Leasing ... 109
Container-Depots, Reparatur und Wartung ... 116
Die Beladung von Containern und ihre Stauung an Bord ... 120
      Stauung an Bord ... 126

Versicherung	131
Die Häfen im Containersystem	138
Rieseninvestitionen	139
Terminal-Equipment	162
Organisation und Information	176
Soziale Probleme	186
Container im Zu- und Ablaufverkehr	191
Binnenverkehrsträger	191
Spedition/Straßenverkehr	197
Schienenverkehr	201
Binnenschiffahrt	206
Feederschiffe/Short Sea Trade	215
Die Schiff-Flugzeug-Kombination	222
Quellenverzeichnis	224

Die Revolution, die in der weltweiten Transportwirtschaft mit der massenhaften Verwendung von Containern begann, hat ihre Keimzelle zwar in einem amerikanischen Landtransportunternehmen, ihre eigentliche Verbreitung aber ist der weltweiten Seeschiffahrt zuzuschreiben.
(Foto: Nordcapital)

Einleitung

»Man hat noch nie um ein Ding, das zum Aufheben gemacht wurde, soviel Aufhebens gemacht«, formulierte es ein deutsches Wirtschaftsmagazin mit Blick auf den Container Mitte der sechziger Jahre, als sich die amerikanischen großen Boxen für ihren Sprung über den Atlantik rüsteten und die europäische Seite ob dieses Unterfangens in helle Aufregung geriet. Damals war allen klar, daß etwas »in der Luft lag«, daß mit dieser bevorstehenden »Invasion« etwas sicher Ungewöhnliches eintreten würde, von dem aber niemand wußte, was und wie das geschehen könnte, welchen Lauf die Dinge nehmen und wo sie enden würden. Es war wie am Vorabend einer Revolution – und es wurde wirklich eine.

Der Container revolutionierte in atemberaubendem Tempo die gesamte Transportwelt. Keiner ihrer Bereiche konnte sich diesem System mit seiner an sich ganz simplen Idee entziehen. Es gibt keinen Winkel der Welt, in dem die Boxen nicht irgendwann auftauchten, und in der Entwicklung gab es bis jetzt keine Atempause oder gar eine Phase der Konsolidierung. Nach wie vor ist das Wachstum ungebrochen, wobei das System in allen seinen Ebenen gleichzeitig immer weiter optimiert wird. Ohne den Container würden die rasch fortschreitende Globalisierung der Wirtschaft und ihre ebenso rasch sich weiterentwickelnde Arbeitsteilung nicht funktionieren, denn beides basiert auf dem Vorhandensein dichter, zuverlässiger und preisgünstiger Transportketten, wie sie sich nur durch den Einsatz von Containern entwickeln konnten.

Zwar hat ein amerikanisches Landverkehrsunternehmen den entscheidenden Anstoß für das heutige Containersystem gegeben, in seinem Mittelpunkt steht jedoch die Schiffahrt, mit den Häfen als wichtigster Schnittstelle. So wird den Bereichen Häfen, Schiffahrt und Schiffbau in dem vorliegendem Buch auch der breitere Raum gewidmet. Dabei soll aber gleich an dieser Stelle betont werden, daß jedes Glied in der Transportkette reibungslos funktionieren muß, damit das System das erbringen kann, was von ihm nicht nur erwartet, sondern gefordert wird. Jedem einzelnen Glied kommt im System also die gleiche Bedeutung zu. Ähnliches gilt für die vielfältigen Servicebereiche.

Vorgelegt werden soll kein Fachbuch für Containerexperten. Vielmehr habe ich die Absicht verfolgt, einen allgemein verständlichen Eindruck von der letztlich uns alle irgendwie betreffenden »Containerwelt« zu vermitteln. Wenn das gelungen ist, dann ist der Zweck erfüllt.

Hans Jürgen Witthöft
Herbst 2000

Container

Bremen war, was die Häfen betrifft, trotz anfänglicher Skepsis einer der Vorreiter im Aufbau der Containerverkehre. Hier ein Bild aus dem Jahre 1968. Es zeigt die Abfertigung eines zu einem Containerschiff umgebauten konventionellen Frachters mit einer Paceco-Containerbrücke, die bis zu 25 t heben kann. An der Wasserseite sind drei Gleise eingepflastert, auf der Landseite sechs. Die Lagerung, bzw. die Vorbereitung des An- und Abtransportes der Container erfolgt zum größten Teil auf Chassis. (Foto: BLG)

Die Schiffahrt im Containersystem

Nach Beendigung des Zweiten Weltkrieges genossen in Europa alle Bestrebungen, die der Wiederbelebung der allgemeinen Güterproduktion dienten, Priorität. Der Industrieausstoß wuchs ständig. Auch der Welthandel nahm rasch an Umfang zu, begünstigt von der voranschreitenden weltweiten Arbeitsteilung, die nun weniger auf eine weitere Zunahme der Massengutströme hinauslief, sondern vielmehr auf einen immer stärkeren Austausch von Halb- und Fertigwaren. Die Wissenschaftler prophezeiten für die Zukunft weitere kräftige Steigerungen. Bald war ein derart hohes Güteraufkommen erreicht, daß Verteilungsprobleme auftraten und die Transportwirtschaft mehr und mehr in den Mittelpunkt des Interesses rückte. Vor allem über längere Distanzen, insbesondere Seestrecken, mußten die Transporte – dem Gebot der Notwendigkeit folgend – immer schneller, kostengünstiger und zuverlässiger abgewickelt werden. Auch in den Häfen zeigten sich Überlastungserscheinungen, und vor allem in Deutschland gab es erhebliche Schwierigkeiten auf dem Arbeitskräftemarkt.

der Märkte zugeschnitten sein mußten, mit denen sich andererseits aber gleichermaßen auch die Produktivität der eigenen Betriebsmittel erhöhen ließ. Dabei konnte man jedoch nicht, wie in der Massengutfahrt, den Problemen mit dem Bau immer größerer Schiffseinheiten begegnen, sondern in der Linienschiffahrt war eine ganze Reihe weiterer Faktoren zu berücksichtigen.

Der Stückgutverkehr wurde zu diesem Zeitpunkt im Prinzip noch nach seit Jahrhunderten überlieferten Formen abgewickelt. Zwar waren auch hier ständig neue Beförderungs- und Umschlagtechniken eingeführt worden, aber dies war stets nur sektoral geschehen und hatte niemals den gesamten Transportvorgang betroffen. Dieser war gekennzeichnet durch eine kaum koordinierte Aneinanderreihung einzelner, meistens sehr arbeitsintensiver Transport- und Umschlagvorgänge sowie von nicht selten vorkommenden langen Zwischenlagerzeiten der Güter.

Wirft man einen Blick auf die damaligen Stückgüter, so ist festzustellen, daß ihr auffälligstes Merkmal die breite Vielfäl-

Die 17 902 BRT große C.V. SEA WITCH der American Export-Isbrandtsen Lines hatte eine Stellplatzkapazität von 928 TEU. Einer der Veteranen der ersten Stunde. (Foto: Archiv HJW)

Der wachsende Stückgüterverkehr belastete vor allem die Linienschiffahrt, für die sich durch die strukturellen Veränderungen der Zwang ergab, neue Techniken anzuwenden, und zwar solche, die einerseits auf die Transportbedürfnisse

tigkeit war. Nahezu jedes Stück war anders, wobei sie sich nicht nur nach Art der Waren unterschieden, sondern auch in Verpackung, Gewicht und Abmessungen. Diese Verschiedenartigkeit hatte zur Folge, daß bei fast jedem Umschlag-

Container

und Transportvorgang die Güter immer wieder einzeln angefaßt werden mußten, woraus sich der überaus hohe Personalaufwand der Umschlagbetriebe erklärte sowie gleichfalls die steigenden Kosten, die sich als immer größere Belastung erwiesen.

Hier mußte also angesetzt werden. Es mußte versucht werden, den Gesamttransport zu industrialisieren und die Umschlagvorgänge zu mechanisieren. Das aber ließ sich nur erreichen, wenn das bislang heterogene Stückgut in uniforme und gleichartige Einheiten umgewandelt wurde, in Einheitsladung. Es wurde also homogenisiert, das Stückgut erhielt Massengutcharakter, damit es rationell zu transportieren und umzuschlagen war. Dieser Massengutcharakter fand im Stückgutlinienverkehr seinen Ausdruck in der Palette und im Container.

Zwar hatte auch der in größerem Stil betriebene Palettenverkehr seine Anhänger, vor allem im skandinavischen Raum, der letztlich konsequenteste Schritt zur Homogenisierung der Stückgüter war jedoch der Container, der dann folgerichtig auch die weiteste Verbreitung fand. Nur der Container ermöglichte die Umwandlung der unterschiedlichen Stückgüter in tatsächlich massengutartige Güterströme, die einheitlich behandelt werden konnten. Die Grundvoraussetzungen dafür schuf eine weitgehende Normung der Behälter, die nicht nur die Abmessungen erfaßte, sondern das ganze komplexe System berücksichtigte.

Grundsätzliches zur Entwicklung

Die Bejahung des Containers als Transportmittel und seine allgemeine Verwendung erforderten von allen an der Transportkette beteiligten Unternehmen neue Techniken und weitgehende Anpassungsmaßnahmen, deren Einführung überall mit erheblichen finanziellen Einsatz verbunden war. Kein Bereich der Transportwirtschaft konnte sich letztlich dem neuen System entziehen. Die gesamte Palette in allen ihren Funktionen mußte neu überdacht, formuliert und realisiert werden. Man sprach gern von einer revolutionären Umwälzung der konventionellen Transport- und Umschlagmethoden und hatte damit zumindest für weite Bereiche recht. Scherzhaft hieß es, daß man nie soviel Aufhebens um ein Ding gemacht habe, das zum Aufheben gemacht war.

Die Schiffahrt im Containersystem

Die rasch wachsenden Stückgutmengen waren mit herkömmlichen Mitteln in den Häfen nicht mehr zu bewältigen. Der Zwang zur Vereinheitlichung der Ladungsstücke war einer der wesentlichen Auslöser der Containerrevolution. (Fotos: Hafen Hamburg)

Schon vor dem Zweiten Weltkrieg hatte die Deutsche Reichsbahn einen direkten Haus/Haus-Verkehr angeboten, in dem sie in Stahlkisten verpackte Ladung von Eisenbahnwagen auf Lkw umsetzte und bis vor die Tür des Empfängers brachte. Ähnliche Entwicklungen gab es ebenfalls in anderen Ländern. Auch das Militär bediente sich derartiger Kisten zur Vereinfachung der Transporte auf den Nachschubwegen. Vor allem die Alliierten, und dort wiederum die Amerikaner, bauten das System auf breiter Basis aus und verfeinerten es nach dem Krieg weiter. Man kann zwar nicht unbedingt sagen, daß auch hier der Krieg der Vater des Gedankens war, aber wesentliche Einflüsse sind nicht zu leugnen. Weitere Pioniere des Containerverkehrs waren, ebenfalls mit militärischen Impulsen, im Verkehr zwischen England und Nordirland zu finden sowie im Rahmen der Versorgung der britischen Rhein-Armee in Deutschland. In dem Maße, wie der Umfang des stark auf Behälter abgestimmten militärischen Nachschubflusses nachließ, mußte für die bereits spezialisierten Schiffe zivile Ladung gefunden werden. In diesen Relationen handelte es sich jedoch zunächst mehr um Ro/Ro-Verkehre mit einem sich nur zögernd durchsetzenden Containeranteil.

Eine in den USA zu beobachtende Entwicklung, die ebenfalls in diese Richtung zielte, gab einen weiteren wichtigen Anstoß. Dort praktizierte man in einer eher komplizierten Transportvariante das sogenannte »piggy back« und »fishy back«. Beim »piggy back« wurden Lastwagenanhänger oder Sattelauflieger auf Eisenbahnflachwagen befördert, beim »fishy back« auf Seeschiffen. In beiden Fällen konnten zwei Umladevorgänge des Transportgutes eingespart werden und beide Ideen kamen von einem Straßenverkehrsunternehmen, aus dem später die Pan Atlantic Steamship Company, die Vorläuferin von Sea-Land Service Inc., hervorging. Sie bot schließlich die Verfeinerung des Ganzen an, indem sie auf die Beförderung der Fahrgestelle ganz verzichtete und nur das eigentliche Transportgefäß, also den Lastwagenaufbau, in Gestalt eines besonderen Behälters transportierte. Ab 1956 wurde dieses System den Kunden angeboten. Es brachte wesentliche Vereinfachungen und Verbilligungen. Diese Leistung, die sich, mit großen Risiken belastet, in Konkurrenz mit den herkömmlichen Transportmethoden am Markt durchsetzen mußte, brachte den letzten Endes entscheidenden Durchbruch für die Entwicklung des heute praktizierten Containerverkehrs.

Dennoch sollte erwähnt werden, daß die Idee der Verwendung von einheitlichen Behältern im Stückgutverkehr, idealerweise von Haus zu Haus, gar nicht so neu war, wie es auf den ersten Blick erscheint. Es gab eine ganze Reihe von Vorläufern. Bereits um die Jahrhundertwende wurden für Möbeltransporte nach Übersee »Lift Vans« eingesetzt, die die Möbel von Auswanderern oder sonstigen Reisenden ohne nochmalige Umladung von Haushalt zu Haushalt transportierten.

Im April 1929 gab die Deutsche Reichsbahngesellschaft ein »Preisausschreiben für Behälterverkehr« heraus. Später veranstaltete die Internationale Handelskammer in Zusammenarbeit mit anderen Organisationen einen Wettbewerb, um den besten Container zu finden. Die Entwürfe dazu waren bis zum 10. September 1930 einzureichen. Und schon 1933 wurde, als eines der Ergebnisse des Wettbewerbs und nach langen Vorverhandlungen, das Bureau International des Containers (BIC) gegründet.

Immerhin hat dieses System aber doch rund zehn Jahre benötigt, bevor es sich in den Vereinigten Staaten vollends durchsetzen konnte, und zwar in allen Sektoren, einschließ-

Container

lich des Küstenverkehrs, der in diesem Land ja ebenfalls andere Dimensionen erreicht, als auf der hiesigen Seite des Atlantiks. Erst als die Etablierung in den USA gelungen war, begann die Expansion des Containerverkehrs in überseeische Wirtschaftsbereiche, zunächst nach Europa, Japan und Australien. Die revolutionäre Wirkung auf die Transportwirtschaft setzte auch dort ein, wobei von einer Revolution, bezogen auf die Seeschiffahrt, nur insofern gesprochen werden kann, als daß der schon seit langem bekannte Container künftig nicht nur »auch« befördert wurde, sondern mehr und mehr mit Spezialschiffen »ausschließlich«.

Wie die vorstehend kurz skizzierte Entwicklung zeigt, sind es also in den USA schiffahrtsfremde Kreise gewesen, die dem Container in seiner heutigen Form zum weltweiten Durchbruch verholfen haben. Gestützt auf florierende, gut eingespielte Binnenverkehrsorganisationen, vollzogen dann Unternehmen wie Sea-Land, Freight Co. und andere mit den Boxen den für sie logischen Schritt über See, um Kontinente miteinander zu verbinden.

Außerhalb Amerikas nahmen sich, wohl als Folge der anders strukturierten und dimensionierten Transportwirtschaft, als erste die Reedereien des Containers an. Sie glaubten zu erkennen, daß sie damit ihre Probleme von Grund auf in den Griff bekommen konnten. In der Folge zeigte es sich, daß sich sowohl die exportierende wie die importierende Wirtschaft zum ersten Mal in ihren betrieblichen Dispositionen den Gegebenheiten des Seeverkehrs anpaßten.

Sehr bald aber mußte die Schiffahrt jedoch erkennen, daß sie mit dem Großbehältertransport und der damit verbundenen aufwendigen Technik auf dem Festland an historisch gewachsene Grenzen stieß. Weder an der Küste, noch im Hinterland waren die technischen Voraussetzungen für die Einführung dieses neuen Systems vorhanden, denn eine der wichtigsten Bedingungen für die Durchsetzung dieser technischen Neuerung war die enge Kooperation der Verkehrswirtschaft und nicht zuletzt auch die zwischen Verlader und Verkehrsunternehmen. In dieser Hinsicht mußten große Anstrengungen unternommen werden, es galt, viele Unsicherheiten auszuräumen und nicht zuletzt

Containerverladung auf ein konventionelles Frachtschiff. (Foto: BLG)

Packhalle auf dem Containerterminal Burchardkai in Hamburg. (Foto: HHLA)

Die Schiffahrt im Containersystem

Mißtrauen, vor allem bei den einzelnen Verkehrsträgern untereinander, zu beseitigen. Unabdingbar war es, wegzukommen von dem separierten Denken »Schiene« – »Straße« – »Schiff«. Es mußte eine einheitliche Transportindustrie anstrebt werden. Und auch die Administration hatte umzudenken.

Begriffsbestimmungen

Wie die meisten genialen Ideen, basiert auch der Einsatz des Containers auf einem ganz simplen Konzept – eine stapelbare Box, standardisiert in wenigen Größen und verwendbar von allen Verkehrsträgern, das waren und sind die Grundzüge des Systems.

Grob betrachtet, ist der Container ein mehrfach verwendbarer Behälter, der offen oder geschlossen, kasten-, tank- oder plattformartig ausgebildet ist. In ihm können Waren aufbewahrt, geschützt und transportiert werden. Diese allgemeinen Merkmale treffen allerdings im weitesten Sinne für viele andere Behälterarten gleichermaßen zu, so daß bei der Charakterisierung des Containers doch mehr ins Detail gegangen werden muß. Das Entscheidende beim Container ist, daß es sich dabei immer um einen in seinen Abmessungen genormten quaderförmigen Behälter handelt, der so beschaffen ist, daß er allen Transportbeanspruchungen standhalten und dauerhaft über einen längeren Zeitraum – je nach Behälterart zehn bis fünfzehn Jahre – wiederverwendet werden kann. Im Unterschied zu den herkömmlichen Verpackungsmitteln werden die Abmessungen des Containers also nicht durch die Größe der zu verpackenden bzw. zu transportierenden Güter bestimmt, und seine Funktion ist nach einmaligem Gebrauch durchaus nicht erfüllt. Im Gegenteil.

Zur Überwindung von Distanzen ist der Container meistens auf verschiedene Verkehrsträger angewiesen – See-

Selbst die damalige Sowjetunion mußte sich dem Containerverkehr öffnen. (Foto: Sea-Land)

Container

schiff, Bahn, Lkw, Binnenschiff – je nach Gegebenheit und Transportweg. Der Container ist deshalb mit Einrichtungen versehen, die seine leichte Handhabung ermöglichen, insbesondere beim Umsetzen von einem Beförderungsträger auf einen anderen. Wegen seines Gewichtes und/oder seiner Abmessungen läßt er sich optimal nur mit Hilfe von spezialisierten Hilfsmitteln und Flurfördergeräten bewegen. Genormte Teile, wie Eckbeschläge und Gabelstaplertaschen, vereinfachen und beschleunigen die Umschlagvorgänge, vereinheitlichte spezielle Anforderungen, zum Beispiel hinsichtlich des Stapeldrucks und der Prüfmethoden, erhöhen die Sicherheit.

Der Container ist also sowohl ein Mittel zur Vereinheitlichung der Stückgutladung als auch ein generelles Verpackungsmittel, das Waren und Gegenstände aller Art aufnehmen kann, sofern deren Abmessungen und Gewichte es zulassen. Zwar müssen die Container auch weiterhin individuell behandelt und umgeschlagen werden, dies kann jedoch in vereinfachter Form geschehen.

Aufgrund seiner Konstruktion ist der Container leicht zu be- und entladen, wobei mechanische Hilfsmittel, wie zum Beispiel Gabelstapler, benutzt werden können. Das Wichtigste aber ist, daß der Container ein Instrument des Durchtransportes ist. Dafür hat die Normung die Voraussetzungen geschaffen. Der Container ist für alle für den Durchtransport zur Verfügung stehenden Verkehrsmittel geeignet, so daß eine rationale Beförderung, im Idealfall von Haus zu Haus erfolgen kann.

Immer wieder taucht im Zusammenhang mit dem Container der Begriff »Transportkette« auf. Er ist vom Fachnormenausschuß Transportkette in dessen Normenentwurf DIN 30780 folgendermaßen definiert: »Die Transportkette ist eine Folge von technischen und organisatorisch miteinander verknüpften Vorgängen, bei denen Personen oder Güter von einer Quelle zu einem Ziel bewegt werden.« Gemeint ist also der Weg des Frachtgutes vom Produzenten zum Empfänger. Die Leistungen der Transportkette werden gemessen nach beförderten Tonnen oder Tonnenkilometern und nach Umschlagziffern an der Knotenpunkten. Unbedingt dazu gehört eine adäquate Organisationskette. Sie findet ihren Niederschlag in den Frachtpapieren und anderen Datenträgern. Zu ihr gehören Planung, Steuerung, Kommunikation und Verrechnung. Hohe Anforderungen an die organisatorische Leistung stellt insbesondere der internationale Verkehr.

Eine Transportkette, die praktisch dort beginnt, wo die Produktion endet, kann etwa folgende Etappen umfassen:

Verpackung, Bereitstellung
Containergestellung
Beladung des Containers
Verladung auf Lkw
Straßentransport bis Hafenterminal
Umschlag aufs Schiff
Seetransport
Umschlag auf Hafenterminal
Zollamtliche Behandlung
Umschlag auf Schiene
Transport zum Binnenterminal
Umschlag auf Lkw
Straßentransport zum Empfänger
Abladung
Entladung des Containers
Container-Rücklauf.

So kann ein Transport ablaufen, muß aber nicht. Es gibt auch andere Kombinationen, etwa mit dem Binnenschiff oder derart, daß das eine oder andere Glied der Kette nicht benötigt wird. Dies ist standortabhängig zu sehen. Der Containereinsatz ändert zwar nicht viel an der Zahl der Glieder der Transportkette, aber ein großer Vorteil ist, daß das Frachtgut als gleichbleibende Einheit den ganzen Weg schnell und sicher durchläuft.

Im Zusammenhang mit den technisch und organisatorisch miteinander verknüpften Elementen der Transportkette wird vom kombinierten Transport oder vom kombinierten Verkehr gesprochen. Es gab ihn mit Kleinbehältern schon vor der Einführung des Containers. Grundlage der unerläßlichen Koordination im kombinierten Verkehr ist die einheitliche Beschaffenheit des Transportgutes und die damit mögliche Mechanisierung und Automatisierung des Transportes an sich. Die Ladung mußte, um so weit zu kommen, mit einer Reihe von Konstruktionsmerkmalen »uniform« gestaltet werden. Dabei war vor allem im internationalen Verkehr eine ganze Reihe von Kriterien zu berücksichtigen, wobei davon auszugehen war, daß der Straßentransport als das in den meisten Fällen wohl erste und letzte Glied der Transportkette häufig die maßgeblichen Grenzen oder Beschränkungen aufzeigen würde. Die Ladeeinheit mußte aber auf jeden Fall so gestaltet werden, daß sie zwischen den einzelnen Verkehrsträgern austauschbar war.

Ein weiteres wichtiges Stichwort in diesem Zusammenhang ist der Haus/Haus-Verkehr, der Verkehr von Haus zu Haus. Der Transportunternehmer bietet dabei die gesamte Transportleistung komplett an. Er holt, größtenteils mit Gestellung des Transportbehälters, die Ladung vom Her-

Die Schiffahrt im Containersystem

steller/Versender ab und organisiert, überwacht und verrechnet alle Einzelheiten bis zur Anlieferung auf dem Hof des Empfängers.

Schon zu Anfang des Containerverkehrs wurde der Haus/Haus-Container als das natürliche Ziel, als der Idealfall, betrachtet. Andere Arten, Port/Port-, Port/Haus- oder Haus/Port-Container seien »Sünden wider den Geist«, hieß es. Sie seien bestenfalls als Übergangslösung anzusehen. Andere waren allerdings der Ansicht, daß der Container, der vor allem ein Rationalisierungsinstrument der Reeder sei, seinen vollen Wert auch im Port/Port-Verkehr behalte. Von seiten der Verlader wurde gelegentlich sogar darauf hingewiesen, daß trotz allgemeiner Bejahung des Haus/Haus-Konzeptes sich für sie insofern ein gewisser Nachteil ergäbe, weil wegen des alle Transportabschnitte einbeziehenden Pauschalangebotes Kostenvergleiche äußerst schwierig seien.

Es hat sich gezeigt, daß alle Arten ihre Berechtigung erlangten und in den jeweils speziellen Konzepten berücksichtigt werden. Zwar ist der Haus/Haus-Container wohl tatsächlich der inzwischen als der bei weitem am meisten praktizierte Idealfall, jedoch haben auch die anderen ihren inzwischen als selbstverständlich angesehenen Wert, denn längst nicht alle Verlader oder Empfänger bekommen mit ihren zur Verschiffung anstehenden Gütern eine 20- oder 40-ft-Kiste voll, auch wenn es sich in vielen Unternehmen seit langem durchgesetzt hat, in Containermengen zu kaufen oder zu verkaufen.

Der Anteil von Haus/Haus- und Port/Port-Containern ist in den einzelnen Fahrtgebieten unterschiedlich. In den Containertarifen wird unterschieden zwischen FCL = Full Container Load und LCL = Less than Container Load.

Die Reedereien im Mittelpunkt

Wie bereits erwähnt, ging der Anstoß zur Containerisierung in Europa von den Reedereien aus. Analog zu den Bemühungen anderer Wirtschaftszweige, die Arbeitsvorgänge rationeller zu gestalten sowie die Vertriebswege systematischer und klarer abzugrenzen, hatte auch die Schiffahrt die Verpflichtung, ständig nach Möglichkeiten zu suchen, wie sich die steigenden Kosten durch entsprechende Maß-

Containerumschlag noch mit schiffseigenem Ladegeschirr Ende der sechziger Jahre. (Foto: Hafen Amsterdam)

nahmen auffangen ließen, wie die Kostenspirale zumindest verlangsamt werden konnte. Nachdem erkannt worden war, daß sich im Stückgutverkehr durch Bildung einheitlicher Ladungsstücke erhebliche Rationalisierungen erreichen ließen, führte der Weg rasch über pre-sling-cargo (vorgeschlungene Ladung), Paletten, Schrumpfpaletten, Chassis-Einheiten (Ro/Ro) und Kleinbehälter zum Container.

15

Container

Ganz klar war festzustellen, daß der Hafenumschlag einer der wesentlichen neuralgischen Punkte war. Hier konnten nur radikal durchgreifende Maßnahmen Abhilfe schaffen. Es galt
- den Ladungsumschlag mit Einheitsladungen so zu mechanisieren, daß für die Bewältigung der Arbeitsvorgänge nur wenige, aber qualifiziertere Arbeitskräfte benötigt wurden, und
- einen Teil der Ladungsmanipulation zur Entlastung der Häfen ins Binnenland zu verlegen. Das konnte erreicht werden, indem Container an allen Plätzen des Hinterlandes als parzellierter Schiffsraum angeboten wurden.

Neben der Verbilligung des Umschlags ergab sich für die Reedereien daraus der Vorteil, daß die Liegezeiten ihrer Schiffe in den Häfen beträchtlich verkürzt und damit die Zahl der Rundreisen pro Jahr erhöht werden konnten. Es waren also weniger Schiffe erforderlich, um das gleiche Ladungsvolumen abzufahren. Die hohen Anschaffungs- und Betriebskosten der Schiffe sprechen eine deutliche Sprache, so daß die Bestrebungen der Reeder in dieser Hinsicht absolut verständlich sind. Mußten früher Hafenliegezeiten von Tagen akzeptiert werden, wird heutzutage nach Stunden gerechnet. Die Formel dazu ist ganz einfach: Ein Schiff verdient nur Geld, wenn es möglichst voll beladen fährt, und je mehr es fährt, je mehr Geld verdient es.

Die Übernahme des Containersystems erforderte von den Reedereien einen enormen Investitionsaufwand. Er hing natürlich vor allem von den Neubaukosten sowie der Zahl der für den Dienst benötigten Schiffe und der zu beschaffenden Container ab. Auch die Umstellung der Landorganisation hatte ihren Preis. Die für den Containerverkehr erforderlichen Spezialschiffe (cellular ships) waren wesentlich teurer als die konventionellen Schiffe. Deshalb benutzten amerikanische Reedereien in der Anfangsphase der Containerisierung der Nordatlantikdienste zunächst für den Containertransport umgebaute Frachter und Tanker, die entweder ganz oder teilweise für einen solchen Einsatz hergerichtet waren. So vermieden die Unternehmen einen übermäßig hohen Finanzeinsatz, da die weitere Entwicklung auf diesem Sektor doch noch mit Unsicherheiten belastet war. Erst 1967/68, als sich die Durchsetzung dieses neuen Systems immer klarer abzeichnete, wurden sehr plötzlich in größerem Umfang entsprechende Spezialschiffe, Vollcontainerschiffe, in Auftrag gegeben.

Die meisten außeramerikanischen Reedereien, die für sich den Einstieg in den Containerverkehr prüften, sahen sich dabei wegen der aus ihrer Sicht immer noch unsicheren Prognosen in einer gewissen Zwickmühle. Sie hatten wegen der hohen Kosten zwar erhebliche Bauchschmerzen, glaubten aber doch in das neue System investieren zu müssen, um nicht eventuell aus dem Markt gedrängt zu werden und den einmal »abgefahrenen Zug« nicht mehr erreichen zu können.

Aufgrund dieses enormen Finanzbedarfs konnten sich in der Überseefahrt nur große und potente Reedereien dem Containersystem zuwenden, wie z.B. auf der US-Seite die in der Nordatlantikfahrt tätigen Sea-Land, United States Lines, Seatrain und Moore-McCormack Lines. Für die weniger großen ergab sich aus dieser Erkenntnis der Zwang zur Kooperation, und zwar in allen möglichen Formen bis hin zur Fusion. Die Kooperation der Hamburg-Amerika Linie (Hapag) und des Norddeutschen Lloyd in der Hapag-Lloyd-Containerlinie, die 1970 in die volle Fusion der beiden traditionsreichen deutschen Schiffahrtsunternehmen zur Hapag-Lloyd AG einmündete, und die bereits vorher, 1965, erfolgte Gründung der Atlantic Container Lines (ACL) durch die fünf europäischen Reedereien Wallenius, French-Line, Holland-America Line, Schweden-Amerika-Linie und Swedish Transatlantic Line sind nur zwei Beispiele. Die Reihe ließe sich bis heute beliebig fortsetzen. Erwähnt werden sollten noch auf jeden Fall die beiden großen, 1965 gegründeten britischen Containerkonsortien Overseas Container Ltd. (OCL) und Associated Container Transportation (ACT). OCL wurde gebildet aus P&O, The British & Commonwealth Shipping, Blue Funnel und Furness, Withy & Co. In der ACT hatten sich Ben Line, Blue Star, Cunard Brocklebank, Ellerman und Harrison zusammengefunden. Diese Beispiele lassen die grundsätzliche Feststellung zu, daß der Preis, den fast alle vorher konventionell operierenden Reedereien für die Containerisierung zu zahlen hatten, der Verlust ihrer Unabhängigkeit war. Die Containerisierung zwang sie zu Fusionen, Kooperationen und Allianzen, welcher Art auch immer.

Für die schon zu Beginn häufige Bildung von Konsortien und anderen Formen der Zusammenarbeit gab es auch schon damals gute Gründe. An erster Stelle rangierten die hohen Kosten, die nun einmal für den Aufbau von Containerdiensten erforderlich waren. Wegen der teuren Spezialschiffe, von denen für jeden Dienst stets mehrere vorhanden sein mußten, reichte, wie schon erwähnt, die Finanzkraft einzelner Reedereien häufig nicht aus, um allein einen solchen zu etablieren. Und selbst wenn sie dazu in der Lage gewesen wären, haben sie nicht zuletzt aus Gründen der Risikostreuung der Konsortienbildung den Vorzug gegeben. Allgemein ist festzuhalten, daß der Containerverkehr fast überall zu einer Vergrößerung der Betriebseinheiten geführt hat.

Die Schiffahrt im Containersystem

Aber möglicherweise ist andererseits ja auch die Überlegung nicht uninteressant, daß, wenn nun tatsächlich jede Reederei in herkömmlicher Weise einen eigenen Containerdienst mit dem notwendigen Einsatz mehrerer Schiffe geboten hätte, dieses innerhalb kürzester Zeit beträchtliche Überkapazitäten aufgebaut hätte, zum Schaden aller Beteiligten. Auch so konnte sich ein Zwang zur Kooperation ergeben. Also, sinnvolle Zusammenarbeit, statt harter und ruinöser Konkurrenzkämpfe. Gerade die Geschichte der Schiffahrt ist ja reich an Beispielen, bei denen auch der aus dem Kampf hervorgegangene Sieger letztlich am Rande des Ruins stand.

Ein gegenüber früheren Zeiten höheres Risiko ergab sich für die Reeder zusätzlich dadurch, daß mit den ausschließlich auf den Transport der genormten Frachtkisten spezialisierten Vollcontainerschiffen auf Marktschwankungen nicht mehr in der gewohnten Weise flexibel reagiert werden konnte, jedenfalls nicht in den ersten Jahren der Containerisierung. Vielfach wurden Schiffe von vornherein für ganz bestimmte Fahrtgebiete konzipiert. Diese Festlegung war für etliche Reedereien Anlaß, doch vorerst die Finger vom Container zu lassen und zunächst einmal die weitere Entwicklung zu beobachten oder ihre Schiffe auf diese oder jene Weise so einzurichten, daß nicht nur Container befördert werden konnten. Moore-McCormack und ACL schufen beispielsweise gleichzeitig die Voraussetzungen für rollende Ladung (Ro/Ro), andere wiederum ließen, wie die Finnlines, ihre Schiffe durch den Einbau einer Mittelschiffssektion für die Aufnahme von Containern verlängern. Ansonsten wurde wie vordem konventionelle Ladung gefahren, um die Chancen für die Ladungsakquisition so breit wie möglich zu halten.

Eine gewisse Erleichterung ergab sich für die Reedereien bei der Anschaffung der teuren Spezialschiffe dadurch, daß die containerisierten Dienste wegen der kurzen Hafenliegezeiten und gewöhnlich höheren Schiffsgeschwindigkeiten mit weniger Schiffen betrieben werden konnten. Als Grundregel nahm man an, daß ein Containerschiff vier bis sieben konventionelle Schiffe ersetzen könnte. Das führte dann allerdings wiederum zu einem anderen Problem, denn diese ersetzte, meistens ebenfalls noch durchaus moderne, nicht abgeschriebene Tonnage mußte in anderen Fahrtgebieten beschäftigt werden, wo sie die dort beschäftigten älteren Schiffe verdrängte, die wegen nicht so hoher Anforderungen dort eigentlich auch noch weiter rentabel gefahren wären.

Tief in die Kasse greifen mußten die Reedereien gleichfalls für die Anschaffung von Containern. Die Kosten für die Boxen schwankten stark je nach Typ und Bauweise. Nicht zuletzt der Zwang, dieses Gerät den Frachtkunden zur Verfügung stellen zu müssen, brachte letztlich die Ausweitung der Tätigkeit der Reedereien über den eigentlichen Schiffahrtsbereich hinaus zum Combined Transport Operator (CTO).

Man ging anfänglich, wieder in Form einer Faustregel, davon aus, daß pro Schiff etwa die dreifache Menge der Stellplatzkapazität an Containern zur Verfügung stehen müßte. Ein Drittel auf dem Schiff, ein Drittel im heimischen Verkehrsgebiet im Umlauf und das andere Drittel in Übersee. Es hat sich jedoch bald gezeigt, daß diese Rechnung nicht aufging. Sie setzte nämlich voraus, daß bei Ankunft des Schiffes auf der einen oder anderen Seite alle Container wieder auf dem Terminal zur Verschiffung bereitstehen würden. Ein solcher Idealfall ließ sich jedoch angesichts des schwankenden Verladerbedarfs, der unterschiedlich langen Landtransportwege und der keineswegs störungsfrei arbeitenden Landorganisation nie erreichen.

Die Containermenge pro Schiff mußte also höher angesetzt werden, was allerdings nicht bedeutete, daß dies unbedingt eigene Container sein mußten. Sie konnten auch von Unternehmen kommen, die selbst keinen Seetransport betrieben, und natürlich von den Leasing-Gesellschaften. Ein Optimum würde geschaffen werden, wenn sich der immer wieder von verschiedenen Seiten und unter unterschiedlichen Aspekten ins Gespräch gebrachte internationale Containerpool verwirklichen ließe, an dem vor allem die Reedereien eigentlich Interesse haben müßten. Haben sie ja auch, rational gesehen, aber trotzdem wollten und wollen sie aus einer ganzen Reihe von Gründen diese Idee nicht realisieren.

Es geht hierbei um die sogenannte »graue Box«, um einen neutralen Container also, auf dem kein Platz für Warenzeichen, Firmensymbole oder sonstige, die Unternehmensidentität vermittelnde Besonderheiten ist. Solche Behälter würden frei unter den Carriern zirkulieren und dort in Anspruch genommen werden können, wo aktueller Bedarf besteht. So könnte etwa eine von P&O Nedlloyd genutzte Box, die im finnischen Tampere entladen worden ist, der Reederei Sea-Land zur Verfügung gestellt werden, die dort eine Frachtbuchung hereingenommen hat und damit des Zwangs entledigt wäre, einen eigenen Container heranzuführen. Das würde zwar unbestreitbar Sinn machen, hat aber trotzdem bisher nicht geklappt. Die Reedereien schließen zwar untereinander ohne Hemmungen Abkommen über Stellplatz-Sharing auf den Schiffen und über die gemeinsame Nutzung von Terminals, aber bei Containern wird in der Regel auf die

Container

eigene Ausrüstung bestanden. Dabei spielt sicher das Bestreben eine Rolle, im Wettbewerb um Ladung das eigene Service-Angebot auch optisch mit einer individuellen unternehmensspezifischen Note zu versehen. Irgendwie soll doch »Flagge gezeigt« werden, wenn schon nicht mehr mit den – gemeinsam genutzten – Schiffen, dann eben mit den Containern.

Gelegentlich wird gemeint, daß es bei den immer wieder aufkeimenden Diskussionen in Sachen »grauer Box« um eine Lösung des Problems der Leercontainertransporte geht, die jährlich Kosten in Milliardenhöhe verursachen. Das ist aber nur teilweise richtig, denn durch das häufige Ungleichgewicht der Warenströme kommt es nämlich auf einer Seite von Fahrtgebieten immer wieder zu einer Anhäufung von leeren Containern, während auf der anderen Seite ein großer Bedarf besteht. Ob sich dieses Problem aber mit neutralen Boxen lösen läßt, muß bezweifelt werden, denn in solchen Fällen befinden sich stets alle in den jeweiligen Fahrtgebieten tätigen Reedereien in der gleichen Situation.

Um aber noch einmal auf die Kosten für die Schiffahrtsunternehmen zurückzukommen, mit denen sie sich in den ersten Jahren nach der Einführung des Containerverkehrs konfrontiert sahen, so dürfen nicht die Investitionen vergessen werden, die für den Aufbau von Systemen aufgewendet werden mußten, die notwendig waren, um den Lauf der an Bord und an Land befindlichen immer zahlreicher werdenden Boxen zu verfolgen. Sobald der Containerverkehr einen gewissen Umfang erreicht hatte, kam man ohne Anlagen der elektronischen Datenverarbeitung nicht mehr aus, und daß die Installation von Anlagen dieser Art nicht als Nebenkosten abzutun sind, darf als bekannt vorausgesetzt werden. Die einheitlich und permanent überschaubare Transportkette erforderte schon sehr bald den Einsatz modernster und leistungsfähiger Methoden der Datenerfassung und Datenverarbeitung.

Heute haben längst Internet und E-Commerce Einzug auch in die Containerschiffahrt gehalten. Fast alle größeren Containerlinien bieten Serviceleistungen über das Internet an. Über die Homepages der Carrier können beispielsweise Fahrpläne und eine Vielzahl anderer Reedereiinformationen abgerufen werden. Anwender haben die Möglichkeit, Ratenquotierungen zu erhalten, Container zu buchen, Konnossemente abzufordern und die Position ihrer Container zu erfahren. Alles soll schnell, zuverlässig, unkompliziert und aktuell sein. Das jedenfalls ist der Anspruch. Die Reedereien werden ihm bis jetzt allerdings nur in unterschiedlicher Weise gerecht.

Klappt das jedoch alles, dann ergeben sich für die Nutzer enorme Erleichterungen für ihre Arbeit. In der Sonderbeilage »Containerverkehr« der »Deutschen Verkehrs-Zeitung« vom Dezember 1999 nennt die Autorin Anette Krüger beispielhaft drei Reedereien, die auf beeindruckende Weise zeigen, was E-Commerce leisten kann. So gehörten die American President Lines (APL) laut »Computer World Magazine« zu den 100 weltweit führenden Firmen für die Anwendungen der Internet-Technologie und die Durchführung von E-Commerce. Flexible Zugriffsmöglichkeiten, ständige Erneuerungen und logische Hyperlinks mit zeitgenauen Details haben Priorität. Als Voraussetzung galt, daß maximal drei Seiten zum Ergebnis und Erfolg der gesuchten Anwendung führen müssen. Daten und Informationen, die nicht benötigt werden, sind unterdrückt. Nach Aussage von APL werden durchschnittlich 333 000 Transaktionen pro Monat über ihren Internet-Service weltweit getätigt.

Auch die dänische Reederei Maersk ist mit einem umfangreichen Service-Angebot im Internet vertreten. Laut Maersk wird E-Commerce zu einer Rationalisierung der Geschäftsabläufe und einer Konzentration auf bestimmte Kundensegmente führen. Neben dem übersichtlichen Custom Service bietet Maersk unter anderem eine »Virtual Reality Ship Tour« mit der REGINA MAERSK, einem der größten Containerschiffe der Welt.

Die Orient Overseas Container Line (OOCL) gehört zu den ersten Reedereien, die Konnossemente per Internet verschickt haben. So kann der Kunde bereits drei Stunden nach der Abfahrt des Schiffes sein Konnossement aus dem Internet ziehen. Ein solches Dokument ist bankfähig und unterscheidet sich nur durch die elektronische Unterschrift von dem klassischen Konnossement.

Es begann in den Vereinigten Staaten

Kommen wir von der grundsätzlichen Darstellung des Containersystems nun zu seiner tatsächlichen Entwicklung, von der einiges bereits vorher angedeutet worden ist. Danach hat das heutige Containertransportsystem seinen Ursprung in den Vereinigten Staaten von Amerika. Über »Piggy back« und »Fishy back« ist bereits etwas gesagt worden, auch schon, daß die Pan Atlantic Steamship Company die eigentlichen Transportgefäße zunächst noch mit, dann ohne Fahrgestell im Verkehr zwischen der US-Ost- und Golfküste zu

Die Schiffahrt im Containersystem

befördern begann. Am 26. April 1956 wurde mit dem umgebauten T2-Tanker IDEAL X, der eine eigens entwickelte Deckskonstruktion für die Aufnahme der Transportgefäße erhalten hatte, die erste Abfahrt von Port Newark (New Jersey) nach Houston in Texas geboten. Sechzig Behälter waren an Deck verstaut. Die Reise ging als »Jungfernfahrt« des Containerverkehrs, als erste planmäßige Containerschiffsreise, in die Schiffahrtsgeschichte ein. Kurios dabei war, daß die IDEAL X in ihren Tanks nach wie vor auch Öl transportierte. Hauptladung der Behälter waren südgehend Textilien, zurück Tabak und Zigaretten.

Treibende Kraft der Entwicklung war der Straßenverkehrsunternehmer Malcom McLean, der Mitte der 50er Jahre beim Behältertransport über Land zwischen dem Norden und dem Süden der USA aufgrund unterschiedlicher Transportbestimmungen in den einzelnen Transitstaaten auf erhebliche Schwierigkeiten gestoßen war. Um diese zu umgehen, kam er auf die Idee des Seetransportes. Er verkaufte seine Firma McLean Trucking Co. und gründete 1955 die McLean Industries. Nach

Die von Malcolm McLean eingesetzte IDEAL X, ein umgebauter Weltkrieg-II-Tanker des Typs T2, ist der »Adam« der Containerschiffahrt. 58 Behälter konnten an Deck gestaut werden.

Die HAWAIIAN CITIZEN der Matson Navigation Co., war aus einem Liberty-Schiff entstanden. Sie bot Platz für 221 Container. (Fotos: ABS)

Container

vergeblichen Bemühungen, einen Reeder für seine Seetransportidee zu finden, nahm er schließlich die Sache selbst in die Hand und kaufte die Waterman Steamship Co. mitsamt deren Tochter Pan Atlantic Steamship Company, unter deren Namen dann die IDEAL X expediert wurde. Im Oktober 1957 setzte McLean erneut einen Markstein, indem er mit dem umgebauten Frachter GATE CITY einen regulären Liniendienst entlang der amerikanischen Ostküste mit Bedienung der Häfen San Juan, Ponce, Mayaguez/Puerto Rico, Jacksonville, Miami, Tampa, New Orleans, New York und Houston eröffnete. Und da er nun mit seinen Aktivitäten sowohl auf See als auch an Land tätig war, nannte er sein Unternehmen ab April 1960 Sea-Land Service. Er selbst, und mit ihm Sea-Land, wurden zu den Pionieren des Containerverkehrs.

Auf den Container selbst, also auf stapelbare Behälter, soll McLean beim Ziehen einer Packung Zigaretten aus einem Automaten gekommen sein. Wie im Automatenschacht die Zigarettenschachteln sollten nach seinen Vorstellungen auch die genormten Stahlkisten im Schiff liegen.

McLean ließ, nachdem sich sehr rasch der Erfolg eingestellt hatte, weitere Schiffe für diese Transportart herrichten, und zwar jetzt tatsächlich durch den Einbau einer Zellenkonstruktion, in der die Behälter übereinander gestapelt wurden, so wie es dann später in den reinen Zellen-Containerschiffen der Fall war. Ladegeschirr und Zwischendecks wurden bei den ersten so umgebauten Schiffen entfernt. Es handelte sich bei ihnen um ehemalige Weltkrieg-II-Standardschiffe vom Typ C2. Sie faßten, einschließlich der an Deck gestauten, 266 Container à 35 ft. Die Schiffe hatten bei 140 m Länge eine Tragfähigkeit von 7800 tdw und eine Geschwindigkeit von 15,5 kn. Sie beförderten ausschließlich Container. Da es jedoch nirgendwo in den Häfen Umschlaggerät für diese Kisten gab, ließ Sea-Land die Schiffe mit Portalkränen ausrüsten, wobei es sich als nachteilig erwies, daß durch den mittschiffs angeordneten Brückenaufbau jeweils zwei Kräne notwendig waren, einer vor der Brücke, der andere für den Bereich dahinter. Aber es mußten ja erst Erfahrungen gesammelt werden.

Bis 1958 hatte Sea-Land ihre Flotte auf sechs umgebaute C2-Frachter erweitert und Puerto Rico in den Behälterverkehr einbezogen. Die Hafenliegezeiten konnten auf rund ein Zehntel der sonst üblichen Dauer reduziert werden. Der Umschlag wurde nach dem »Trailer Pack System« durchgeführt. Das lag bei Sea-Land wegen seiner Wurzeln im Straßenverkehrsgeschäft nahe, zudem war zu jener Zeit auch noch kein anderes Umschlagsystem möglich. Die Behälter wurden also direkt vom Trailer aufgenommen oder auf ihn abgesetzt. Dieses System soll McLean zu dem Spruch veranlaßt haben: »I don't have vessels, I have seagoing trucks!«

Als nächste US-Reederei begann die Matson-Company den Containerverkehr mit ehemaligen C3-Standardschiffen (130 m lang, 12 000 tdw, 16 kn) zu erproben. Sie setze 1958 erstmalig die HAWAIAN MERCHANT mit 20 Containern auf einer speziellen Deckskonstruktion im Verkehr zwischen San Francisco und Honolulu ein. Wenig später waren fünf weitere derartig hergerichtete C3-Schiffe in dieser Relation unterwegs. Matson überstürzte die Entwicklung jedoch in keiner Weise und ließ zunächst über einen längeren Zeitraum Untersuchungen anstellen, welche Abmessungen der geeignetste Behälter haben müßte. Ermittelt wurden 8' × 8,6' × 24'. Im April 1960 brachte Matson mit der HAWAIAN CITIZEN sein erstes Zellenschiff in Fahrt. Auch dabei handelte es sich um ein ehemaliges C3-Schiff, ohne bordeigene Kräne allerdings, da nur Kaikräne für den Umschlag benutzt wurden.

Die Grace-Line stellte 1960 zwei Containerfrachter für den Verkehr von Nord- nach Südamerika in Dienst und unternahm damit als erste Reederei den Versuch, den Containerverkehr über die Grenzen der Vereinigten Staaten hinaus auszudehnen. Das Projekt scheiterte jedoch am Widerstand der Hafenarbeiter in La Guaira/Venezuela.

Sea-Land expandierte indessen, überzeugt von der Richtigkeit der Sache, unerschrocken weiter. Die Reederei ließ weitere T2-Tanker zu Containerschiffen umbauen, richtete einen Dienst via Panama-Kanal zwischen der amerikanischen Ost- und Westküste ein, eine Linie zwischen Kalifornien und Alaska folgte 1964. Die T2-Tanker erwiesen sich übrigens als die wirtschaftlichsten unter den umgebauten Standardschiffstypen.

Bald gab es bereits zwischen ca. 25 Häfen in den USA, Puerto Rico, der Dominikanischen Republik und Panama Containerverkehre. Diese Häfen hatten sich vor allem durch die kurzfristige Bereitstellung der erforderlichen Stellflächen für die Containerlagerung der neuen Transportart angepaßt. Etwa Mitte der sechziger Jahre gab es in den Vereinigten Staaten bereits eine Flotte von 171 Containerschiffen.

Nur aus der Vorreiterrolle der Amerikaner in Sachen Containerisierung sind die Maße zu erklären, die 1964 von der Internationalen Organisation zur Standardisierung (ISO) normiert wurden. Denn die Länge der Container sollte fortan 20 bzw. 40 Fuß betragen (6,035 m bzw. 12,19 m), die Breite und Höhe jeweils 8 Fuß (2,435 m). Diese Norm stellte sich, um das vorwegzunehmen, als überaus unvorteilhaft für die

Die Schiffahrt im Containersystem

»Piggy back« durch die amerikanischen Weiten. Übernahme der ersten Container für die Jungfernreise der IDEAL X von Newark nach Houston. »Piggy back«-Fazilitäten in Chicago. (Fotos: Western Pacific Railroad, Sea-Land, Santa Fe Railroad).

europäischen Bedürfnisse heraus, denn das Grundflächenmaß war und ist nicht auf die in Europa gebräuchliche Palettengröße abgestimmt. Es fehlen ca. zehn Zentimeter Innenbreite für eine platzsparende Stauweise der Europapalette. Dadurch bleiben beim Palettentransport potentiell zwanzig Prozent des Transportraumes des Containers ungenutzt und das hat bis heute den Durchbruch des ISO-Containers im europäischen Binnenverkehr verhindert. Auch in Zukunft dürfte eine Änderung dieser Maße kaum zu erwarten sein, wenn auch immer darüber diskutiert wird.

1966 war es dann soweit, daß die Amerikaner den Sprung über den Atlantik in Angriff nahmen und das alte Europa mit ihrem neuen Verkehrssystem beglückten. Aus ihrer Sicht war das nur folgerichtig und auf der anderen Seite mußte man eben sehen, wie man damit zurechtkam. Soweit es die Bedürfnisse der amerikanischen Reedereien betraf, wollte und mußte man die entsprechenden Anschubhilfen geben – im eigenen Interesse natürlich.

Die United States Lines (USL) waren es schließlich, die im April 1966 einen ersten Containerliniendienst über den Atlantik einrichteten. Dafür hatten sie vier ihrer Frachtschiffe von jeweils 13 300 tdw Tragfähigkeit zu Semi-Containerschiffen mit Platz für jeweils 140 Container umbauen lassen. Das erste Schiff, das im Rahmen dieses Liniendienstes den Atlantik überquerte, war die AMERICAN RACER. Zusammen mit ihren drei Schwesterschiffen unterhielt sie einen wöchentlichen Liniendienst. Der erste transatlantische Liniendienst mit Vollcontainerschiffen wurde dann einen Monat später von Malcolm McLeans Sea-Land-Reederei eröffnet. Mit dem MS FAIRLAND als erstem Schiff wurde am 23. April 1966 ab Port Elizabeth/New York eine Verbindung mit den europäischen Häfen Rotterdam, Ankunft 2. Mai, Bremen, Ankunft 5. Mai, und Grangemouth hergestellt. 255 35-ft-Container waren als erste Transatlantik-Containerladung an Bord. Die Revolution begann. Es wurde eine echte Weltrevolution.

In dem neuen transatlantischen Container-Liniendienst löschten und luden die FAIRLAND und ihre drei Schwesterschiffe die Container jeweils mit zwei bordeigenen Gantry-Kränen. Dadurch waren sie von den Einrichtungen in den

Container

Die SEA-LAND VENTURE war das erste rein für den Containerverkehr gebaute Schiff der Welt. (Foto: ABS)

Häfen, die ja noch nichts an containergerechtem Umschlaggerät zu bieten hatten, unabhängig. Allerdings mußten in den Häfen außer entsprechenden Flächen unbedingt Chassis vorhanden sein, auf denen die Container abgesetzt werden konnten. Sea-Land ließ sie aus Amerika kommen. Nach einiger Zeit stellte das Unternehmen auch in Europa Containerbrücken nach amerikanischem Entwurf (Paceco) auf, um den Umschlag zu beschleunigen. Diese Brücken waren lange Zeit nicht nur im Einsatz, sondern blieben häufig auch im Besitz von Sea-Land – in Rotterdam beispielsweise noch bis 1995.

In den USA selbst hatte man in den ersten Jahren der Containerisierung mit einer Reihe von Hemmnissen fertig werden müssen, die sich vor allem aus der bestehenden Rechts- und Sozialordnung ergaben. Vor allem mußte der Widerstand der starken Hafenarbeitergewerkschaften, die sich um den Verlust von Arbeitsplätzen und damit um Machtverlust sorgten, überwunden werden. Während an der US-Westküste recht bald ein für beide Seiten positives Abkommen getroffen werden konnte, gestalteten sich die entsprechenden Bemühungen an der US-Ost- und Golf-

küste erheblich schwieriger. Ein mehrwöchiger Streik 1968/69 war der Höhepunkt. Er schloß mit einer Vereinbarung, die die Wirtschaftlichkeit des Containerverkehrs zwar beeinträchtigte, seine weitere Entwicklung jedoch höchstens verlangsamte, sie aber keineswegs verhindern konnte.

In atemberaubendem Tempo hielt der Container Einzug auf dem Nordatlantik. Etliche amerikanische Reedereien folgten dem Beispiel von USL und Sea-Land, und es hatte fast den Anschein, daß der Container als amerikanisches Mittel erfunden worden sei, um die europäische Konkurrenz aus dem Verkehr zu drängen. Doch in diesem Punkt hatte man sich in den USA verrechnet. Die europäischen Reeder zogen nämlich schneller nach als angenommen. Auch für sie war der Container an sich nichts unbedingt Neues, nur erschien ihnen die Entwicklung zu überstürzt und zu unkontrolliert.

In den Geschäftsberichten des Norddeutschen Lloyd beispielsweise taucht der Begriff Container zum ersten Mal 1965 auf. Begeistert stand man ihm nicht gegenüber, da man dieses Verkehrssystem im rein privatwirtschaftlichen Bereich (ohne Militärgüter u.ä.) noch nicht für rentabel genug hielt. Es hieß »...es wäre zur Vermeidung großer Verluste zu

Die Schiffahrt im Containersystem

begrüßen, wenn eine evolutionäre Entwicklung Platz greifen würde und keine revolutionäre Entwicklung, wie dies im Augenblick der Fall zu sein scheint«. Den Bau von Containerschiffen lehnte man zunächst noch ab. Immerhin war aber bereits 1952 gemeinsam mit der Hamburg-Amerika Linie und anderen Partnern die »CONTRANS Gesellschaft für Übersee-Behälterverkehr m.b.H.« gegründet worden und mit dieser Gesellschaft hatten die beiden Reedereien durchaus schon wertvolle Erfahrungen sammeln können, so daß sie also keinesfalls gänzlich unverbreitet an die Sache herangingen.

Trotz der hanseatisch zurückhaltenden Formulierungen des Norddeutschen Loyds hatte man aber auch in Europa den Container also schon durchaus im Visier gehabt, und es ist sicher nicht übertrieben zu behaupten, daß so etwa 1965/66 die Fachwelt und alles andere, was sich dafür hielt, in Deutschland und im gesamten damaligen EWG-Raum in einem wahren »Container-Fieber« lag. Selbst von einer »Container-Hysterie« zu sprechen, war nicht unbedingt verkehrt. Alle in Frage kommenden Kreise waren davon erfaßt. Darüber dürfen die nüchternen Worte im NDL-Geschäftsbericht nicht hinwegtäuschen. Die Meinungen waren geteilt, hier ein begeistertes »Ja«, dort ein kompromißloses »Nein«.

Die Anzahl der über die Containerisierung verfaßten Artikel und Memoranden ist Legion. Klarheit ist damit auch nicht erreicht worden. Hier nur einige Überschriften aus Fachzeitschriften 1966, die die Problematik in etwa verdeutlichen:
»Millioneninvestition für Containerisierung – Aufstieg oder Ruin?«
»Containerisation kostengünstig«
»Das Containerexperiment in der Nordatlantikfahrt«
»Häfen müssen umdenken«
»Behälterverkehr in der internationalen Linienfahrt, Gratwanderung zwischen Wunschdenken und Zweckmäßigkeit«
»Containerschiffe mit 30 kn über den Atlantik«
»Behälterverkehr wirft Probleme auf«
»Hat der Containerverkehr eine Chance?«

Bereits zu diesem Zeitpunkt pries sich Rotterdam als der Containerhafen Nordwesteuropas an.

Die Diskussion um den Wert oder Unsinn des Containers gipfelte darin, daß dieser Kiste von mancher Seite offenbar magische Kräfte zugeschrieben wurden. Sie sei das Allheilmittel für viele antiquierte Transportmethoden, meinten die Enthusiasten. Dabei übersahen sie oft leichtfertig, mit welchen immensen Kosten die Einrichtung eines funktionsfähigen Containersystems für die Reedereien verbunden war, und viel zu häufig wurde allzu schnell von einer »selbstver- ständlichen« Verbilligung der Transporte ausgegangen, was später nicht selten zu gewissen Verstimmungen führte.

Wegen der schon angesprochenen immensen Kosten zögerten zunächst verständlicherweise viele Reedereien, und dabei kam ihnen doch die Schlüsselrolle in dieser Angelegenheit zu. Sie mußten handeln. So hieß es z.B. Anfang 1967 in der Fachzeitschrift »Transportdienst«: »Es kann kein Zweifel daran bestehen, daß der Bau von Containerschiffen – und zwar der rechtzeitige Bau dieser Einheiten – eine vom Markt diktierte Notwendigkeit ist. Es mag zwar unerheblich sein, ob der Reederverband die eine oder doch andere Meinung vertritt, aber wenn ein Reeder die risikoreiche Entscheidung zugunsten des Behälterschiffes zu spät trifft, dürfte er im Jahre 1970, also in knapp drei Jahren, draußen vor jener Tür stehen, die nicht seine Konkurrenten, wohl aber seine Verlader vor seiner Nase zugeschlagen haben.«

Der Verband Deutscher Reeder blieb zu diesem Zeitpunkt in einer Lageanalyse wesentlich zurückhaltender. In einem »Schiffahrtsbrief« vom März 1967 äußerte er sich zum Containerthema wie folgt: »Die deutschen Reeder haben bisher noch keine Spezialschiffe für den Containerverkehr in Auftrag gegeben…

Die Reeder müssen folgendes berücksichtigen: Die ›Anderen‹, d.h. im Moment die Amerikaner, haben mit den ihnen eigenen Methoden diesen Verkehr den europäischen Verladern nähergebracht und für Europas Reeder gilt es, verlorenen Boden zunächst einmal zurückzugewinnen. Der Vorsprung der Amerikaner ist beachtlich, und es ist bekanntlich teuer und bedarf größter Anstrengungen, einen Vorsprung aufzuholen und den Konkurrenten zu überflügeln. Die europäischen Reeder sind ihren amerikanischen Konkurrenten gegenüber im Nachteil. Insbesondere die deutschen Reeder können aufgrund des enormen Geldaufwandes für den Containerverkehr noch nicht mit ausländischen Reedern schritthalten.

Das steigende Interesse der verladenden Wirtschaft sowie der Verkehrsträger Bundesbahn und Straßenverkehr hat zunächst dazu geführt, daß eine Vielzahl unterschiedlicher Behälterbauarten und Abmessungen in den Verkehr gebracht worden sind. Die Container der genannten amerikanischen Reederei (d.Verf.: Sea-Land) haben z.B. eine Größe, die einen maßgeblich an der Ausweitung des Containerverkehrs interessierten Kaufmann zu folgender Bemerkung veranlaßte: ›Es muß bedacht werden, daß gerade ein Großcontainer in einem Entwicklungsland vorzüglich als ›Eigenheim‹ Verwendung finden kann…‹ Damit wurden gleich zwei Probleme angesprochen: Die unterschiedlichen Größen, die jetzt von

Container

der ISO (International Standardisation Organization) normiert werden, und die Tatsache, daß diese Großcontainer nicht überall verwendet werden können. Entwicklungsländer mit ihren teilweise unzureichenden inneren Verkehrsverbindungen bleiben einstweilen vom Containerverkehr ausgeschlossen. Vielmehr wird das Versuchsfeld des Nordatlantiks, dem wichtigsten Weg zwischen den industrialisierten Blöcken Nordamerikas und Westeuropas, benutzt werden müssen, um diese neue Rationalisierungsmaßnahme auszuprobieren.

Die deutschen Reeder sind aus wirtschaftlichen Erwägungen dem Beispiel der Amerikaner nicht gefolgt. Zwar unterhalten zwei deutsche Reedereien einen kombinierten Stückgut/Containerverkehr, jedoch sind die Schiffe hierfür nicht speziell ausgerüstet, vielmehr werden die Großcontainer in den normalen Laderäumen oder an Deck der Schiffe untergebracht.

Das letzte Wort ist aber sicherlich noch nicht gesprochen, und es ist zu erwarten, daß hier noch einige Überraschungen bevorstehen.«

Soweit zwei Stimmen in Deutschland aus dem Jahre 1967, dem Jahr, in dem Matson Navigation bereits den ersten Containerverkehr über den Pazifik aufzog. Und schon vorher, 1966/67, hatten sich in Großbritannien mit der Overseas Container Line (OCL) und der Associated Container Transportation (ACT) zwei Gemeinschaftsunternehmen als Reaktion auf die neue Herausforderung gebildet. Auch in Deutschland konnte es nicht länger bei der höchstens verbalen Zustimmung bleiben, denn es wurde immer klarer, daß endlich gehandelt werden mußte, bevor der Zug endgültig abgefahren war. Ein Zug, von dem zwar niemand zu sagen wußte, wo er tatsächlich ankam, der aber dennoch mit immer höherer Geschwindigkeit fuhr.

Noch 1967 gaben deshalb die Hamburg-Amerika Linie und der Norddeutsche Lloyd je zwei Vollcontainerschiffe bei Blohm + Voss bzw. beim Bremer Vulkan in Auftrag. Es waren die ersten Vollcontainerschiffsneubauten für den Überseeverkehr in Europa. Im Küstenschiffsbereich hatte man schon vorher flexibel reagiert. Da vier Schiffe für einen unbedingt erforderlichen wöchentlichen Dienst mindestens erforderlich waren, und die beiden Reedereien einen solchen Dienst jeweils für sich allein nicht aufbauen wollten, und es auch nicht konnten, schlossen sie ihre Nordatlantik-Dienste zu den »Hapag-Lloyd-Container-Linien« unter einer gemeinsamen Geschäftsführung zusammen.

Der Bericht des Verbandes Deutscher Reeder für das Schiffahrtsjahr 1968 stellte dann auch fest: »Auch im deutschen Schiffahrtsgeschäft hat der Containerverkehr jetzt seinen festen Platz gefunden. Die speziell für diese Verkehrsart gegründeten Hapag-Lloyd-Containerlinien haben als erste europäische Reederei große Vollcontainerschiffs-Neubauten im Nordatlantikverkehr in Fahrt gebracht. Daneben wurden von deutschen Reedereien erstmalig auch mittlere Einheiten (250 Container zu 20 ft) in Dienst gestellt, während die Zahl der in der Kleinfahrt tätigen Einheiten, die ausschließlich für den Containertransport gebaut wurden oder in langfristiger Zeitcharter Container befördern, auf 43 Schiffe erhöht werden konnte.« Das klingt doch schon recht stolz, und wenn man sich dazu die nur ein Jahr zuvor im »Schiffahrtsbrief« abgegebene mehr als vage Stellungnahme in Erinnerung ruft, dann wird die Schnelligkeit der Entwicklung, auch im Denkprozeß der Beteiligten, nicht zuletzt auch dadurch verdeutlicht.

Etwas anderes veranschaulicht den rasanten Entwicklungsprozeß noch auffälliger. Es ist die rasche Einbeziehung weiterer Fahrtgebiete bzw. deren Containerisierung und die damit verbundene ebenso rasante Steigerung der Schiffsgrößen. Dazu ein Beispiel aus der deutschen Handelsflotte: Die 1967 von Hapag und Lloyd bestellten vier Nordatlantikschiffe hatten eine Größe von 14 000 BRT, eine Geschwindigkeit von 19,5 kn und eine Containerkapazität von rund 750 TEU (TEU = Twenty Foot Equivalent Unit). Sie bildeten die 1. Generation der für den Überseeverkehr gebauten Containerschiffe. Bereits 1969 bestellten Hapag und Lloyd je ein Vollcontainerschiff der 2. Generation mit 27 000 BRT, 21,5 kn Geschwindigkeit und 1500 TEU Kapazität für den Austral-Dienst. Wieder ein Jahr später erfolgte die Bestellung von Schiffen der 3. Generation – insgesamt vier Einheiten für den Fernostdienst mit einer Größe von 55 000 BRT, 27 kn Spitzengeschwindigkeit und Stellplätzen für je 3000 TEU. Zu diesem Zeitpunkt waren die ersten Nordatlantikschiffe noch nicht einmal zwei Jahre im Dienst. Die beiden Reedereien, die 1970 zur Hapag-Lloyd AG fusionierten, zeigten damit eine hohe Risikobereitschaft, und die beteiligten Werften, in diesem Fall Blohm + Voss und der Bremer Vulkan, bewiesen mit dem Bau dieser Schiffe eines völlig neuen Typs mit vorher nie gekannten Anforderungen ihren hohen Leistungsstand. Beide Werften lieferten in der Folgezeit noch zahlreiche weitere Containerschiffe für viele Reedereien und Dienste.

Dazu einige weitere herausragende Eckdaten aus jener Zeit: 1967 richtete die amerikanische Matson Navigation den ersten Transpazifik-Containerdienst ein, 1968 wurde mit der Orient Overseas Container Line (OOCL) die erste asiati-

Die Schiffahrt im Containersystem

Sehr früh hat sich die deutsche Küstenschiffahrt auf den Containerverkehr eingestellt. So gilt die 1966 gebaute BELL VANGUARD als das erste deutsche Containerschiff überhaupt. Das 499-BRT-Schiff konnte 67 TEU laden. Gut ist auf dem mittleren Bild die spezielle Lukenabdeckung zu erkennen. Unten: Das nahezu identische Schiff BELL VALIANT. (Fotos: Archiv HJW)

sche Reederei gegründet, die einen regelmäßigen Containerdienst auf dem Pazifik bot. 1969 erfolgte auf Taiwan die Gründung der Evergreen Marine Corp., die sich später in einer geradezu atemberaubenden Entwicklung mit an die Spitze der weltweit operierenden Container-Reedereien setzte. 1971 schlossen sich europäische und asiatische Reedereien im Trio-Dienst zusammen, um einen möglichst dichten Liniendienst zwischen Europa und Fernost mit großen Containerschiffen bieten zu können.

Nach einer Aufstellung des Fairplay International Shipping Journal waren am 31. Juli 1969 bereits insgesamt 208 Containerschiffe weltweit im Bau oder Auftrag. In dieser Zahl, die sich gegenüber dem Vorjahr (102) gut verdoppelt hatte, waren alle Voll- und Semi-Containerschiffe sowie Trailer und Kühlcontainerschiffe (part refrigerated) enthalten.

An der Spitze der auftraggebenden Länder stand in jenem Jahr Großbritannien, ein Jahr zuvor waren es die USA gewesen, mit 38 Einheiten von insgesamt 716 000 t Tragfähigkeit. An zweiter Stelle folgten die USA mit 31 Schiffen und 619 000 t Tragfähigkeit. Die Bundesrepublik Deutschland nahm mit 37 Schiffen von insgesamt 302 000 t Tragfähigkeit den dritten Platz ein. Die weiteren Schiffe waren u.a. von Reedereien in Schweden (11 Einheiten/121 111 tdw), Australien (6 Einheiten/95 000 tdw), Frankreich (4 Einheiten/85 000 tdw), Japan (4 Einheiten/68 000 tdw) und den Niederlanden (7 Einheiten/56 000 tdw) geordert worden. Größte Schiffe waren die vier je 1500 TEU tragenden Vollcontainerschiffe, die für das britische Containerkonsortium OCL bei Blohm + Voss gebaut wurden.

Obwohl dieser Bauboom einerseits weltweit eine allgemeine, fast euphorisch zu nennende Zustimmung zu signalisieren schien, mehrten sich andererseits auch die kritischen Stimmen. Manche sprachen immer noch mit Blick auf die Containerflut von einer »Geldverschwendung«, andere mahnten zur Besonnenheit und wollten nichts überstürzen. Und wurde über den idealen Containerverkehr der Zukunft diskutiert, dann spielte man die Gefahr einer Überkapazität in Schiffahrt und Häfen nicht mehr so leichtfertig herab wie häufig zuvor.

Container

Düstere Prognosen drehten sich besonders um drohende Überkapazitäten sowie harte Ratenkämpfe auf dem Nordatlantik, und der britische National Ports Council prognostizierte für das Jahr 1980 mehr Container als Ladung in diesem Fahrtgebiet. Dennoch war sich auch die Mehrzahl der ernsthafen Kritiker darüber einig, daß der Containerverkehr die Zukunft der Linienschiffahrt sein mußte, denn der Punkt »of no return« war längst überschritten. Milliardensummen waren bereits investiert.

Etliche Reeder, vor allem skandinavische, teilten den Containeroptimismus allerdings immer noch nicht. In »Fairplay« setzte sich beispielsweise der Vizepräsident der norwegischen Reederei Fred Olsen kritisch mit dem McKinsey-Report auseinander, der im Auftrag des britischen Transport Docks zur Untersuchung des Containersystems ausgearbeitet worden war. Er trug den Titel »Containerization – the key of Low-Cost Transportation«, was der norwegische Fachmann in »Containerization: the key of waste money« abwandelte. Er kritisierte vor allem, daß die Untersuchungen, die diesem Bericht zugrunde lagen, den Containertransport als einzige Alternative zum konventionellen Seeverkehr herausstellten. Das war seiner Meinung nach ein fundamentaler Irrtum, da völlig ignoriert würde, daß es auch noch andere technologische Entwicklungen auf dem Gebiet des internationalen Seeverkehrs gäbe. Er meinte damit vor allem den Ro/Ro-Verkehr und andere Formen von Unit Loads.

Viele Skandinavier waren der gleichen Meinung. Sie hatten zwar nichts gegen die Container an sich, wollten aber auf keinen Fall Schiffe für den Nur-Containertransport einsetzen, weil damit ihrer Ansicht nach die Flexibilität, auf die sie größten Wert legten, verloren ging. Ihr Konzept war es, Platz für alle anfallende Ladung zu bieten: Container, Paletten und konventionelle Ladung. Dieses Bestreben wird verständlich, wenn man sich in Erinnerung ruft, daß das Hauptgeschäft gerade der skandinavischen Reeder im Cross-Trade lag und liegt. Die heimatliche Basis wird vergleichsweise selten angelaufen und ist abgesehen von wenigen Plätzen ja auch nicht unbedingt als ladungsträchtig anzusehen. Unter diesen Umständen Containerverkehre mit den notwendigen Organisationen im Hinterland aufzubauen, war sicherlich auch nicht so einfach.

Vielfach setzten diese Reedereien zunächst Semi-Containerschiffe ein, wie sie allgemein in Relationen mit nicht ausgewogenem Ladungsaufkommen oder als Vorstufe von Vollcontainerverkehren verwendet wurden. Nach wie vor mit bordeigenem Ladegeschirr versehen, konnten diese Schiffe an jedem Stückgutliegeplatz sowohl konventionelle Ladung als auch Container, die meistens in einer speziellen Mittelschiffssektion gestaut waren, umschlagen. Das machte auf den ersten Blick zwar Sinn, es war jedoch zu bedenken, daß ein Schiff stets nur so schnell beim Umschlag sein kann, wie seine »langsamste Luke«, und das ist immer die mit der konventionellen Ladung. Ein wichtiges Argument für den Vollcontainerverkehr, nämlich durch rasche Abfertigung kürzere Hafenliegezeiten und damit mehr Rundreisen pro Jahr zu erreichen, ging beim Einsatz von Semi-Containerschiffen also verloren. Deshalb ging die Zahl der Semi-Containerschiffe nach einigen Jahren auch deutlich zurück und wurde später eher zur Ausnahme.

Bei allen anderen Linienreedereien in den Industrieländern, die potent genug waren, gab es in bestimmten Fahrtgebieten für den Container keine Alternative mehr – trotz der Risiken, die für den Reeder damit verbunden waren, und trotz der »roten Zahlen«, in denen sich anfangs die Ergebnisse fast aller Reedereien bewegten, die neue Containerschiffe und das dazugehörige Equipment geordert hatten. »So betonte es jedenfalls Karl-Heinz Sager, damals noch Vorstandsmitglied des Norddeutschen Lloyd und einer der Urväter des ›Containerismus‹ in Deutschland. ›Die haben ja alle schon viereckige Augen‹ hieß es seinerzeit über diese Spezies von Enthusiasten.

Natürlich würden die ›roten Zahlen‹ von der Kalkulationsbasis für die Gesamtkosten (Schiffe, Container, Fahrgestelle, Inlandorganisation) abhängen, meinte Sager weiter in seinem Vortrag vor der Schiffbautechnischen Gesellschaft am 20. März 1970 in Bremerhaven. Aber während die amerikanischen Reedereien ihre Schiffe in 25 Jahren und die Container in zehn Jahren abschrieben, hätten Hapag und Lloyd den realistischen Zeitraum von 12 und 5 Jahren gewählt, was natürlich Auswirkungen auf die Tageskosten der Schiffe hätte.

Starken Einfluß auf den Gewinn oder Verlust des Containerverkehrs habe die Inland-Organisation, fuhr er fort. Während beispielsweise Sea-Land als Reederei eines Inland-Transportunternehmens gegründet worden sei, das den Landverkehr traditionell beherrsche, hätten sich die europäischen Reedereien auf ein völlig neues Gebiet begeben müssen. Sie hätten erst erkennen müssen, daß plötzlich 50 Prozent ihrer Kosten an Land entstünden. In Zukunft würde es darauf ankommen, die hohen Kosten des Landverkehrs zu senken. Dabei komme insbesondere der engen Zusammenarbeit mit den Spediteuren große Bedeutung zu.«

Unerfreulich wirke sich nach den Worten des NDL-Vorstandsmitgliedes auch aus, daß auf dem Nordatlantik eine

Die Schiffahrt im Containersystem

Das TS AMERICAN ACCORD der United States Lines – auch dies ein umgebauter konventioneller Frachter – im Waltershofer Hafen in Hamburg. (Foto: HHLA)

Überkapazität bestehe. Sie habe zu erheblichen Ratensenkungen geführt, die auch durch ein hohes Frachtaufkommen in der Containerfahrt bisher nicht auszugleichen seien. Auf die Frage, ob der Container nun aufgrund dieser Feststellungen ein Mißerfolg der Reeder sein würde, stellte Sager ganz klar fest: »Nein, der Container ist die richtige Anwort für die Zukunft!«

Soweit zur Situation 1970. Selbstverständlich gab es noch zahlreiche Probleme zu lösen. Sie ergaben sich nicht zuletzt daraus, daß der Containerverkehr einfach noch zu jung und zu schnell gewachsen war. Feste Strukturen hatten sich noch gar nicht herausbilden können. Damals tauchte u.a. der Gedanke auf, zur Regulierung der Schwierigkeiten in der Containerschiffahrt eine Superkonferenz zu gründen, ähnlich der IATA in der Luftfahrt. Sie hätte über den Schiffahrtsbereich hinausgehend die Anschlußverkehre an Land umfassen müssen und sich mit organisatorischen Fragen wie Haftung, Vereinheitlichung der Transportdokumente, Durchfrachtkonossemente und anderem mehr befassen müssen. Eine solche Organisation ist aber ebensowenig zustande gekommen, wie der schon vorher erwähnte weltweite Containerpool.

Container

Oben: Das war das Startsignal für den europäischen Nordkontinent: Die FAIRLAND von Sea-Land löscht im Anschluß an die Bedienung von Rotterdam am 6. Mai 1966 erstmals Container in Bremen.
Unten: Jahre später die SEA-LAND DEVELOPER am Containerterminal Bremerhaven.
(Fotos: BLG)

Weitere Fahrtgebiete werden erfaßt

Zu diesem Zeitpunkt war die Containerisierung zumindest in der Planung schon längst über den Nordatlantik hinausgewachsen und hatte weitere Fahrtgebiete erfaßt. Vorausgegangen waren umfangreiche Analysen, welches Fahrtgebiet in welcher Form und wieweit containerisiert werden konnte.

Die Tatsache, daß die gesamte Verkehrswirtschaft, speziell aber der Containerverkehr, einer der kapitalintensivsten Wirtschaftszweige ist, ihre Leistungen nicht speicherbar sind und die Flexibilität in bezug auf die Leistungserbringung mit zunehmender Spezialisierung geringer wird, machte es mehr als jemals zuvor zwingend notwendig, sich möglichst genaue Erkenntnisse über die zukünftigen Entwicklungen zu verschaffen, bevor eine unternehmenspolitische Entscheidung getroffen wurde. Der hohe Kapitaleinsatz verlangte, daß der einmal eingeschlagene Weg größtmögliche Sicherheit bot, soweit das in der Schiffahrt sowie der hier oder dort immer wieder schwankenden Weltwirtschaft überhaupt möglich war.

Auf die Containerisierung von Fahrtgebieten in der Seeschiffahrt bezogen bedeutete das, daß zuvor die Möglichkeiten der Containerisierbarkeit der in dem jeweiligen Fahrtgebiet hauptsächlich anfallenden Ladungen genauestens analysiert wurden. Die ließen sich unter Containergesichtspunkten generell in vier Hauptgruppen einordnen:
1. Hochwertige Sackgüter, Ballengüter, Stückgüter, die aufgrund ihrer technischen und ökonomischen Versandeigenschaften gut für den Standardcontainer geeignet waren.
2. Höherwertige Stückgüter, sperrige Stückgüter und ähnliche, die aufgrund ihrer Eigenschaften nur bedingt containerisierbar waren.
3. Kühlgüter, hochwertige flüssige und gasförmige Güter, die nur für Spezialcontainer geeignet waren.
4. Massengüter und sonstige Güter, die infolge ihrer ökonomischen und technischen Versandeigenschaften nicht für den Containerverkehr geeignet waren.

Natürlich war der Anteil der Ladung, die in der Anfangszeit für containerisierbar gehalten wurde, in den einzelnen Fahrtgebieten sehr unterschiedlich. Er war dort am höchsten, wo in beiden Richtungen ein großes Aufkommen homogener Güter anfiel, wie es vornehmlich beim Austausch von Halb- und Fertigwaren zwischen Industrieländern der Fall ist. In diesen Verkehrsgebieten, die vom Ladungsaufkommen und für die Einrichtung von Transportketten noch am ehesten überschaubar waren, ließen sich auch die Rationalisierungs- und Einsparmöglichkeiten relativ leicht erfassen.

So konzentrierte sich der Überseeverkehr in den ersten fünf Jahren dann auch ganz deutlich auf die Verkehre zwischen den hochindustrialisierten Wirtschaftsblöcken, also zwischen Westeuropa, den USA, Australien und Japan. Alle diese Länder bzw. Regionen hatten mehr oder weniger nicht nur unter chronischen Hafenproblemen zu leiden gehabt, sondern sie standen darüber hinaus auch noch ständig weiter wachsenden Ladungsvolumina gegenüber. Ohne durchgreifende Änderungen waren diese Mengen nicht mehr in den Griff zu bekommen, und hier brachte der Container durch die Mechanisierungs- und Rationalisierungsmöglichkeiten, die er bot, wenn auch nicht unbedingt sofort die Lösung, aber doch erst einmal wesentliche Erleichterung.

Die Umwälzungen, die der Containerverkehr durch die Einbeziehung immer weiterer Fahrtgebiete sowie auch bei den Binnenverkehrsträgern weltweit hervorrief, führte zwangsläufig bald zu der Frage, welche Rolle denn der Staat bei dieser Entwicklung übernehmen sollte. Sollte er überhaupt eine Rolle spielen? Hatte er Aufgaben und wenn ja, welche und wie wichtig waren sie? Und da der Containerverkehr generell ein internationales Geschäft ist, mußten diese Fragen nicht nur an einen Staat und dessen Administration gerichtet werden, sondern an ganze Staatengruppen sowie vor allem an die internationalen überstaatlichen Einrichtungen, wie zum Beispiel die Vereinten Nationen und ihre Unterorganisationen.

Im Grundsatz galt, daß sich die Tätigkeit des Staates auf verwaltungstechnische Belange konzentrieren sollte, nach dem bewährten Motto: Soviel Staat wie nötig bzw. so wenig Staat wie möglich. Der Staat, oder besser, die Staaten, mußten Hemmnisse beseitigen, wenn sie den Verkehrsfluß behinderten, und es darum ging, diesen Verkehrsfluß mit der Schaffung verbindlicher Regelungen zu fördern und zu unterstützen.

Im internationalen Verkehr gingen die Meinungen darüber allerdings auseinander. Während manche Länder auch den internationalen Verkehr möglichst freizügig gestaltet sehen wollten, glaubten andere Staaten, dies erst zugestehen zu können, wenn der internationale Wettbewerb – hier auf

Container

> # The New York Times.
>
> NEW YORK, SUNDAY, APRIL 24, 1966.
>
> ## Container Service on Atlantic Begins
>
> **By EDWARD COWAN**
> Special to The New York Times
>
> ROTTERDAM, the Netherlands, April 22—The S. S. Fairland sails from Elizabeth, N. J., for Rotterdam Saturday carrying 226 containers. The bills of lading will specify such contents as safety razors, cameras, supplies for the United States Army, chemicals and compo-
>
> **Less Work for Longshoremen**
>
> With fewer hands needed to operate cranes and hoists, holiday, weekend and night dock work may become more attractive. In Rotterdam, according to management, the longshoremen, about 30 per cent unionized, don't fight mechanization. There is enough work for all.
>
> Mr. Kerans was emphatic in an interview about Sea-Land's desire to stay out of the land transportation business, for which it is not licensed.
>
> But an Antwerp port official observed that the ship lines want to extend their "depth of control from door-to-door in-

Dieses Ereignis war schon einen großen Bericht in der »New York Times« wert.
(Foto: Archiv HJW)

dem Verkehrssektor – unter wenigstens annähernd gleichen Bedingungen erfolgen konnte.

Hauptanliegen der multinationalen Zusammenarbeit in Fragen des Containerverkehrs war jedoch allgemein die Zielvorstellung, diesem System die Wege zu ebnen, damit es sich erfolgreich entfalten konnte. Dabei standen folgende Sachgebiete im Vordergrund:

1. Vereinfachung der Zollbehandlung durch Anpassung der Zollregelungen an den wachsenden Containerverkehr.
2. Einführung einheitlicher Prüf- und Zulassungsbedingungen sowie gegenseitige Anerkennung der Zulassungs- und Sicherheitszertifikate.
3. Einwirkung auf eine möglichst umfassende Anwendung der weltweit empfohlenen Behälternormen.
4. Möglichst einheitliche Kennzeichnung der Container unter Berücksichtigung der modernsten technischen Ablesemethoden.
5. Regelung der Haftungsprobleme in der Transportkette, vor allem im Überseeverkehr.
6. Abstimmung der Investitionen im Hinterlandverkehr, vor allem bei den Eisenbahnen, um die Seehäfen gleichberechtigt zu bedienen.
7. Vereinfachung und Vereinheitlichung der Dokumente unter Anwendung der Datenverarbeitung.
8. Beobachten der sozialen Auswirkungen, vornehmlich im Bereich von Schiffahrt und Häfen, wo sich der Strukturwandel besonders durchgreifend zeigte.
9. Schließlich forderten die Verkehrsträger, die am Binnentransport der Container beteiligt waren, national und international die Herstellung gleicher Wettbewerbschancen. Diese herzustellen, war wohl die schwierigste Aufgabe. Sie ist es noch.

Auch Staat und Administration waren also auf vielen Ebenen und in vielen Bereichen vom Containerverkehr erfaßt und gefordert. Naturgemäß vollzog sich dort der Wandel auf das neue Verkehrssystem wesentlich langsamer als in der freien Wirtschaft. Viele Dinge harren immer noch der Erledigung, vieles ist aber auch schon geschehen. Als Beispiel dafür kann die erste Weltkonferenz über den Containerverkehr gelten, die im November/Dezember 1972 zustande gekommen war. Sie wurde von den Vereinten Nationen und ihrer zwischenstaatlichen beratenden Schifffahrtsorganisation IMCO/später IMO in Genf durchgeführt. Dabei ist bemerkenswert, daß es gelang, innerhalb von nur drei Wochen zu zwei internationalen Übereinkommen und acht Resolutionen zu gelangen. Es handelte sich dabei um

– das Internationale Abkommen über sichere Container (CSC) und
– das Zollübereinkommen über Behälter sowie um Resolutionen u.a. über
– den Transit von Containern, die für Binnenländer (ohne direkten Zugang zum Meer) bestimmt sind,
– die Erleichterung von Gesundheitskontrollen,

Weitere Fahrtgebiete werden erfaßt

- die Containernormen für den internationalen kombinierten Verkehr,
- die Kodifizierung von Containern,
- den internationalen kombinierten Verkehr (Fragen der Containerpolitik, der Haftung und der Dokumente).

Doch nun ein Blick auf die anfängliche Entwicklung in den wichtigsten Fahrtgebieten.

Europa—Nordamerika

Alles begann ja, wie schon vorher skizziert, auf dem Nordatlantik. Es ging rasch voran in diesem Fahrtgebiet, trotz der zunächst ablehnenden Haltung der Gewerkschaften. Bereits 1965 wurde an der US-Ostküste die erste spezielle Containerverladebrücke installiert und 1969 gab es in den Vereinigten Staaten bereits in dreißig Häfen über sechzig Liegeplätze, die mit derartigem Spezialumschlaggerät ausgerüstet waren. Etwa die Hälfte davon befand sich an der Ostküste, es folgte die Westküste mit 17 Liegeplätzen. Der Rest verteilte sich auf die anderen Küstenregionen. Die entsprechende Ausrüstung zahlreicher weiterer Plätze war in vollem Gange. 1968 wurden schon 1,74 Mio. t Ladung in rund 200 000 Containern (TEU) in beiden Richtungen über den Atlantik befördert.

Wegen des hohen Güteraufkommens mußte von Anfang an auch mit Containerschiffen eine möglichst dichte Abfahrtsfolge geboten werden. Nachdem zunächst umgebaute Frachter eingesetzt wurden, brachten teilweise schon genannte Reedereien 1967/68 erste Vollcontainerschiffe in Fahrt. Andere, wie die Atlantic Container Line (ACL) und Moore-McCormack, setzten auf ConRo-Schiffe, also auf sol-

Die ELBE EXPRESS der Hapag und die WESER EXPRESS des Norddeutschen Lloyd im Oktober 1968 am Containerterminal Burchardkai in Hamburg. Diese beiden 1968 gebauten, je rund 750 TEU tragenden Neubauten waren die ersten deutschen Containerschiffe für den Überseeverkehr. (Foto: HHLA)

Container

che, die sowohl Container als auch rollende Ladung befördern konnten. Anfang 1969 waren auf dem Atlantik bereits 23 Voll- und 8 Semi-Containerschiffe mit einer Gesamtkapazität von 19 328 TEU in Fahrt, davon fuhren 15 Voll- und 4 Semi-Containerschiffe mit 12 754 TEU unter US-Flagge. Nach kürzester Zeit beherrschte der Container den Nordatlantikverkehr fast vollständig. Dort tätige Reedereien, die dieser Entwicklung nicht folgten, wie die britischen Black Diamond Lines und die dänische Det Forenede Dampskibs Selskab (DFDS), verschwanden sehr bald ganz von der Bildfläche.

Am Anfang war der Container ein wirksames Mittel der auf diesem Gebiet erfahreneren amerikanischen Reedereien gewesen, um auf dem Nordatlantik, der sogenannten Hochstraße des Weltseeverkehrs, vor ihren europäischen Konkurrenten einen möglichst großen Vorsprung zu gewinnen. Die europäischen Reeder reagierten jedoch schneller als erwartet, was zu einem beispiellosen »Wettrüsten« führte, das bis heute nicht aufgehört hat.

Sehr früh ist Kanada in den Containerverkehr einbezogen worden, etwa ab Anfang der siebziger Jahre, zunächst mit Semi-Containerschiffen, dann auch mit Vollcontainerschiffen, wobei sich Halifax zum Hauptcontainerhafen entwickelte. Die US-Golf-Häfen folgten in ähnlicher Form mit New Orleans und Houston als Haupthäfen. Schwieriger war es mit den Häfen, die die an den Großen Seen angrenzenden Industriegebiete bedienten. Hierfür fehlte zunächst wegen des Saisonbetriebes und der Besonderheiten des St. Lorenz-Seeweges geeignete Tonnage. Einige Reedereien setzten Semi-Containerschiffe ein und ab Anfang 1976 machten schließlich dann die amerikanischen Great Lakes & European Lines (GLE) mit einigen kleineren gecharterten deutschen Containerschiffen den Anfang. Wie überall sahen andere sich dadurch gezwungen, nachzuziehen.

Zur nordamerikanischen Westküste richtete das britisch-dänische Konsortium Scan-Star mit zunächst vier Schiffen von je 900 TEU im Sommer 1971 einen ersten Vollcontainerdienst ein. Später erweitert zur Johnson-Scan-Star, bot dieser Dienst Anfang 1976 Abfahrten mit zehn Schiffen, die teilweise noch mit eigenen Verladebrücken ausgerüstet waren. Mit Semi-Containerschiffen war ab 1971 auch der deutsch-französische Gemeinschaftsdienst Euro-Pacific dabei. Im Laufe des Jahres 1976 wurde dieser Dienst ganz auf Vollcontainerschiffe umgestellt.

Hauptcontainerhäfen an der nordamerikanischen Westküste sind Los Angeles/Long Beach, San Francisco/Oakland, Seattle, Vancouver und Portland. In Oakland, das damals eine Spitzenstellung einnahm, wurde bereits Anfang 1975 die 15. Containerbrücke installiert. 82 Prozent des Güterumschlages in diesem Hafen an der San Francisco-Bucht waren zu diesem Zeitpunkt schon containerisiert.

Europa—Australien/Neuseeland

Während vielerorts noch über Sinn oder Unsinn des Containers diskutiert und immer wieder das Gespenst einer drohenden Überkapazität auf dem Nordatlantik an die Wand gemalt wurde, buchte die deutsche Werftengruppe Deutsche Werft AG, Howaldtswerke Hamburg AG und Blohm + Voss Mitte Februar 1967 einen hart umkämpften Auftrag aus Großbritannien über fünf große Containerschiffe von je 27 000 BRT/42 900 tdw. Achtzig Prozent der Bausumme wurden vorgestreckt und sollten innerhalb von sechseinhalb Jahren zu einem Zinssatz von 5,5 Prozent zurückgezahlt werden, was nahezu japanischen Verhältnissen entsprach.

Das australische Containerschiff KOORINGA schlägt noch mit eigenem Geschirr um. (Foto: Australian News & Information Bureau)

Weitere Fahrtgebiete werden erfaßt

*Die AUSTRALIAN ENDEAVOUR bei der Einfahrt in den Hafen von Fremantle.
(Foto: Australian Information Service)*

Mit dieser Auftragsvergabe wurde nicht nur bekannt, daß die Reedereigruppe, es war die Overseas Container Limited (OCL), mit dem Einsatz dieser und eines weiteren in England zu bauenden Schiffes 52 konventionelle Frachter einsparen wollte, sondern auch, daß die georderten Containerschiffe nicht etwa für den Nordatlantik, sondern für den Verkehr mit Australien bestimmt waren. Das war eine totale Überraschung, denn ursprünglich hatte man geglaubt, daß über den Nordatlantik hinaus andere Verkehrsgebiete erst sehr viel später containerisiert werden könnten.

Allgemein galt die Australfahrt wegen ihres bekanntermaßen unausgeglichenen Ladungsaufkommens nämlich als gar nicht so geeignet für den Containerverkehr. In ausgehender Richtung wurden von Europa industrielle Erzeugnisse befördert, sowie heimkehrend hauptsächlich Wolle, Häute, Felle, Konserven und Kühlladung. Als nicht einfach erwies sich vor allem der Wolltransport, der wirtschaftlich nur durchgeführt werden konnte, wenn die Abmessungen der Wollballen auf die Innenmaße der Container abgestimmt sein würden. Wegen der Wollverschiffungen gab es in der Folgezeit immer wieder Unstimmigkeiten.

Ein nicht unerheblicher Teil der von Australien ausgehenden Ladung war Kühlgut. Es mußten also verstärkt Kühlcontainer zum Einsatz gebracht werden, und eines der vielen Einzelprobleme, speziell in diesem Fahrtgebiet, war die Holzbehandlung gegen Sirex-Wespen. Auf beides wird an anderer Stelle noch einmal eingegangen.

Bei der OCL nun handelte es sich um ein 1965 gegründetes britisches Reedereikonsortium, dessen Mitglieder traditionelle Interessen in der Austral-, Neuseeland- und Fernostfahrt vertraten. OCL gehört zu den großen Pionieren des Containerverkehrs, zumindest was die europäische Seite betrifft. Ihr Plan für die Containerisierung der Australfahrt mit sechs Schiffen sah die Bereitstellung einer Gesamtsumme von umgerechnet 462 Mio. DM vor, in denen die Investitionen für die Container und erforderliche Hafeneinrichtungen in Australien enthalten waren.

Wie andere große Reedereien oder Reedereigruppen ging auch OCL sehr gründlich an die Vorbereitung des kostspieligen Dienstes heran, um Risiken soweit es ging zu minimieren. Dazu gehörten auch, unter Berücksichtigung der Tatsache, daß mit der Beladung eines großen Teiles der

Container

Container durch den Urversender ein wesentlicher Teil der Stauung eines Seeschiffes in das Binnenland verlagert wurde, z.B. die Durchführung von Beladungstests bzw. -beratungen bei rund 300 britischen Verladern. Mit derartigen praktischen Demonstrationen konnte gleichzeitig der Boden für eine spätere sehr viel engere Zusammenarbeit zwischen den Reedereien und den Verladern vorbereitet werden. Auch andere Reedereien praktizierten vorbereitende Maßnahmen dieser Art. Sehr früh wurden Stauberatungen zu festen Serviceleistungen der Containerlinien. Die Früchte dieser Arbeit ließen nicht auf sich warten. Schon Monate vor der für Februar 1969 angesetzten ersten Abfahrt war das erste OCL-Austral-Containerschiff, die ENCOUNTER BAY, nach Reedereiangaben voll ausgebucht.

1969 fiel der Startschuß für den Austral-Containerverkehr, zunächst nur unter britischer Flagge. Neben OCL stieg mit der Associated Container Transportation (ACT) noch eine weitere britische Gruppe praktisch gleichzeitig in den Containerverkehr ein. Wegen des Widerstandes der britischen Docker standen die Aktivitäten allerdings zunächst unter keinem günstigen Stern. Tilbury wurde 13 Monate lang bestreikt, so daß der dortige neue Terminal erst im Mai 1970 in Betrieb genommen werden konnte. Bis dahin fertigten die Briten ihre Containerschiffe auf dem ihnen ansonsten doch so fernen Kontinent ab. Die deutschen Reedereien Hapag und Lloyd hatten für den Australdienst 1969 je ein Schiff der sog. 2. Generation in Auftrag gegeben. Deren Ablieferung erfolgte in der zweiten Hälfte des Jahres 1970.

Schon im Oktober 1969 schlossen sich die Vorreiter OCL und ACT mit der Australian National Line (ANL) und vier weiteren europäischen Linien zum Australia Europe Container Service (AECS) zusammen, der mit 14 Containerschiffen der 2. Generation zehntägige Abfahrten bot. AECS war die größte gemeinsame Organisation, die bis dahin in der Schiffahrt bestanden hatte. Mit ebenfalls gemeinsamem Geräteeinsatz und sinnvoller Arbeitsteilung sollte die rationelle Abwicklung des Verkehrs sichergestellt werden.

Damit hatte sich der Container in relativ kurzer Zeit auch eine der längsten Routen des Weltseeverkehrs erobert. Während konventionelle Schiffe für eine Überreise noch 35 Tage benötigt hatten, schafften die AECS-Schiffe es in 23 Tagen. Nach einer englischen Meldung haben sich im ersten Betriebsjahr die Schadensquoten im Australverkehr von Großbritannien um 95 Prozent verringert.

Mitte 1972 verließen ACT und ANL das Konsortium wieder, um einen eigenen Dienst aufzubauen. Daneben bot in diesem Verkehr, neben der nicht zu unterschätzenden sowjetischen Baltic Shipping Company (vorher Baltic Steamship Company), auch noch die skandinavische Gruppe Scan-Austral ab 1972/73 mit sehr interessanten Schiffen ihre Dienste an. Ihre Schiffe, die nach dem bereits erwähnten skandinavischen Konzept zwar auch Containerkapazität anboten, hatten an sich aber mehr den Charakter von Ro/Ro-Schiffen. Sie waren damals die größten dieser Art in der Welt. Sie verfügten neben Container- und Ro/Ro-Stellflächen zusätzlich über große Ladetanks, in denen südgehend Chemikalien und nordgehend Talg gefahren wurde. Die Laderäume wurden ausnahmslos mit schweren Gabelstaplern und anderem Transportgerät bedient, das größtenteils erst für den Einsatz auf diesen Schiffen entwickelt worden war.

In Australien war der Containerverkehr schwerpunktmäßig auf die drei Haupthäfen Sydney, Melbourne und Fremantle konzentriert. Die übrigen Häfen und Gebiete wurden durch Feederdienste mit diesen Zentren verbunden. Ein ganz neuer Hafen war im Gebiet von Botany Bay geplant, um die Anlagen von Sydney zu entlasten.

Im Neuseelandverkehr sah es etwas anders aus. Nach Plänen britischer und neuseeländischer Reeder sollte ein Containerverkehr zwischen Großbritannien und Neuseeland 1973/74 aufgenommen werden. Unter dem Eindruck der anfänglichen Schwierigkeiten im Australverkehr und der erkennbaren Kostenentwicklung wurde dieses Projekt jedoch bald wieder aufgegeben.

Im März 1974 begann dann die Hamburg-Süd mit der Containerisierung ihres Liniendienstes zwischen Europa und Neuseeland/Neukaledonien. Die eingesetzten Schiffe waren mit eigenem Ladegeschirr ausgerüstet, um auch Häfen bedienen zu können, die nicht über eigene Containerbrücken verfügten. Die Kapazität der eingesetzten Schiffe belief sich auf jeweils 422 TEU, darunter, entsprechend dem Ladungsaufkommen, Anschlüsse für 144 Kühlcontainer.

Ab Mai 1977 begann der Australia Europe Container Service (AECS) mit einer einschneidenden Umstellung seines Dienstes. Mit Beteiligung aller damaligen Partner, zu denen 1978/79 noch die Shipping Corporation of New Zealand gestoßen war, wurde der AECS zum ANZECS erweitert. NZ steht für Neuseeland. Neuseeland wurde also von diesem Zeitpunkt an in den bestehenden Austral-Containerdienst einbezogen.

Von Australien und Neuseeland aus drang der Containerverkehr immer weiter in die Südsee vor. Einer der Basishäfen wurde Port Moresby auf Papua. Der Aufbau der dortigen Anlagen wurde mit Mitteln der Weltbank finanziert.

Weitere Fahrtgebiete werden erfaßt

Sydneys Containerterminal etwa 1973. (Foto: Australian National Line)

Einen anderen containerisierten Südseedienst von Nordeuropa aus bot die Hamburg-Süd ab Anfang 1977 mit zwei Schiffen von Hamburg über Bremen, Rotterdam, Antwerpen, Dünkirchen, Le Havre und La Pallice nach Tahiti und Neukaledonien.

Nordamerika– Australien/Neuseeland

Im Verkehr zwischen der nordamerikanischen Ostküste und Australien/Neuseeland war und ist traditionell die Columbus Line, New York, eine Tochtergesellschaft der Hamburg-Süd, tätig. Sie beförderte in dieser Relation Ende der sechziger Jahre rund sechzig Prozent des Ladungsaufkommens und nahm im Juni 1971 den Containerverkehr auf. Als erstes Schiff wurde die COLUMBUS AUSTRALIA expediert. Sie traf am 4. Juni 1971 in Melbourne als erstem australischen Hafen ein. Es folgten COLUMBUS AMERICA und COLUMBUS NEW ZEALAND. Diese Schiffe gehörten damals mit ihrer Kühlcontainerkapazität von jeweils 758 TEU bei 1187 TEU Gesamtcontainerstellfläche zu den größten Kühlcontainerschiffen der Welt. Diese drei Neubauten, die über bordeigene Gantry-Kräne verfügten, ersetzten zehn konventionelle Schiffe. Wegen des ständig steigenden Ladungsaufkommens kam Anfang 1977 als viertes Schiff die COLUMBUS VICTORIA dazu. Bedient wurden an der Ostküste Nordamerikas die Häfen Halifax, Boston, New York, Philadelphia, Hampton Roads und Charleston sowie auf der anderen Seite Sydney, Melbourne, Brisbane, Wellington und Auckland.

Einen weiteren Dienst mit eigenen und langfristig gecharterten Schiffen unterhielt die Columbus Line zwischen der Westküste Nordamerikas und Australien/Neuseeland. Bedient wurden an der Westküste die Häfen Tacoma, Vancouver, San Francisco und Long Beach. Ebenfalls wurde mit gecharterten Schiffen eine Containerschiffsverbindung vom US-Golf nach Australien/Neuseeland angeboten. Nordge-

Container

Wie hier in Fremantle ließen sich nicht alle vom Containerverkehr aus der Ruhe bringen.
(Foto: Australian Information Service)

hend liefen diese Schiffe sogar Häfen in Venezuela sowie Port-of-Spain, Bridgetown, Fort-de-France und Kingston an.

Neben der Columbus Line, die als erste auf Container umgerüstet hatte, waren zu jener Zeit noch die Pace-Line und die Farrell-Line mit jeweils vier Schiffen sowie die schwedische Atlantrafic Express Line mit drei sogenannten Combos tätig. Letztere waren Frachter von 19 000 tdw, bei denen jeweils fünf der neun Laderäume als Containerzellen mit Stellplätzen für 380 TEU eingerichtet waren. Einen direkten Containerdienst von der Westküste Nordamerikas nach Australien nahm im Mai 1977 auch die sowjetische FESCO-Line auf. Sie setzte drei Schiffe mit je 360 TEU ein. Dieser Schritt der Sowjets hat damals für erhebliche Unruhe gesorgt, denn, wie in anderen Fahrtgebieten, versuchten sie auch hier, durch gezielte Ratenunterbietungen die attraktivsten Ladungen an sich zu ziehen.

Europa–Fernost

Nach einer Pressemeldung der Hamburg-Süd vom März 1970 waren Anfang 1970 47 der insgesamt 104 bei den Werften der Welt im Bau befindlichen Containerschiffe für den Verkehr auf den Fernostrouten bestimmt – 28 davon für Dienste zwischen der nordamerikanischen Westküste und Japan, 19 für die Route Europa–Fernost. Schon allein diese wenigen Zahlen verdeutlichen die Dimensionen, mit denen der Fernostverkehr in seiner Containerzukunft aufwarten würde.

Die Europa–Japan-/Fernostfahrt wurde nach Nordamerika und Australien als drittes großes Fahrtgebiet containerisiert. Die Notwendigkeit einer struktu-

Das deutsche TS HAMBURG EXPRESS, eines der ersten Containerschiffe der 3. Generation mit Stellplätzen für rund 3000 TEU, löscht erstmals in Singapur.
(Foto: Grant Public Relations)

Weitere Fahrtgebiete werden erfaßt

rellen und transporttechnischen Rationalisierung des Ostasienverkehrs hatte sich schon Jahre zuvor abzuzeichnen begonnen. Das Containerkonzept bot sich dort geradezu an. Es war wie geschaffen für die enorm großen Warenströme und auch hinsichtlich deren Struktur nahezu ideal. Nach 1971 veröffentlichten Schätzungen der britischen Blue Funnell Line waren etwa 50 Prozent des gesamten britischen Ostasienhandels containerisierbar. Die Hamburger Handelskammer war noch optimistischer und schätzte die Containeranteile im Fernostverkehr zumindest auf der Importseite auf gut 90 Prozent, da es sich dabei weitgehend um sogenannte »Kaufhausgüter« handeln würde und die seien nun einmal wie geschaffen für den Containertransport. Recht hatte sie, wie die Entwicklung zeigte.

Es war von vornherein klar, daß in dieser Relation ein leistungsfähiger Dienst wegen der großen Distanz und der abzufahrenden Volumina kaum von einer Reederei allein aufzubauen war. Deshalb setzte man sich frühzeitig zusammen, um die Sache gemeinsam anzugehen. Als größtes Gebilde konstituierte sich die Trio-Gruppe, in der sich fünf Reedereien aus drei Nationen – deshalb Trio – zusammentaten – Hapag-Lloyd, OCL, Ben Line (Containers), Nippon Yusen Kaisha und Mitsui O.S.K. Lines. Sie beabsichtigten, insgesamt 2,7 Mrd. DM zu investieren und 17 Schiffe der 3. Generation in Fahrt zu setzen. Zusätzlich sollten weiterhin leistungsfähige konventionelle Dienste vor allem nach den Ländern Südostasiens betrieben werden. Umfangreiche experimentelle Verladungen in Zusammenarbeit mit den Verladern gingen der Eröffnung des eigentlichen Containerdienstes voraus.

Die Containerschiffe der Trio-Gruppe wurden mit ihren 55 000 BRT die seinerzeit größten Frachtschiffe der Welt. Die Dienstgeschwindigkeit betrug 26 kn und die Containerkapazität gut 3000 TEU. Ihre Abmessungen, insbesondere die Breite, wurden bestimmt durch die Größe der Schleusen des Panama-Kanals, in die sie noch hineinpassen mußten. Die Transitzeit betrug 21 bis 23 Tage, die Rundreisedauer 63 Tage. Konventionelle Schiffe benötigten rund 110 Tage. Je nach Reihenfolge der Anlaufhäfen benutzten die Schiffe entweder die Route durch den Suez- oder den Panama-Kanal. Es wurden von Europa ca. zwei Abfahrten wöchentlich geboten.

Container

Die in der Trio-Gruppe praktizierte Kooperation wich erstmals von den bisherigen Formen der Zusammenarbeit in der Schiffahrt ab. Jede der Partnerreedereien akquirierte für jedes Schiff, das nach diesem Konzept also mehr oder weniger nur noch als Fähre anzusehen war. Jeder Partner hatte auf jedem Schiff eine bestimmte Anzahl von Stellplätzen, sogenannte Slots, zur Verfügung und konnte so seinen Kunden eine dichte Abfahrtsfolge bieten. Die Slotzuteilung war dabei im Grundsatz auf der Basis des historischen Ladungsaufkommens vorgenommen worden. Ein besonderes Gremium konnte Veränderungen bestimmen, falls dies sich als notwendig erweisen sollte. Die Zusammenarbeit der Reederein bestand also auf den Gebieten Schiffsoperation, Fahrpläne, Slotallocation und Terminal-Operation. In der Eigenverantwortung verblieben Marketing, Inlandtransporte und Service.

Als erstes Schiff des Trio-Dienstes verließ das japanische MS KAMARURA MARU am 31. Dezember 1971 Tokio zu seiner Jungfernreise und lief am 24. Januar 1972 erstmals Hamburg an. Insgesamt kamen bis Ende 1972 vierzehn Schiffe in Fahrt, die restlichen drei folgten in 1973. Später erfuhr die Flotte weitere Zuwächse. In der Anlaufphase wurden in Europa die Häfen Hamburg, Rotterdam und Southampton bedient, in Fernost die japanischen Häfen Tokio/Ohi und Kobe sowie ab Mitte 1973 Singapur und Hongkong. Bis Ende 1973 vervollständigte sich die Zahl der Anlaufhäfen mit Bremerhaven und Kaohsiung, und 1976 kam als vorläufig letzter Platz Le Havre dazu.

Als weitere große Gruppe gründeten 1971 die drei skandinavischen Reedereien Det Ostasiatiske Kompagni, Svenska Ostasiatiske Kompagni und Wilh. Wilhelmsen den Scanservice, für den vier Schiffe von je rund 50 000 tdw und 2400 TEU in Auftrag gegeben wurden. Mit Göteborg als

Die Anfänge in Südostasien: Die NIHON löscht als erstes Vollcontainerschiff in Singapur schon mit Containerbrücken, während im Hafenteil Sembawang noch mit schiffseigenem Geschirr umgeschlagen wird. (Fotos: PSA)

Weitere Fahrtgebiete werden erfaßt

Basishafen sollte alle 15 Tage eine Abfahrt geboten werden. Als der niederländische Nedlloyd mit zwei weiteren Schiffen dazustieß, wurde der Dienst in Scandutch umbenannt. Als erstes Schiff kam im Juni 1972 die Nihon in Fahrt. Im Juli 1973 stieß die französische Reederei Messageries Maritimes als weiterer Partner hinzu, und im April 1977 schloß sich schließlich noch die Malaysian International Shipping Corporation (MISC) der Scandutch-Gruppe an.

Mit der fortschreitenden Containerisierung des Fahrtgebietes kam es Mitte 1975 zur Bildung eines dritten Konsortiums, der ACE-Gruppe. ACE-Partner waren der Franco Belgian Service (FBS), in dem sich die Compagnie Maritime des Chargeurs Rèunis und die neu in den Fernostdienst eintretenden belgischen Reedereien Compagnie Maritime Belge (CMB) sowie die Ahlers Linie zusammengeschlossen hatten, die Orient Overseas Container Line (OOCL)/Hongkong, die Neptune Orient Lines (NOL)/Singapur, und Kawasaki Kisen Kaisha/Japan zusammengeschlossen hatten. In dieser interessanten Gruppierung verbanden sich also traditionelle Ostasienfahrer mit Reedereien junger Schiffahrtsnationen und absoluten Neulingen. Jedes der Mitglieder aber hatte einen bedeutenden Marktanteil am jeweiligen nationalen Ladungsaufkommen, was zumindest eine gute Basis bot. Als Form der Zusammenarbeit wählten die Partner das inzwischen bewährte Trio-Konzept. Ab 1977 disponierte ACE acht Containerschiffe, mit denen wöchentliche Abfahrten geboten wurden. Erstes Schiff war die SEVEN SEAS (2068 TEU), die im November 1975 von Hamburg nach Fernost ging.

Sehr bald kam es in Südostasien/Fernost zum Aufbau eines immer dichter werdenden Feedernetzes, mit dem einerseits die großen Gruppen ihre Dienste immer weiter ausbreiteten, das andererseits aber vor allem im Zuge der fortschreitenden Industrialisierung dieser Region die Grundlage für einen verstärkten innerasiatischen Güteraustausch mit geradezu atemberaubenden Zuwachsraten war. Ein eigenes Fahrtgebiet entstand, das schließlich von allen dort tätigen Carriern gesonderte Planungen erforderte.

In Fernost wurden mit Ausnahme Japans, das schon praktisch von Anfang an über Containerterminals verfügte, die Umschlagplätze für dieses Verkehrssystem sehr rasch und oft unter großem Zeitdruck gebaut. Dabei mußten in den dicht besiedelten Zentren häufig erhebliche Schwierigkeiten überwunden werden. Beispielsweise wurden in Japan Terminals, wie die Anlagen vieler anderer neuer Industrien auch, durch künstliche Landgewinnung ins Meer hinaus gebaut, weil sonst einfach nicht genügend Platz für die benötigten großen Flächen vorhanden war. Das alles verschlang natürlich riesenhafte Summen. In Kobe zum Beispiel wurden mit einer künstlichen Insel 4,4 Mio. Quadratmeter Neuland gewonnen, auf dem der Containerterminal angelegt wurde. Rund 455 Mio. Dollar sind in den Bau investiert worden. 1976 wurden Pläne für einen zweiten Terminal bekannt, für den ebenfalls eine künstliche Insel geschaffen werden sollte – mit einem Kostenaufwand von 1 Mrd. Dollar.

In Hongkong mußte ein Felsenberg abgetragen werden, um die Gin Drinkers Bay für den Bau des Kwai Chung Containerterminals zuzuschütten. Singapur konnte als erster Platz Südostasiens bereits 1971 über einen Containerterminal verfügen.

Die damals noch ganz streng ideologisch ausgerichtete Volksrepublik China war das letzte der großen Länder der Welt, das noch nicht von der Containerisierungswelle erfaßt war. Erst Ende der siebziger Jahre mehrten sich die Anzeichen, daß auch dort Vorbereitungen in dieser Hinsicht getroffen wurden. Als erster Hafen, der spezielle Umschlaganlagen erhalten sollte, war Hsinkang, der »Neue Hafen« von Tientsin an der Pohai-Bucht, ausersehen worden. Die in den achtziger Jahren beginnende Öffnung des »Reiches der Mitte« mit ihrer explosionsartigen wirtschaftlichen Entwicklung, unterbrochen kurzzeitig nur durch das schauerliche Massaker auf dem »Großen Platz« in Peking, verschaffte schließlich auch dem Containerverkehr Zugang zu allen in den Außenhandel eingeschalteten Häfen, weil ohne Container der boomende Außenhandel gar nicht abzuwickeln gewesen wäre. 1994 wurden bereits über 5 Mio. Boxen umgeschlagen, vier Jahre später waren es bereits weit über 13 Mio. TEU. Shanghai ist mittlerweile zu der Gruppe der größten Containerhäfen der Welt vorgestoßen.

Aber nicht nur in der VR China, in der Privatinitiative in der Wirtschaft wieder möglich geworden war, sondern in vielen anderen Ländern Asiens, vor allem Südostasiens boomte die Wirtschaft mit jährlich zweistelligen Zuwachsraten. Das führte nicht nur zu einem gleichermaßen sprunghaft wachsenden Zuwachs der in diesem Verkehr eingesetzten Tonnage, sondern auch zum Auf- und Ausbau von Hafenplätzen, mit denen die ursprünglichen Zentren entlastet werden sollten oder die einfach für die Bedienung neu entstandener Industrie- und Wirtschaftsgebiete notwendig geworden waren. Manila/Philippinen zum Beispiel gewann rasch an Bedeutung, Keelung auf Taiwan, oder Penang, Johor Port und Port Kelang in Malaysia oder Laem Chabang in Thailand. Ein anderes großes Land, Indien, hat allerdings bis heute Probleme, in angemessenem Maße in den interna-

Container

Hongkong's Kwai Chung Containerterminal in den Anfangsjahren. (Foto: Arciv HJW)

tionalen Containerverkehr einbezogen zu werden oder für ihn die notwendigen Voraussetzungen zu schaffen. Möglicherweise ist das dort immer noch in vielen Bereichen stark staatlich dominierte Wirtschaftsleben die Ursache.

Transpazifik

Das pazifische Fahrtgebiet zwischen Nordamerika und dem Fernen Osten wird in der Schiffahrt neben dem Nordatlantik als das ladungsträchtigste angesehen. Das ergibt sich, ohne daß es weiterer Erläuterungen bedarf, aus der Potenz der zu beiden Seiten des Fahrtgebietes liegenden Wirtschaftsgiganten: USA/Kanada auf der einen Seite, sowie Japan, die prosperierenden südostasiatischen »Tigerstaaten« und später die sich politisch und wirtschaftlich öffnende VR China auf der anderen.

Das Containerzeitalter begann dort im September 1967 im sogenannten Kalifornien–Japan-Verkehr mit dem Einsatz von zwei umgebauten 465-TEU-Containerschiffen durch die Matson Navigation Company in Kooperation mit den japanischen Reedereien Nippon Yusen Kaisha (NYK) und Showa Kaiun. Geboten wurden 14tägliche Abfahrten. Im September 1968 brachte die NYK/Showa-Gruppe dort mit dem MS HAKONE MARU (752 TEU) das erste japanische Containerschiff in Fahrt. Einen Monat später folgte die AMERICA MARU (750 TEU) einer rein japanischen Gruppierung bestehend aus den Reedereien Mitsui O.S.K.Lines (MOL), Kawasaki Kisen, Japan Line und Yamashita Shinnihon Kisen.

Der Containerverkehr zwischen Seattle/Vancouver und Japan wurde im Oktober 1968 mit einem 400 TEU tragenden Semi-Containerschiff der American Mail Line (AML) eröffnet, und noch im Dezember gleichen Jahres startete Sea-Land mit 600-TEU-Vollcontainerschiffen einen wöchentlichen Dienst. Es folgten die sechs japanischen Linien NYK, MOL, Kawasaki, Japan Line, Yamashita Shinnihon und Showa, die gemeinsam zunächst drei Containercarrier mit Kapazitäten zwischen 738 TEU und 1000 TEU einsetzten.

Als dritte Transpazifik-Linie wurde die zwischen New York und Japan containerisiert. Den Anfang machten die United States Lines (USL) im September 1970. Zwischen 1971 und Anfang 1972 brachte die Reederei dann acht Vollcontainerschiffe mit einer Kapazität von je 1210 TEU und 22 kn Geschwindigkeit in Fahrt. Das brachte natürlich ordentlich Schwung ins Geschäft und machte die USL für etliche Zeit zur Nummer eins in diesem Verkehr, was andere wiederum aber überhaupt nicht daran hinderte, sich ebenfalls zu engagieren. Die Orient Overseas Container Line (OOCL) bot im Januar 1972 die erste Abfahrt, und ZIM Container Service folgte im Mai gleichen Jahres mit 670- bzw. 700-TEU-Einheiten. Fünf japanische Linien, NYK, MOL, Kawasaki, Japan Line und Yamashita Shinnihon, entwickelten gemeinsam ein Containerprogramm und boten ab August 1972 mit sieben Vollcontainerschiffen zwischen 1700 und 1900 TEU wöchentliche Abfahrten.

Mittelmeerlinien

Obwohl das Mittelmeer in Verbindung mit dem Suez-Kanal ein strategisch äußerst wichtiges Fahrtgebiet ist, begann der Containerverkehr dort zunächst nur sehr zögerlich Einzug zu halten. Als erste Überseeverbindung mit Containerschif-

Weitere Fahrtgebiete werden erfaßt

fen wurden Dienste zur Ostküste Nordamerikas eingerichtet, und zwar ein erster von der Mediterranean Marine Lines (eine American Export-Isbrandtsen Lines (AEIL)-Tochter) und von der deutschen DDG »Hansa«. Es folgten die Prudential Grace Lines und die französische Compagnie Fabre.

Die DDG »Hansa« hatte im März 1970 mit den beiden Semi-Containerschiffen Goldenfels und Gutenfels mit einer Kapazität von je 480 TEU den Containerdienst aufgenommen und bot 14tägliche Abfahrten zwischen Livorno, Genua, Neapel, Marseille und New York, Boston sowie später St. John/Kanada. Die »Hansa« gründete dann Ende 1971 zusammen mit Fabre und der italienischen Reederei Villain & Fassio die Atlantica Line mit Sitz in Genua, die ab 1976 vier Übersee- und zwei Feederschiffe einsetzte. Nach dem Konkurs des italienischen Partners wurde der Dienst zunächst mit reduzierter Flotte von den anderen beiden Reedereien weiterbetrieben, 1977 aber ganz aufgegeben.

Weitere Reedereien engagierten sich mit Containerschiffen unterschiedlicher Größen. Als sehr interessante Schiffe galten die beiden in der Nordamerikafahrt beschäftigten Einheiten AMERICANA und ITALICA der italienischen Staatsreederei Societá Italia di Navigazione (Italia). Sie hatten eine Tragfähigkeit von 23 280 t, eine Geschwindigkeit von 23 kn und wurden damals gelegentlich als die vielseitigsten Frachter der Welt bezeichnet. Sie konnten sowohl konventionelle Ladung als auch Container und rollende Ladung befördern, und zwar im Verhältnis 12,5:75:12,5. Die Italia verstärkte ab 1976 ihren Nordamerikadienst mit angekaufter und gecharterter Tonnage.

Alles in allem blieb der Mittelmeer–Nordamerika-Containerverkehr wegen seiner fortdauernden Unpaarigkeit im Güteraufkommen aber eher unbefriedigend. Während westgehend die Auslastung gut war, konnten die Schiffe ostgehend häufig nur zur Hälfte gefüllt werden.

Relativ dichte Containerverbindungen etablierten sich dagegen zwischen Mittelmeer- und Nordkontinenthäfen. Eine Containerlinie nach Fernost bot mit vier Schiffen von je 600/700 TEU der Mediterranean Far East Container Service (MFECS), der im August einen 14tägigen Dienst ab Venedig aufgenommen hatte. Die Reisedauer betrug 22 Tage. Als nächstes wurde ab 1977 mit der Containerisierung der Südafrikafahrt begonnen. Es folgten Verbindungen zum Persisch/Arabischen Golf und nach Australien/Neuseeland.

Bescheidener Anfang in Piräus 1976. (Foto: Witthöft)

Container

Neben Marseille als zweitgrößtem Containerhafen Frankreichs und größtem des Mittelmeeres erlangten italienische Häfen wachsende Bedeutung. Genua vor allem, aber auch Livorno, Triest, Brindisi, Civitavecchia, Palermo und Venedig/Puerto Marghera waren dabei.

Eine kräftige Zunahme des Containerverkehrs konnten ebenfalls die spanischen Häfen sowie Rijeka/Jugoslawien und Haifa/Israel verzeichnen. Im ganzen aber war die Containerverkehr im Mittelmeer stark aufgesplittert. Um hier im Interesse der Schiffahrt zu rationalisieren, forderten im März 1976 die zwölf bedeutendsten im Mittelmeer engagierten Reedereien von der italienischen Regierung den Bau eines zentralen Containerplatzes. Als Standort schlugen sie den im Bau befindlichen Hafen von Volti, westlich des Genueser Flughafens Cristofero Colombo vor. Bei dieser Gelegenheit wiesen die Reedereien darauf hin, daß ihrer Ansicht nach das Transportvolumen der überseeischen Containerdienste im Verkehr mit Mittelmeerplätzen schon in naher Zukunft erheblich wachsen werde. Das Mittelmeer werde nach der Wiedereröffnung des Suez-Kanals zum Transitzentrum für containerisierte Güterverkehre werden, die gegenwärtig (1976) noch größtenteils über die Nordkontinenthäfen geleitet würden.

Die Reedereien sollten Recht behalten mit ihrer Prognose. Nachdem der Suez-Kanal wieder für die Schiffahrt zur Verfügung stand und vor allem von den in den Fernost-Containerdiensten eingesetzten Schiffen wieder benutzt werden konnte, wuchs das über das Mittelmeer laufende Containervolumen sprunghaft. Dabei sahen sich jedoch die großen Containerlinien, die im Verkehr mit Nordamerika und Fernost das Mittelmeer bedienten, einem gravierenden Problem gegenüber: Das Ladungsaufkommen verteilte sich auf rund zwanzig Anrainerstaaten mit gut dreißig Containerumschlagplätzen, von denen aber selbst die größten im Weltvergleich kleine Lichter blieben.

Je größer aber nun die Schiffe wurden, desto weniger rechnete es sich für die Reedereien, alle die vielen kleinen Häfen zu bedienen, um die Boxen aufzusammeln oder zu verteilen. Sie konzentrierten sich deshalb auf wenige Transhipment-Zentren, die nahe an der Hauptroute zwischen dem Suez-Kanal und der Straße von Gibraltar liegen. Das unmittelbar gegenüber Gibraltar gelegene spanische Algeciras ist einer dieser Plätze, ein anderer ist Marsaxlokk auf Malta. Damietta in Ägypten gehört ebenfalls dazu, und vor allem der günstig an der italienischen Stiefelspitze gelegene neue Hafen Gioia Tauro erlebte eine geradezu atemberaubende Verkehrszunahme, getrübt nur durch die Vorwürfe, daß die Mafia bei der Entwicklung kräftig abkassiert.

Die Aussichten für die weitere Entwicklung der Containerverkehre im Mittelmeer werden als überaus günstig eingeschätzt. So kam das Londoner Beratungsbüro Drewry Shipping Consultants nach eingehenden Recherchen Anfang 2000 zu dem Ergebnis, daß sich das Containeraufkommen im Mittelmeer innerhalb der nächsten 15 Jahre beinahe verdoppeln werde.

Während in der Vergangenheit hohe Kosten und eine unzureichende Produktivität bezeichnend für den Containerumschlag in den Häfen des Mittelmeeres gewesen wären, so seien es jetzt die hohen Zuwachsraten. Einen Grund dafür sieht Drewry in der Entdeckung der Region als Standort für Transhipment-Häfen. Kaum einer der Großen, der Global Player, verzichtet noch auf die Nutzung eines Mittelmeerhafens als »Drehscheibe«. Einige Dienste auf der Hauptroute von Fernost drehen bereits im Mittelmeer und bedienen nicht mehr die sonst üblichen Häfen am Nordkontinent zwischen Le Havre und Hamburg.

Dieses Verhalten schlägt sich auch ganz deutlich in den Zukunftsplanungen nieder. Bereits bestehende Transhipment-Häfen wie Gioia Tauro in Italien und Algeciras in Spanien werden ausgebaut. Zusätzlich ist der Bau von mehreren neuen Hubs geplant, so zum Beispiel in Cagliari und Taranto in Italien, Tanger in Marokko und Port Said in Ägypten.

Wie aus der Drewry-Studie hervorgeht, wurden 1998 in der Mittelmeerregion 19,3 Mio. TEU umgeschlagen. Bis 2015 soll das Volumen auf 53,3 Mio. TEU steigen, was einer jährlichen Zunahme von 6,2 Prozent entspricht. Um hierbei nicht in Engpässe zu geraten, müssen in den nächsten 15 Jahren zusätzliche Kapazitäten für Transhipment-Ladungen von mindestens 13 Mio. TEU geschaffen werden. Darüber hinaus müssen auch die traditionellen Gateway-Terminals wie Genua, Barcelona und Valencia ihre Kapazitäten um mindestens 7,5 Mio. TEU aufstocken.

Die Lage ist erkannt und deshalb forcieren viele Mittelmeeranrainer diese Entwicklung, indem sie weitreichende Reformen anstreben. Viele Staaten wollen ihre noch mehr als zur Hälfte in öffentlicher Hand befindlichen Häfen privatisieren oder sind auch schon dabei. Das gilt besonders für Länder wie die Türkei, Griechenland, Ägypten, Zypern und Israel. Kürzlich wurde bekannt gegeben, daß sogar Malta Freeport, der größte Mittelmeerhafen in öffentlicher Hand, privatisiert werden soll.

Bereits in der zweiten Jahreshälfte 1998 waren Pläne bekannt geworden, nach denen an der ägyptischen Nordküste der Hafen von Port Said mit Investitionen von rund 1 Mrd. Dollar zu einem weiteren Transshipment-Zentrum ausgebaut werden soll.

Weitere Fahrtgebiete werden erfaßt

Europa—Karibik/Mittelamerika

Etwa 1970 begannen große westeuropäische Linienreedereien mit Untersuchungen, ob und wie die Fahrt zu den karibischen Inseln und nach Mittelamerika zu containerisieren sei. Dabei ist auch die Rentabilität anderer Seetransportsysteme, zum Beispiel LASH, geprüft, letztlich jedoch dem Container als optimalem Mittel zur Verbesserung des

Das MS CARIBIA EXPRESS von Hapag-Lloyd Ende 1976 auf Jungfernreise in der Karibik. Der Umschlag erfolgt noch mit bordeigenem Kran. (Foto: Hapag-Lloyd)

Verkehrs der Vorzug gegeben worden. Auch hier hielt der Container, wenn auch zunächst auf konventionellen Schiffen und vornehmlich im Export von Europa aus, unaufhaltsam seinen Einzug.

1973 gründeten Hapag-Lloyd, die britische Harrison Line und die niederländische Koninklijke Nederlandsche Stoomboot Mij. (KNSM) die Caribbean Overseas Lines (CAROL) und bestellten sechs Vollcontainerschiffe in Polen, jeder Partner zwei. 1974 kam als vierter Partner die französische Compagnie Géneralé Transatlantique (CGT) hinzu. Sie übernahm einen Baukontrakt der KNSM. Fünfter Partner wurde später die Horn-Linie, die auf den Schiffen Stellplätze charterte. Die Schiffe hatten eine Kapazität von 1160 TEU, darunter 120 Conair-Container (20 ft) und 100 Kühlcontaineranschlüsse. Zur Ausrüstung gehörte ein Brückenkran, der, sollte es die Entwicklung erlauben, wieder abgenommen werden konnte.

Der Dienst startete ab Ende 1976 mit der CARIBIA EXPRESS. Bedient wurden auf der europäischen Seite zunächst Bremerhaven, Hamburg, Amsterdam, Antwerpen, Tilbury und Liverpool, auf der karibischen Seite Barbados, Port of Spain, Curaçao, Aruba, San Juan, Rio Haina, Port au Prince, Kingston, Santo Thomas de Castillo und Puerto Cortes. Je nach Ladungsanfall konnten Häfen ausgelassen werden. Jede Linie acquirierte für sich, konnte aber auf jedem Schiff verladen. Von Anfang an war es das Ziel, mußte es das Ziel sein, möglichst viel der typischen karibischen Exportgüter in die Container zu bringen, also Bananen sowie andere tropischen Früchte und Gemüsearten und natürlich vor allem Kaffee. Letzterer war besonders wichtig, und es gelang tatsächlich nach vielen Tests, diesen empfindlichen Rohstoff so perfekt zu containerisieren, daß immer größere Mengen per Box transportiert wurden.

Ebenfalls 1976 hat die französische Reederei Compagnie de Navigation Mixte mit zwei 680-TEU-Schiffen einen Containerdienst von der Hamburg-Bordeaux-Range zu den französischen Antillen aufgenommen.

Auch in der Karibik kam es bald zur Konzentration der größeren Dienste auf wenige Häfen, von denen aus oder zu denen die Behälter dann gefeedert wurden. Eine große Bedeutung als Transhipment-Zentrum erlangte Kingston/Jamaika durch seine hervorragende Lage am Schnittpunkt von Nord-Süd- und von durch den Panama-Kanal führenden West-Ost-Routen. Zu den Hauptkunden gehört die Reedereigruppe Hamburg-Süd/Columbus Line. Dieser Carrier, Mitglied des New Caribbean Service und des Eurosal-Konsortiums, sorgte bereits 1995 allein für einen Behälterumschlag von mehr als 100 000 TEU. Für das Jahr 2000 erwartet man in Kingston einen Gesamtumschlag von 500 000 TEU. Konkurrenz könnte Kingston mittel- und langfristig von einem hochmodernen Umschlagplatz erwachsen, der 1994 in Coco Solo, unweit vom Nordausgang des Panama-Kanals, den Betrieb aufgenommen hat.

Container

Südamerika

Als eines der letzten großen Fahrtgebiete wurde etwa 1980/81 der Südamerika-Verkehr containerisiert. Containerverschiffungen auf konventionellen Schiffen hatte es allerdings bereits auch hier schon vorher gegeben. So hatte der Behälterumschlag in den wichtigsten Häfen des Halbkontinents zwischen 1978 und 1980 um 154 Prozent zugenommen, und zwar von 146 183 auf 376 746 Einheiten. Dennoch wurde in vielen südamerikanischen Häfen die Abwicklung des intermodalen Verkehrs noch immer durch das Fehlen klarer und umfassender Regelungen, unzureichende Organisation sowie durch veraltete Vorschriften behindert. Papierkrieg und überflüssige Formalitäten verlangsamten den Umschlag und verteuerten ihn. Die Effizienz der meisten Häfen war gering.

In der Containerisierung ihres Seeverkehrs waren zum damaligen Zeitpunkt Argentinien und Brasilien führend, wie aus einem Vergleich der Verkehrsentwicklung zwischen 1978 und 1980 deutlich wird. Danach erhöhte sich in argentinischen Häfen die Zahl der abgefertigten Container von 21 427 auf 110 424. In den brasilianischen Häfen nahm die Zahl der Container von 89 377 auf 168 242 zu. Für Chile lauteten die Zahlen 19 140 bzw. 68 811 und für Equador 14 564 bzw. 24 269.

Der endgültige Startschuß fiel Anfang 1980. Die seit über hundert Jahren im Verkehr zur südamerikanischen Ostküste tätige Reederei Hamburg-Süd gab ihren 1979 bei der Lübecker Flender-Werft zu Containerschiffen umgebauten Frachtern COLUMBUS TASMANIA und COLUMBUS TARANAKI die traditionsreichen Namen MONTE SARMIENTO und MONTE OLIVIA und begann mit ihnen den Containerverkehr zwischen Europa und den Haupthäfen der Ostküste Südamerikas. Die Containerkapazität lag bei jeweils 530 TEU, davon 300 Kühlcontainer. Als erstes Schiff war Ende März 1980 die MONTE SARMIENTO in Buenos Aires ladebereit.

Zum etwa gleichen Zeitpunkt begann sich auch die südamerikanische Westküste verstärkt auf den Container einzustellen. Die Hapag-Lloyd AG hatte ihre drei 12 780-tdw-Frachter FRIESENSTEIN, HOLSTENSTEIN und SCHWABENSTEIN durch Einsetzen einer Mittelschiffssektion zu Semi-Containerschiffen mit einer Kapazität von 316 TEU umbauen lassen und für ihren Westküstendienst in Fahrt gebracht.

Seit Beginn des Containerzeitalters in Südamerika haben sich dort tiefgreifende Wandlungen vollzogen: Die Ablösung der Militärregimes durch demokratische Staatsformen, Marktöffnung, Deregulierung, Privatisierung und Stimulierung des Regionalverkehrs nach der Gründung von Mercosur sind die herausragenden Kennzeichen der neuen Zeit. Das gilt besonders für Brasilien, das sich in den 70er und 80er Jahren von einem eher landwirtschaftlich orientierten Land in ein mehr industrialisiertes gewandelt hat, was sich nicht zuletzt deutlich in der Struktur der Im- und Exporte und am Wachstum der Containertransporte erkennen läßt. So nahm zum Beispiel der über Santos laufende Containerverkehr von 428 000 TEU in 1990 auf 829 486 TEU in 1997 zu.

Insgesamt hat sich das Containerszenario in Südamerika grundlegend geändert. Es zeigt heute eine größere Vielfalt als je zuvor mit allerdings auch erheblichen Überkapazitäten. Grund dafür sind einmal die verbesserten wirtschaftlichen Aussichten, die immer schon Tonnage angezogen haben, zum anderen aber auch eine durchgreifende Erneuerung der eingesetzten Tonnage durch immer leistungsfähigere und größere Schiffe.

Und selbstverständlich waren und sind auch in Südamerika die künftigen Schiffsgrößen ein vieldiskutiertes Thema. Während in den großen Ost-West-Trades mehr und mehr 6000-TEU- und noch größere Schiffe eingesetzt werden, schien in Südamerika bei 2500 TEU die Obergrenze erreicht zu sein. So werde es auf absehbare Zeit auch bleiben, hieß es noch Anfang 1999. Als Gründe dafür wurden vor allem das relativ geringe Transportaufkommen bei der notwendigen Bedienung vieler Häfen und die Tiefgangsbeschränkungen in diesen Häfen genannt.

Aber wie so oft im Laufe der Containerrevolution, waren diese durchaus ernsthaften Aussagen wenig später bereits »Schnee von gestern«. Ende 1999/Anfang 2000 bestellte die Hamburg-Süd sechs 3750-TEU-Containerschiffe in Korea zur Lieferung ab Anfang 2001. Nach ihrer Infahrtsetzung werden diese mit eigenem Geschirr ausgerüsteten Neubauten die größten in den Linienverbindungen nach Südamerika sein. Nach Einschätzung der Reederei werden sie es auch lange bleiben. Man wird sehen.

Europa—Südafrika

Nach einer ursprünglich ablehnenden Politik hat die südafrikanische Regierung schließlich 1975 doch der Containerisierung des Verkehrs zwischen Europa und Südafrika zugestimmt. Schon vorher hatte allerdings eine im Küstenverkehr tätige Reederei mit drei kleinen Containerschiffen einen Dienst zwischen den Haupthäfen der Republik Süd-

Weitere Fahrtgebiete werden erfaßt

Die 1978 gebaute, 52 811 BRT große TRANSVAAL der Deutschen Afrika-Linien vor dem Tafelberg von Kapstadt. (Foto: DAL)

afrika unterhalten, so daß der Container an sich dort nicht mehr unbekannt war. 1975 wurden in Durban 22 628 Container umgeschlagen, in Port Elizabeth 15 858 und in Kapstadt 26 209.

Unter der Bezeichnung Southern Africa-Europe-Container-Service (SAECS) wurde von neun Reedereien eine Verbindung zwischen Nordwesteuropa und Südafrika aufgebaut sowie eine zwischen dem Mittelmeer und der Kaprepublik. SAECS-Partner waren die südafrikanische Staatsreederei South African Marine Corp. Ltd. (Safmarine), die vier Schiffe einsetzte, die Deutschen Afrika-Linien, die französischen Reedereien Messageries Maritimes und Chargeurs Réunis, die belgische Compagnie Maritime Belge, der holländische Nedlloyd, die britischen Linien Union Castle (Operator ist OCL) und Ellerman/Harrison sowie der italienische Lloyd Triestino. Während der Lloyd Triestino zusammen mit der Safmarine nur die Mittelmeerlinie bediente, bildeten die übrigen Partner, ebenfalls zusammen mit Safmarine, den Dienst zwischen Nordwesteuropa und Südafrika. Ursprünglich sollten im SAECS zehn Containerschiffe eingesetzt werden. Anfang 1977 erfolgte dann aber wegen des erkennbaren Ladungsrückganges im Südafrika-Verkehr eine Änderung. Der Containerschiffsauftrag, den die beiden französischen Reedereien gemeinsam vergeben hatten, wurde umgewandelt in einen Auftrag über zwei Ro/Ro-Schiffe, die zusammen mit den weiter im Dienst behaltenen konventionellen Einheiten die nicht in Container passende Ladung abfahren sollten. Geplant war, sie bei passender Verkehrsentwicklung später durch Containertonnage zu ersetzen. Der Flottenaufbau war Ende 1979 abgeschlossen.

Die Containerschiffe im Südafrika-Verkehr erhielten alle eine große Kühlcontainerkapazität. Die Gesamtstellplatzkapazität liegt bei jeweils 2450 TEU, die Tragfähigkeit bei 42 000 tdw und die Geschwindigkeit bei 23 kn. Im Juli 1977 lief der Containerverkehr an. Die erste Abfahrt wurde mit dem italienischen CTS AFRICA geboten. Eigentlich war es für die Mittelmeerlinie vorgesehen, bediente aber anfangs den Nordeuropa–Südafrika-Dienst bis zur Infahrtsetzung der anderen großen Schiffe. Zunächst wurde alle zwölf oder dreizehn Tage eine Abfahrt geboten, bis sich die Frequenz mit dem Zulauf weiterer Schiffe auf vier bis fünf Containerschiffsabfahrten monatlich verdichtete.

In Nordwesteuropa bediente der SAECS die Häfen Hamburg, Bremerhaven, Rotterdam, Zeebrügge, Le Havre und

Container

Bereitstellung von 20-ft-Containern für den am 7.7.1977 beginnenden SAECs-Containerdienst Europa–Südafrika in Hamburg. (Foto: HHLA)

Southampton. In Südafrika wurden von den Containerschiffen nur Kapstadt, Durban und Port Elizabeth angelaufen, während die Ro/Ro-Schiffe darüber hinaus auch nach Walvis Bay, East London, Maputo und Beira gingen, mit denen überdies Feederverbindungen bestanden. Die weitaus größte Bedeutung für den Containerverkehr hat der Hafen Durban, über den die Importe für die Industrieregion Johannesburg laufen. Mit dem Einsatz der Containerschiffe verkürzte sich die Umlaufzeit von 104 auf nur noch 49 Tage. Die Rationalisierungserfolge, die sich daraus ergaben, waren natürlich beträchtlich. Während vorher etwa 100 Schiffe in diesem Verkehr beschäftigt wurden, waren es nach Etablierung des Containerdienstes nur noch etwa zwanzig, einschließlich der Ro/Ro-Schiffe und einiger konventioneller Frachter.

Nachdem es anfangs einige Skepsis wegen der traditionellen Unpaarigkeit der Europa–Südafrika-Verkehrs gegeben hatte, begann dann aber doch bald eine eher optimistische Stimmung Platz zu greifen. Zwar spielten Industrieprodukte heimkehrend nach Europa eine eher geringe Rolle, wenn auch langfristig in dieser Hinsicht mit einem sich ständig verstärkendem Aufkommen gerechnet wurde, aber andere Güter sollten die Container und damit die Schiffe füllen: Agrarprodukte und Rohstoffe, wie Konserven, Wolle, Asbest und vor allem frische Früchte, für die eigens Kühlcontainer aus Edelstahl entwickelt wurden. Für den Bau derartiger Container entstand in Südafrika in den folgenden Jahren übrigens ein hochproduktiver Industriezweig. Ansonsten blieb das Fahrtgebiet schwierig, in erster Linie aus politischen Gründen.

Europa—Persisch/Arabischer Golf Mittelostverkehre

Mit Blick auf die großen Ladungsströme, die von den Industrieländern ihren Weg in die kaufkraftstarken Ölstaaten des Nahen und Mittleren Ostens nahmen, wurde neben der vielfach eingesetzten Ro/Ro-Tonnage zunehmend auch der Container interessant. Einige Reedereien entschlossen sich deshalb, in ihren nach dort gehenden Liniendiensten auch Containerkapazitäten anzubieten, trotz der Schwierigkeiten, die damals gerade in den für dieses Transportsystem in Frage kommenden Ländern bestanden.

Diese Probleme ergaben sich vor allem aus der noch mangelhaften Verkehrsinfrastruktur. Weniger ging es dabei um die Hafenanlagen, deren Ausbau mit Nachdruck angegangen wurde, sondern vielmehr um die notwenigen Hinterlandverbindungen, für die noch umfassende Maßnahmen erforderlich waren.

Problematisch war auch die noch weitgehend fehlende Rückladung. Es war klar, daß man damit noch eine ganze Weile leben mußte, denn eine solche Rückladung konnte erst aus der fortschreitenden Industrialisierung der Region erwachsen.

Als ein Beispiel für die Anstrengungen, die seinerzeit im Zuge der Containerisierung gemacht wurden, mag Sharjah, eines der sieben Mitglieder der Vereinigten Arabischen Emirate, gelten. Anfang 1976 wurde dort der Containerterminal Port Khalid in Betrieb genommen. Dieser Komplex bot

Weitere Fahrtgebiete werden erfaßt

zwei Liegeplätze mit insgesamt 360 m Kailänge für Container-, Ro/Ro- und Kombischiffe. Die Containerstellfläche betrug 100 000 qm. Dazu kamen zwei Transitschuppen mit je 4600 qm Stellfläche und eine Containerbrücke, eine zweite war bestellt.

Gleichzeitig liefen Planungen, Khor Fakkam als Sharjahs zweiten Hafen in der zweiten Hälfte 1978 zu eröffnen. Dieser an der Ostküste des Emirats gelegene Platz wurde, wie Port Khalid, gleichfalls als Tiefwasserhafen entwickelt. Als erste Stufe war dort ein 304 m langer Kai im Bau. An Umschlaganlagen waren zwei 40-t-Portalkräne und vier auf Schienen laufende Transtainer vorgesehen. Heute, also rund zwanzig Jahre später, gibt es dort vier Containerschiffsliegeplätze mit einer Gesamtlänge von 1060 m, mit Wassertiefen bis zu 15 m. Bedient werden sie von zwei Super-Post-Panamax-, vier Post-Panamax- und zwei Panamax-Brücken.

300 000 qm Fläche stehen zur Verfügung. 1996 wurden 655 046 TEU umgeschlagen, 1998 waren es geschätzt 820 000 TEU.

Von Europa aus wurde der Persisch-Arabische Golf mit Containertonnage von einem Gemeinschaftsdienst (EMEC) bedient, zu dem sich die die DDG »Hansa«, die Compagnie Maritime Belge, der Nedlloyd und die Navale et Commerciale Havrais Peninsulaire (NCHP) zusammengeschlossen hatten. Bedient wurden in Europa die Häfen Bremerhaven, Rotterdam, Le Havre, Marseille, Genua und Livorno sowie in Mittelost Jeddah, Dubai, Dammam, Kuwait und Bandar Shapour. Außerdem waren noch die Medtainer Line, Sea-Land und Seatrain in diesem Fahrtgebiet mit Containertonnage tätig.

Mit den beiden Schwesterschiffen REICHENFELS und RHEINFELS verband die »Hansa« im Cross-Trade auch die nordamerikanische Ostküste und den Persisch-Arabischen Golf. Bedient wurden in Nordamerika Baltimore, New York, Galveston und St. John, in Mittelost die gleichen Häfen wie von Europa aus. In dieser Relation konkurrierte die deutsche Reederei mit einigen amerikanischen Linien.

Die Entwicklung in diesem Fahrtgebiet war immer eng verzahnt mit dem politischen Geschehen in der Region. Sehr große Schwierigkeiten brachte der Krieg zwischen Iran und Irak 1980 bis 1988 mit sich. Dann kam die Kuwait-Krise und dann schließlich der zweite Golf-Krieg zwischen August 1990 und Februar 1991. Anschließend ging es trotz der weiter bestehenden Spannungen solide aufwärts. Die Ölexporte stiegen wieder an und es gab viel nachzuholen. Die Raten entwickelten sich, was allerdings die übliche Reaktion in der Schiffahrt mit sich brachte: Immer mehr Reedereien wurden von diesem lukrativen Fahrtgebiet angzogen, wobei sie es jedoch durchweg vermieden, die Häfen direkt mit eigenständigen Diensten zu bedienen, denn es war wie zuvor: hin waren die Schiffe voll, Rückladung gab es aber immer noch nicht. So wurde die Region meistens im Rahmen weitergehender Dienste angefahren, und zwar entweder auf der Route Europa–Fernost oder USA nach Südostasien mit Verlängerung zum Golf. Das galt nicht nur für die Round-the-World-Dienste des aus Senator Line, Deutsche Seereederei Rostock und Cho Yang Shipping bestehenden Tricon-Konsortiums, auch andere Reedereien, wie Maersk, P&O Container Lines, Sea-Land oder United Arab Shipping Co. stellten komplizierte Fahrpläne auf, mit denen sie verhindern wollten, daß die Schiffe von Europa bzw. USA und Mittelost hin- und herfahren und dabei auf einer Strecke meistens leer blieben.

Wie sehr der Verkehr nach Mittelost boomte, zeigt sich nicht nur in der Zahl der dort engagierten Reedereien, sondern noch deutlicher in dem rasanten Ausbau der dortigen Hafenkapazitäten, die das sprunghaft wachsende Containervolumen kaum bewältigen konnten. Dafür nur zwei Beispiele: Dubai hat sich in der Rangliste der Containerhäfen in der Welt auf Platz zehn oder elf vorgearbeitet, je nach Statistik. Und fast noch neu im Containergeschehen ist der Terminal Mina Raysut in Salalah/Oman, zu dessen Eröffnung am 1.11.1998 gleich drei Containerschiffe mit einer Gesamtkapazität von mehr als 12 000 TEU eingetroffen waren – die SEA-LAND LIGHTNING und die DRAGÖR MAERSK, denen am späten Nachmittag noch die SEA-LAND MOTIVATOR folgte. Am folgenden Tag machte das Feederschiff MAERSK KAMPALA fest, um Container für Ostafrika- und Madagaskar-Häfen zu übernehmen – das sind mittelöstliche Container-Dimensionen.

Der in knapp zwei Jahren in Oman realisierte Hafenstandort Salalah, für dessen Anfangsphase bereits der Umschlag von 800 000 TEU geplant war, liegt günstig zu der Hauptschiffahrtsroute zwischen Europa und Fernost und bietet sich als als Platz für das Feedern von Containern nach Iran, Kuwait und Plätzen am Roten Meer an, wobei Oman im Gegensatz zum Nachbarn Jemen und einigen anderen als krisensicher gilt. Am 16,5 m tiefen Wasser des neuen Hafens standen zunächst sieben 65-t-Containerbrücken für die Abfertigung von Post-Panamax-Schiffen zur Verfügung, wobei eine Stundenleistung von 120 Boxen pro Brücke garantiert wurde. Nach Abschluß der zweiten Ausbaustufe des von Maersk-Sea-Land betriebenen Terminals sollen vier Liegeplätze mit einer Kailänge von 1260 m und eine Fläche

Container

von 550 000 qm für eine Gesamtumschlagkapazität von 2 Mio. TEU zur Verfügung stehen. Prognosen gehen von einer Versechsfachung des Aufkommens bis zum Jahre 2020 aus. 1999 wurden in Salalah bereits 650 000 TEU umgeschlagen. Für 2000 werden 1,5 Mio. TEU erwartet. Schon Anfang 2000 hat man jedoch die nötigen Maßnahmen ergriffen, um 10 000-TEU-Schiffe und sogar noch größere abfertigen zu können. Installiert wurden im April zwei Mega-Brücken mit über 60 m Auslage. Drei weitere waren für September bestellt.

Landbrücken

Zunehmend an Bedeutung gewannen mit der Ausbreitung der Containerverkehre die sogenannten Landbrücken, mit denen in einigen Regionen bestimmte Landstrecken überwunden werden, um als Verbindung zwischen zwei Routen zu dienen. Eine Möglichkeit, die in dieser Form auch nur das Containerkonzept bietet.

Es gibt verschiedene Arten von Landbrücken bei zwei dominierenden Grundformen: Einmal bieten sie eine Ergänzung zu Container-Liniendiensten, zum anderen sind sie als Alternative zum Seeweg anzusehen. In ihrer reinen Form sind sie Teil von See-Land-See-Diensten, abgewandelt können sie auch nur zur Überwindung weiter Landstrecken dienen, bevor der Container auf das Schiff verladen wird. Dazu einige Beispiele.

»Klassisches« Landbrückengebiet ist Nordamerika. Dort werden Container von der Ostküste zur Westküste und umgekehrt verfahren, etwa wenn aus Europa kommende Container via Landbrücke zur Weiterbeförderung mit einem Pazifikdienst bestimmt sind oder wenn Container aus den Industriegebieten an der Westküste nicht in einem Pazifikhafen verladen und via Panama-Kanal nach Europa verschifft werden sollen, sondern über eine Landbrücke und einen Ostküstenhafen. In dieser Hinsicht gibt es vielfältige Möglichkeiten, die auch genutzt werden. Das führte anfänglich in einigen Wirtschaftskreisen der Vereinigten Staaten zu beträchtlichen Unruhen: Häfen sahen ihr Ladungsaufkommen geschmälert, Hafenarbeiter fürchteten um ihren Arbeitsplatz, Speditionen sahen sich in ihrer Existenz bedrängt. Die Reedereien aber verteidigten das Konzept und ließen sich immer neue Wege einfallen. Inzwischen sind Landbrücken ein ganz selbstverständlicher Bestandteil der intermodalen Verkehrsabläufe.

Auch außerhalb der Vereinigten Staaten sind Landbrücken eingerichtet worden. So begann etwa ab Oktober 1975 unter der Bezeichnung »Trans Caucasian Container Service« in sowjetischer Regie ein regelmäßiger Containerdienst von Hamburg via Kotka/Finnland nach Djulfa und Teheran/Täbris. Reisezeit ca. 21 Tage. Die Container Lloyd Intermodal Line kündigte im April 1976 einen Containerdienst von der US-Ost- und -Golfküste via Istanbul ebenfalls nach Teheran an. Reisedauer 40 Tage. Dieser Dienst sollte den bereits bestehenden, von den USA über Leningrad und Djulfa nach Teheran führenden, ergänzen. Dies sind nur einige von zahlreichen Landbrückendiensten.

Von besonderer Bedeutung gerade aus deutscher oder westeuropäischer Sicht war der Landbrückenverkehr zwischen Westeuropa und Japan, der über die Transsibirische Eisenbahn abgewickelt wurde. Er sorgte auch für heftige politische Debatten. Am 28. Oktober 1967 wurden die ersten 14 Behälter vom Bahnhof Basel auf diesem Weg nach Japan auf den Weg gebracht. Der 14 000 km lange Schienenweg führte über Malaszewicze (poln.-sowj. Grenze) und Moskau nach Nachodka, wo der Umschlag auf das Schiff erfolgte. An dieser Landbrücke waren außer den sowjetischen Staatsbahnen und dem staatlichen Spediteur V/O Sojuzvneshtrans, Moskau, nur westliche bzw. japanische Spediteure beteiligt. Nach mehrjährigen Versuchstransporten wurde die Transsibirien-Strecke am 1. Februar 1972 offiziell eröffnet.

Aufgrund sehr günstiger Preisangebote konnte bald ein nicht unerheblicher, ständig wachsender Anteil des Containeraufkommens zwischen Westeuropa und Fernost über diesen Weg abgewickelt werden. 1972 wurden 12 458 Einheiten befördert, 1975 schon 62 600 und bis zur politischen Wende, Ende der achtziger Jahre, stieg die Zahl der beförderten Boxen sogar auf bis zu 140 000 pro Jahr. Das waren durchaus spürbare Verluste für die Reedereien, die sehr große Investitionen für die Containerisierung des Fahrtgebietes Fernost getätigt hatten (TRIO, SCANDUTCH, ACE). Aber es war wohl so, daß dieser Landbrückentransport durchaus eine beachtenswerte Alternative zum Seetransport bot und über den Preis immer wieder bemängelte Nachteile ausgeglichen wurden. Im Wettbewerb waren die Reedereien jedoch deutlich benachteiligt, da die Transportpreise der Transsibirischen Eisenbahn politisch diktiert und nicht nach marktwirtschaftlichen Gesichtspunkten kalkuliert wurden.

Nach dem politischen Bankrott des Kommunismus und dem Auseinanderfallen des Ostblocks gingen auch die Aktivitäten auf dieser Landbrücke zurück. Mehr als 40 000 Container kamen pro Jahr nicht mehr zusammen. Aber immerhin, das Angebot besteht nach wie vor.

Die Entwicklung geht weiter

Soweit der Blick auf die Containerisierung der wichtigsten Fahrtgebiete, wobei ganz bewußt mehr oder weniger nur die Anfänge geschildert wurden. Dafür gibt es mehrere Gründe: Einmal erschien es notwendig, diese Anfänge festzuhalten, da sie sonst in unserer schnellebigen Zeit wohl bald in Vergessenheit geraten, zum anderen würde es hier den Rahmen sprengen, sollte die Entwicklung in jedem Fahrtgebiet durchgängig aufgezeigt werden. Dazu ist das Geschehen bei weitem zu vielfältig, zu häufig ist es zu Änderungen und neuen Konstellationen gekommen. Es ist ein brodelnder dynamischer Prozeß, in dem nichts wirklich feststeht, da die hohen Investitionen jeden Beteiligten dazu zwingen, die weltweite Konkurrenz ständig im Blick zu haben, auf Schwankungen der Märkte sofort zu reagieren, möglichst sie bereits im Vorfeld zu spüren und in Anbetracht des gnadenlosen globalen Wettbewerbs jede Möglichkeit zur Rationalisierung, zur Senkung der Kosten zu nutzen. Falsche Entscheidungen rächen sich bitter, und meistens sofort. Es gibt genügend Beispiele.

Die rasche Ausbreitung der Containerverkehre, die sich bis heute als kontinuierlicher Prozeß fortsetzt, ist nicht zuletzt durch die Entwicklung zahlreicher Spezialcontainertypen ermöglicht worden, mit denen immer mehr Güterarten für den Container und damit für den Transport auf Containerschiffen passend gemacht wurden. Das Transportraumangebot konnte damit ständig verbreitert werden. Auch für

Eröffnung des Containerterminals Mina Raysut am 1. November 1998. Vorn DRAGØR MAERSK (3918 TEU), schon fest an der Pier die SEA-LAND LIGHTNING (4322 TEU).
(Foto: Cory Towage)

Container

Container überall: Oben am Rande der Wüste in Nouakschott/Mauretanien, unten in einem kleinen ghanaischen Dorf auf dem Wege nach Ouagadougou. (Fotos: OTAL)

Kaffeeplantage zum Verarbeiter im Verein mit Kostensenkungen und der Verwirklichung von Just-in-time-Konzepten erreicht werden konnte. Der taditionelle Transport dieses kostbaren Genuß-Gutes in Säcken geht immer weiter zurück, und 1998 erreichten die begehrten grünen Bohnen beispielsweise Hamburg, einen der europäischen »Haupt-Kaffee-Häfen«, schon fast zur Hälfte in Schüttgutcontainern.

Es ist nicht möglich, hier alles aufzuzählen. Tatsache ist, daß immer mehr Güter im Container »verschwinden«, die Beförderung von sperrigen und überschweren Gütern per Containerschiff konnten, um ein besonders augenfälliges Beispiel zu nehmen, Lösungen gefunden werden, was zunächst als besonders schwierig angesehen worden war. Der erste Schritt in dieser Hinsicht war die Einführung von Open-Top-Containern gewesen, der zweite und vollständigere die von Platforms, Heavy-Lift-Platforms und Flat-Racks. Mit diesem Gerät können die Containerschiffssegmente so ausgerüstet werden, daß für jedes Schwerkolli die richtige Basisplattform geschaffen werden kann.

Noch wichtiger aber war die Konstruktion von Kühlcontainern, die nicht nur in bestimmten Fahrtgebieten ein wichtiger Bestandteil in der Auslastung der Containerschiffe wurden, sondern auch erhebliche Auswirkungen auf das Segment Kühlschiffahrt in der Welthandelsflotte hatten. Es wird an anderer Stelle ausführlicher darauf eingegangen. Eine weitere große Herausforderung war der Transport von Kaffee in Schüttgutcontainern. Auf diesem Gebiet mußte eine Lösung gefunden werden, da sonst die Containerisierung besonders der Mittel- und Südamerika-Verkehre problematisch geworden wäre. Und sie wurde gefunden, womit letztlich auch eine Optimierung des Warenflusses von der zu Lasten des konventionellen Seetransports, für immer mehr Güterarten werden spezielle Lösungen gefunden. Selbst Kohle wird seit Jahren auch in Containern über See transportiert. 1982 geschah dies erstmals mit dem Einsatz von Open-Top-Containern von Großbritannien nach Belgien, und an einer anderen Stelle der Welt, in Indien, begann das in Chennai ansässige Unternehmen Southern Railways (SR) zu prüfen, wie der Transport von Kohle in Containern vom Hafen Tuticorin aus zu etlichen Zementwerken in der Region zu bewerkstelligen sei. Damit sollten Verluste reduziert werden, die beim Transport in offenen Waggons aufgetreten waren. Der Container bietet eben viele Lösungen.

Und zu was Container alles genutzt werden können, das zeigt die von Evergreen 1995 gemeldete Marginalie, die besonders Feinschmecker interessieren wird. Es geht um edle Getränke, die während langer Seereisen und des Durchlaufens mehrerer Klimazonen nicht nur ständig geschaukelt

Die Entwicklung geht weiter

werden, sondern dabei auch an Geschmack gewinnen sollten, ähnlich wie es die Norweger mit ihrem Linienaquavit seit Jahrzehnten machen. Er wird von Norwegen nach Australien und zurück transportiert, passiert dabei die »Linie«, also den Äquator, und erst danach wird aus dem Aquavit ein Linienaquavit. Evergreen hatte bereits 1990 von Cognac Kelt den Auftrag erhalten, einen 40-ft-Container voll mit in Eichenfässer abgefülltem Cognac von Le Havre aus rund um die Welt zu fahren und zurück nach Le Havre zu bringen.

»Kelt Tour du Monde« hieß es damals. Armagnac war die nächste Containerladung auf diesem Weg, und dann folgte Malt Whisky aus der Invergordon Destille, der seinen Seeweg in Thamesport antrat und auf dem 4229-TEU-Schiff EVER RENOWN seine 70-Tage-Rundreise um die Welt absolvierte. Eine Getränkeprobe vorher und nachher wäre sicher interessant.

Kommen wir aber noch einmal zurück auf die mit der Einführung des Containerverkehrs sich deutlich erweiternden Aufgaben der Reedereien, die damals für diese ja in vielerlei Hinsicht Neuland waren. Das ist heute schon weitgehend in Vergessenheit geraten, obwohl es noch gar nicht so lange her ist. Die Schiffahrtsunternehmen hatten jetzt nicht mehr nur die bestmöglichen Reisen von Schiffen zu organisieren, sondern sie mußten plötzlich auch für den rationellen Einsatz von etlichen tausend Containern sorgen, deren Zahl immer noch weiter zunahm, und zwar schnell. Es waren intern und extern Maßnahmen zu treffen, um einen optimalen Einsatz des Geräts zu sichern, für das ebenfalls beträchtlich investiert worden war und immer noch investiert wurde. Von dieser Organisation haben Außenstehende meistens kaum eine Ahnung, auch nicht von den hohen, dafür erforderlichen Kosten.

Die Reedereien, die es gewohnt waren, die Ladung für ihre Schiffe in einem Hafen aufzunehmen und in einem anderen wieder abzusetzen, worin sich grob gesehen ihre Tätigkeit erschöpfte, mußten nun weitergehende Überlegungen anstellen und die notwendigen Voraussetzungen dafür schaffen, wie beispielsweise Haus/Haus-Container über die gesamte Transportkette bestmöglichst »gemanagt« werden konnten. Das ist zwar nur ein Beispiel, das heute keinen Container-Sachbearbeiter mehr vom Hocker reißt, anfangs aber eine ganz andere als die gewohnte Herausforderung war. Bewußt soll dabei in der Vergangenheitsform geblieben werden.

Wenn also ein Kunde bei einer Reederei einen Container anforderte, dann war es Aufgabe der Disposition, aus den überall im Binnenland und in den Häfen zur Verfügung stehenden Containern den herauszufinden, der am kostengünstigsten zum Kunden befördert werden konnte. Dabei war eine ganze Reihe von Faktoren zu berücksichtigen, z.B. die Entfernung und die Wahl des Binnenverkehrsträgers. Die gleichen Überlegungen waren dann für den Lastlauf anzustellen und für die Fahrt auf der anderen Seite zum Hof des Empfängers. Für einen derartigen Containereinsatz war ein detaillierter Zeitplan aufzustellen, der sowohl berücksichtigte, daß der Container nicht zu früh auf den Weg gebracht wurde, der aber auch genügend »Luft« für etwaige Zeitverluste unterwegs einkalkulierte.

Während jeder einzelnen Phase des vorstehend geschilderten Containerlaufes war es unbedingt notwendig, ständig Informationen über den aktuellen Stand und Zustand des Containers zu erhalten bzw. zur Verfügung zu haben. Das galt besonders für wieder frei werdende Container. Es erscheint einleuchtend, daß die Organisation und Koordination eines solchen Transportablaufes nur von einer Stelle aus erfolgen konnte, in der alle Informationen zusammenliefen, und es muß gleichermaßen einleuchtend sein, daß derjenige, in dessen Eigentum sich die Container befanden, das größte Interesse an einem flüssigen Gesamtablauf haben mußte und ebenso für die rechtzeitige Gestellung im Hafen, damit die Schiffe möglichst voll wurden. Den Reedereien kam die Rolle des Durchtransportunternehmers – Combined-Transport-Operators (CTO) – also auf natürliche Art und Weise zu.

Um den erforderlichen reibungslosen Ablauf zu garantieren und den ebenso reibungslosen Übergang an den Schnittstellen der Transportkette sicherzustellen, mußte der CTO eine Dispositionszentrale für Container in der Reederei einrichten, in der sämtliche Meldungen zusammenliefen. Darüber hinaus wurde es ebenso notwendig, dezentralisierte Schaltstellen im Binnenland zu etablieren und in den Häfen Pierorganisationen als Außenstellen zu schaffen.

Alles das war unter dem Druck einer sich überschlagenden Entwicklung nicht nur zwingend zu erschaffen, was, um es noch einmal zu sagen, erhebliche Mittel erforderte, sondern diese radikale Wandlung im Anforderungsprofil mußte auch von den einbezogenen Menschen verkraftet und akzeptiert werden. Das war, und das ist menschlich, nicht immer einfach. Heute denkt man daran nicht mehr.

Nach Lloyd's Register of Shipping belief sich die am 1. Juli 1971 in Fahrt befindliche Containerschiffstonnage auf 2,78 Mio. BRT. Über die größte Containerschiffsflotte verfügten die USA mit 75 Einheiten und 1,07 Mio. BRT. Es folgte Großbritannien, in dessen Handelsflotte 51 Containerschiffe mit 0,63 Mio. BRT fuhren, und an dritter Stelle stand die Bundesrepublik Deutschland mit 42 Einheiten und 0,33 Mio.

Container

BRT. Damit hatte sich innerhalb eines Jahres die Containerschiffstonnage unter der Bundesflagge verdoppelt, denn im Juli 1970 waren erst 24 Einheiten mit 0,16 Mio. BRT registriert.

Aus Mitte 1971 veröffentlichten Zahlen des Instituts für Seeverkehrswirtschaft in Bremen ging hervor, daß nach damals bekannten Plänen und Absprachen der Reedereien bis Ende 1974 203 seegehende Spezialschiffe für den Containerverkehr – Voll- und Semi-Containerschiffe sowie Ro/Ro-Frachter – mit einer Behälterkapazität von 233 320 TEU in Fahrt gesetzt sein würden. 173 dieser Schiffe (85,3 Prozent) mit einer Behälterkapazität von 200 144 TEU (85,7 Prozent) gehörten Reedereien in nur acht Ländern. Nach Behälterkapazität gemessen sollten dann die USA, Großbritannien, Japan, die Bundesrepublik Deutschland, Frankreich, Schweden, die Niederlande und Dänemark die wichtigsten »Container-Flaggen« sein. Die restlichen 30 Schiffe mit 33 176 TEU entfielen auf andere Flotten.

Etwa 1973 trat im Bau und in der Bestellung von Containerschiffen eine gewisse Abschwächung ein. Die wichtigsten Fahrtgebiete des Weltseeverkehrs – also im wesentlichen die Verbindungen zwischen den wichtigsten Industrieregionen der Welt – waren zu diesem Zeitpunkt containerisiert, Fernost mit den Schiffen der 3. Generation als vorläufig letztes. Innerhalb von nur sechs bis sieben Jahren war dies in einem atemberaubenden, tatsächlich revolutionären Tempo geschehen.

Die nun von vielen so empfundene Beruhigung war allerdings auch mehr oder weniger nur äußerlich, denn jetzt wurden viele weitere Fahrtgebiete intensiv auf die Möglichkeiten zur Einführung des Containerverkehrs geprüft. Entsprechende Vorbereitungen liefen an, wobei als Unsicherheitsfaktor für alle Planungen die 1973 von den Ölförderländern inszenierte Ölkrise, richtiger ist Ölpreiskrise, eine erhebliche Belastung darstellte.

Interessante Zahlen nannte Anfang 1974 Direktor A. M. Lels von der Holland-Amerika-Linie. Danach gab es zu diesem Zeitpunkt in der Welt bereits 240 bis 250 große Containerschiffe, deren Baupreise er auf durchschnittlich 60 Millionen Gulden bezifferte. Damit kam er auf Gesamtinvestitionen in Höhe von 15 Milliarden Gulden. Hinzuzurechnen waren weitere vier Milliarden Gulden für 700 000 bis 800 000 Container. Würde man außerdem auch noch die Kosten für das rollende Material mit zwei Milliarden Gulden hinzunehmen und die Kosten, die für den Bau der Spezialterminals aufgebracht werden mußten, dann käme man leicht auf Gesamtinvestitionen in Höhe von 25 Milliarden

Die Entwicklung geht weiter

Zu den großen Containerhäfen am Nordkontinent zählt Antwerpen. Hier der Europa-Terminal mit einem südostasiatischen Stelldichein: Einkommend die OOCL BRAVERY der Hongkonger Orient Overseas Container Lines (OOCL), auslaufend die EVER GLORY des taiwanesischen Container-Giganten Evergreen, an der Pier in der Abfertigung ein Schiff der koreanischen Cho Yang Line.
(Foto: Guido Coolens/Hafen Antwerpen)

53

Container

Gulden, die bis dahin weltweit für den Aufbau von Containerverkehren aufgebracht worden waren.

Karl-Heinz Sager gab sich als stellvertretender Vorstandssprecher der Hapag-Lloyd AG in einer Ansprache anläßlich der Verladung des 1,5-millionsten Containers über Bremerhaven zwar davon überzeugt, daß sich der Container in der internationalen Linienfahrt konsequent weiter durchsetzen werde, womit er ja letztlich absolut recht behielt, aber damals hieß es auch andererseits, daß für viele Entwicklungsländer der Container auch in Zukunft von geringem Interesse bleiben würde. Für sie sei vor allem der Aufbau einer entsprechenden Infrastruktur kaum vertretbar. Weiter wurde vor unüberschaubaren sozialen Konflikten gewarnt, die sich aus den mit dem Containerverkehr verbundenen Rationalisierungseffekten einerseits und dem vorhandenen Arbeitskräfteüberschuß andererseits ergeben könnten. Zusätzliche Hemmnisse seien Finanzierungsfragen und das Vorhandensein nationaler Flotten mit konventioneller Tonnage. Das alles klang wohl realitätsbezogen, aber es kam letztlich doch anders.

Schon im April 1974 prognostizierte dann das Bremer Institut für Seeverkehrswirtschaft das Heranrollen einer neuen »Containerisierungswelle«, denn nach den vorliegenden Zahlen sollten innerhalb der nächsten vier Jahre – bis 1977 – weitere 307 Voll- und Semi-Containerschiffe in Fahrt kommen. Sie befanden sich mit Stichtag 1. Februar 1974 auf den Werften bereits im Bau oder im Auftrag. Ihre Gesamtkapazität wurde mit 135 280 TEU angegeben. Im Gegensatz zur Entwicklung der vorangegangenen Jahre, die durch immer größere und immer schnellere Schiffe gekennzeichnet war, handelte es sich bei den zu diesem Zeitpunkt angekündigten Neubauten aber überwiegend um kleinere Einheiten mit Stellplatzkapazitäten für bis zu 1000 Container. Auf diese Kategorie entfielen von den genannten 307 Neubauten allein 260 mit zusammen 77 377 TEU. Alles in allem wies dies darauf hin, daß die Neubauten in der Mehrzahl für neue Feederdienste sowie für Dienste im küstennahen Bereich oder für solche mit noch nicht so hohem Containeraufkommen gedacht waren. Die zweite Phase der Containerisierung begann.

Von der fortschreitenden Expansion der Containerverkehre und dem dadurch hervorgerufenen Bauboom profitierten nicht nur die Werften, sondern ebenfalls die Containerbauer. Auch sie konnten in den nächsten Jahren mit einem sicher weiter wachsenden Markt rechnen. Den Gesamtbedarf an Containern für den Zeitraum von 1975 bis 1984 gab das Bremer Institut für Seeverkehrswirtschaft mit 1 915 706 Einheiten an. Dabei wurde davon ausgegangen, daß für jedes neu in Dienst gestellte Schiff drei Containersätze benötigt würden. Von dem angegebenen Gesamtbedarf sollten 111 3583 Container auf den Ersatzbedarf und 802 123 auf die Ausstattung der Neubauten entfallen.

Voll-Containerschiffe nach Flaggen 1973/74				
	Zahl	1974 BRT	Zahl	1973 BRT
USA	110	1 871 409	104	1 723 755
Großbritannien	90	1 351 982	92	1 344 805
Japan	42	1 026 067	37	950 684
Bundesrep. Deutschland	46	625 672	48	613 808
Liberia	19	208 850	18	146 848
Dänemark	5	78 694	4	140 225
Schweden	7	153 998	7	151 727
Niederlande	13	153 181	13	153 165
Frankreich	7	138 770	7	135 521
Italien	6	97 199	6	69 161
Israel	4	84 112	3	77 879
Australien	6	83 123	6	83 123
Singapur	9	57 179	7	55 681
Norwegen	1	52 196	6	135 154
Sowjetunion	9	48 145	7	35 200
Griechenland	4	37 313	1	3 986
Belgien	1	31 036	1	31 036
Spanien	11	20 938	12	20 808

So etwa für diese Zeit läßt sich auch eine allmähliche Änderung in der Konzeption vieler Containerreedereien festhalten. Sie drückte sich darin aus, daß gegenüber den ursprünglichen Plänen, die die Bedienung möglichst weniger Häfen vorsahen, nun doch wieder mehr Plätze in die Fahrpläne der einzelnen Dienste einbezogen wurden. Nicht zuletzt geschah dies auf Druck der Verlader, die aus Kostengründen Umladungen auf Bahn, Lkw, Binnen- oder Feederschiff möglichst gering halten wollten.

Anfang der achtziger Jahre sorgte die Vorbereitung sogenannter Round-the-world- (RTW) -Dienste für Aufsehen in der Containerwelt. Diese Pläne wurden als neue interessante Möglichkeit zur weiteren Optimierung und Kostenreduzierung in den Containerverkehren gewertet. Vorreiter waren die United States Lines (USL), die für einen solchen

Die Entwicklung geht weiter

Dienst in Korea bei Daewoo vierzehn 4148-TEU-Schiffe bestellten. Später wurde die Zahl auf zwölf reduziert. In ähnlicher Größenordnung bewegte sich die taiwanesische Evergreen Line, die sechzehn Einheiten ihrer 2728 TEU fassenden »G«-Klasse für diesen Einsatz vorsah. Evergreen konnte schließlich seinen Round-the-world-Dienst auf ost- und westgehenden Routen im Juli 1984 noch drei Monate vor USL starten. Später folgte noch die deutsche Senator Linie, womit die drei prominentesten Vertreter dieser Variante genannt sind.

In Hamburg konnte am 1. September 1984 mit dem taiwanesischen MS EVER GENIUS (36 500 BRT) das erste Schiff im ersten Round-the-world-Service abgefertigt werden. Das Schiff hatte mit westlichen Kursen den Erdball umrundet und war aus Singapur kommend via Suez-Kanal und Valencia in Hamburg als erstem nordeuropäischen Lade- und Löschhafen eingetroffen. Es verließ am 2. September den Elbehafen wieder, um über Felixstowe, Rotterdam, Antwerpen und Le Havre nach New York zu versegeln. Es folgten die Häfen Norfolk und Charleston an der US-Ostküste, und über Kingston/Jamaika erreichte das Schiff via Panama-Kanal nach rund 80 Tagen Fahrtzeit am 15. Oktober wieder Tokio, wo es am 25. Juli abgefahren war. Mit der Bedienung der Fernost-Häfen Osaka, Pusan, Keelung, Kaohsiung, Hongkong und Singapur trat das Schiff dann seine zweite Rundreise an.

Am Hamburger Containerterminal war bereits am 5. September das MS EVER GARDEN gefolgt, das den neuen Dienst am 19. Juli eröffnet hatte und auf östlichem Kurs über Kaohsiung, Keelung, Pusan, Osaka, Tokio, Kingston, Charleston, New York und Baltimore Hamburg als ersten europäischen Lade- und Löschhafen erreicht hatte. EVER GARDEN lief einen Tag später wieder aus, über Felixstowe, Rotterdam, Antwerpen, Le Havre und Valencia in Richtung Fernost, wobei dort Kelang und Singapur vor Hongkong als erste Häfen angelaufen wurden. Nach Abschluß der Aufbauphase bot Evergreen mit 16 Schiffen alle zehn Tage eine Abfahrt in jeder Richtung.

Karl-Heinz Sager, ehemals stellvertretender Hapag-Lloyd-Vorstandssprecher, gab sich in einem Vortrag 1985 davon überzeugt, daß die RTW-Dienste von USL und Evergreen starke strukturelle Auswirkungen auf die Linienschiffahrt insgesamt haben würden. Trotz vieler ernsthafter Vorbehalte gegenüber diesem neuen Konzept und trotz der Tatsache, daß die RTW-Dienste nach seiner Meinung auf den einzelnen Routen für sich gesehen selten einen erstklassigen, sondern eher nur einen durchschnittlich guten Service anbieten könnten, habe das System eine Reihe von Vorteilen:

– in jedem Anlaufhafen könne für Dutzende von Ländern auf mehreren Kontinenten Ladung an Bord genommen werden. Sei dieses Netz erst einmal – auch in Nord-Süd-Richtung – perfekt ausgebaut, könnten diese Linien als Einzelreedereien Ladung von und nach jedem wichtigen Hafen oder Inlandsplatz der Welt mit einer einzigen Durchrate (Singlefactorrate) akquirieren.
– RTW-Dienste müßten weitgehend unabhängig operieren und seien daher in ihrer Preisgestaltung sehr flexibel.
– Die weltweite Verladerschaft werde beide Linien bald als »International Carriers« ansehen, die ihre nationale Identität teilweise eingebüßt hätten, dafür aber als aggressiv und innovativ anerkannt würden.
– Beide Reedereien hätten für diesen Dienst große, wirtschaftliche und identische Schiffe gebaut. Der Kapitaldienst sei auf Jahre sehr hoch. Aber die Flotten würden weitgehend abgeschrieben sein, wenn andere Linien irgendwann in der Zukunft einmal ihrem Beispiel folgen wollten.

Wenn es daher auch im Augenblick keine anderen Reeder – mit Ausnahme vielleicht doch von Maersk – gäbe, die echte RTW-Ambitionen hätten, fuhr Sager fort, so bemühten sich die meisten bedeutenden Linien doch um eine Art globaler Orientierung.

Sager war es dann selbst, der wenig später in Bremen die Senator Linie als RTW-Carrier ähnlich dem Evergreen-Konzept organisierte. Sie startete am 10.4.1987 mit zunächst vier Schiffen. Geplant war ein wöchentlicher Dienst mit 24 gecharterten Schiffen zwischen 1000 und 1500 TEU mit eine Geschwindigkeit von 17 Knoten. Jeweils zwölf Einheiten sollten in westlicher bzw. östlicher Richtung die Welt in jeweils 77 Tagen umrunden und dabei 16 Häfen anlaufen.

Überzeugend durchgesetzt hat sich das Round-the-world-Konzept nicht. Die United States Lines scheiterten bereits Ende 1986, und zwar nicht nur mit ihrem Dienst, sondern wegen dieses Dienstes als gesamtes Unternehmen. Die Senator Linie, später dann DSR-Senator Linie und seit 1997 im Mehrheitsbesitz der koreanischen Hanjin Reederei, hat mehrfach ihr Konzept geändert und ist bis heute mit ihren Ergebnissen nicht in die Nähe »Schwarzer Zahlen« gekommen. Heute wird der RTW-Dienst gemeinsam von DSR-Senator, Hanjin, Cho Yang und United Arab Shipping Co. (UASC) betrieben. Lediglich Evergreen scheint keine Probleme zu haben und hat seit der Etablierung seinen RTW-Dienst ständig ausgebaut und verfeinert.

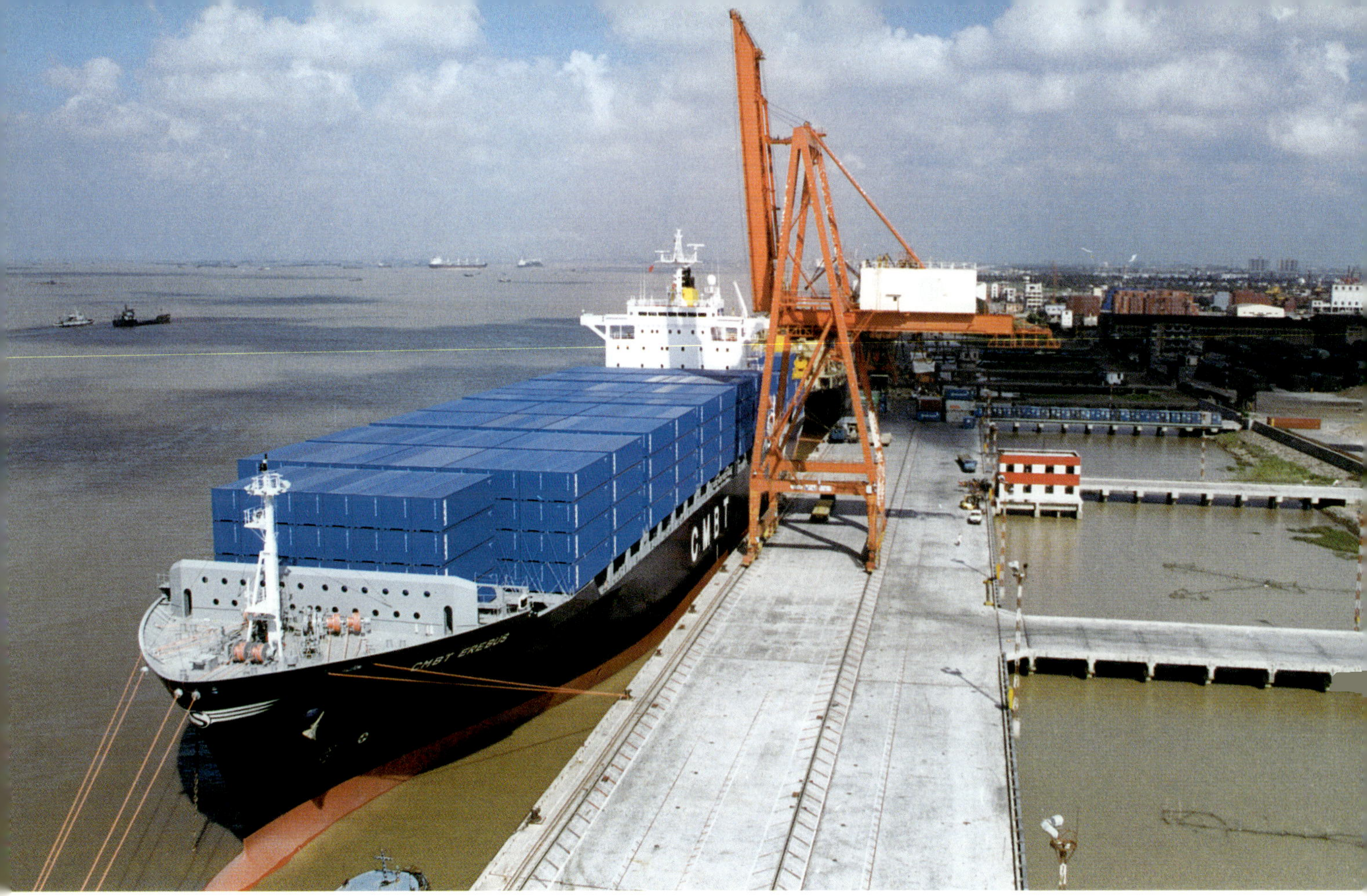
CMBT
CMBT EREBUS

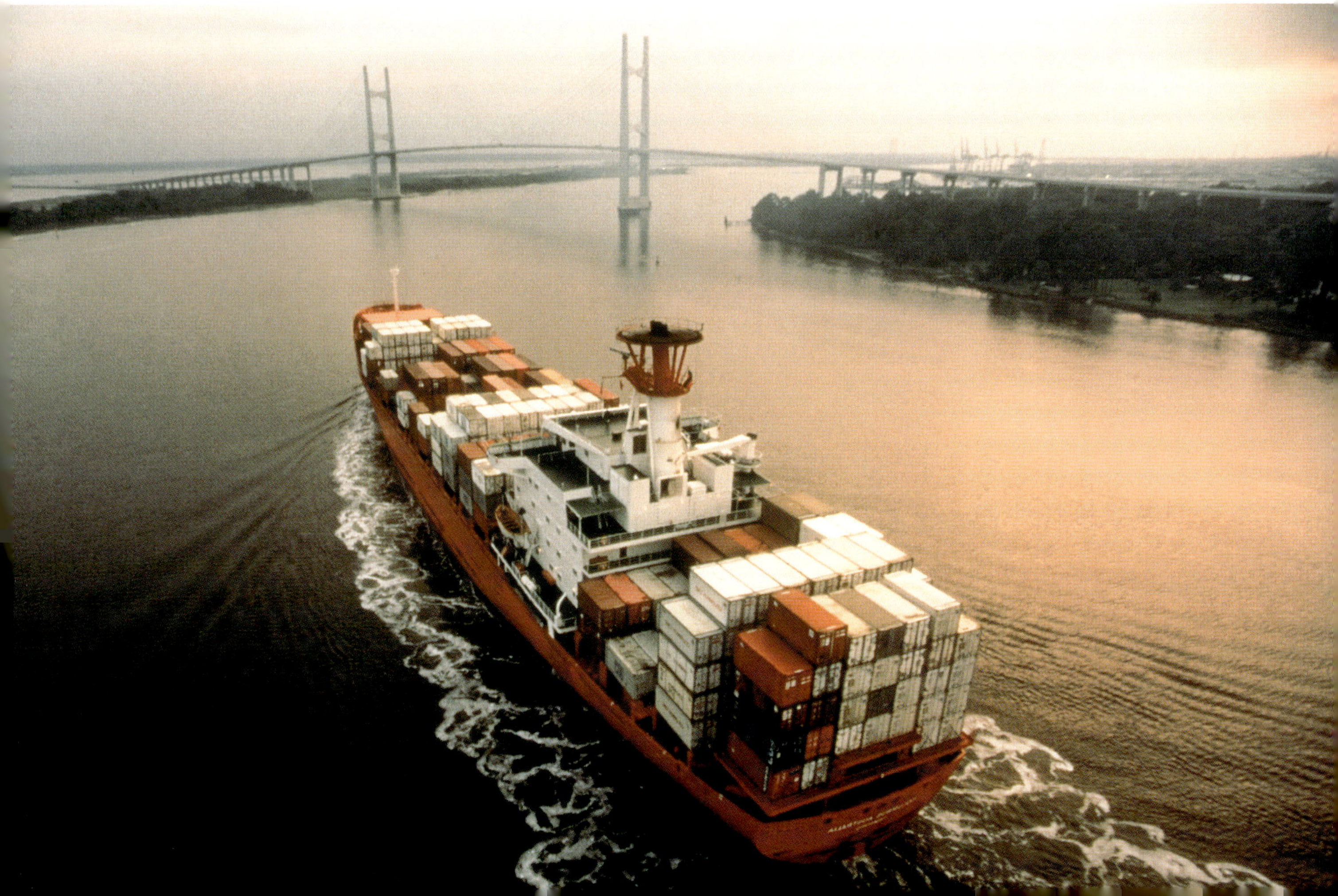

Entwicklung im Containerschiffbau

In der langen Geschichte des weltweiten Schiffbaus ist es wohl bei keinem anderen der vielen Schiffstypen zu einer ähnlich schnellen, ja geradezu sprunghaften Entwicklung gekommen, wie bei den Containerschiffen. Das zeigt schon die geradezu explosionsartige Größensteigerung der Containerschiffe zwischen der zweiten Hälfte der sechziger Jahre bis in die ersten siebziger Jahre hinein. Hier prägten sich die Begriffe, wie schon weiter vorn erwähnt, von der 1. Generation (etwa 800 TEU), der 2. Generation (ca. 1500 TEU) und der 3. Generation (mit rund 3000 TEU). Eine besondere Problematik für die Schiffbauer ergab sich zum einen daraus, daß es sich hierbei um einen völlig neuen Schiffstyp handelte, und zum anderen, daß die enormen Größensteigerungen bei den einzelnen Generationen angegangen werden mußten, ohne daß Zeit geblieben war, Erfahrungen mit den vorangegangenen zu sammeln. Fragen etwa nach Containerabständen, Toleranzen, zweckmäßigem Laschgeschirr u.ä. mußten weitgehend theoretisch gelöst werden.

Danach war es längere Zeit scheinbar ruhig in der weiteren Entwicklung dieser Spezialtonnage. Zwar vergrößerten sich von Jahr zu Jahr in raschem Tempo die Zahl der Schiffe und die Anzahl der Stellplätze insgesamt innerhalb

Das Container-MS MARE PHOENICIUM der Bremer Hansa Mare Reederei im Baudock der koreanischen Hyundai-Werft in Ulsan. Sehr deutlich ist die Konstruktion der Container-Zellgerüste unter Deck zu erkennen (Foto: Hansa Mare)

Nebenstehende Seite oben:
Containerumschlag in Nantong/Hafengebiet Langshan am Jangtse-Fluß in China.
(Foto: »Schiff & Hafen«)
Nebenstehende Seite unten:
Die COLUMBUS AUSTRALIA (1250 TEU) der Hamburg-Süd-Tochter Columbus Line in der Zufahrt zum US-Ostküstenhafen Philadelphia.
(Foto: Hamburg-Süd)

Container

der Welthandelsflotte, aber von spektakulären konstruktiven neuen Höhepunkten war außerhalb enger Expertenzirkel kaum etwas zu hören. Nicht wenige Fachleute waren damals fest davon überzeugt, daß es eine 4. Generation mit einer deutlich über die 3000-TEU-Grenze hinausgehenden Kapazität wegen der durch den Panama-Kanal gesetzten Beschränkungen wohl kaum geben werde. Eher herrschte die Ansicht vor, daß man alle die für bestimmte Fahrtgebiete konzipierten Schiffe jeweils bis zu ihrem technischen Ende fahren werde. Was solle sich da auch schon noch entwickeln? Es müßten genormte eckige Boxen gefahren werden, und das war es!

Ganz so einfach war es dann allerdings doch nicht, wenngleich die technischen Merkmale der Containerschiffe inzwischen weitgehend als gefestigt angesehen werden konnten. Dabei muß man sich vergegenwärtigen, daß Schiffe dieses Typs zunächst für die Schiffbauer, wie schon oben angedeutet, in vielfältiger Weise eine überaus große Herausforderung dargestellt haben. Sie bekamen diese Problematiken jedoch in durchaus bewunderungswürdiger Weise sehr rasch in den Griff. Das gilt besonders, aber nicht nur, für die deutsche Werftindustrie und dort wiederum in erster Linie für Blohm + Voss, den später so kläglich untergegangenen Bremer Vulkan und für die Howaldtswerke-Deutsche Werft AG (HDW) bzw. deren Vorgängergesellschaften.

Mitte der siebziger Jahre galt die weitgehend allgemein akzeptierte Erkenntnis, daß es in nächster Zeit weder eine 4. Containerschiffsgeneration geben würde noch eine mit Nuklearantrieb. Auch kein unter Wasser fahrendes oder ein Container-Luftschiff – alles Projekte, die sich seinerzeit mehr oder weniger ernsthaft in der Diskussion befanden. »Die Grenzen des vernünftigen Wachstums sind nach den stürmischen Sprüngen der vergangenen zehn Jahre deutlich geworden«, hieß es zum Beispiel 1977.

Diese Aussage hatte eine gewisse Gültigkeit nicht nur für das Größenwachstum, sondern auch für die Geschwindigkeit der Containerschiffe. In dieser Hinsicht hatte es ähnliche Sprünge gegeben, wenn auch nicht so durchgängig, wie bei den Stellplatzkapazitäten. So waren die im Australdienst in Fahrt kommenden Schiffe der 2. Generation schneller als die der 1. Generation auf dem Nordatlantik, und die Fernostschiffe des Trio-Dienstes setzten mit ihren 26/27 Knoten noch etliches dazu. Ganz besonders auf den langen Routen machte Geschwindigkeit ja durchaus auch Sinn. Die heute nicht mehr existierende US-Reederei Seatrain setzte 28-Knoten-Schiffe mit Gasturbinenantrieb sogar auf dem Nordatlantik ein. Der tägliche Verbrauch belief sich auf über 300 t Brennstoff. Die Spitze schaffte schließlich Sea-Land mit ihren in Deutschland und Holland für rd. 400 Mio. Dollar gebauten acht Containerschiffen vom Typ SL-7. Diese mit 41 500 BRT vermessenen Einheiten waren mit ihren 33 Knoten, zu denen sie eine mit zwei Getriebedampfturbinen erbrachte Antriebsleistung von 120 000 PS »beschleunigte«, die schnellsten jemals gebauten Frachtschiffe. Sie kamen ab 1973 ebenfalls auf dem Nordatlantik zum Einsatz und konnten jeweils 1096 TEU befördern. Ihr täglicher Bunkerverbrauch belief sich bei Höchstgeschwindigkeit auf 600 t. Ein teurer Spaß.

Unter dem Druck des 1973er Ölpreisschocks, als die Bunkerkosten explodierten, mußten die Reeder »auf die Bremse treten«. Die normale Geschwindigkeit ging bei Neubauten wieder auf deutlich unter zwanzig Knoten zurück, die in den vorangegangenen Jahren in Fahrt gekommen schnellen Schiffe drosselten ihre Antriebsleistung, und Sea-Land, die bei diesen Ölpreisen voll »ins offene Messer« gelaufen war, verkaufte die SL-7-Renner zu sicher ordentlichen Preisen an die US-Navy, wo sie nach entsprechenden Umbauten heute noch ihren Dienst versehen.

Zwar blieb die Geschwindigkeit stets ein immer wieder diskutiertes Thema, aber erst ab Mitte der neunziger Jahre erreichten die für die Europa-Fernostdienste bestimmten oder die für den Pazifik in Fahrt kommenden großen Neubauten wieder 24 bis 25 Knoten, bei den großen Schiffen sogar darüber. Und neue Spitzen gab es auch schon wieder, etwa bei den von der chinesischen Staatsreederei China Ocean Shipping Co. (COSCO) in Japan georderten, für den Pazifik-Dienst bestimmten sechs 5250-TEU-Neubauten, von denen als erster Mitte 1997 die Lu He in Fahrt kam. Sie erreichte eine Probefahrtgeschwindigkeit von 29,2 kn. Post-Panamax-Schiffe zeigen heute, Mitte 2000, immerhin Geschwindigkeiten um 24,5 Knoten im Durchschnitt, verglichen mit knapp 19 Knoten Durchschnittsgeschwindigkeit der gesamten Containerschiffsflotte.

1981 brachte Hapag-Lloyd, um zur Schiffsgröße zurückzukehren, als Mitglied der Trio-Gruppe die FRANKFURT EXPRESS in Fahrt, das mit 3045 TEU damals größte Containerschiff der Welt. Das sollte es aber nicht lange bleiben, denn etwa zur gleichen Zeit bestellten die United States Lines (USL) für ihren geplanten Round-the-world-Dienst in Korea bei Daewoo die schon vorher erwähnten 14 Containerschiffe zur Ablieferung 1983/85 mit einer Stellplatzkapazität von jeweils 4148 TEU – gegenüber der FRANKFURT EXPRESS ein Größensprung um 36 Prozent. Andere Reedereien ließen ihre Containerschiffe in diesen Jahren verlängern, um mehr Kapazität zu schaffen. Die United States

Entwicklung im Containerschiffbau

Post-Panamax-Containerschiffe im Bau bei der Howaldtswerke-Deutsche Werft AG (HDW) in Kiel. Rechts in der Ausrüstung die APL CHINA. (Foto: HDW)

Lines hatte allerdings an ihren so groß dimensionierten Neubauten keine Freude. Sie erwiesen sich für den vorgesehenen Einsatz als zu langsam, und die Reederei hatte es versäumt, für sie eine adäquate Logistikorganisation aufzubauen. Dies führte dazu, daß die durch die Neubauten eingegangene hohe Verschuldung nicht abgebaut werden konnte und das Unternehmen durch einen Bankrott von der Bildfläche verschwand.

Aber es war wieder Bewegung in die Szene gekommen, und zwar sowohl im »Großen« als auch im »Kleinen«. Um bei dem »Großen« anzufangen, so war der entscheidende Angelpunkt das Jahr 1988. In diesem Jahr kamen nämlich die ersten fünf Containerschiffe mit einer Breite von mehr als 32,2 m in Fahrt. Sie wurden damit breiter als die Schleusen des Panama-Kanals es zuließen und konnten somit den Kanal nicht mehr benutzen. Gebaut wurden sie von der Howaldtswerke-Deutsche Werft AG (HDW) in Kiel und dem Bremer Vulkan in Bremen-Vegesack. Gewagt hatten diesen Schritt die American President Lines (APL). Da sie vorwiegend auf dem Pazifik engagiert waren, spielte der Wasserweg Panama-Kanal für sie ohnehin kaum eine Rolle. Die Stellplatzkapazität dieser neuen 275,13 m langen, 39,40 m breiten, 11,00 m tiefgehenden und ca. 24,5 Knoten schnellen Schiffe vom Typ »C 10« ist auf 4340 TEU gesteigert worden. Im äußeren Erscheinungsbild dieser Neubauten prägten sich sicherlich als dominierendes Merkmal die an den Lukenenden bzw. an den Enden der Containerstellplätze angeordneten »Laschbrücken« ein, mit denen die Material- und Zeitaufwendungen für die Laschung der mehr als die Hälfte der Gesamt-Containerkapazität ausmachenden Boxen an Deck minimiert und die Containerstauung insgesamt optimiert wurden.

Ebenfalls 1988 wurde die Fachwelt von den ersten Containerschiffen überrascht, die mit stark reduzierter Seiten-

Container

kastenbreite bei Einhaltung der Panamax-Größe elf statt bisher zehn Container nebeneinander im Raum stauen konnten. Initiator war die ebenso expansiv agierende wie innovative dänische Reederei Maersk, die diese Schiffe der sog. »M«-Klasse auf ihrer eigenen Werft in Odense bauen ließ. Ein ähnliches Konzept, jedoch mit breiteren Seitenkästen, aber Verzicht auf Längsherfte wurde kurz darauf bei mehreren Containerschiffsserien auf deutschen Werften auch für deutsche Reeder verwirklicht. Inzwischen haben fast alle neuen Panamax-Schiffe diesen Elferstau.

Macht man nun einen Sprung in das Jahr 1992 und schaut sich um, dann ist festzustellen, daß zu den bemerkenswerten großen Neubauten der damaligen Zeit die HANNOVER EXPRESS-Serie zählt, die die Hamburger Hapag-Lloyd AG gerade bei der koreanischen Samsung-Werft abwickelte. Diese Schiffe waren bei einer Vermessung von 58 783 BRZ und 64 500 tdw Tragfähigkeit 281,60 m lang und damit wohl die seinerzeit längsten Containerschiffe überhaupt. Ihre Stellplatzkapazität erreichte 4407 TEU, womit wohl das Panamax-Optimum erreicht war. Bei voller Beladung waren diese Schiffe jedoch gezwungen, erhebliche Mengen von Wasserballast von 10 000 bis 15 000 t aufzunehmen, um überhaupt aufrecht schwimmen zu können. Diese Mengen, die nicht selten mehr als 15 Prozent der Gesamttragfähigkeit entsprachen, waren zur Erreichung der notwendigen Stabilität zwar unbedingt erforderlich, aber ansonsten nutzlose »Ladung«. Generell konnte dieses Ärgernis mit dem Bau breiterer Schiffe vermieden werden, die würden jedoch den Panama-Kanal nicht mehr passieren können, und mit einer derartigen Entscheidung tat man sich noch schwer.

Hierzu etwas im Vorgriff: Der Germanische Lloyd hat später eine Methode entwickelt, mit der sich eine Verringerung der Ballastwassermenge erreichen ließ, so daß bis zu 200 TEU mehr an Bord gestaut werden konnten.

Auf noch mehr Stellplätze kamen damals mit 4419 TEU rein rechnerisch die CGM NORMANDIE (60 173 tdw/261,40 m Länge) der Compagnie Genéralé Maritime, die im Februar 1992 ihre Jungfernreise angetreten hatte, sowie die BUNGA PELANGI (61 777 tdw) der Malaysian International Shipping Corporation (MISC), die bei etwa gleichen Abmessungen wie das französische Schiff fein ausgetüftelt sogar 4469 TEU an Bord unterbringen konnte. Ehrlicherweise muß dazu gesagt werden, daß dies allerdings weitgehend theoretische Zahlen sind, denn in der Praxis kommt es auf zehn TEU mehr oder weniger nicht an. Bis an ihre zahlenmäßige Grenze ausgelastet werden diese Großschiffe wohl kaum jemals fahren, spielen doch neben anderen Faktoren beispielsweise die Gewichte der Container eine Rolle dabei, wieweit die Schiffe beladen werden können.

Sowohl die CGM NORMANDIE als auch die BUNGA PELANGI gehörten aber bereits, ebenso wie die vorher erwähnten APL-Schiffe, zur Klasse der Post-Panamax-Einheiten, also zu denen, die den Panama-Kanal wegen ihrer zu großen Breite nicht mehr durchfahren können. Das schränkt sie in der Flexibilität zwar ein, bietet jedoch, wie gesagt, den Vorteil günstigerer Stabilitätsverhältnisse. Es kann auf Stabilitätsballast verzichtet und wegen der größeren Breite »hafengerechter« gestaut werden. Die Häfen selbst wurden von diesen Schiffen allerdings in erheblichen Investitionszwang gebracht, denn sie mußten mit neuen Containerbrücken dieser Größenentwicklung folgen, mit solchen, die mit größerer Höhe und weiterer Ausladung »Post-Panamax«-gerecht sind.

Intensiv wurde darüber diskutiert, wie es weiter gehen könnte mit der Größenentwicklung. Würden noch größere Schiffe in Fahrt kommen? Bei der Indienststellung ihrer CGM NORMANDIE prophezeiten zwar Reedereivertreter: »Wir werden Frachter erleben, die mehr als 5000 Container befördern können«, und auch Dr. Hanns Kippenberger, Vorstandssprecher der Schiffshypothekenbank zu Lübeck (SHL) sowie Generalvertreter der Deutsche Bank AG, berichtete

Der Post-Panamax-Neubau APL JAPAN klar zur Probefahrt bei HDW. (links)
Die REGINA MAERSK war bei ihrer Indienststellung mit offiziell 6000 inoffiziell weit über 7000 TEU der Weltmeister. (oben)
(Fotos: HDW, Port of New York and New Jersey)

von Plänen einiger Reedereien für 6000-TEU-Schiffe, aber die meisten Fachleute zeigten sich eher skeptisch in dieser Frage.

Dr.-Ing. Wolfgang Fricke von der deutschen Klassifikationsgesellschaft Germanischer Lloyd (GL) in Hamburg betonte, daß es zwar technisch überhaupt keine Probleme gäbe, noch größere Schiffe zu bauen, andere Kriterien sprächen jedoch eher dafür, daß die 4000/4400-TEU-Schiffe für eine ganze Weile die obere Größenklasse bilden würden. So seien

Container

wegen des noch größeren Tiefgangs immer weniger Häfen für derartige Jumbos erreichbar und die hätten teilweise schon jetzt (1992) erhebliche Probleme, den Vor- und Nachlauf befriedigend zu regeln bzw. ausreichend Fläche zur Verfügung zu stellen. Heutzutage gehe der Trend eher wieder dahin, schlankere und damit schnellere Schiffe zu bauen, mit nicht mehr ganz so hohen Stellplatzkapazitäten. Die Brennstoffkosten spielten derzeit auch nicht mehr eine so bedeutende Rolle, so daß es den Reedereien auf ein paar Tonnen mehr nicht ankäme, um wieder Geschwindigkeiten von 24/25 Knoten zu erreichen.

Dr. Fricke verwies im übrigen bei gleicher Gelegenheit darauf, daß es bei den Containerschiffen auch in den vergangenen Jahren niemals einen technischen Stillstand gegeben habe, selbst wenn es oberflächlich betrachtet so ausgesehen hätte. Der Fortschritt während der vorangegangenen zehn bis fünfzehn Jahre sei im wesentlichen durch eine ständige Optimierung in der Konstruktion gekennzeichnet gewesen. Sie werde insbesondere an der immer weiter gewachsenen Stellplatzkapazität bei gleichbleibenden Hauptabmessungen deutlich. Weitere Schwerpunkte seien das Bemühen um mehr Sicherheit und Zeitersparnis gesetzt worden. Letzteres etwa mit einer Vereinfachung der Container-Laschvorgänge durch Entwicklung von Laschbrücken für Containerschiffe ab 2500 TEU und ähnlicher Verbesserungen.

Bevor nun etwas ausführlicher auf zwei ganz spezielle Entwicklungslinien eingegangen wird, nämlich auf die lukendeckellosen Containerschiffe und auf die Kühlcontainerschiffe, kurz der Hinweis darauf, daß es neben den »reinen« Vollcontainerschiffen auch noch bestimmte Hybrid-Typen gibt. Zu nennen sind dabei vor allem die CONRO-Schiffe, also solche, die sowohl für den Transport von Containern als auch als auch rollender Ladung konzipiert sind, die Atlantic Container Line (ACL) beispielsweise setzt derartige Schiffe ein. Ein anderer Typ sind die CONBULKER. Diese Frachter können entweder Container oder Massengüter (Bulkladungen) fahren. Sehr groß ist die Anzahl dieser Schiffe innerhalb der Welthandelsflotte nicht.

Noch kleiner ist aber die Zahl der Einheiten, die für den Transport von Containern und Passagieren eingerichtet sind. Ende 1987 kam mit der AMERICANA das erste von drei in Korea, für die norwegische Ivarans Reederei gebauten Passagier/Containerschiffen, für den Dienst zwischen den Ostküsten Nord- und Südamerikas in Fahrt. Die 176,7 m langen Schiffe bieten Platz für 1120 20-ft-Container und 110 Passagiere, für die im Achterschiff 62 Doppel- und Einzelkabinen zur Verfügung stehen. Lange Zeit blieben dies, soweit bekannt, die einzigen Vertreter ihrer Klasse. Erst im Spätsommer 1995 kam das erste von zwei weiteren Schiffen, die dieser Klasse zugeordnet werden können, in Fahrt. Die MTW Schiffswerft in Wismar lieferte die ZI YU LAN an chinesische Auftraggeber. Das Schiff kann, wie das ein halbes Jahr später in Dienst gestellte Schwesterschiff, 392 Passagiere und 286 TEU befördern. Aber es ist abzusehen, daß dieser Typ eher ein Exote bleiben wird.

Erwähnt werden muß auch, daß viele Containerschiffe mit eigenem Umschlaggeschirr ausgerüstet sind. Das gilt für die Anfangszeit ebenso wie für heutige Verhältnisse, wobei die Zahl dieser Schiffe innerhalb der Weltcontainerschiffsflotte sogar noch deutlich zugenommen hat. Vor allem sind es solche Einheiten, die auf dem Chartermarkt angeboten werden und in den weit verzweigten Zubringer- und Verteilerdiensten verkehren. Mit dem eigenen Geschirr lassen sie sich flexibler einsetzen und sind in gewissem Umfang unabhängig von landfesten Einrichtungen, die bis heute noch in vielen Häfen, vor allem in kleineren, fehlen oder nur unzureichend vorhanden sind.

Ebensowenig darf angesichts der vorher skizzierten Größenentwicklung auf den Überseelinien der Hinweis nicht fehlen, daß auch in den Feederdiensten eine entsprechende Bewegung festzustellen war. Stellplatzkapazitäten von 1000 oder auch schon 1500 TEU auf diesen Schiffen sind längst keine Seltenheit mehr. Eine weitere Steigerung ist nicht auszuschließen. Wesentlicher Grund hierfür ist, daß die ganz großen Überseeschiffe eine Vielzahl von Häfen wegen ihres zu großen Tiefgangs nicht mehr anlaufen können bzw. etliche Dienste aus anderen Gründen die Zahl der bedienten Häfen verringert haben. Es fallen also erheblich größere zu feedernde Containermengen an, und zwar auch über immer längere Seestrecken. Es kann ebenso davon ausgegangen werden, daß die Feederdienste nach und nach schnellere Fahrzeuge verlangen.

Und noch eine interessante schiffbauliche Episode am Rande: Während die Verlängerung von Schiffen, auch von Containerschiffen, für die Werften längst Routinearbeit geworden ist, erhielt die Hamburger Werft Blohm + Voss 1994 von der Reederei Sea-Land den Auftrag, die drei 1984/85 bei Daewoo in Korea gebauten ehemaligen United States Lines-Round-the-world-Schiffe mit je 3652-TEU, GALVESTON BAY (ex AMERICAN KENTUCKY/nach Umbau SEA-LAND PRIDE), SEA-LAND VALUE (ex AMERICAN MAINE) und RALEIGH BAY (ex AMERICAN NEW JERSEY/nach Umbau SEA-LAND MOTIVATOR), durch Herausnahme einer Mittelschiffssektion (drei Containerlängen) zu verkürzen und sie

Entwicklung im Containerschiffbau

1994 hat Blohm + Voss drei 1984/85 in Korea gebaute ex-USL-Schiffe in einer außergewöhnlichen Operation nicht, wie sonst üblich, verlängert sondern verkürzt, um die Schiffe schneller zu machen. (Foto: Blohm+Voss)

mit einem strömungstechnisch deutlich verbesserten neuen Vorschiff zu versehen. Ziel war es, die Schiffe um drei Knoten – von bisher 18 auf dann 21 Knoten – schneller zu machen.

Neben der erwähnten Verkürzung und der Änderung des Vorschiffes konnte die angestrebte Geschwindigkeitserhöhung dadurch erreicht werden, daß zusätzlich Leistung auf die Propellerwelle gebracht wurde. Diese zusätzliche Leistung von ca. 4000 kW wird durch einen Dieselgenerator erzeugt und über einen Elektromotor und ein mit der Propellerwelle gekoppeltes Getriebe in den Antriebsstrang eingebracht. Der Dieselgenerator kann 6000 kW bereitstellen und liefert gleichzeitig die Energie von 1800 kW für den Betrieb eines Bugstrahlruders. Der Umbau der Schiffe wurde erfolgreich in der vertraglich vereinbarten Zeit von einem halben Jahr erledigt.

Lukendeckellose »Open-Top«-Containerschiffe

Betrachtet man die Wirtschaftlichkeit eines Containerschiffes, so wird sie maßgeblich beeinflußt durch das verwirklichte Staukonzept. Die Zugänglichkeit der Container beim Laden und Löschen sowie die benötigte Zeit zum Zurren und Sichern spielen bei immer kürzeren Rundreisezeiten eine immer größere Rolle. Hier eröffnete ein völlig neuer Containerschiffstyp ab Anfang der neunziger Jahre interessante Optionen – das lukendeckellose, also nach oben offene Containerschiff, bei dem die Container in speziellen Gerüsten gestaut werden. Zwar sträubten sich bei einer ganzen Generation von Schiffbauern bei dem Gedanken, ein Schiff ohne Lukenabdeckung auf See zu schicken, die Nackenhaare,

Hier, bei der 1993 bei Verolme in den Niederlanden gebauten 1643 TEU tragenden EUROPEAN EXPRESS, wird das »Open-Top-Konzept« deutlich. (Foto: Verolme)

aber dennoch wurde die Idee realisiert. Im August 1990 kam als erstes Schiff dieses neuen Typs die BELL PIONEER in Fahrt. Der im europäischen Verkehr eingesetzte Neubau hatte eine Stellplatzkapazität von 300 TEU. Die Container wurden in fünf Lagen übereinander gefahren, wobei die oberste Lage über das Süll hinausragte.

Mitte Juli 1991 lief dann in Kobe nach der Taufe auf den Namen NEDLLOYD EUROPA die erste Einheit einer Serie sog. »Ultimate Container Carrier« (UCC) von fünf 3538-TEU-Schiffen vom Stapel, die von der Nedlloyd-Gruppe in Japan bestellt worden waren. Die 266 m langen, 32,24 m breiten und max. 12,50 m tiefgehenden Sieben-Luken-Schiffe mit 50 000 tdw Tragfähigkeit erhielten ein von der Tankdecke bis zur vierten Lage auf dem Wetterdeck durchgehendes Containerführungssystem für bis zu 13 Lagen übereinander. Die Laderäume 1 und 2 wurden konventionell mit Lukendeckeln verschlossen, so daß dieser Bereich auch für die Aufnahme von break-bulk-Ladungen und Gefahrgut geeignet ist. Die Dienstgeschwindigkeit liegt bei 21,5 Knoten, die Spitze bei 25 Knoten. Für den Einsatz im Fernost-Verkehr bestimmt, waren es es die ersten Open-Tops der Großschiffahrt.

Die Vorteile lukendeckelloser Containerschiffe, »Open-Top« im internationalen Sprachgebrauch, sind leicht zu nennen:
– Es entfallen der Bau, sämtliches Transportieren, Stauen und Zurren von Lukendeckelsystemen. Die zeitaufwendigen Operationen für das Entfernen bzw. Wiederaufsetzen der Lukendeckel in den Häfen werden unnötig.

Entwicklung im Containerschiffbau

— Die Containerstaugerüste können über die Laderäume hinaus beliebig über Deck verlängert werden. Damit entfällt das aufwendige Laschen von Deckscontainern. Es wird kein Laschmaterial benötigt, so daß dadurch auch Wartung und Ergänzungsbeschaffungen entfallen.

— Weitere Zeit- und Kosteneinsparungen ergeben sich aus der Reduzierung der Arbeit für die Besatzungen bezüglich der Ladungsbehandlung. Bei den hochragenden Zell-/Staugerüsten entfallen die schweren Arbeiten zur Ladungssicherung. Die Unfallgefahr verringert sich.

— Durch den Wegfall der Lukendeckel und die dadurch durchgehenden Staugerüste, die zur Führung und Stützung der Container dienen, wird beim Umschlag ein unkomplizierter Zugriff auf die einzelnen Stapel möglich.

Wie immer und überall gibt es allerdings auch bei diesem Konzept Nachteile. So sind lukendeckellose Containerschiffe bezüglich der Stauung unterschiedlich langer Container deutlich unflexibler als herkömmliche Schiffe. Nachteilig ist auch, daß die gesamten Verteillasten der Container auf dem untersten Raumcontainer liegen, wodurch dieser häufiger als sonst in den Bereich der höchstmöglichen Belastung gerät. Alle Container eines Stapels müssen über die volle Höhe der Zellführungen/Cell Guides (ca. 36 m bei großen Open-Top-Schiffen) gehoben werden, wodurch sich längere Hub- und Senkzeiten ergeben. Die engen Toleranzen der Container in den Führungsschienen erlauben außerdem keine größeren Krängungen des Schiffes, wenn der Umschlagbetrieb nicht blockiert werden soll.

Open-Top-Containerschiffe benötigen darüber hinaus eine geänderte Doppelbodenkonstruktion zur Aufnahme besonders leistungsfähiger Lenzeinrichtungen, denn es kann ja von oben »reinregnen«, wobei es etwa bei tropischen Regengüssen sehr rasch zu enormen Wassermengen kommen kann, ebenso wenn bei Seegang überkommendes Wasser gleich »bis unten durchläuft«. Darüber hinaus ist eine Begehbarkeit zur Kontrolle notwendig. Aus Freibordgründen bzw. als teilweiser Schutz gegen überkommendes Wasser können an einigen Luken im Vorschiff doch Abdeckungen erforderlich werden, wie bei den Nedlloyd-Schiffen weiter oben bereits erwähnt. Für gefährliche Ladung, die aufgrund entsprechender Vorschriften über Deck gestaut werden muß und nicht in oder über offenen Räumen gefahren werden darf, bieten sich die Stellplätze auf den verbliebenen Lukendeckeln im Vorschiffsbereich an.

Eine der »Container-Fregatten«, die 1998 von HDW für Norasia gebaute NORASIA SAMANTHA. (Foto: YPS/HDW)

Container

Das erste in Deutschland gebaute Open-Top-Containerschiff war die im Dezember 1993 von der Howaldtswerke-Deutsche Werft AG (HDW) in Kiel an die schweizerische Norasia-Reederei abgelieferte NORASIA FRIBOURG, die bei 242,0 m Länge. 32,24 m Breite und 11,0 m Tiefgang eine Vermessung von 43 323 BRZ und eine Stellplatzkapazität von 2780 TEU hat. Weitere Schiffe dieses Typs folgten bis 1996.

Gegenüber den bis dahin in den Niederlanden und in Japan gebauten Schiffen dieses lukendeckellosen Typs waren in den Bau dieser Schiffe einige völlig neue Ideen eingeflossen. Schon das äußere Erscheinungsbild mit der futuristisch anmutenden Backabdeckung und dem turmförmigen Aufbau deutet auf interessante Neuheiten hin. Das äußere Erscheinungsbild wird außerdem stark geprägt von den über das Deck hinausragenden Stütz- und Führungsschienen, in denen die seitlich über dem Decksstreifen angeordneten Container »freitragend« gefahren werden. Neuartig war auch die leichte Schutzabdeckung über den Führungsgerüsten, die Regen- und Spritzwasser sowie zusammen mit dem vorderen »Spoiler« den Windwiderstand reduzieren soll.

Hochinteressant ist der große Open-Top-Feederschiffstyp, den HDW und Norasia gemeinsam praktisch in Folge der vorangegangenen Serie der Großschiffe entwickelten. Je fünf davon wurden in Kiel und in Shanghai nach diesen Plänen gebaut. Wegen ihrer verhältnismäßig hohen Geschwindigkeit von 25 Knoten, mehr noch aber wegen ihrer ungewöhnlich schlanken Formgebung erhielten die 216 m langen und 26 m breiten Schiffe mit 1388 TEU Kapazität die inoffizielle Bezeichnung »Container-Fregatten«. Unterteilt sind die Schiffe in sieben Laderäume, von denen die ersten beiden mit Lukendeckeln verschlossen und für den Transport von Containern mit gefährlicher Ladung zugelassen sind.

Einen zumindest teilweise offenen Containerschiffstyp hat auch die Hamburger Sietas-Werft entwickelt und gebaut. Anfang 1999 waren zehn dieser mit 6322 BRZ vermessenen Einheiten mit einer Kapazität von je 628 TEU abgeliefert.

Insgesamt sieht es aber wohl so aus, daß eine ganz große Begeisterung für den Open-Top-Typ in der Schiffahrtswelt bislang nicht ausgebrochen ist. Gravierend Nachteiliges ist allerdings auch nicht zu hören. Die Idee ist jedoch keineswegs tot. Erst kürzlich hat ein ausgewiesener Fachmann, Dr. Hans G. Payer, Vorstandsmitglied des Germanischen Lloyd, wieder eine Lanze für dieses Konzept gebrochen. Er hält es ganz besonders geeignet für Feederverkehre, in denen viele Häfen angelaufen werden. Daß nicht mehr Schiffe dieses Typs bestellt werden, hat seiner Ansicht nach vor allem damit zu tun, daß die Open-Top-Schiffe bei den Hafengebühren gravierend benachteiligt werden. Die Hafengebühren basieren im wesentlichen auf der Brutto-Register-Tonnage, und durch das hohe Freibord haben Open-Top-Schiffe nun einmal eine größere Vermessung als »normale« Containerschiffe, müssen also mehr zahlen. Hier muß laut Payer etwas bewegt werden, um dem Konzept den Durchbruch zu ermöglichen, den es verdient.

Kühlcontainerschiffe

Eine sehr interessante Entwicklung innerhalb des Containersystems hat der Bereich Kühlcontainer/Kühlcontainerschiffahrt aufzuweisen, wobei es eine eindeutige Definition, was denn ein Kühlcontainerschiff ist, gar nicht gibt. Das britische Consultant-Unternehmen Drewry bezeichnet zum Beispiel alle Containerschiffe mit mehr als fünfzig Stellplätzen für Kühlcontainer als Kühlcontainerschiffe bzw. bezieht diese Schiffe in die entsprechenden Statistiken ein. Danach gibt es etwa 2000 Einheiten mit zusammen rund 350 000 Stellplätzen für Kühlcontainer, auf die dieses zutrifft. Containerschiffe mit Kühlcontainerstellplätzen haben sich immer mehr zu einer ernstzunehmenden Konkurrenz für die etablierte Kühlschiffahrt entwickelt.

Eine gewisse Klassifizierung kann dadurch geschehen, indem unterschieden wird zwischen Schiffen mit Stellplätzen für integrierte Kühlcontainer mit eigenem Aggregat und solchen mit Stellplätzen für Porthole Container ohne Aggregat. Außer auf Kühlcontainerschiffen werden Kühlcontainer auch auf Ro/Ro-Schiffen, Stückgutfrachtern, Safttankern und in zunehmendem Maße auf Kühlschiffen selbst gefahren, wodurch sich deren Transportkapazität erhöht und die Tragfähigkeit besser ausgenutzt wird. Am äußeren Bild moderner Kühlschiffe kann nur noch ein Fachmann erkennen, ob es sich um ein Kühl- oder ein Kühlcontainerschiff handelt. Reine Kühlcontainerschiffe, also solche, die auf allen Stellplätzen Kühlcontainer transportieren, sind bis jetzt eher die Ausnahme. Sie werden in der Regel nur von den großen Fruchthandelskonzernen wie Dole oder Chiquita betrieben.

Als erstes reines Kühlcontainerschiff ist Ende 1983 das in Japan gebaute MS PURITAN von der F. Laeisz Schiffahrts-Gesellschaft, Hamburg, in Fahrt gebracht worden. Das 148 m lange, 25,6 m breite und 17 Knoten schnelle 13 998-BRZ-Schiff bietet 290 Stellplätze für 40-ft-Container. Die Kühlung der einzelnen Container-Aggregate bei den an Deck gestau-

Entwicklung im Containerschiffbau

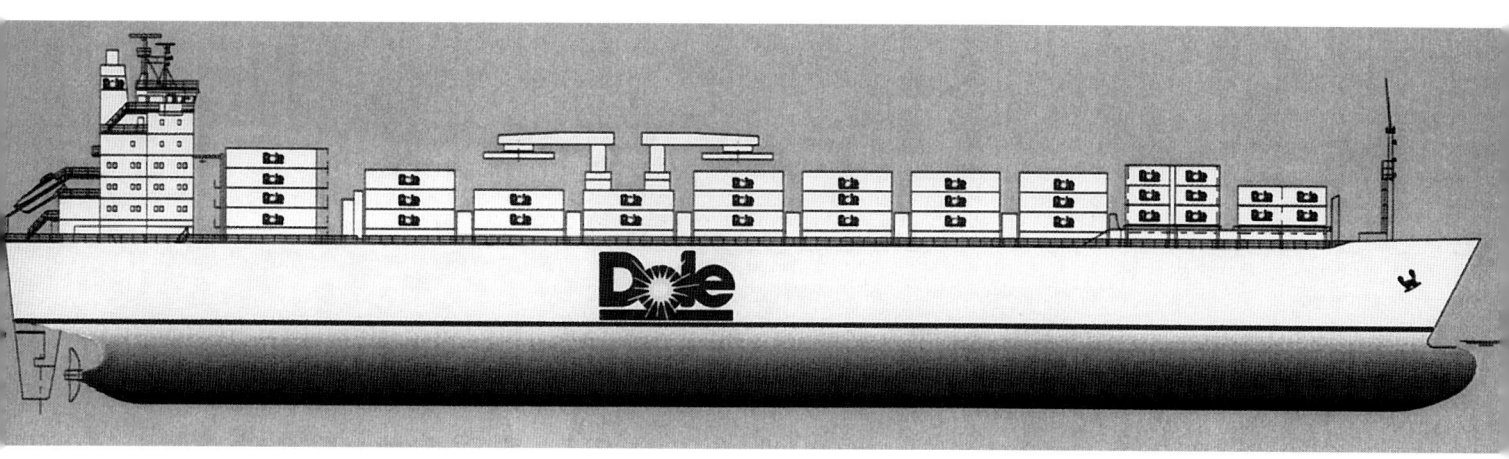

Seitenriß der Dole-Neubauten von HDW.
(Abb.: »Schiffbau-Industrie«)

ten Containern erfolgt durch Luftkühlung und in den Laderaumzellen durch Anschluß an ein bordeigenes Kühlsystem. Das Sechs-Luken-Schiff ist mit zwei fahrbaren elektrohydraulischen Portalkränen mit 26 m Hubgeschwindigkeit pro Minute und zehn Metern Auslegerweite ausgestattet.

Die seitdem durchlaufene Entwicklung wird deutlich bei Betrachtung der jüngsten Neubauten dieses Spezialtyps. Es sind die Ende 1997 von Dole bei HDW in Kiel bestellten beiden Einheiten, deren Ablieferung November bzw. Dezember 1999 erfolgte. Diese speziell für Dole entwickelte neue Klasse von Kühlcontainerschiffen kann max. 30 600 t in rund 1000 40-ft-Containern tragen, was einem Kühlraum von ca. 2 Mio. cft entspricht. Damit sind die 201,5 m langen, 32,2 m breiten und 21 Knoten schnellen Schiffe die mit Abstand weltgrößten Kühlschiffe. Die bislang größten konventionellen Kühlschiffe bieten eine Transportkapazität von bis zu 800 000 cft.

In Kühlcontainern wurden anfangs besonders die unproblematischen Kühlgüter wie Fisch und Fleisch transportiert (1. Generation). Im nächsten Schritt wurden Früchte mit geringen Anforderungen gefahren (2. Generation), und empfindliche Früchte werden seit gut 20 Jahren in Kühlcontainern mit hohen Luftwechselraten transportiert (3. Generation). Dadurch wurde es möglich, vor allem Früchte auch in kleineren Partien kostengünstig zu transportieren, wodurch neue Marktsegmente erschlossen werden konnten.

In Kühlcontainern bzw. auf Kühlcontainerschiffen werden also leicht verderbliche Güter transportiert. Im wesentlichen handelt es sich dabei um Massenladungen wie Fleisch, Fisch, Molkereiprodukte, Zitrusfrüchte oder Bananen, die nahezu ganzjährig gefahren werden. Aber auch Saisonfrüchte wie Weintrauben, Äpfel und Birnen haben gleichermaßen Zuwachs wie Beeren, Pilze, Steinfrüchte und Blumen sowie die Exoten, die auch von den Arten immer mehr werden. Ein Blick auf die Märkte oder in Obst- und Gemüsegeschäfte läßt dies leicht erkennen.

In vielen Teilen der Welt ist der Lebensstandard gestiegen, was u.a. zu einem wachsenden Bedarf an höherwertigen Lebensmitteln geführt hat. Frisches Obst und Gemüse gehören ebenso dazu wie Fleisch und Fisch. Es ist heute zumindest in der sog. »entwickelten Welt« so, daß das tägliche Angebot an diesen Dingen, und sei es noch so exotisch, als Selbstverständlichkeit hingenommen wird – das ganze Jahr über zu erschwinglichen Preisen. Die Kühlcontainerschiffahrt macht es möglich. Anspruchsvolle neue Kühlcontainersysteme (CA-Technologie) haben das Ihrige zu dieser Entwicklung beigetragen.

Die Containerlinien werden der traditionellen Kühlschiffahrt in den nächsten Jahren weitere Marktanteile abnehmen. Das prognostizierte u.a. das Beratungshaus Drewry Shipping Consultants 1998 in seiner Studie »Reefer Shipping: Confronting the Competitive Threat«. Danach wird der Markt insgesamt weiter wachsen, und zwar um jährlich durchschnittlich 2,1 Prozent bis 2005. Als Gründe für die steigende Nachfrage werden das Bevölkerungswachstum und der zunehmende Wohlstand in Ländern, die bislang noch nicht das Konsumniveau westlicher Industrienationen erreicht haben, genannt. Drewry veranschlagte das Ladungsvolumen für 1996 auf 47 Mio. t. Nach seiner Schätzung werden zehn Jahre später 57 Mio. t zu befördern sein. Fast die Häfte der Ladung (48 Prozent) wird dann in Boxen wandern, 1998 waren es erst 41 Prozent.

Container

Die DOLE CHILE verläßt als erstes der beiden größten Kühl-(Container)-Schiffe die Werft, wenig später folgt die DOLE COLOMBIA. (Foto: HDW)

Deutlich steigende Marktanteile dürften die Containerlinien nach Einschätzung der Briten vor allem in folgenden Marktsegmenten verzeichnen: Bei Zitrusfrüchten (Anstieg von 24 auf 34 Prozent), bei Äpfeln, Birnen und Trauben (von 22 auf 30 Prozent), bei exotischen Früchten wie Ananas, Kiwis und Avocados (von 49 auf 60 Prozent) sowie Milchprodukten (von 80 auf 88 Prozent) und Fisch (von 33 auf 42 Prozent). Für die Betreiber konventioneller Kühlschiffe werde es äußerst schwer sein, sind die Schiffahrtsexperten von Drewry überzeugt, eine geeignete Antwort auf die Herausforderung der Containerlinien zu finden.

Clarkson Research Studies in London hält fest, daß im Oktober 1998 die auf Containerschiffen gebotene Kühlraumkapazität erstmals größer war, als die der eigentlichen Spezial-Kühlschiffe. Danach entfielen von der Gesamt-Kühlkapazität in der Welt 50,3 Prozent auf 2109 Containerschiffe, die andere knappe Hälfte auf 1384 konventionelle Kühlschiffe.

Gebremst wird der weitere Vormarsch des Kühlcontainers zur Zeit noch durch mangelhafte Ausstattung vieler Häfen mit den nötigen Kühl- und Umschlageinrichtungen, beispielsweise in Mittelamerika, wo deshalb die Kühlgüter noch in großem Umfang per Lkw-Trailer und Ro/Ro-Schiff in die USA gebracht werden. Ein weiterer Grund, warum es mit den Kühlcontainern nicht noch schneller geht, sind die hohen Anschaffungskosten insbesondere für die neuen High-Tech-Kühlcontainer.

Grundsätzlich bleibt festzuhalten, daß die heutige Technik zwar auch in der Kühlcontainerschiffahrt vielfältige Möglichkeiten bietet, aber die eingesetzten Schiffe und Container bezahlbar sowie vom Bord- und Hafenpersonal bedienbar bleiben müssen.

MS HANJIN COPENHAGEN – 5618 TEU (Foto: GL)

Zu neuen Dimensionen

Im Zusammenhang mit den Sprüngen bei der Zunahme der Containerschiffsgrößen fallen immer wieder die Begriffe »Economy of Scale« und »Produktivität«. Sie sollen, bevor auf die weitere Entwicklung eingegangen wird, zum allgemeinen Verständnis kurz erläutert werden.

Unter Economy of Scale wird die Tatsache verstanden, daß bei ausreichend und regelmäßig verfügbarer Ladung die spezifischen Transportkosten pro TEU mit zunehmender Schiffsgröße sinken. Dieser Gesetzmäßigkeit folgend, hat die Zahl der großen Containerschiffe und die Durchschnittsgröße der vorhandenen Containerschiffe in den vergangenen fünfzehn bis zwanzig Jahren ständig zugenommen. Eine Folge davon ist, daß diese Tonnagevergrößerung den Wettbewerb der Reedereien untereinander zugunsten der Befrachter verschärft, so daß bei immer größeren Investitionen die Frachtraten eher sinken und die Gewinne der Reedereien immer schmaler werden. Dies verstärkt den Zwang zu internationaler Kooperation und Konzentration finanzstarker Unternehmen in der Linienschiffahrt. Diese Konzentration wirkt sich wiederum zugunsten größerer, gemeinsam betriebener Schiffe aus. Es gibt allerdings auch gegenläufige Tendenzen zur Economy of Scale, etwa unsichere Wirtschaftslagen, die zu einem Rückgang des Containeraufkommens führen können, sinkende Flexibilität sehr großer Einheiten und eventuell längere Hafenliegezeiten. Zudem wird die Einsatzflexibilität von Post-Panamax-Schiffen gegenüber Panamax-Schiffen geringer, was jedoch angesichts der in bestimmten Fahrtgebieten doch recht stabilen Containerströme nicht überzubewerten ist.

Die Produktivität eines Schiffes erhöht sich, wenn durch technische Neuerungen seine Stellplatzkapazität (TEU) stär-

Container

Die in Wismar für China gebaute ZI YU LAN bietet bei einer Größe von 16071 BRZ sowohl Platz für 392 Passagiere als auch für 286 Container/TEU. (Foto: MTW)

ker gesteigert werden kann, als der »Aufwand« für das Schiff dabei zunimmt. An dieser Stelle ist Gelegenheit, auf die Erkenntnisse des Instituts für Schiffbau (IfS) an der Universität Hamburg von 1995 hinzuweisen, die besagt, daß sich durch die Größenentwicklung innerhalb von zwei Jahrzehnten der Energieverbrauch pro Container um 66 Prozent, der Stahlverbrauch um 57 Prozent, die Besatzungsstärke um 47 Prozent und die Umschlagzeit um 20 Prozent verringert haben.

Aus der Sicht des Schiffbauers liegt der Vorteil der großen Breite in der dadurch möglichen Steigerung der Stellplatzkapazität ohne wesentliche Erhöhung der Schiffslänge (Baukosten, Liegeplätze) und des Tiefgangs (Häfen, Reviere), zumal auch bei voller Beladung kaum bzw. kein Ballastwasser zur Einhaltung der Mindeststabilität erforderlich ist. Da mit der Schiffsbreite nicht nur die Anfangsstabilität, sondern auch das Breitenträgheitsmoment wächst, kann die Rollzeit und damit die entsprechende Beschleunigung der Deckscontainer in akzeptablen Grenzen gehalten werden. Nachteilig ist, daß sich durch die Breite die Torsionsbeanspruchung des Schiffskörpers in schräg einkommendem Seegang stark erhöht, so daß das Stahlgewicht (Baukosten) pro Container trotz erhöhter Kapazität nicht wesentlich kleiner wird.

Etwa seit Ende der achtziger Jahre war in der weltweiten Entwicklung der Containerschiffahrt wieder eine auffallend schneller werdende, dynamische Aufwärtsbewegung zu feststellen. Ursache war das beständige Wachstum der Containerströme von durchschnittlich 6,5 Prozent jährlich aufgrund wachsender internationaler Arbeitsteilung und des dadurch absolut und prozentual zunehmenden Austauschs von hochwertigen Halb- und Fertigprodukten.

Für alle Reedereien, die in diesem anhaltenden Prozeß mithalten wollen, kommt es darauf an, die Kosten pro TEU im Seetransport zu reduzieren, um die Wettbewerbsfähigkeit zu erhalten. Dieses kann nur mit Schiffen höchster Wirtschaftlichkeit und mit einem hocheffizienten Management erreicht werden. Einsparungsmöglichkeiten ergeben sich bei ausreichendem Containeraufkommen durch den Einsatz großer oder sehr großer Schiffe. Und obwohl der reine Seetransport nur etwa ein Drittel der gesamten Frachtkosten vom Produzenten zum Empfänger ausmacht, werden in der Schifffahrt weiterhin alle Anstrengungen zur weitgehenden Ausschöpfung jeder sich bietetenden Rationalisierungsmöglichkeit unternommen. Nachdem eine weitere Verringerung der Besatzungen zur Kostenreduzierung als unrealistisch erkannt worden ist, bietet u.a. die Schiffsgröße einen Ansatz zur Steigerung der Wirtschaftlichkeit. Das ist einer der Gründe, warum speziell auf den Routen Europa–Fernost und Fernost–US-Westküste in zunehmendem Maße Post-Panamax-Schiffe zum Einsatz kommen, nachdem mit den APL-Schiffen vom Typ C 10 einmal die »Schleusen geöffnet« waren. Zehn Jahre später gab es bereits rund hundert Schiffe dieser Größenklasse.

Dennoch blieb das Thema umstritten. Noch in der ersten Hälfte 1995 diskutierten die Fachleute über Sinn oder Unsinn immer größerer Containerschiffe. Skepsis bis hin zu Ablehnung überwog. Und doch waren sie kurz darauf Realität – Maersk und P&O machten den Anfang. Das zeigt, wieviel Fahrt die Entwicklung inzwischen wieder aufgenommen hatte.

Maersk ließ wie immer seine neuen Schiffe auf der eigenen Werft im dänischen Odense bauen und war, ebenfalls wie immer, nicht sehr mitteilsam, was technische Einzelheiten anging. Gemauert wurde vor allem bei Angaben über die Stellplatzkapazität. Immerhin war es aber klar, daß 1997 mit der Ablieferung der SOVEREIGN MAERSK (»S«-Klasse) das erste Mal bei Containerschiffen die Grenze von 100 000 tdw

Zu neuen Dimensionen

überschritten wurde. Weitere Schiffe folgten, die innerhalb ihrer Klasse noch einen weiteren Größensprung machten. Die SOVEREIGN MAERSK war bei ihrer Indienststellung mit 318 m Länge, 42 m Breite und 14 m Tiefgang das größte bis dahin gebaute Containerschiff. Nach offiziellen Angaben der Reederei hatte es eine Kapazität von 6000 TEU. Von Fachleuten wurde sie jedoch auf mindestens 7000 TEU geschätzt, einschließlich der üblichen Leercontainer können sicher noch mehr transportiert werden. Für Reefer-Container sind 700 Anschlüsse vorhanden, so daß mehr Transportraum für Kühl- und Gefriergüter geboten wird, als auf dem zur Zeit der Indienststellung größten in Fahrt befindlichem Kühlschiff.

Die von P&O in Japan bestellten vier Jumbos, die dann nach der Fusion mit Nedlloyd als P&O Nedlloyd-Neubauten in Fahrt kamen, haben zwar mit 42,80 m wohl die gleiche Breite wie die Maersk-Schiffe, sind mit nicht ganz 300 m Länge aber kürzer. Ihre Tragfähigkeit wird mit rund 90 000 tdw angeben, die Dienstgeschwindigkeit mit 24,5 Knoten, die Vermessung mit 80 600 BRZ, die Stellplatzkapazität mit 6690 TEU. Als erstes Schiff stellte die Reederei Anfang Juli 1998 die P&O NEDLLOYD SOUTHAMPTON in Europa vor. Im April 1999 bestellte die Reederei vier fast baugleiche Containerschiffe bei Hyundai in Korea zur Lieferung in 2000 und 2001. Überkapazitäten hin, Überkapazitäten her, der Preis war wohl bei den Dumping-Methoden, mit denen die Koreaner »auf Deubel komm raus« Neubauaufträge akquirierten, um ihre weit überdimensionierten Schiffbaukapazitäten auszulasten, zu verlockend.

Bei den P&O Nedlloyd-Neubauten in Japan und bei den Maersk-Jumbos sind die bisdahin weltgrößten Zweitakt-Dieselmotoren als Einmotorenanlagen mit Leistungen von bis zu 68 000 kW zum Einbau gekommen. Mit Zylinderdurchmessern von fast einem Meter und 2,50 m Hub werden bei Drehzahlen von 100 U/min Geschwindigkeiten von rund 25 Knoten erreicht. Die Schrauben der P&O Neubauten haben ein Gewicht von jeweils über 90 t. Über die genannte Leistung hinausgehende Einmotorenanlagen wurden seinerzeit als nicht machbar bezeichnet, so daß bei noch größeren Schiffen nach damaligen Erkenntnissen wohl zwei

Das Großcontainerschiff REGINA MAERSK füllt das berühmte Trockendock »Elbe 17« von Blohm + Voss in Hamburg nahezu vollständig aus. (Foto: Blohm + Voss)

Motoren eingebaut werden müßten, was aber wiederum der angestrebten Steigerung der Wirtschaftlichkeit durch die Großschiffe abträglich ist.

In die Diskussion kam dann das 8000-TEU-Containerschiff, dessen technische Machbarkeit aber längst nicht mehr angezweifelt wurde. In Deutschland ist 1995/97 in diesem Zusam-

Container

Post-Panamax-Neubau P&O NEDLLOYD SOUTHAMPTON auf der Elbe. (Foto: CP. Davenport)

menhang in einer vom Forschungsministerium geförderten Studie »Container-Transportsysteme der Zukunft« von HDW gemeinsam mit acht Partnern aus der Industrie und von den Hochschulen die gesamte Transportkette untersucht worden. Dabei wurde zumindest zunächst konzeptionell ein 8000-TEU-Schiff entwickelt.

U.a. brachte diese Studie auch einen interessanten Umweltschutzaspekt zutage. Danach wird durch den Einsatz derartiger Großcontainerschiffe die Umwelt nämlich deutlich entlastet, denn allein für eine Fahrt von Fernost nach Europa würde, wie es heißt, ein 8000-TEU-Schiff rund 1000 t Brennstoff weniger benötigen als zwei 4000-TEU-Schiffe. Das bedeute, daß durch den Einsatz eines Jumbo-Containerschiffes beim Transport eines 40-ft-Containers über 280 Liter Brennstoff eingespart werden könnten.

Aber es scheint so, als seien jetzt alle Schleusen geöffnet, alle Hemmnisse aus dem Weg geräumt. Ein Ende des Größenwachstums ist nicht abzusehen. Dazu einige Zahlen: Der Weltauftragsbestand an Containerschiffen betrug am 1. Januar 2000 insgesamt 272 Einheiten mit 930 000 TEU. Von diesen gehörten allein 90 Einheiten zu der sogenannten Post-Panamax-Klasse mit 5000 TEU und mehr. 30 Einheiten lagen sogar oberhalb 6000 TEU. Wenig später wurden Aufträge über Schiffe mit offiziell 7200 TEU gemeldet, und es geht auch bereits jenseits der 8000-TEU-Grenzen weiter.

Für Dr. Burkhard Lemper vom Bremer Institut für Seeverkehrswirtschaft und Logistik (ISL) kommt auch die nächste Generation von Containerschiffen schon bald und nicht erst in nächster Zukunft. Nachdem Maersk den Bau von 8700-TEU-Schiffen angekündigt habe und ihre derzeitigen – 1. Jahreshälfte 2000 – offiziell für 6500 TEU ausgelegten Schiffe faktisch 8000 TEU stauen können, sei nach seiner Meinung davon auszugehen, daß die nächste Generation schon an die 10 000-TEU-Marke heranreiche. Die koreanische Hyundai-Werft habe bereits Anfragen für Containerschiffe mit Kapazitäten von 10 000 TEU vorliegen und euro-

Zu neuen Dimensionen

päische Motorenhersteller entwickelten schon Großdiesel mit den dafür benötigten Leistungen. Soweit die Realität.

Andere denken weiter. Michael Ippich, Geschäftsführer des BLG-Containerterminals in Bremerhaven, beispielsweise erklärte, daß man sich bereits auf Schiffe mit Stellplätzen für 12 000 TEU einstelle, und in den Niederlanden ist bereits ein Malacca-Max-Containerschiff entworfen worden, das gerade noch die Straße von Malacca zwischen Sumatra und der Südspitze Malaysias mit Singapur passieren kann. Bei 411 m Länge und 61 m Breite käme dieser Typ auf einen Tiefgang von über 21 m. Seine Stellkapazität: 18 154 TEU.

Zwar ist die Entwicklung hin zu immer größeren Containerschiffen zugegebenermaßen spektakulär, aber geforscht und entwickelt wird auch in andere Richtungen. Wesentliches Ziel dabei ist, bei Minimierung des Eigengewichtes mit hoher Geschwindigkeit – 50 Knoten und mehr – auch Routen mit vorerst bis zu 1000 Seemeilen Länge bedienen zu können, wobei es keineswegs nur um die Konkurrenz zur Luftfracht geht, der man allerdings nur zu gern einige Güter abspenstig machen möchte. Aber bevor es einmal soweit sein wird, müssen dafür noch viele Voraussetzungen geschaffen werden, nicht zuletzt auch hafenseitig.

Schiffsseitig ist der inzwischen erreichte Entwicklungsstand auf dem Gebiet der unkonventionellen Fahrzeuge unterschiedlich, wobei sich bis jetzt im wesentlichen drei Typen herausgebildet haben: Gleitkatamarane, SAWTH (Small Waterplane Area Twin Hull) und SES (Surface Effect Ships)-Fahrzeuge. »Aber wohin das alles einmal gehen soll und welcher Typ sich letztlich wirklich durchsetzen kann, das ist noch völlig unklar«, geben selbst ausgewiesene Fachleute zu. Derzeit seien noch viele Rückschläge zu verkraften, und die in Fahrt befindlichen ersten Fahrzeuge bewegen sich größenmäßig und in ihren Fahrbereichen noch in sehr engen Grenzen.

Vehement treibt, wie nicht anders zu erwarten, besonders Japan die Entwicklung voran und steckt viel Geld sowohl von seiten der Regierung als auch der Industrie vor allem in ein Fahrzeug mit einem Supraleitenden Elektromagnetischen Antriebssystem (»Yamato 1«) sowie in den Techno Superliner, mit dem, wenn alles klappt, bald ein- bis zweitägliche Shuttle-Dienste mit den Nachbarländern in Südostasien/Fernost eingerichtet werden sollen. Erste Typen werden getestet.

In Deutschland gibt es außer intensiver Forschungsarbeit auf diesem Gebiet nur den CARGO CAT von HDW – aller-

Containerschiffsentwurf von Nigel Gee Associates. Modell für die oder mit Zukunft? (Foto: Archiv H J W)

Container

dings lediglich im Modell. Dieser ca. 80 m lange Frachtkatamaran soll 300 t Ladung mit einer Geschwindigkeit von 50 Knoten befördern. Bestellungen gibt es zwar noch nicht, aber es soll vor längerer Zeit schon eine Anfrage gegeben haben.

Ein weiteres Beispiel ist der von dem irischen Konstruktionsbüro Nigel Gee Associates für die im schweizerischen Fribourg ansässige Norasia-Reederei entwickelte Pentamaran-Typ, mit dem gegenüber konventionellen Schiffen erhebliche Brennstoffeinsparungen erzielt werden können. Es handelt sich dabei um ein Containerschiff mit schmalem Mittelrumpf und vier Auslegern, das 12 500 t Ladung mit 30 Knoten Geschwindigkeit bei einer Antriebsleistung von nur 30 MW befördern kann. Auf dem Reißbrett existieren bereits weitere große Containerschiffe mit fünf Rümpfen.

jährlich fast 9 Prozent. Zwischen 1986 und 1994, also innerhalb von nur acht Jahren, hat sich der Containerumschlag in den Häfen der Welt verdoppelt. Diese Zahlen nannte Professor M. Zachcial vom Bremer Institut für Seeverkehrswirtschaft und Logistik (ISL) auf dem Kongreß der Hafenbautechnischen Gesellschaft (HTG) 1995.

Damals neueste Prognosen der britischen Ocean Shipping Consultants (OSC) gingen von einem anhaltend starken Wachstum aus. In der jüngsten OSC-Studie von 1994 wurden die bereits hohen Wachstumsraten der Vorläuferstudie aus dem Jahr 1992 (6,2–7,7 Prozent p.a. im Zeitraum 1992–2000 bzw. 5,3–5,8 Prozent p.a. im Zeitraum 2000–2010) schon wieder nach oben korrigiert. Für die Periode 1995–2005 wurden demnach 7,7–8,5 Prozent jährlich für möglich gehalten. Die neueste Drewry-Studie aus dem Jahr 1994 blieb dagegen vorsichtiger in ihren Erwartungen. Die ging für den Zeitraum 1995–2000 von einer 4,3prozentigen Wachstumsrate aus. Das Bremer ISL erwartete für den Zeitraum 1995–2000 zwischen 6,2 Prozent und 7,5 Prozent, für 2000–2005 zwischen 5,6 Prozent und 6,5 Prozent und für 2005–2010 zwischen 5,0 Prozent und 5,5 Prozent. Aber wie auch immer, alle Prognosen sagten

Weiter rasantes Wachstum und zunehmende Konzentration

Seit etwa Ende der achtziger Jahre war, wie bereits geschildert, in der weltweiten Entwicklung der Containerschiffahrt wieder eine auffallend schnellere Gangart festzustellen. Die Containerlinienschiffahrt erwies sich damit dauerhaft als der am schnellsten wachsende Bereich der weltweiten Seeverkehrsmärkte. Während der Weltseeverkehr in seiner Gesamtheit zwischen 1990 und 1994 um 3,0 Prozent jährlich zugenommen hat, wuchs der Containerverkehr – bezogen auf den Umschlag in den Häfen – in dieser Zeit dreimal so schnell, und zwar um

Die 20 weltweit größten Containerreederein					
Reederei	Schiffe	TEU	Schiffe	TEU	Veränderung in TEU
	1. September 1993		1. Juli 1992		
Maersk	92	174 088	57	117 194	+ 56 894
Sea-Land	81	147 765	84	136 729	+ 11 036
Evergreen/Uniglory	73	144 140	68	132 386	+ 11 754
Nippon Yusen	75	122 130	67	110 198	+ 11 932
Mitsui OSK	63	91 015	64	95 764	– 4 749
P&O Containers	41	80 984	32	63 470	+ 17 514
»K« Line	46	80 168	42	65 589	+ 14 579
Hanjin Shipping	33	77 398	30	65 458	+ 11 940
Nedlloyd Lines	47	75 938	49	78 781	– 2 843
Zim Israel	53	71 397	51	66 010	+ 5 387
American President	39	69 527	33	65 638	+ 3 889
Hapag-Lloyd	29	63 222	26	60 281	+ 2 941
Neptune Orient	34	59 208	22	39 188	+ 20 020
Cosco	58	58 576	55	60 526	– 1 950
Yangming	23	56 330	24	59 644	– 3 314
Orient Overseas	22	53 074	33	67 536	– 14 462
United Arab	51	50 371	35	41 062	+ 9 309
Mediterranean Shipping	43	43 991	1)	1)	–
Hyundai	12	40 359	1)	1)	–
DSR	34	37 388	1)	1)	–

Quelle: Containerisation International; 1) Es liegen keine Vergleichswerte vor.

Zu neuen Dimensionen

	Containerschiffsflotte nach Schiffsgrößen								
TEU-Kapazität	Zahl der Schiffe			TEU in 1 000			Anteil in Prozent		
	1.1.86	1.1.91	1.1.93	1.1.86	1.1.91	1.1.93	1.1.86	1.1.91	1.1.93
bis 499	301	297	325	83,7	85,2	90,4	8,0	5,5	4,8
500– 999	213	234	261	155,8	171,1	194,1	14,8	11,0	10,3
1000–1499	192	204	241	236,2	249,3	293,6	22,4	16,0	15,7
1500–1999	129	160	171	224,4	278,5	301,4	21,3	17,9	16,1
2000–2499	59	75	87	133,8	168,5	196,6	12,7	10,8	10,5
2500–2999	53	116	128	145,6	314,1	345,9	13,8	20,2	18,4
3000–3499	7	40	60	21,4	127,7	190,8	2,0	8,2	10,2
3500–3999	12	41	35	52,4	162,7	130,0	5,0	10,4	6,9
über 4000	–	–	31	–	–	132,8	–	–	7,1
Gesamt	1 056	1 189	1 339	1 053,4	1 557,2	1 875,4	100,0	100,0	100,0

Quelle: Shipping Yearbook 1993, ISL, Bremen

	Die 15 größten nationalen Containerschiffsflotten								
	Zahl der Schiffe			TEU in 1 000			Anteil in Prozent		
	1.1.85	1.1.91	1.1.93	1.1.85	1.1.91	1.1.93	1.1.85	1.1.91	1.1.93
1 Panama	118	149	167	82,0	174,3	205,9	8,8	11,2	11,0
2 USA	120	82	83	109,8	184,5	191,2	11,8	11,8	10,2
3 Deutschland	87	121	116	88,5	152,7	172,7	9,5	9,8	9,2
4 Taiwan	37	75	82	58,6	140,5	159,4	6,3	9,0	8,5
5 Liberia	42	68	89	29,3	118,5	156,5	3,1	7,6	8,3
6 Dänemark	35	38	48	64,1	99,0	121,1	6,9	6,4	6,5
7 Singapur	50	58	71	40,3	64,8	83,3	4,3	4,2	4,4
8 Südkorea	27	36	53	18,4	48,7	80,8	2,0	3,1	4,3
9 Japan	67	40	43	85,3	73,2	78,3	9,1	4,7	4,2
10 VR China	13	62	69	9,8	59,1	65,6	2,5	3,8	3,5
11 Großbritannien	60	39	28	79,6	66,9	59,5	8,5	4,3	3,2
12 Niederlande	17	23	23	28,3	34,9	47,6	3,0	2,2	2,5
13 Hongkong	15	21	31	17,2	32,1	46,5	1,8	2,1	2,5
14 Bahamas	–	18	37	–	12,8	44,7	–	0,8	2,4
15 Zypern	10	32	52	1,7	18,2	40,4	0,2	1,2	2,2

Quelle: Shipping Yearbook 1993, ISL, Bremen

weitere deutliche Zuwachsraten voraus, selbst wenn sie sich gegen 2010 etwas abschwächten. Danach ergab sich für das Jahr 2000 eine Steigerung der Umschlagmengen auf 170 bis 190 Mio. TEU; für 2005 wurden 230–260 Mio. TEU erwartet und für 2010 rund 290–340 Mio. TEU.

Als Gründe für das überproportionale Wachstum des Containerverkehrs gegenüber dem Wachstum der Weltwirtschaft und des Welthandels galten allgemein
– der zunehmende Warenaustausch höherwertiger Güter weltweit;
– die Wandlung bisheriger Entwicklungs-Schwellenländer zu Industrieländern mit entsprechenden Veränderungen in ihren Außenhandelsstrukturen und verändertem Lebensstandard ihrer Bevölkerungen;
– die Verlagerung von Produktionsstätten nach Übersee und
– die Containerisierung weiterer Güterarten.

Der Containerisierungsgrad, gemeint ist damit die verschiffte Ladung in Containern, bezogen auf die gesamte Stückgut/Breakbulk-Ladung, sollte sich nach einer Schätzung des ISL von 51 Prozent in 1994 auf bis zu 72 Prozent in

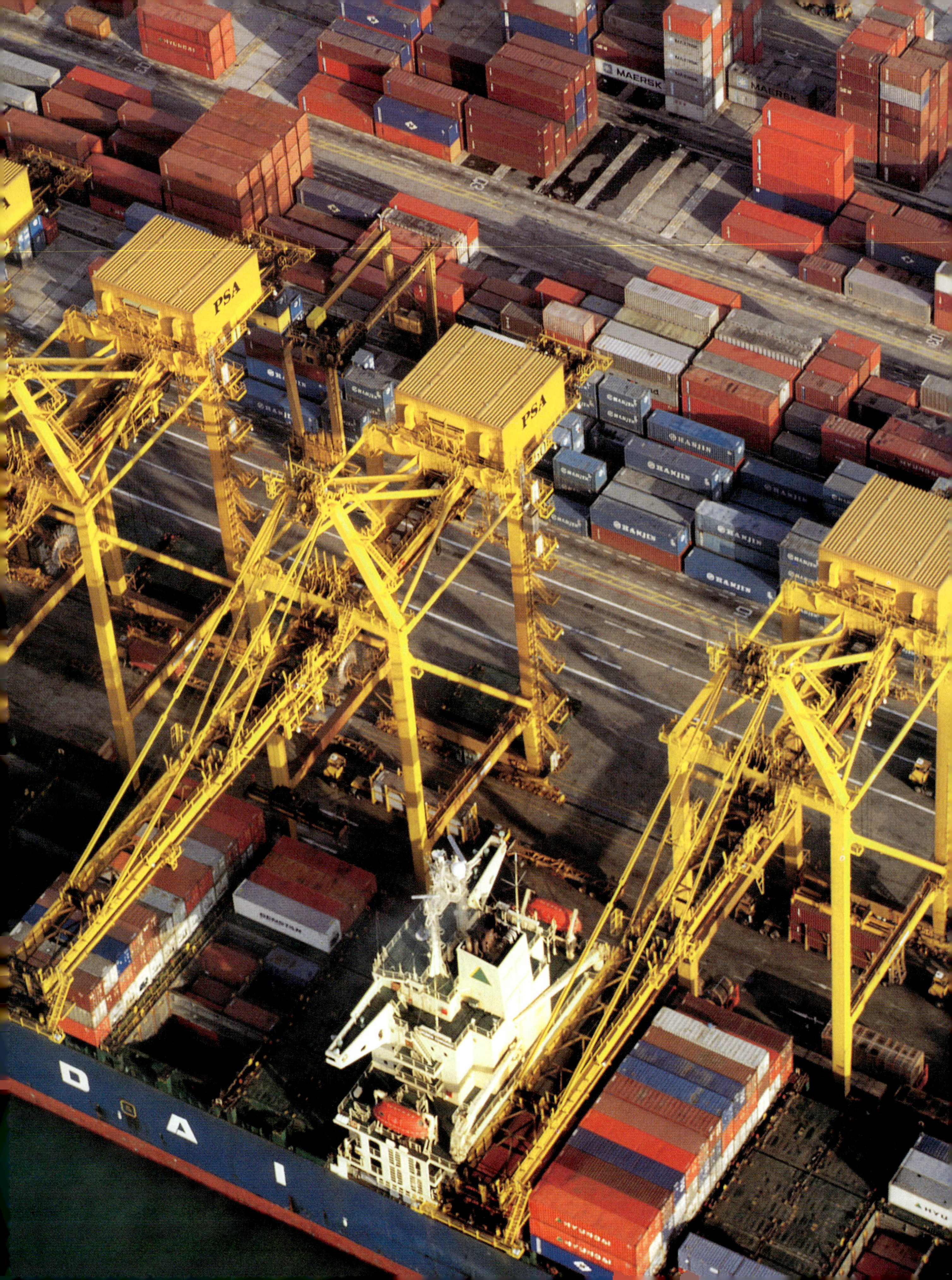
PSA
PSA
MAERSK
MAERSK
HANJIN
HYUNDAI
D
A
I

Zu neuen Dimensionen

Früchte im Kühlcontainer von Chile auf dem Weg zum europäischen Konsumenten.
(Foto: Hamburg-Süd)

2010 erhöhen. Das wurde unter der Bedingung angenommen, daß sich die für Containerverschiffungen relevanten Stückgut/Breakbulk-Verkehre von ca. 840 Mio. t 1994 bis zum Jahr 2010 annähernd verdoppeln und 1,65 Mrd. t erreichen würden.

Einig waren sich die Experten, daß der Raum Südostasien/Fernost insgesamt das stärkste Wachstum im Containerverkehr aufweisen, daß der Containerstrom auf den Routen zwischen Europa und Asien sowie Nordamerika und Asien stärker als auf den anderen Routen des Weltseeverkehrs wachsen, daß sich der innerasiatische Containerverkehr durch hohe Wachstumsraten zur »Containerregion Nummer eins« in der Welt entwickeln und daß zu alledem nicht zuletzt die geradezu boomartig wachsende Wirtschaft Chinas beitragen würde.

Der immer härter werdende Wettbewerb in der weltweiten Containerschiffahrt war nicht nur die Triebfeder für den Einsatz immer größerer Schiffe, sondern die damit in gleichem Umfang wachsende ohnehin schon enorme Kapitalintensität führte zu einer immer stärkeren Konzentration auf der Angebotsseite, die bis heute noch längst nicht abgeschlossen ist. Hinzu kam in zunehmendem Maße der Wunsch von der Kundenseite, die weltweite Versorgung möglichst nur mit einem Carrier abzuwickeln. Für die Reedereien bedeutete das, daß sie durch die Einbindung in immer größere Konsortien zwar die weitgehende Uniformität, die nun einmal dem Containersystem innewohnt, nutzen konnten, indem sie sich gegenseitig Schiffsraum vermieteten (slot-chartering), daß sie andererseits aber ihre operationelle Eigenständigkeit und damit ihre eigene Identität gegenüber dem Verlader weitgehend aufgeben mußten. Der Beitritt zu einem der sich bildenden großen Zusammenschlüsse bedeutete also einen großen Schnitt in dem Selbstverständnis der Unternehmen. Eine Alternative gab es allerdings nicht.

Tradition haben in der Schiffahrt die Klagen wegen der stets viel zu großen Überkapazitäten. Das gilt auch für den Containerbereich. Dort wurden die Überkapazitäten beispielsweise Anfang der neunziger Jahre oft auf zwanzig Prozent und mehr beziffert, was die Reedereien aber keines-

Für Außenstehende kaum zu fassen, aber alles ist von der
Organisation her immer noch überschaubar!
(Foto: PSA)

Container

wegs davon abhielt, weiter kräftig Neubauten zu ordern. Es war wie immer und überall, zurückhalten sollten sich immer die anderen.

Nach Zahlen des Instituts für Seeverkehrswirtschaft und Logistik (ISL) haben den Verladern Anfang 1993 insgesamt 1339 Voll- und 5050 Semi-Containerschiffe mit zusammen 3,63 Mio. Stellplätzen für 20-ft-Container zur Verfügung gestanden. Innerhalb der vorangegangenen zwölf Monate war die Kapazität um 225 000 TEU oder 6,6 Prozent aufgestockt worden. Seit 1989 war die Zahl der Stellplätze um 25 Prozent oder jährlich durchschnittlich 5,7 Prozent gewachsen.

Ganz deutlich ergibt sich auch aus diesen Zahlen der Trend zu immer größeren Schiffen. Allein 1993 wurden rund 30 Jumbos mit Stellplätzen von jeweils über 4000 TEU geordert, die meisten davon für den Europa–Fernost-Verkehr. Anfang 1993 waren nach ISL-Angaben bereits 31 Boxcarrier mit mehr als jeweils 4000 TEU Stellplätzen in Fahrt. Weitere 35 Einheiten trugen mehr als 3500 TEU und 60 Schiffe mehr als 3000 TEU. Das bedeutet, daß zahlenmäßig weniger als zehn Prozent der Vollcontainerschiffe fast 25 Prozent der Gesamtkapazität auf sich vereinigten.

Von der verfügbaren Containertonnage disponierten die zwanzig führenden Reedereien allein fast 45 Prozent, geht aus einer Statistik von »Containerisation International« hervor. Damit hatten sie ihren Marktanteil in nur sechs Jahren um gut zehn Prozent gesteigert, und ein Blick auf die erteilten Neubauaufträge zeigte, daß diese Entwicklung weitergehen würde. Größter Containercarrier war im Laufe des Jahres 1993 mit fast hundert Schiffen und rund 174 000 Stellplätzen die dänische Maersk Line geworden. Damit hatten sie die bis dahin führende amerikanische Reederei Sea-Land abgelöst, die sich aber mit fast 150 000 immer noch auf dem zweiten Platz behauptete und 1995 nach einer kräftigen Tonnageaufstockung sogar wieder die Nummer eins wurde, wenn auch nicht für lange. Mit rund 144 000 TEU folgte die taiwanesische Reederei Evergreen. Allein diese drei Giganten disponierten rund ein Viertel der seinerzeit auf Vollcontainerschiffen vorhandenen Stellplatzkapazität.

Während einerseits das stetige rasche Wachstum der Containerschiffsflotten von einem offenbar unerschütterlichen Optimismus der Reedereien zeugte, fehlte es andererseits nicht an warnenden Stimmen. So sprach Hans Peters, Schifffahrtsexperte der Weltbank, Mitte 1995 in New York davon, daß die großen Containerschiffsreedereien »zur Zeit ein gefährliches Roulettspiel veranstalten«. Sie würden durch den exzessiven Aufbau von Überkapazitäten auf ein »Desaster« zusteuern. Das Expansionstempo, das die Reedereien unter dem Eindruck der zuletzt günstigen Frachtraten- und Gebrauchtschiffspreis-Entwicklung vorlegten, war nach Ansicht von Peters viel zu hoch. Die optimistischen Geschäftserwartungen, die hinter den umfangreichen Neubauaufträgen stünden, könnten schon bald durch »schwerwiegende Marktkorrekturen« enttäuscht werden.

Beeindrucken ließen sich die Reedereien von derartigen Warnungen nicht, wie sich immer wieder aus den Wachstumszahlen ablesen ließ. Aber die Strukturen in der weltweiten Containerschiffahrt änderten sich ab etwa Mitte der neunziger Jahre, und zwar rasch und nachhaltig. Auf dem ungebremst expandierenden Containertransportmarkt verschärfte sich nämlich nicht nur der Wettbewerb um Marktanteile, sondern auch der Investitionsbedarf erhöhte sich wegen der zunehmenden Dichte der Transportstrecken und -netze auf See und an Land erheblich. Das führte in kurzer Zeit zu spektakulären Konzentrationsbewegungen in der internationalen Containerschiffahrt. Zwar hat der von Anfang an hohe Investitionsbedarf in diesem speziellen Bereich des Weltseeverkehrs schon immer Kooperationen und Zusammenschlüsse gefördert, nun aber kam es zu »Mega«-Hochzeiten bzw. Partnerschaften. Die Großen fanden sich zusammen, um so ihr Überleben als sog. Global Players, wie sie sich gerne nennen, zu sichern. Der »Zwang zur Größe« bestimmte ihr Handeln mit unterschiedlichen Zielvorstellungen. Dieser globale Konzentrationsprozeß ist längst noch nicht abgeschlossen und wird sicher noch für manche Überraschung sorgen.

In einem ersten Schritt, so könnte man es bezeichnen, fanden sich 1995/96 also die Global Players zusammen. American President Lines (APL), Mitsui OSK Lines, Nedlloyd und Orient Overseas Container Line (OOCL) bildeten die Global Alliance, und Nippon Yusen Kaisha (NYK), Neptune Orient Lines (NOL), P&O und Hapag-Lloyd die Grand Alliance. Weiter kooperierten Maersk und Sea-Land sowie in einer anderen Gruppe Cho Yang Shipping, DSR-Senator Lines und Hanjin Shipping, zu denen sich später die United Arab Shipping Co. (UASC) gesellte. Einen fünften Großverband formierten schließlich China Ocean Shipping Corp. (COSCO), Yangming Marine und »K« Line. Was da an Kapazitäten zusammenkam, ist unschwer den folgenden Tabellen zu entnehmen.

Alle diese Zusammenschlüsse oder Allianzen sind supranational. »Nationale Schutzzonen« oder ähnliches gab es längst nicht mehr. Die vielzitierte Globalisierung ist schließlich kein leeres Schlagwort.

Zu neuen Dimensionen

Die globalen Allianzen Stand: 1.9.1996		
	Platz in der Weltrangliste	Transportkapazität in TEU
Global Alliance		
American President Lines	15	81 262
Mitsui OSK Lines	6	126 415
Orient Overseas Container Line	18	76 419
Gesamt		**284 096**
Grand Alliance		
Hapag Lloyd	13	85 722
Neptune Orient Lines	17	77 937
Nippon Yusen Kaisha	5	129 731
Gesamt		**293 390**
Maersk	3	199 479
Sea-Land	2	203 244
Gesamt		**402 723**
Cho Yang Shipping	> 20	38 932
DSR-Senator Lines	19	70 908
Hanjin Shipping	8	115 815
Gesamt		**225 655**
P&O Nedlloyd*	1	**217 357**
China Ocean Shipping Corp.	4	183 726
Yangming Marine	16	81 229
»K« Line	14	83 634
Gesamt		**348 589**

Quelle: Containerisation International; * Mitgliedschaft ungeklärt

Eine fast komplett vormontierte Post-Panamax-Containerbrücke wird mit zwei Schwimmkränen auf dem Rotterdamer ECT-Terminal plaziert. (Foto: Smit Tak)

Diesem ersten Schritt folgte unmittelbar ein nächster Schritt, der gleich wieder Bewegung in die Allianzen brachte. Ende 1996 fusionierten nämlich die britische P&O und die niederländische Nedlloyd, zur P&O Nedlloyd, und wenig später kaufte die in Singapur beheimatete Neptune Orient Lines (NOL) die American President Lines (APL), wobei APL zwar eine hundertprozentige Tochtergesellschaft der Singapurianer wurde, aber weiterhin nicht nur unter eigenem Namen im Markt operiert, sondern unter diesem Namen auch die Containeraktivitäten der Muttergesellschaft vermarktet. Interessant ist dabei weiterhin, daß NOL die US-Reederei nicht in erster Linie gekauft hat, um die Transportkapazität aufzustocken. Vielmehr galt das hauptsächliche Interesse der APL-Infrastruktur in den USA, den Terminals und den Container-Doppelstockzügen, aber auch den APL-Informationssystemen, die als besonders ausgefeilt galten. Das alles hat sich NOL etwas kosten lassen: 825 Mio. Dollar wurden an die APL-Aktionäre ausgezahlt. Außerdem wurden beträchtliche Schulden übernommen. Allerdings zeigte sich wenig später, daß NOL an diesem dicken Brocken kräftig zu kauen hatte und finanziell beträchtlich ins Schlingern geriet.

Was die Allianzen betraf, so entschied sich P&O Nedlloyd für die Grand Alliance, während NOL zur Global Alliance wechselte, in der ihre nunmehrige Tochter APL schon vorher Mitglied war. Wenig später kam es zu einer völligen Neuordnung. Sie stellt sich in der Tabelle »Transportkapazität der großen Allianzen« dar. Weitere Veränderungen bzw. Anpassungen sind mit Sicherheit zu erwarten.

Ein weiteres Beispiel für die sich verstärkenden Konzentrationsbewegungen ist die Übernahme der Mehrheit an der deutschen DSR-Senator Linie durch die koreanische Ree-

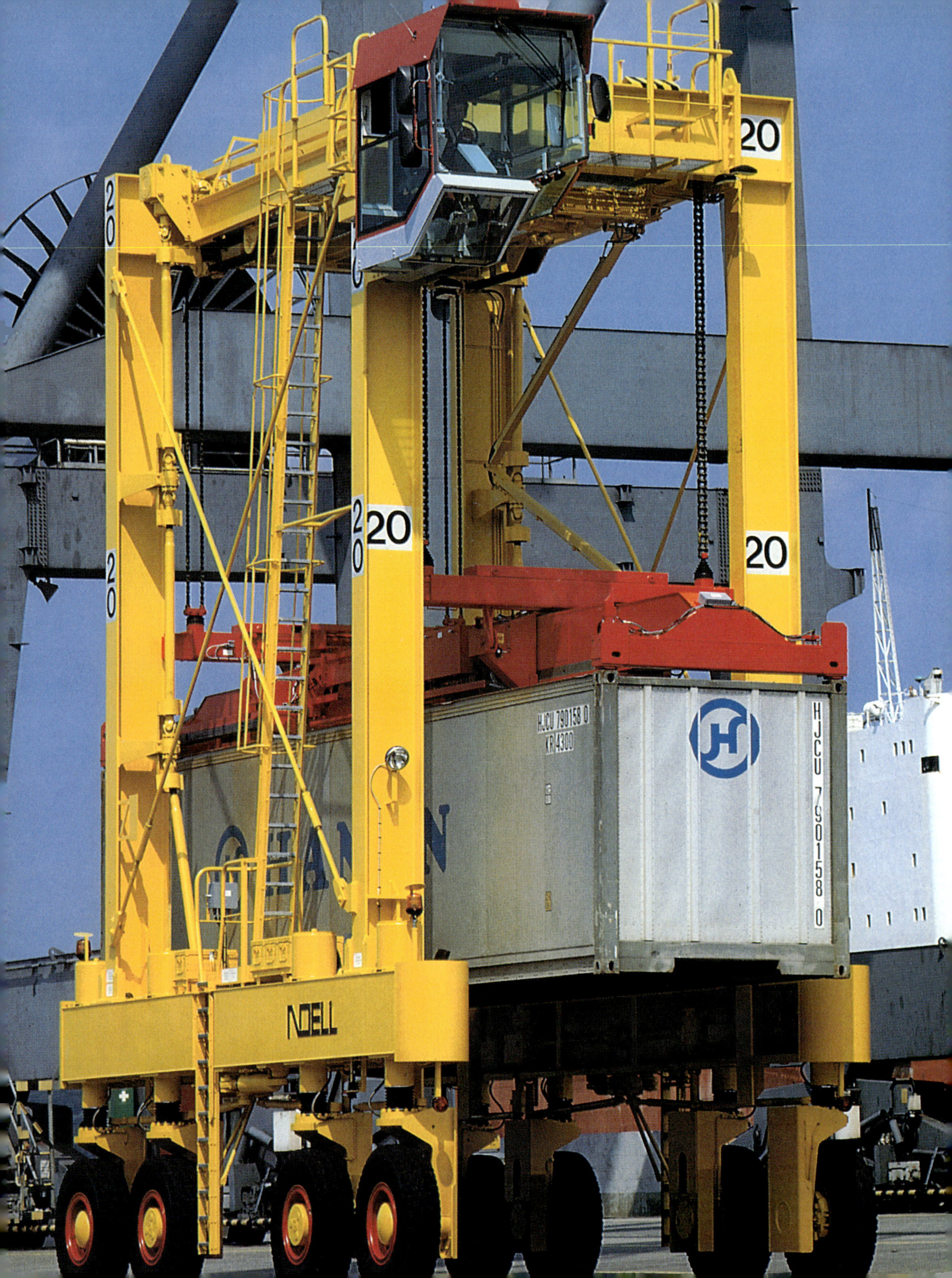
20
20
20
20
20
20
NOELL
HJCU 790158 0
HJCU 790158 0

Zu neuen Dimensionen

Transportkapazität der großen Allianzen (Schätzung der NYK Research für Ende 1998)						
	Stellplatzangebot auf den Routen: (in TEU pro Woche)				Flotte	
	Fernost–Nordamerika	Fernost–Europa	Europa–Nordamerika	zusammen auf Ost-West-Routen	Schiffe	TEU
Grand Alliance[1]	17 933	26 031	2 950	46 914	91	355 250
The New World Alliance[2]	33 216	16 056	4 800	54 072	95	345 000
United Alliance[3]	23 587	18 682	5 960	48 229	96	330 400
Maersk/Sea-Land	16 893	14 623	12 396	43 912	69	264 500
Cosco/»K« Line/Yangming	20 265	9 825	2 513	32 603	62	202 500

[1] Hapag Lloyd, Orient Overseas Container Line (OOCL), Nippon Yusen Kaisha (NYK), P&O Nedlloyd, Malaysia International Shipping Corp. (MISC)
[2] American President Lines (APL), Hyundai Merchant Marine (HMM), Mitsui OSK Line (MOL)
[3] DSR-Senator Lines (DSL), Cho Yang Shipping, Hanjin Shipping, United Arab Shipping Corp. (UASC)

Rangliste der Containerlinien							
1998				1988			
	Carrier	TEU	%*		Carrier	TEU	
1.	Maersk	346 123	313	1.	Evergreen	124 414	
2.	Evergreen	280 237	125	2.	Sea-Land	101 906	
3.	P&O Nedlloyd	250 858	509	3.	Maersk	83 771	
4.	Mediterranean Shipping	220 745	–	4.	NYK	69 882	
5.	Hanjin	213 081	449	5.	MOL	65 229	
6.	Sea-Land	211 358	107	6.	APL	54 059	
7.	Cosco	202 094	367	7.	OOCL	48 336	
8.	APL	201 075	272	8.	»K« Line	47 968	
9.	NYK	163 930	135	9.	Yangming	46 817	
10.	MOL	133 681	105	10.	Zim	45 751	
11.	Hyundai	116 644	–	11.	Hapag-Lloyd	44 054	
12.	Zim	111 293	143	12.	Cosco	43 313	
13.	CP Ships	105 322	–	13.	P&OCL	41 202	
14.	CMA-CGM	91 600	135	14.	CGM	38 987	
15.	Hapag-Lloyd	60 879	106	15.	Hanjin	38 788	
16.	OOCL	90 063	86	16.	ScanDutch	34 937	
17.	»K« Line	89 717	87	17.	Baltic	32 318	
18.	Yangming	79 840	71	18.	Nedlloyd	29 995	
19.	UASC	59 331	–	19.	NOL	26 689	
20.	Safmarine	55 584	–	20.	Black Sea	26 188	

* Veränderung in Prozent
Quelle: BvZ

dienste miteinander verknüpft und koordiniert werden sollen.

Ihren größten Coup aber landeten die Dänen Mitte 1999 mit der Übernahme der großen US-Containerreederei Sea-Land, einstmals unter der Führung des legendären Malcom McLean, das Pionierunternehmen der Containerisierung schlechthin. Maersk übernahm die internationalen Containerdienste des US-Carriers, rund 200 000 Container sowie 24 Terminals und verschmolz beide Reedereien, die ja schon vorher eng kooperiert hatten, zu Maersk-Sea-Land.

Nicht Bestandteil des Kaufvertrages waren die inneramerikanischen Liniendienste zwischen dem US-Festland und Puerto Rico, Alaska und Hawaii sowie die entsprechenden Terminals in San Juan, Honolulu, Anchorage, Kodiak, Dutch Harbour und Apra/Guam. Nach Worten von Reedereichef Ib Kruse will Maersk-Sea-Land eine Dienstleistungspalette an-

derei Hanjin. Und, um es gleich vorweg zu nehmen, Anfang 1999 kaufte die sehr expansionsfreudige und innovative Maersk Line die Containeraktivitäten der South African Marine Corporation Ltd. (Safmarine). Auch sie wird nach den Vorstellungen des Käufers weiter unter eigenem Namen erhalten bleiben, wobei aber zunächst einmal die Linien-

Straddle-Carrier, die »Arbeitselefanten« auf den großen Containerterminals. (Foto: Noell)

Container

bieten wie kein anderes Unternehmen der Branche. Durch den Kauf entstand der mit deutlichem Abstand vor dem Verfolger Evergreen größte Containercarrier mit einer Flotte von damals rund 250 Schiffen mit zusammen mehr als 500 000 Stellplätzen auf 20-ft-Basis – mit weiterem Wachstum natürlich.

Anfang 2000 wurde bereits von 600 000 Stellplätzen gesprochen, bei gleichbleibender Schiffszahl. Dabei handelt es sich um etwa 110 eigene und ungefähr 140 Charterschiffe. Knapp 30 weitere Schiffe waren zu diesem Zeitpunkt neu in Auftrag gegeben.

Auf dem Markt hieß es dazu, daß der Zusammenschluß von Containerreedereien in Form von Allianzen und Fusionen Chancen bietete, den Service zu verbessern. Größere Marktmacht biete darüber hinaus Möglichkeiten zur Einsparung von Kosten. Angesichts der schwierigen Rahmenbedingungen in der Linienschiffahrt werde sich die Tendenz zur Konzentration verschärfen. Dieser Prozeß sei nun angestoßen, angrenzende Bereiche würden, dem Dominoprinzip folgend, ebenso handeln müssen.

Tatsächlich sind außer den gesteigerten Abfahrtsdichten die Rationalisierungsvorteile, die durch die Bildung der großen Allianzen erreicht werden, unübersehbar. Allein der gemeinsame Einkauf von Dienstleistungen in den Häfen oder im Hinterlandverkehr kann durch die Bündelung der Einkaufsmacht deutlich günstiger erfolgen. Auch ist die Ausdehnung des Fahrplannetzes durch verschiedene Rotationen in einem Fahrtgebiet mit sogenannten Strings sicher von Vorteil. Auf diese Weise können die Transitzeiten zwischen den einzelnen Häfen im Vergleich zu herkömmlichen Fahrplänen verringert werden, bei gleichzeitiger Erhöhung der Zahl der direkt bedienten Umschlagplätze.

Es ist sicher, daß sich die Konzentrationsbewegung fortsetzen wird. Wie das geschehen wird, bleibt offen. Viele meinen, daß Kooperationen in Form der bestehenden Allianzen, wie sie sich denn auch immer zusammensetzen würden, der bessere Weg sei, da Fusionen – bei Zukäufen sei die Situation mehr oder weniger klar – eine ganze Reihe von Schwierigkeiten mit sich brächten, ganz besonders wenn sie auf internationaler Ebene erfolgten. Da stünden zum Beispiel die Fragen im Raum, wer denn die Führung übernehme oder wie Vertriebs-, Logistik- und Verwaltungsorganisationen zusammengeführt werden könnten. Letztendlich würden bei internationalen Fusionen Kulturen aufeinanderprallen, nicht nur in der Unternehmensführung. Unbestreitbar gibt es natürlich bei Fusionen auch Vorteile, und zwar besonders hinsichtlich der Einsparpotentiale: Im Bereich der Datenkommunikation etwa, bei der Containersteuerung, im Agenturbereich und natürlich beim Personal. Potentiale, die von den Allianzen in dieser Form nicht ausgeschöpft werden können. So gingen P&O und Nedlloyd bei ihrer Fusion von Einsparmöglichkeiten in Höhe von 200 Mio. Dollar jährlich aus, NOL und APL kalkulierten mit mindestens 130 Mio. Dollar.

Anfang 1998 sah es dann so aus, daß sich gut 40 Prozent der von den Containerlinien angebotenen Transportkapazität auf die fünf großen Konsortien konzentrierte, in denen sich die meisten der zwanzig größten Reedereien zusammengefunden hatten. Nach einer Studie, die von einer Forschungsgruppe der japanischen Reederei Nippon Yusen Kaisha (NYK) vorgelegt worden war, würden Ende 1998 die Allianzen eine Flotte von voraussichtlich 413 Containerschiffen mit einer Stellplatzkapazität von 1 497 650 TEU disponieren. Wie es in der Studie weiter heißt, sei die Transportkapazität der Containerschiffahrt zwar wie gewohnt weiter gestiegen, doch könnte davon ausgegangen werden, daß sich die Wachstumskurve schon im laufenden Jahr 1998 deutlich abflache.

Laut NYK-Studie wurden am 1. November 1997 3 189 reine Containerschiffe mit Stellplätzen für zusammen 3,97 Mio. TEU betrieben. Dazuzurechnen waren noch einmal 2 825 Mehrzweckfrachter mit zusätzlichen 930 196 Stellplätzen. Damit hatte sich die Zahl der Stellplätze insgesamt um zehn Prozent gegenüber dem Vorjahr erhöht. Fertiggestellt wurde 1997 nach Erkenntnissen der japanischen Marktforscher mehr Tonnage als jemals zuvor, nämlich 293 Neubauten mit einer Stellplatzkapazität von 505 822 TEU. Unter diesen Neubauten waren 26 Einheiten mit mehr als jeweils 4 500 Stellplätzen – zusammen brachten sie es auf 134 937 TEU. Dagegen wurde sehr wenig Containertonnage verschrottet: Lediglich 31 vergleichsweise kleinere Schiffe mit zusammen 38 681 Stellplätzen.

Aus der japanischen Studie ging aber auch deutlich hervor, daß die Reedereien bei den Investitionen kräftig auf die Bremse getreten hatten. Möglicherweise hatten die zunehmenden Warnungen vor zu großen Überkapazitäten ihre Wirkung doch nicht verfehlt, oder die Großen wollten erst einmal abwarten, wie es mit möglichen weiteren Unternehmenszusammenschlüssen aussehen würde. Fakt ist, daß 1997 die Neubauaufträge von 128 Schiffen mit 242 364 TEU um die Hälfte geringer ausfielen als im Jahr zuvor, in dem noch 340 neue Schiffe mit zusammen 571 789 TEU bestellt worden waren. Immerhin verfügten die Werften Anfang 1998 noch über einen Auftragsbestand von 693 Containerschiffen mit insgesamt 752 000 TEU, was etwa einem Fünftel des

Zu neuen Dimensionen

zu dieser Zeit fahrenden Transportraums entsprach. Fast die Hälfte der in Auftrag befindlichen Schiffe – 303 – entfiel auf die Gruppe der mehr als 3000 TEU fassenden Großcontainerschiffe.

Hierzu paßt die Meldung der britischen Clarkson Research Studies vom 4. September 1998. Danach hatte die Stellplatzkapazität der Weltcontainerschiffsflotte im Monat zuvor erstmals die 4-Mio.-TEU-Marke überschritten. Weiter hieß es, daß am 1. September 1998 die Containerschiffsflotte aus 2459 Schiffen mit zusammen 4 002 274 TEU bestand. Nach Berechnungen der gleichen Firma waren Mitte 1999 Schiffe mit zusammen 671 000 Stellplätzen in Bau. Rund 180 000 TEU davon sollten bis Jahresende 1999 zur Ablieferung kommen, 293 000 TEU im Laufe des Jahres 2000 und 98 500 TEU in 2001.

Und noch eine Anmerkung zu den beeindruckenden Flottenstatistiken der einzelnen Reedereien wie auch der Allianzen: Aus ihnen läßt sich zwar die Flottengröße und die Anzahl der Stellplätze ablesen, aber aus ihnen geht nicht die sehr unterschiedliche Präsenz der einzelnen Gruppen auf den wichtigen Welthandelsrouten hervor. Am weitesten vorangekommen waren damals in dieser Hinsicht wohl Maersk und Sea-Land, die im Gegensatz zu anderen Allianzen auch zahlreiche Nord-Süd-Routen bedienen. Als Einzelunternehmen stand mit Sicherheit Maersk auch vor der Übernahme von Sea-Land an der Spitze. Es gab keine Verbindung auf den Weltmeeren, auf der die Dänen nicht tätig waren. Bei Sea-Land sah es dagegen nicht ganz so komplett aus. Aktivitäten in Richtung Afrika oder Australien fehlten beispielsweise noch. Alle anderen Allianzen beschränken sich mehr oder weniger auf die großen Ost-West-Hauptschlagadern des Weltseeverkehrs zwischen Europa, Nordamerika und Südostasien/Fernost. Nebenrouten werden von den einzelnen Mitgliedsreedereien allein oder gemeinschaftlich mit dritten Partnern bedient.

Über alle die spektakulären Größen-, Mega- oder Konzentrationsmeldungen darf nicht vergessen werden, daß es auch noch eine andere Welt in der Containerschiffahrt gibt. Sie besteht aus den Reedereien, die sich erfolgreich in bestimmten Teil- oder Regionalmärkten engagiert haben. Teilweise sind sie dort schon sehr lange präsent und verfügen deshalb über die nötigen intimen Marktkenntnisse und Verbindungen. Aber auch hier, bei den »Mittelständlern«, ist die gleiche Entwicklung zu beobachten, wie bei den Global Players. Durch Fusionen und Ankäufe wird auch auf diesen Teilmärkten aus den gleichen Gründen versucht, Größe zu erreichen. Dort gibt es allerdings noch einen zusätzlichen Antrieb, denn die Großen drängen nach und nach immer stärker auch in diese Fahrtgebiete vor und ihnen soll zumindest mit regionaler Größe begegnet werden.

Als ein gutes Beispiel dafür kann die Reederei Hamburg-Süd gelten, die seit weit über hundert Jahren im Verkehr zwischen Europa und der südamerikanischen Ostküste tätig ist. Sie hat durch mehrere gezielte Ankäufe, 1998/99 waren es die brasilianischen Reedereien Alianca und Transroll, ihre Position in diesem Trade so ausbauen können, daß sie inzwischen über einen Marktanteil von 30 Prozent verfügt. Ein anderes Beispiel sind die kanadischen CP Ships. Sie haben mit einer Gruppe mittelgroßer Töchter ihr Liniennetz beständig ausgedehnt und ihre Position auf für sie interessanten Teilmärkten zielstrebig verstärkt. Penibel wurde dabei darauf geachtet, daß man den mächtigen Carriern auf den großen Ost-West-Strecken nicht in die Quere kam.

Der sich weiter sehr dynamisch entwickelnde Markt des Containertransportes über See erzwingt von den Reedereien ständig Anpassungsmaßnahmen, wenn sie im Geschäft bleiben wollen. Die Anforderungen an die eingesetzte Tonnage hinsichtlich Größe, Geschwindigkeit und Ausstattung sind durch die Anpassung der Anlaufstrategien der Linien sowie durch die Erschließung neuer Märkte für die Containerschiffahrt andauernden Veränderungen unterworfen, die sich auch auf Gemeinschaftsdienste, Kooperationen und Allianzen auswirken. Eine der Folgen dieser ständigen Bewegungen ist, daß die Reedereien immer weniger in der Lage sind, einen passenden eigenen Schiffspark vorzuhalten. Dies ist einer der Gründe, und das hat es verdient, erwähnt zu werden, weshalb sich in den letzten Jahren die Bedeutung von Chartertonnage deutlich erhöht hat. Durch den Zugriff auf Charterschiffe können sich die Reedereien flexibel auf die sich immer wieder ändernden Marktanforderungen einstellen.

Ausblicke

In den zurückliegenden gut dreißig Jahren ist der Containerverkehr zu einer festen, unverzichtbaren Größe in der Weltwirtschaft geworden. Ohne ihn wäre die Globalisierung der Wirtschaft, die fortschreitende Arbeitsteilung in der Weltwirtschaft, so wie es heute verstanden und praktiziert wird, kaum denkbar. Eine Pause in der Entwicklung hat es bisher nicht gegeben, und sie wird es sicher auch in den nächsten Jahren nicht geben.

Container

Singapur – Blick vom Anson Tower auf Containerschiffs-Liegeplätze. (Foto: Witthöft)

Wie könnte es weitergehen? Dazu von kompetenter Seite einige Äußerungen. So meint, auf einen engen Bereich bezogen, das britische Maklerunternehmen Clarkson, daß der Panama-Kanal für die Containerschiffahrt immer mehr an Bedeutung verlieren werde, weil ihn immer mehr Containerschiffe wegen ihrer Abmessungen nicht mehr benutzen können. Laut Clarkson ist die nicht mehr »kanalgängige« Kapazität zwischen 1995 und 1998 um knapp 50 Prozent gewachsen. Gegenwärtig (April 1999) gäbe es 91 Post-Panamax-Containerschiffe mit 483 924 TEU Gesamtkapazität in der Welthandelsflotte. Weitere 47 Schiffe dieses Typs mit zusammen 262 662 TEU befänden sich im Auftrag oder bereits im Bau.

Dieses scheint die Befürchtung eines japanischen Reeders zu bestätigen, daß das Grundproblem der Branche der chronische Kapazitätsüberhang sei. Weiter vorn war bereits die Rede davon. Aber um wettbewerbsfähig zu bleiben, seien die Reeder gezwungen, in immer größere Schiffe zu investieren, meint der Japaner. Dabei stünden nicht so sehr die Investitions- und Betriebkosten im Vordergrund, sondern die Tatsache, daß es nur auf diese Weise möglich sei, vom Wachstum des Marktes zu profitieren nach dem Motto »The bigger the ship, the bigger the pocket«, eine Alternative gäbe es nicht.

Jane R. E. Boyes, Herausgeberin des »Containerisation International Yearbook«, hält Anfang 1999 in der jüngsten Ausgabe dieses Nachschlagewerkes ebenfalls fest, daß das Überangebot an Tonnage bestimmend für die Marktentwicklung bleibe, zumal sich das Wachstum der Containerverkehre abgeschwächt habe. Die Steigerungsrate sei aufgrund der Asienkrise von bisher 7 bis 8 Prozent auf 5 bis 6 Prozent gesunken. Stärker als die Nachfrage werde in diesem Jahr (1999) das Angebot an Stellplätzen steigen, und zwar um etwa 7 Prozent. Nach Angaben des Jahrbuches verfügten die Werften weltweit am 1. November 1998 über Orders für Containerschiffe mit einer Stellplatzkapazität von 712 142 TEU. Insgesamt umfaßt die Flotte der Containerreeder nach der gleichen Quelle 6823 Schiffe mit einer Kapazität von 5,88 Mio. TEU.

Der schon öfter zitierte Karl-Heinz Sager, Urgestein der Containerschiffahrt, einer der Wegbereiter der »Containeritis« mindestens in Europa und seit 1998 im Ruhestand, nannte in einem Zeitungskommentar 1999 als ein entscheidendes Jahr für die Containerschiffahrt. Eine gefährliche Entwicklung sieht er vor allem wegen des fortschreitenden Zerfalls des Konferenzsystems, das seit mehr als hundert Jahren für eine gewisse Regulierung in der internationalen Linienschiffahrt gesorgt hat, sich den Zwängen

Zu neuen Dimensionen

des Containerverkehrs aber nie richtig anpassen konnte. Sager: »...das gegenwärtige Chaos bei den Raten kann eigentlich nicht schlimmer werden. Jedenfalls sind alle Reeder gut beraten, wenn sie für längerfristige Kontrakte kostendeckende Preise quotieren. Denn auch alle anderen Rahmenbedingungen für die Linienschiffahrt sind gegenwärtig eher negativ:
- Es herrscht seit etwa einem Jahr eine beträchtliche Überkapazität an Containerschiffen, die weiter wächst. Davon sind deutsche Trampreeder erheblich betroffen.
- Es werden immer mehr Schiffe mit Kapazitäten von 5000 TEU und darüber gebaut, die dann wieder Einheiten in der 1500- bis 3000-TEU-Größe verdrängen und beschäftigungslos machen.
- Der Weltcontainerverkehr wird in diesem Jahr eher stagnieren als mit zweistelligen Prozentsätzen wachsen wie bis 1997.
- Die Konzentration und Allianzbildung schreitet weiter massiv voran.
- Das Verhältnis zwischen Reedern und Verladerorganisationen (shippers' councils) ist teilweise feindselig und weit entfernt vom Geist der ›selfregulation‹ der 60er und 70er Jahre.

Auch die seit einiger Zeit vorherrschende Erwartung, daß einige der teilweise erhebliche Verluste einfahrenden Carrier Konkurs anmelden könnten, hat sich nicht erfüllt. Es kommt eher zu ›mergers and acquisitions‹. So bleibt es in diesem Jahr für alle Beteiligten spannend.«

Mehr gelassen und weiter vorausschauend beurteilt Tim C. Harris, Chief Executive Officer P&O Nedlloyd, London, die

*Die EVER ULTRA, hier vor dem Festmachen am Terminal in Kaohsiung, war 1997 das erste von fünf 5364-TEU-Post-Panamax-Containerschiffen für Taiwans Reederei Evergreen. Zwölf weitere Schiffe dieser »U«-Klasse waren zu diesem Zeitpunkt im Bau oder bestellt.
(Foto: Evergreen)*

Entwicklung. Er erwartet auch angesichts der gegenüber 1998 bis 2007 prognostizierten Verdoppelung der weltweiten Containeraktivitäten keine revolutionäre, sondern eine eher evolutionäre Entwicklung. Revolutionär könnte es nur werden, wenn die Mengen schneller stiegen oder ein unerwarteter Technologiesprung käme. Langfristig sieht er wegen der veränderten wirtschaftlichen Verhältnisse sowie des steigenden Lebensstandards im Verein der damit verbundenen Lohnkostenentwicklung in vielen asiatischen Ländern eine zunehmende Bedeutung der Nord-Süd-Linienfahrt, verglichen mit der bisher stark dominierenden Fernost-Europa- und Ost-West-Pazifik-Fahrt.

Noch stärker wird es zur Nutzung von 40-ft-Containern kommen, was u.a. auch bis jetzt schon zur Beschleunigung des Umschlags im Hafen beigetragen habe, LCL-Sendungen werden weiter zurückgehen. Die Containerschiffsgrößen werden noch zunehmen und die Zahl der Containerschiffe wird sich verdoppeln, aber die größeren Schiffe werden nur geringfügig schneller. Der Hochgeschwindigkeitsverkehr

Container

mit vergleichweise kleinen Frachtern dürfte laut Harris sehr mutigen Reedern vorbehalten bleiben. Anhalten wird die Entwicklung von Feederdiensten, die besonders in Fernost den Anschluß an die Hauptverkehrsrouten darstellen.

Der P&O-Manager weiter: »Ein typischer Trend der Linienschiffahrt ist die steigende Produktivität, wobei man sich in den vergangenen Jahren gleichermaßen auf die Verwaltung wie auf die Schiffsbesatzungen oder das Trucking konzentrierte. In vielen Bereichen haben wir kaum angefangen, das enorme Potential auszuschöpfen, das die Datenverarbeitung und die elektronische Kommunikation bieten. Riesige Datenvolumen lassen sich sofort weltweit versenden, und der Tag ist nicht fern, an dem Geschäftsvorgänge und Dokumentation vollkommen papierlos abgewickelt werden. Alle an einem intermodalen Transport Beteiligten sind dann lückenlos miteinander verbunden: Banken, Verlader, Empfänger, Spediteure, Straßentransportunternehmen, Reedereien, Häfen und Zollbehörden. Diese Informationsübertragung dürfte in der Zukunft möglich sein, ohne daß die Daten noch in eigenen elektronischen Hubs umgeschlagen werden müssen.«

Harris beurteilt aus seiner Sicht auch die Zukunft der größten Linienreedereien und der maritimen Wirtschaft insgesamt. So wäre es nach seiner Meinung besser für die Branche, wenn es weniger Reedereien wären. Aber dieser Prozeß der Konsolidierung habe ja schon eingesetzt. Die Containerreedereien würden echte globale Netze aufbauen mit der Folge, daß jede Reederei in jedem bedeutenden Fahrtgebiet vertreten sei. Das hänge damit zusammen, daß die Hauptkunden der Reedereien ebenfalls global arbeiteten. Harris glaubt, daß die Zeit des sehr harten und oft übertriebenen Wettbewerbs bald einer Periode weichen werde,

Mit ihrer auf der eigenen Werft in Odense gebauten SOVEREIGN MÆRSK setzte sich die dänische Maersk Line 1997 erneut an die Spitze der Größenentwicklung. (Foto: Maersk)

in der die Mehrheit der Reedereien eine angemessene und vernünftige Rentabilität anstrebe. Er hofft, daß es künftig weniger Wettbewerbsverzerrungen geben werde.

»All das vorher genannte seien Hoffnungen, aber«, fuhr er fort: »Der Weg in die Zukunft ist sicherlich voller Überraschungen, Hoch- und Tiefpunkte, aber genau das ist es, was das Geschäft interessant macht und möglicherweise auch meine Zukunftsvisionen durcheinanderbringt. Aber, welche Veränderungen wir auch erleben werden, eins wird gleich bleiben: Wir werden immer schnell die Reaktion unserer permanent tagenden Jury bekommen, die des Kunden. Von deren Gunst hängt alles ab.«

Dem soll und kann nichts hinzugefügt werden. Die Entwicklung bleibt weiterhin spannend.

Container-Normung

Da beispielsweise ein beladener 40-ft-Container ein Gesamtgewicht von gut 30 t haben kann sowie gewöhnlich massenhaft und routinemäßig gehandhabt wird, müssen allein deswegen an seine Konstruktion hohe Anforderungen gestellt werden. Aus diesem Grund, und um die weltweite Zusammenarbeit im Seegüterverkehr zu rationalisieren, denn das ist ja wesentlicher Zweck der Containerisierung, war die Schaffung eines international gültigen Normenwerkes zwingend notwendig. Diese Normung ist eines der wichtigsten Merkmale des Containers. Die Kriterien für die Normenfestsetzung ergaben sich im wesentlichen aus den Begrenzungen, denen der Straßenverkehr unterlag.

Das rapide Wachstum der Containerflotten und -dienste weltweit hatte zu einem relativ frühen Zeitpunkt nach einer Standardisierung der eingesetzten Behälter verlangt. Die International Organization for Standardization (ISO) als Zusammenschluß der nationalen Standardisierungsbehörden befaßte sich bereits seit 1959 mit dieser Problematik und bildete schließlich speziell für die Containernormung das Technical Committee TC 104, dem zunächst 17 Länder und eine Reihe internationaler Gremien angehörten und das 1961 seine Tätigkeit aufgenommen hatte. Es konnte nach langwierigen Vorarbeiten in seiner Sitzung vom 1. bis zum 5. Juni 1964 erste Ergebnisse vorlegen.

Wenn man heute also vom Container spricht, dann meint man gewöhnlich den ISO-Container, dessen Name sich von der genannten Organisation ableitet. Andere Namen sind »Überseecontainer« oder seltener »Transcontainer«. Die Bezeichnung Überseecontainer bedeutet aber weder, daß diese Container ausschließlich im Überseeverkehr und in dessen Zu- und Ablaufverkehren eingesetzt werden, noch, daß sie dort die einzigen anzutreffenden Container sind. Richtig ist nur, daß der ISO-Container vor allem für den Überseeverkehr entwickelt wurde und unter der dort anzutreffenden Vielzahl von Behältertypen der am weitesten verbreitete ist.

Das Komitee hatte versucht, den bestmöglichen Kompromiß zwischen den Faktoren Sicherheit, Technik, Praktikabilität und Wirtschaftlichkeit zu finden. Festgelegt wurden in der ISO-1 Norm zunächst die Maße für drei Containerlängen – 20 ft, 30 ft und 40 ft. Ihre Längen waren so aufeinander abgestimmt, daß beispielsweise zwei 20-ft-Container auf der Stellfläche eines 40-ft-Containers Platz fanden oder zwei 30-ft-Container auf der eines 40-ft- und eines 20-ft-Containers. Die Breite ist bei allen ISO-1 Containern gleich, nämlich 8 ft oder 2,438 m. Die Höhen sind unterschiedlich. Anfangs gab es nur Container mit Höhen von 8 ft und 8 1/2 ft (2,591 m), was maßgeblich auf die Beschränkungen zurück-

Sicherheitszertifikat der Klassifikationsgesellschaft Germanischer Lloyd. (Abb.: GL)

Container

zuführen ist, die sich aus den Tunnel-Durchfahrtshöhen auf den Zufahrtstraßen zum New Yorker Hafen ergaben. Später folgten »High-Cube«-Ausführungen mit Höhen von 9 ft (2,776 m) und 9½ ft (2,896 m).

Wenn man sich vor Augen hält, daß sich damals Dutzende von verschiedenen Containergrößen und -arten im Verkehr befanden, dann war die erreichte Konzentration auf diese wenigen Typen schon ein großer Erfolg. Allerdings muß es als Mangel empfunden werden, daß beim ISO-Container nur die Außenmaße genormt wurden. Der Stauraum der Container, d.h. ihre Innenmaße und damit die Aufnahmekapazität, kann sehr unterschiedlich ausfallen, was zur Folge hat, daß sich in den ISO-Boxen die Euro-Paletten nicht optimal stauen lassen. Die Staufläche wird ungenügend ausgenutzt, und es muß relativ viel Aufwand für die Ladungssicherung betrieben werden. Aus diesem Grund, und weil sie die inzwischen in Europa erlaubten Höchstmaße im Straßenverkehr nicht voll ausnutzen, spielen die ISO-Container in den europäischen Binnenverkehren nur eine untergeordnete Rolle.

Nicht unbedingt logisch, aber dennoch irgendwie verständlich ist es, daß die Abmessungen der Container, die zumindest in ihrer heutigen Form ja eine Erfindung der Amerikaner sind, vor allem den Verhältnissen in diesem Land angepaßt sind. Zumindest aber von dem Zeitpunkt an, an dem Europa in den Containerverkehr »einstieg«, haben sich im Seeverkehr die 20-ft- und 40-ft-Container als Standardgrößen durchgesetzt, wobei seit längerem ein deutlicher Trend hin zu 40-Füßern zu erkennen ist. Darüber hinaus sind aber noch eine ganze Reihe »anormaler« Container von 53-, 49-, 48-, 45-, 42-, 35-, 27- und 24-ft Länge im Gebrauch, vor allem bei amerikanischen Reedereien. Im internationalen Verkehr spielen sie keine Rolle. Fast alle Statistiken beruhen heute auf der Basis des 20-ft-Containers. Dabei wird von TEU = Twenty (feet) Equivalent Unit gesprochen. Was die Containerbreite angeht, kann als Besonderheit auf die Entwicklung des »SeaCell-Containers« verwiesen werden, über dessen Eigenschaften im Kapitel »Containertypen« näheres zu lesen ist.

In den nun schon rund 40 Jahren seiner Tätigkeit ist es dem ISO TC 104 gelungen, das Fundament für eine weltweit weitgehend funktionierende Standardisierung zu schaffen. Berücksichtigt wurden dabei stets die neuesten Erfahrungen und Konzepte der Hersteller, Reedereien, Verlader und Administrationen sowie ebenso die speziellen Anforderungen der einzelnen Verkehrsträger, die Interesse an der Lösung der in dieser Sache anstehenden Fragen haben. Mitgearbeitet haben bisher Konstrukteure, Hersteller und Prüfer von Containern, Seeverkehrs-, Straßen-, Schienen- und Luftfahrtunternehmen, Verlader, Versicherer, Regierungsbeamte u.a.

Ein wichtiger Bestandteil der Container sind die Eckbeschläge (Corner Fittings) aus Stahlguß. Auch für sie sind besondere Normen entwickelt worden, die vom ISO-TC 104 auf seiner Tagung im Juni 1967 in Moskau angenommen und den Mitgliedern zur Einführung vorgeschlagen wurden. Die Eckbeschläge sind so ausgebildet, daß die Drehzapfen der Spreader, Seilgeschirre und sonstiger Hebezeuge in die Fittings eingreifen können. Durch Einrasten und Drehung der Zapfen wird die Verbindung verriegelt oder wieder gelöst. Klinkt der Drehverschluß selbständig ein, wird der Umschlag erheblich beschleunigt. Um das zu gewährleisten, war auch hier unbedingt eine weltweite Übereinstimmung anzustreben.

Zuständig ist das ISO-Komitee TC 104 ebenfalls für die international einheitlichen Markierungen am Container, für die Festlegungen der Codes und der Regeln für die Kommunikation beim Containertransport. In diesem Zusammenhang befaßt sich TC 104 beispielsweise mit der automatisierten optischen Erkennung der Markierungen, wobei die bislang getesteten Systeme allerdings noch eine viel zu hohe Fehlerquote aufweisen. Die klaren Zielvorstellungen bzw. -vorgaben sind in der internationalen Norm ISO 10374 Container – Automatische Identifikation festgelegt. Danach ist die erforderliche Zuverlässigkeit erreicht, wenn bei 10 000 Lesungen höchstens einmal nicht erkannt wird und ebenfalls höchstens einmal bei allerdings 1 Mio. Lesungen darf es vorkommen, daß unbemerkt eine falsche Information »erkannt« wird. Es gibt noch viel zu tun. Mehr zu diesem Komplex im Abschnitt Identifizierung.

Feste international gültige Regeln gibt es auch hinsichtlich der Sicherheit. Ein auf der UN/IMCO-Weltkonferenz 1972 erzieltes Übereinkommen verhindert das Nebeneinander verschiedener nationaler Sicherheitsvorschriften und räumt viele sonst mögliche Erschwernisse für den Verkehr aus. Die International Convention for Safe Containers (CSC) soll

a) beim Umschlag, Stapeln und Transport von Containern einen höheren Sicherheitsgrad für menschliches Leben gewährleisten und

b) den internationalen Containertransport erleichtern.

Wirksam wurden die CSC-Bestimmungen am 6.9.1977, als zehn Länder das Übereinkommen ratifiziert hatten. Insgesamt hat man sich allerdings damit sehr schwer getan. Mitte 1977 hatten noch nicht einmal die USA die Konvention unterzeichnet.

Container-Normung

Ein von allen Vertragsstaaten anerkanntes, am Container angebrachtes Prüfschild erbringt den erforderlichen Nachweis der Sicherheit. Es gilt international und kein Staat darf einen in einem anderen Land registrierten Container von seinem Territorium ausschließen. Bevor die Container zugelassen werden, müssen sie eine Reihe von Tests und Prüfungen absolvieren, mit denen die Erfüllung der CSC-Anforderungen nachgewiesen werden. Siehe dazu auch Kapitel »Containerbau«.

In Beantwortung einer Frage der Welthandelskonferenz (UNCTAD) zu Normenfragen im internationalen Kombinierten Verkehr hat die deutsche Bundesregierung im September 1975 festgehalten und damit die Grundhaltung der meisten Betroffenen ausgedrückt, daß zwar die Normung von Containern auf dem neuesten Stand der Technik gehalten werden müsse, es aber auch keine fundamentalen Änderungen an den geltenden Normen geben dürfe, da sonst erhebliche negative Auswirkungen auf die inzwischen getätigten hohen Investitionen entstehen würden. Änderungen ließen sich nur rechtfertigen, wenn sie im Gesamtsystem der Transportkette einen höheren wirtschaftlichen Nutzen erbrächten. Insgesamt äußerte sich die Bundesregierung bei dieser Gelegenheit befriedigt über die bisher in der Containernormung erzielten Ergebnisse. Durch weltweite Übereinstimmung in der internationalen Normung habe der Entwicklung konkurrierender Einzelsysteme entgegengewirkt werden können. Erst die Normung des Containers habe die Investitionen bei den Verkehrsträgern und im Bereich der Umschlagbetriebe auf eine ökonomische Basis gestellt.

Andere Töne kamen dagegen aus Ländern der Dritten Welt. Dort war das Unbehagen über die sich auch dort ausbreitende bzw. die dort beginnende Containerisierung des Transportwesens gewachsen. Unbehagen deshalb, weil es mit Blick auf die ISO-Empfehlungen zu einer wachsenden Unsicherheit wegen der Abhängigkeit der Volkswirtschaften von diesen Container-Normen kam. Zwar wurde das Konzept des Containerverkehrs allgemein als richtig empfunden und anerkannt, doch verstärkte sich der Argwohn, bereits geplante oder auch schon getätigte Investitionen für das Containersystem könnten sich bei möglichen Änderungen der Container-Normen als Fehlinvestitionen erweisen.

Seitens der Entwicklungsländer war man der Ansicht, daß Dinge von einer derartigen wirtschaftlichen Tragweite wie die Containernormung nur auf Regierungsebene verhandelt und entschieden werden könnten. Die bisher auf privatwirtschaftlicher Basis gefundenen und empfohlenen Normen seien abzulehnen, da sie praktisch von den Industrieländern unter sich ausgehandelt worden seien und niemand könne sie daran hindern, diese Normen auch wieder umzustellen. Gefordert wurde eine Normenfestsetzung per Gesetz.

In den Industrieländern wurde und wird jedoch eindeutig die grundsätzliche Auffassung vertreten, daß das Container-Konzept frei von jeglicher vom Staat bestimmten Festschreibung und flexibel gegenüber allen denkbaren Möglichkeiten der technischen Weiterentwicklung im Sinne eines optimalen wirtschaftlichen Nutzens gehandhabt werden muß. Plädiert wurde und wird auf jeden Fall für die Beibehaltung des gegenwärtigen Zustandes, der am ehesten die Offenhaltung dieser Möglichkeiten garantiert.

In jüngster Zeit ist heiß über die Einführung einer neuen, einer zweiten Containergeneration (ISO-2) diskutiert wor-

Container-Eckbeschläge – Corner-Fittings.
(Foto: Transfracht)

Container

den. Damit sollten nicht zuletzt die Probleme hinsichtlich der Containerbeladung mit palettierten Gütern ausgeräumt werden. Die entsprechenden Aktivitäten begannen 1986, sind inzwischen aber wieder auf Eis gelegt worden, weil sich die Vertreter Europas und der Vereinigten Staaten weder über die Außen-, noch über die Innenabmessungen verständigen konnten. Die USA bevorzugten ein Außenmaß von 8½ ft (2,591 m), das der maximal zulässigen Breite der amerikanischen Straßenfahrzeuge entspricht, sowie ein Innenmaß von 2,48 m. Die Europäer bestanden dagegen auf 2,55 m Außenmaß, der auf dieser Seite des Atlantiks erlaubten Höchstbreite von Straßenfahrzeugen, sowie auf einem Innenmaß von 2,44 m, das die bessere Stauung von Euro- und Standard-Paletten gewährleistet hätte. Auch bei der Länge konnte keine Einigkeit erzielt werden: Die USA wollten 49 ft, also 14,936 m, was aber die zulässige Länge im europäischen Straßenverkehr um zehn Prozent überschritten hätte.

Auch in Zukunft, jedenfalls in der einigermaßen überschaubaren, ist wohl eher nicht mit der Einführung von ISO-2 Containern zu rechnen, selbst wenn diese Containergröße den Anforderungen nach größeren Innenräumen deutlich entgegenkommt. Es gibt noch zu viele Kritikpunkte, etwa dergestalt, daß außer den Problemen, die sich aufgrund der Überbreiten und -längen im europäischen Straßenverkehr ergeben, keine weitere Erhöhung des Zuladungsgewichtes angeboten wird. Im Gegenteil, wegen des höheren Eigengewichtes weisen die größeren ISO-2 Container geringere Zuladungsgewichte auf. Weiter müßten zahlreiche Verladeanlagen umgebaut werden. Das schwierigste Hindernis wird jedoch der Transport über See sein, denn der größte Teil der fahrenden Containerschiffsflotte ist unter Deck mit Zellgerüsten ausgestattet, die auf ISO-1 Containergrößen abgestimmt sind. Ihre eventuelle Umrüstung würde Unsummen verschlingen. Nur ganz wenige Neubauten sind so konstruiert, daß beide Baureihen ohne große Stauverluste transportiert werden können.

Als Abschluß soll darauf hingewiesen werden, daß die ISO immer wieder darauf aufmerksam macht, daß die Standardisierung ein dynamischer, sich ständig fortentwickelnder Prozeß sei. Stets müsse also auch mit Veränderungen gerechnet werden. Aktuell gültig sei nur das, was in den zuletzt veröffentlichten Vorschriften stehe.

Identifizierung

Wichtig ist, daß die Möglichkeit besteht, jeden der Millionen Container unverwechselbar identifizieren und zuordnen zu können. Deshalb ist jeder Container an jeder seiner vier Seiten mit einer Buchstaben/Zahlengruppe versehen, die sich nach einer ebenfalls internationalen Norm zusammen-

Angaben zur Identifizierung des Containers. (Foto: Hamburg-Süd)

setzt. Nicht nur die Rückverfolgung des Eigentümers ist damit möglich, sondern das Kennzeichen vermittelt gleichermaßen Angaben über Abmessungen und Verwendungsmöglichkeiten.

Basis des Identifizierungssystems für Container ist eine Reihe von Buchstaben und Ziffern, die für den Eigentümercode, die Seriennummer und den Code des Herkunftslandes steht. Darüber hinaus werden Daten über den Typ und die Abmessungen der Container ebenfalls in Ziffern angegeben. Kennt man den Schlüssel zum System, dann lassen sich die Codierungen problemlos lösen. Als ein Beispiel der Code SUDU 350 097 1 (Eigentümer/Seriennummer/Prüfziffer). Darunter ist die Gruppe 22G1 als Größen- und Typencode angebracht. SUDU zeigt an, daß der Container Eigen-

Der Spreader der Umschlagbrücke greift haargenau in die Eckbeschläge des Containers – alles ist weltweit genormt. (Foto: Hamburg-Süd)

Container-Normung

tum der Hamburg-Süd ist. Der Firmenname wird mit der Abkürzung SUD wiedergegeben. Das als letzter Buchstabe angefügte U steht für Unit um zu zeigen, daß es sich um einen Container handelt. Auf einem Container der Atlantic Container Line würde also stehen ACL plus U – ACLU. Die Seriennummer besteht jeweils aus sechs Ziffern, in diesem Fall 350097. Hinter der Seriennummer jedes Containers folgt ein rechteckiges Feld mit einer Ziffer darin. Diese Prüfziffer kommt durch ein festgelegtes Rechenverfahren zustande.

Angebracht ist auf dem Container auch ein von der internationalen Normenorganisation ISO festgelegter Landescode mit zwei Buchstaben für jedes Land. So steht beispielsweise NL für Niederlande, IN für Indien oder DE für Deutschland. Auf dem als Beispiel genommenen Hamburg-Süd-Container ist diese Kennzeichnung nicht notwendig, da die Herkunft der Box über den Eigentümer definiert ist. Dem Landescode folgt eine Gruppe von vier Ziffern oder Buchstaben, hier 22G1, die Auskunft über die Abmessungen und die Verwendungsmöglichkeiten des Containers geben. Die erste Ziffer bezieht sich auf die Länge, die zweite auf die Höhe und die dritte auf den Containertyp, während mit der vierten die spezifischen Eigenschaften gekennzeichnet werden können. Der beschriebene der Hamburg-Süd ist also ein 20 ft langer und 8,6 ft hoher General Purpose/Trockengutcontainer.

Kennzeichen für Containerabmessungen und Containertypen

Länge
1 = 10 ft   4 = 40 ft
2 = 20 ft   8 = 35 ft
3 = 30 ft   9 = 45 ft

Höhe
0 oder 1 = 8 ft
2 oder 3 = 8 ft 6 inch
4 oder 5 = höher als 8 ft 6 inch
6 oder 7 = Mindesthöhe 4 ft
           Maximalhöhe 4 ft 3 inch
8   = Mindesthöhe 4 ft 3 inch
           Maximalhöhe 8 ft
9   = Maximalhöhe 4 ft

Typen
B – Dry Bulk (Schüttgutcontainer)
G – General Purpose (Trockencontainer)
H – Thermal/Refrigerated
    (Kühlcontainer/separate Kühlung)
P – Platform (Plattformcontainer)
R – Thermal/Refrigerated (Kühlcontainer)
T – Tank (Tankcontainer)
U – Open Top (Container m. offenem Dach)
V – Ventilated (Ventilierter Container)

Containerbau

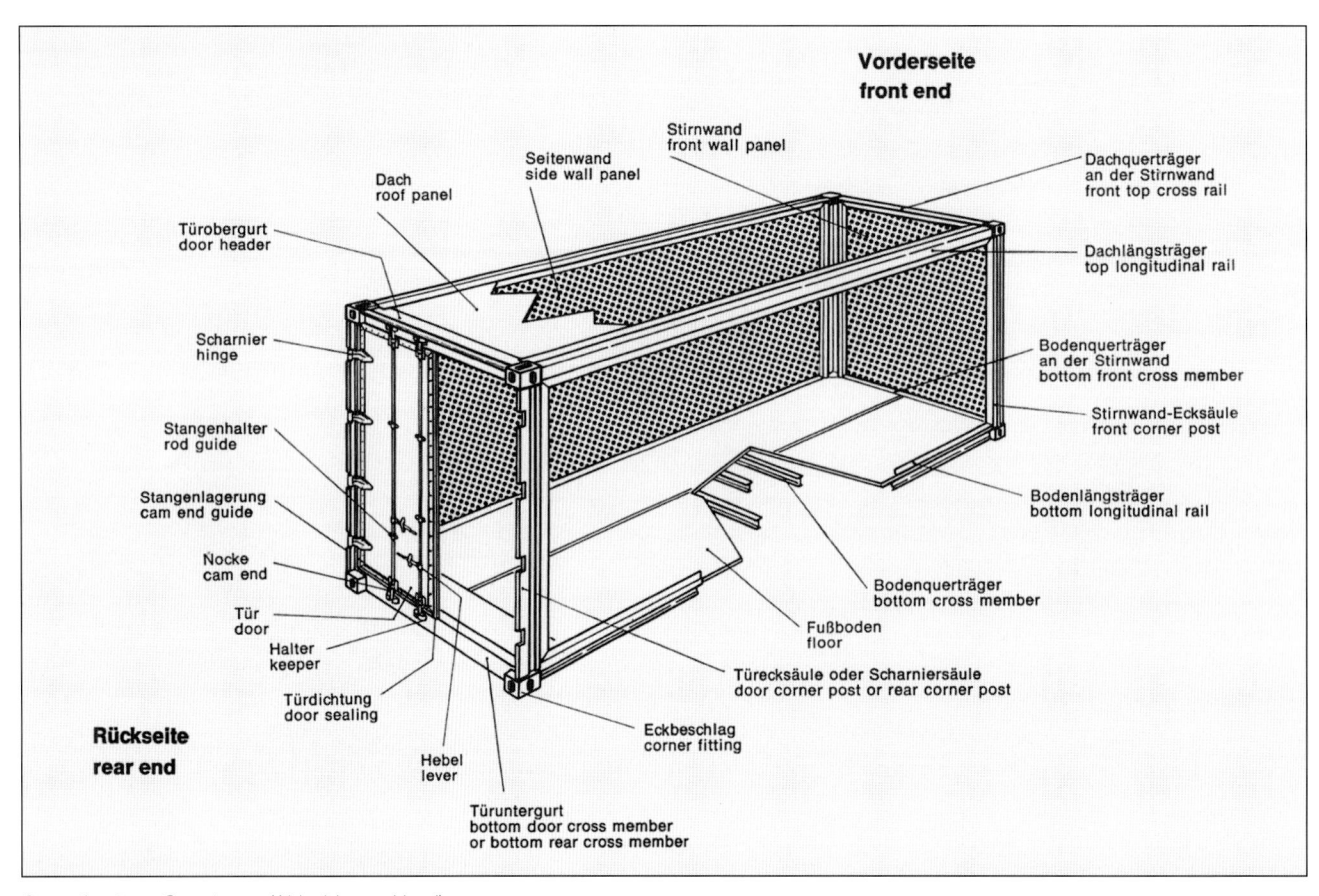

Bauteile eines Containers. (Abb.: Hapag-Lloyd)

An das weltweit von unterschiedlichen Verkehrsträgern verwendete Transportgerät Container werden hohe und vielfältige Anforderungen gestellt, die bei der Konstruktion und beim Bau der Boxen zu berücksichtigen sind. Grundsätzlich ist deren Struktur so anzulegen, daß sie den bei einem intermodalen Transport auf Schiene, Straße oder Schiff entstehenden Kräften, die teilweise extrem sind, standhalten. Die im Container beförderten Güter müssen gegen Verschiebungen, mechanische Beschädigungen und gegen klimatische Einflüsse geschützt sowie auf dem Transportweg, während der Zwischenlagerung und beim Umschlag bestmöglich gegen Diebstahl gesichert sein. Zugleich darf aber auch das zu transportierende Gut nicht die Sicherheit des Transportträgers bei statischen und dynamischen Einflüssen gefährden. Aus diesen Gründen muß der Container bei einem möglichst geringen Eigengewicht sehr robust und konstant stabil sein. Weiter werden einfache Wartung und Pflege, leichte Reparaturfähigkeit und eine möglichst lange Nutzungsdauer gefordert – und das alles natürlich zu günstigen Preisen.

Die Container bestehen in der Regel aus einem Boden- und einem Dachrahmen, die durch Eckpfosten miteinander verbunden sind. Boden, Wände, Türen und Dach werden, soweit vorgesehen, in das Rahmenwerk eingelegt bzw. eingehängt und mit diesem – je nach Werkstoff und Bauweise – verschweißt, verschraubt, vernietet, verbolzt oder verklebt. Für alle tragenden Teile von Containern sowie für Behälter, Rohrleitungen und Armaturen von Containern für flüssige und gasförmige Ladung dürfen nur Werkstoffe mit gewährleisteten Eigenschaften wie z.B. Festigkeit, ggf. Zähigkeit bei

Containerbau

tiefen Temperaturen, Abkantbarkeit, Schweißeignung oder Korrosions- bzw. Fäulnisbeständigkeit verwendet werden. Für Tankcontainer zur Beförderung gefährlicher Güter sind zusätzliche gesetzliche Bestimmungen zu beachten.

35 Tonnen schwerer 40-ft-Container im Crash-Test. (Fotos: Weserlotse)

Für die tragenden Konstruktionsteile der Container, für den Rahmen, werden fast durchweg Stahlprofile verwendet, die an den Verbindungsstellen miteinander verschweißt sind. Bei Containern in Leichtbauweise wird für die schwächer beanspruchten Teile Aluminium verarbeitet. Darüber hinaus gibt es in geringerer Zahl auch vollständig aus Aluminium hergestellte Behälter. Container in Stahlbauweise, sie stellen die Masse der weltweit eingesetzten Boxen, bestehen mit Ausnahme des Holzbodens durchweg aus Stahlprofilen und Stahlblechen. Früher gab es noch den sogenannten Plywood-Container als eine vor allem deutsche Entwicklung in größeren Stückzahlen. Dabei handelte es sich um eine Kombination aus selbsttragendem Stahlrahmen und GFK-beschichteten Sperrholzelementen. Dieser Typ ist jedoch seit etlichen Jahren wieder aus den Verkehren verschwunden. Er hatte zwar viele Vorzüge, war aber zu schwer, zu kostenaufwendig in der Reparatur und letztlich insgesamt zu teuer.

In die vier oberen und unteren Ecken der Container sind die hochfesten üblicherweise aus Stahlguß hergestellten Eckbeschläge integriert. Über die unteren Eckbeschläge kann der Container mittels Drehzapfen (Twist Locks) mit seinem Transportfahrzeug oder mit dem darunter stehenden Container sicher verbunden werden. Die oberen Eckbeschläge dienen in erster Linie als Anschlagpunkte der für den Umschlag eingesetzten Spreader. Darüber hinaus erfolgt hierüber die Verbindung mit dem darüber gestapelten Container, ebenfalls mit Twist Locks. Die Abstände der Eckbeschläge sind als ISO-Norm festgelegt.

Das für den Containerbau verwendete Material ist nicht nur hinsichtlich der Festigkeit von Bedeutung, sondern es spielt darüber hinaus noch eine Reihe weiterer Überlegungen mit, etwa weil das Material unter anderem Einfluß auf das Klima im Container hat. In einem Stahlcontainer kann es beispielsweise infolge schneller Abkühlung bei plötzlichen Temperaturstürzen zur Bildung von Kondenswasser kommen. Ganz entscheidend für die Nutzungsdauer eines Containers ist auch die Qualität seines Anstriches bzw. seiner Oberflächenbehandlung. Dabei geht es weniger um die Schönheit, sondern vielmehr um die Verhinderung von Rostbildung. Der Spruch »Rust never sleeps« zeigt, daß große Sorgfalt angebracht ist.

Nicht selten müssen beim Bau der Container auch noch andere Faktoren berücksichtigt werden. Hierfür kann als Beispiel die Australfahrt gelten: In Australien unterliegen u.a. Holz und Stroh strengen Quarantäne-Überwachungen (»Australian Quarantine and Inspection Service«/Schutz gegen Schädlingsbefall) durch die Gesundheitsbehörden, um die Einschleppung des Holzschädlings »Sirex-Wespe« zu verhindern. Wo immer an Holzteilen Anzeichen des Befalls entdeckt werden, fordern die Behörden eine nachträgliche, kostspielige Begasung der betreffenden gesamten Sendung. Aus diesem Grund, um die eventuellen teuren Extrabehandlungen zu vermeiden, die darüber hinaus ja auch noch zu nicht minder teuren Verzögerungen im Containerumlauf führen, haben die Reedereien, die seinerzeit den Austral-Containerverkehr aufnahmen, die Holzbauteile ihres gesamten Containerparks gegen die »Sirex-Wespen« imprägnieren lassen. Das war eine der vielen speziellen australischen Vorschriften, die bis heute nicht weniger geworden sind.

Container

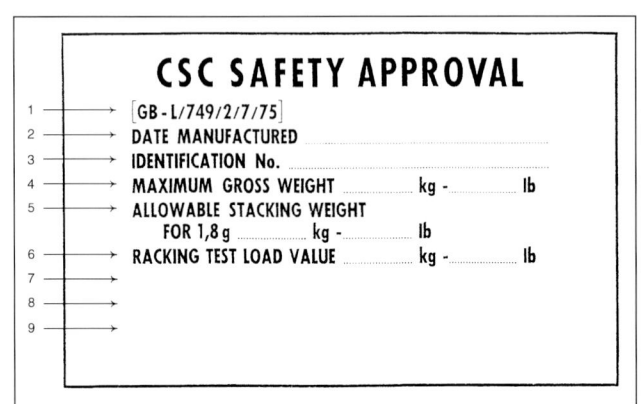

```
CSC SAFETY APPROVAL
1 →  [GB-L/749/2/7/75]
2 →  DATE MANUFACTURED
3 →  IDENTIFICATION No.
4 →  MAXIMUM GROSS WEIGHT           kg -          lb
5 →  ALLOWABLE STACKING WEIGHT
      FOR 1,8 g                     kg -          lb
6 →  RACKING TEST LOAD VALUE        kg -          lb
7 →
8 →
9 →
```

1. Zulassungsland, Zulassungsbezeichnung entsprechend dem Beispiel in Zeile 1 (das Zulassungsland sollte mit dem Unterscheidungszeichen angegeben werden, das im internationalen Straßenverkehr für die Angabe des Zulassungslandes von Kraftfahrzeugen [Motorfahrzeugen] verwendet wird).
2. Datum (Monat und Jahr) der Herstellung.
3. Hersteller-Identifizierungsnummer des Containers oder bei vorhandenen Containern, für die diese Nummer nicht bekannt ist, die von der Verwaltung zugeteilte Nummer.
4. Höchstes Bruttogewicht (kg und lbs).
5. Zulässiges Stapelungsgewicht bei 1,8 g (kg und lbs).
6. Belastungswert bei der Querverwindungsprüfung (kg und lbs).
7. Die Stirnwandfestigkeit ist auf dem Schild nur anzugeben, wenn die Stirnwände so gebaut sind, daß sie einer Last standhalten, die kleiner oder größer ist als 0,4 mal der höchsten zulässigen Nutzlast, das heißt 0,4 P.
8. Die Seitenwandfestigkeit ist auf dem Schild nur anzugeben, wenn die Seitenwände so gebaut sind, daß sie einer Last standhalten, die kleiner oder größer ist als 0,6 mal der höchsten zulässigen Nutzlast, das heißt 0,6 P.
9. Datum (Monat und Jahr) der ersten Instandhaltungsprüfung bei neuen Containern und gegebenenfalls die Daten (Monat und Jahr) der folgenden Überprüfungen.

Muster eines CSC-Sicherheits-Zulassungsschildes. (Quelle: GL)

Der untere Teil der Box, die Bodenplatte, ist immer besonders stabil ausgebildet, damit Gabelstapler auch direkt im Container arbeiten können und damit sie sich unter dem Gewicht der Ladung nicht durchbiegt, womit ein sicheres Stapeln im Container unmöglich würde. Verwendet werden für die Bodenplatten Holz, teilweise sogar tropisches Hartholz, das allerdings inzwischen rar geworden ist, oder eine Kombination aus Stahl- und Holzplatten. Außen, an den Längsseiten des Fußbodens, befinden sich die Bodenlängsträger mit bis zu vier eingelassenen Gabelstaplertaschen, in die die Gabeln der Stapler eingeführt werden können, um die Container auf diese Weise anzuheben und in der Fläche zu bewegen.

Die bei Standardcontainern meistens an der Rückseite befindlichen Flügeltüren können um 270 Grad umgeschlagen werden, um den ganzen Containerquerschnitt für Belade- und Entladearbeiten freizugeben. Die Türstangen haben robuste Drehstangenverschlüsse. Andere Baumuster haben Schiebetüren an einer der Seitenwände. Derartige Container werden häufig im Schienenverkehr eingesetzt.

Besondere Beachtung muß der Stapelfähigkeit der Container gewidmet werden. Da im Überseeverkehr auf den neuen Jumbo-Schiffen die Container bis zu 10fach unter Deck und bis zu 7fach hoch an Deck gestapelt werden, auf den großen Open-Top-Schiffen sind es sogar bis zu 13 Lagen übereinander, haben die unteren Container natürlich enorme Gewichte auszuhalten. Nach einer ISO-Norm darf der unterste Container in einem Laderaum mit bis zu 192 000 Kilogramm überstaut werden.

Gebaut werden die Container im Fließbandverfahren, wobei einige Hersteller bis zu 120 Einheiten täglich produzieren. Der Einsatz von Automation und Robotern ist fast überall Selbstverständlichkeit. Zumindest gilt dies für Europa und die USA, also für die Hochlohnländer, in denen aber nur noch Spezialcontainer hergestellt werden.

Auch im Containerbau ist inzwischen der Umweltschutzgedanke zu einem streng beachteten wichtigen Faktor geworden. Umweltfreundliche Techniken in der Herstellung sowie die Berücksichtigung des Umweltgedankens bei der Auswahl der Materialien wo immer es möglich ist, etwa beim Ausschäumen von Isoliercontainern oder beim Anstrich bzw. Beschichten der Container, haben zunehmend an Bedeutung gewonnen.

Der Bau sämtlicher Container wird von einer der Klassifikationsgesellschaften, in Deutschland vom Germanischen Lloyd, überwacht. Bevor sie zur Ablieferung gelangen, werden jeder erste Container einer Serie und dann in bestimmten Abständen weitere aus der Baureihe speziellen Testprogrammen unterzogen. Dabei wird nicht nur der Werkstoff geprüft, sondern vor allem die Konstruktion der Container in allen ihren Teilen mit Stapelversuch, Hubversuch an den oberen und unteren Eckbeschlägen, Belasten der End- und Seitenwände sowie des Daches und des Bodens, Schubbelastung der Endwände (Querrichtung), Schubbelastung der Seitenwände (Längsrichtung), Anheben mittels Stapler und Greifzangen, Wetterdichtigkeit und Zugbelastung der Zurrösen. Die entsprechenden Tests sind von der International Standards Organisation (ISO) und der International Convention for Safe Containers (CSC) vorgeschrieben. Erst wenn alles diesen Anforderungen entspricht, erfolgt die Auslieferung. Im übrigen werden die Container, wie auch die Schiffe selbst, von den Klassifikationsgesellschaften baumustergeprüft und kontrolliert, was zusätzliche Sicherheit schafft. Die erfolgte Prüfung eines jeden einzelnen Containers wird mit einem Zertifikat bestätigt.

Im übrigen sind die Sicherheitsbestimmungen für Container in einer internationalen Konvention, der International Convention for Safe Containers/CSC, festgelegt. Die Vertragsstaaten verpflichten sich damit, Container, die für eine internationale Beförderung verwendet werden, einer Sicherheitszulassung zu unterwerfen. Diese Zulassung wird mit

Containerbau

einem an den Container anzubringenden Schild bestätigt und gegenseitig anerkannt. Sicherheitsauflagen, die über die des CSC hinausgehen, werden nicht verlangt. Eine Ausnahme bilden Container, die speziell für die Beförderung gefährlicher Güter gebaut sind u.ä. Generell sollen Container mit einer gültigen Zulassungsplakette im internationalen Verkehr nicht behindert werden, es sei denn, ihr Zustand weist einen offensichtlichen Sicherheitsmangel auf.

Blickt man zurück, so läßt sich der Stand der Entwicklung etwa Ende der siebziger Jahre, also nach gut einem Jahrzehnt Containerverkehr, mit dem einem Satz »Die Spezialcontainer sind im Kommen« charakterisieren. So vielfältig, wie sich das Containergeschehen bis dahin entwickelt hat – diese Vielfältigkeit rührt nicht zuletzt von dem vermehrten Einsatz einer immer größeren Zahl unterschiedlicher Spezialcontainer her – so simpel lassen sich die Ursachen dafür erläutern:

1. Bei der Etablierung des Containerverkehrs stand der einfache »Standard-Container« im Mittelpunkt. Er genügte damals weitgehend den Ansprüchen, da in den zuerst containerisierten Fahrtgebieten mit mehr oder weniger paarigen Verkehren und einer guten Auslastung gerechnet werden konnte. Außerdem kam mit dem Einstieg in das Containersystem auf jeden Containereigner ein gewaltiger Investitionsbedarf zu, so daß naturgemäß zunächst in Equipment investiert wurde, bei dem eine schnelle Kapitalrückgewinnung, eben durch die oben angesprochene gute Auslastung, möglich war. Schließlich fehlten in den Anfangsjahren aber auch jegliche Erfahrungen für die Entwicklung von Spezialkonstruktionen wie auch für die Einschätzung des möglichen Bedarfs.

2. Bei der weiteren Ausfächerung der Containerverkehre über die Routen zwischen den hochindustrialisierten Ländern hinaus, auf denen wegen der Güterstruktur eine weitgehend paarige Auslastung der Schiffe nahezu allein mit dem Standard-Container abgedeckt werden konnte, ergab sich aus naheliegenden Gründen das Bestreben, weitere Ladungsarten zu erfassen und sie zu containerisieren. Das konnte nur mit dem Angebot von speziellem Transportraum, von Spezialcontainern erreicht werden. Die Zahl der Typen nahm vor allem in dem oben angesprochenen Zeitraum rasch zu.

Diesem Gebot gehorchend bot nach und nach eine ganze Reihe von Containereignern Spezialequipment für unterschiedlichstes Transportgut an. Während sich zu Beginn dieser Phase wegen der Vielzahl der zu lösenden Probleme zunächst fast ausschließlich die Containerreedereien und mit ihnen die Containerhersteller selbst diesem Bereich widmeten, erblickten später in zunehmendem Maße die Container Leasing-Gesellschaften hier ihre Chance. Dies hat mehrere Gründe, ist aber hauptsächlich in der saisonalen Abhängigkeit und Unpaarigkeit der Verkehre zu sehen, für die viele der Spezialbehälter-Typen benötigt werden. Während sich später bei den Reedereien prozentual der Anteil der Spezialcontainer in Grenzen hielt, nahm er bei den Leasing-Gesellschaften immer mehr zu.

Montagelinie im Containerbau. (Foto: Graaf)

Container

Nach erfolgtem Anstrich wird der neue Container in den Trockenofen geschoben. (Foto: GSI)

Was die Standorte der Boxhersteller betrifft, so lagen diese zu Beginn des Containerverkehrs ausschließlich in den USA und dann auch in Westeuropa, also an beiden Enden der ersten Überseeverbindungen. Das war praktisch der Idealfall, denn so wurde der Transport größerer Mengen von Leercontainern, um sie auf der »anderen Seite« für die erste Beladung bereitzustellen, weitgehend vermieden. In den anschließend containerisierten Fahrtgebieten Europa–Australien und Europa bzw. Nordamerika–Fernost war das schon problematischer.

Allmählich erfolgte schließlich der Aufbau von Fertigungskapazitäten in Niedriglohnländern, zunächst im ehemaligen Ostblock, in Polen beispielsweise, dann in zunehmendem Maße in den rasch aufstrebenden südostasiatischen Ländern, vornehmlich in den sog. Tigerstaaten. Verbunden war damit ein stetiger Rückgang der bei den einschlägigen US- und europäischen Unternehmen eingehenden Bestellungen. Lange Zeit war Südkorea der Spitzenreiter unter den Herstellerländern. Aber auch in Taiwan, Thailand, Indonesien, Indien, Malaysia und Hongkong wurden in beachtlichem Maße Fertigungsstätten aufgebaut.

Als regelrechtes Boomjahr für die Box-Produzenten erwies sich das Jahr 1992. Ablieferungen und Neubestellungen schnellten sprunghaft in die Höhe, was den Anstoß für den Bau etlicher weiterer Produktionsanlagen gab. Aber dieser Boom war nicht von langer Dauer, und der darauf folgende Rückgang führte sogar wieder zur Schließung ganzer Fabriken bzw. zur Aufgabe von Neubauprojekten. Es blieben allerdings dennoch Überkapazitäten, von denen vor allem der asiatische Raum betroffen war.

In den neunziger Jahren setzte China zum großen Sprung an, entwickelte sich zum größten Containerbauer der Welt und löste mit Abstand Südkorea als Nummer eins ab. Dort war 1992 mit einer Gesamtproduktion von 375 000 TEU der Produktionshöchststandrekord erreicht worden. China konnte 1993 einen Ausstoß von 250 000 TEU verzeichnen, bei einer rasch aufgebauten Container-Fertigungskapazität von bereits 500 000 TEU p.a. Und um ein weiteres Beispiel zu nennen: 1996 stellte allein die in der südchinesischen Sonderwirtschaftszone Shenzen unweit Hongkongs ansässige Marine Containers Group Ltd. 199 091 TEU her. Damit entfielen 35 Prozent des gesamten Behälterausstoßes in China und 20 Prozent der Weltproduktion auf dieses Unternehmen, einem Joint Venture, mit einem damaligen Kapital von 50 Mio. Dollar. Anteilseigner waren China Marine (65 Prozent), Cosco Pacific Ltd. (eine in Hongkong ansässige Tochtergesellschaft der Staatsreederei China Ocean Shipping Co., 20 Prozent), die japanische Sumitomo Corp. (5 Prozent) die deutsche Graaff GmbH (2 Prozent) und die Regierung in Beijing (8 Prozent).

Der Typ und die Größe der einzusetzenden Container werden selbstverständlich von der zu transportierenden Ladung bestimmt. Nachfolgend eine Übersicht über die größten Gruppen der heute für den Überseeverkehr verfügbaren Container.

Containertypen

Standard-Container

Der Standard-Container, Stückgut-Container oder auch Dry-Cargo-Container genannt, ist der Urvater aller Container und der am häufigsten benutzte. Er war anfangs der einzige Containertyp überhaupt, bis dann die Auffächerung in die vielfältigen Spezial-Behälter kam. Dieser geschlossene Container, der bis heute die »normale« Box geblieben ist, wird für den Transport unterschiedlichster Ladung eingesetzt. Sein auffälligstes Merkmal ist die über die ganze Breite und Höhe gehende Doppeltür an der Rückseite. Das Be- und Entladen geschieht durch diese Flügeltür. Der Container hat eine Länge von 20 ft oder 40 ft und eine Höhe von 8 ft 6 inch oder 9 ft 6 inch. Hergestellt sind diese Container meistens aus Stahl. Der Boden ist entweder mit Hartholzplanken oder Sperrholz belegt. Unten an den Seitenwänden befinden sich Ladungssicherungs- und Verzurrmöglichkeiten. Mit – meistens nur zeitweisen – Abänderungen (Einsatz von Inletts) eignet sich der

Verladung eines 20-ft-Standard-Containers aus Stahl. (Foto: BLG)

Container

Standard-Container auch für die Beförderung von Schüttgut.

Speziell für den Schienenverkehr sind Standard-Container entwickelt worden, die die Tür nicht an der Stirnseite, sondern in der Seitenwand haben. Um die maximal zulässigen Durchbiegungen nicht zu überschreiten, sind bei diesem Typ besondere konstruktive Maßnahmen erforderlich. Seitentüren deshalb, weil sie da Be- und Entladen erleichtern, wenn der Container auf dem Schienenweg zugestellt wird und er auf dem Gleis verbleiben muß, weil kein ausreichend starkes Hebezeug zur Verfügung steht. So können auch die üblichen Bahnrampen genutzt werden. Für den Seetransport sind diese Bahncontainer allerdings nur bedingt geeignet, u.a. wegen der fehlenden bzw. unzureichenden Stapelfähigkeit.

Open-Side-Container

Diese Stahlcontainer haben ein festes Dach, Stirnwandtüren und offene Seiten. Jede Seite wird mit containerhohen Gattern und mit nylonverstärkten Planen verschlossen, womit den T.I.R.-Anforderungen genügt wird. Diese Container eignen sich u.a. für den Transport von Tieren oder leicht verderblichen Lebensmitteln.

Open-Top- oder Hardtop-Container

Diese Container sind oben offen und können deshalb mit Kranhilfe be- oder entladen werden. Sie haben entweder ein festes abnehmbares Dach (Hardtop) oder eine strapazierfähige Plane (Open-Top) zum Abdecken. Diese Container eignen sich besonders für die Beladung mit sperrigen oder auch schweren Frachtstücken, die durch Türen nur schwer oder gar nicht ge- oder entladen werden könnten. Da wegen des fehlenden Daches erhöhte Anforderungen an die Steifheit der Konstruktion gestellt werden müssen, sind Open-Tops ausnahmslos aus Stahl hergestellt. Wegen des Schwerguttransports wird ohnehin eine sehr robuste Bauweise verlangt.

Schüttgut- oder Bulkcontainer

Diese Typen – auch Drybulk-Container genannt – werden für den Transport von pulverförmigen und granulierten Schüttgütern angeboten. Um das Laden zu erleichtern, befinden sich im Dach kreisförmige Einfüll-Luken mit etwa 500 mm Durchmesser. Für das Entladen befindet sich eine Klappe unten in der Türseite oder die Türen werden zum

Diese Island-Ponys haben die Seereise im Open-Side-Container überstanden. (Foto: HHLA)

Containertypen

Dachöffnungen für die Be- oder auch Entladung von Schüttgut-Containern. (Foto: Eurokai)

Entladen geöffnet. Meistens werden die Container für den Entladungsvorgang gekippt. Je nach Beschaffenheit kann die Ladung aber auch durch die Dachöffnungen abgesaugt werden. Typische per Container transportierte Schüttgüter waren anfangs Mais, Zucker, Kieselgur, Braumalz, Getreide, Trockenfarben, Talkum, Ruß, Düngemittel und Granulate. Inzwischen ist diese Palette deutlich erweitert worden. Eine besondere Herausforderung war dabei die Entwicklung von Verfahren, mit denen Rohkaffee in speziellen Schüttgut-Containern transportiert werden kann (s. Ventilierte-Container). Gebaut sind diese Container aus einem Stahlrahmen mit Stahlverkleidung. Auch der Boden besteht aus Stahl, was u.a. die Reinigung erleichtert.

Außer diesen Spezialcontainern werden auch Standard-Container für den Transport von Schüttgütern eingesetzt. Für den Transport von Bulk-Gütern werden diese Container mit flexiblen Kunststoffgeweben (Container-Inletts/Liner Bags) ausgeschlagen. Derartige Inletts, die in vielen Branchen wie der chemischen, Kunststoff- und Nahrungsmittelindustrie sowie in der Entsorgungswirtschaft eingesetzt werden, gibt es in allen Größen. Zu unterscheiden sind Mehrfach-Hüllen, die nach dem Transport zur erneuten Verwendung wieder zurückgeschickt werden, oder Wegwerf-Hüllen für den einmaligen Gebrauch. Mit diesen Inletts wird ein optimaler Schutz sowohl für die Ladung als auch den Container erreicht.

Schwierigkeiten können bei schwer fließenden Schüttgütern oder staubförmigen Gütern, z.B. Kohlestaub, zwar im allgemeinen nicht bei der Beladung des Containers entstehen, wohl aber bei dem Entleeren. Eine zu lange Verweilzeit im Container kann nämlich dazu führen, daß das Gut sich

Entladung von Kaffeebohnen. (Foto: Hafen Hamburg)

festrüttelt und verhärtet. Damit kommt es zu Festkörpereigenschaften, die den Materialaustrag erschweren oder sogar unmöglich machen. Um dem entgegenzuwirken, werden verschiedene Lösungen angeboten. Eine davon ist die Verwendung eines Inletts mit einem besonders verstärkten Fluidisierungsboden. Er ist so bemessen, daß er in Länge und Breite den Maßen des Containerbodens entspricht und besteht aus einer geschlossenen, die Außenwand des Inletts bilden-

Container

den Haut sowie einer perforierten, dem Schüttgut zugewandten Plane mit einzelnen Kammern, ähnlich einer Luftmatratze. Durch Hereinpressen von Luft in diese Kammern wird das Schüttgut in Bewegung gehalten, so daß es nicht zu den gefürchteten Verfestigungen kommen kann.

Flats

Flats haben den ISO-Normen entsprechende Maße. Sie bestehen aus einem besonders stabilen Containerboden und haben Stirnwände unterschiedlicher Höhe, die entweder fest oder abklappbar sind. Flats eignen sich besonders für die Beförderung von Ladung, die wegen ihrer Dimensionen oder Gewichte auf normalem Wege nicht containerisiert werden kann bzw. weder in Standard- noch in Open-Top-Container paßt. Mit eingeklappten Stirnwänden lassen sich die Flats als Leercontainer raumsparend stapeln und transportieren.

Flats beladen mit Stückgut (links) und Sackgut (oben). (Fotos: Hero Lang/BLG, OTAL)

Belüftete Container

Das sind Ganzstahlkonstruktionen, die in jeder Hinsicht der des Standard-Containers gleichen, abgesehen von den über die ganze Länge gezogenen Gitterstreifen am oberen und unteren Seitenrand, durch die ein Luftaustausch mit der Umgebung ermöglicht und das in Standardcontainern vielfach auftretende Schwitzen verhindert werden. Die Belüftungsvorrichtung ist so konstruiert, daß das Eintreten von Wasser nicht möglich ist.

Coiltainer

Auf einer Flatkonstruktion basiert dieser ungefähr Mitte der siebziger Jahre entwickelte Spezialcontainer für den Transport von Coils (Draht- oder Blechrollen). Die Coils liegen

Verladung von Schwerteilen auf Platforms. (Foto: Sea Containers)

Containertypen

auf verstellbaren in den Flatboden eingelassenen Klappen mit dem Coilauge in Fahrtrichtung. Die Transportsicherung erfolgt durch Gurte, die durch das Auge gezogen werden.

Platforms

Auch Platforms, die praktisch nur aus einem besonders stabilen Containerboden bestehen, dienen der Beförderung von Ladung, die ansonsten wegen ihrer Dimensionen und Gewichte nicht containerisiert werden könnte. Ladungsstücke mit Überlängen, Überbreiten, besonders hohe Stücke oder Schwerkolli, werden in den Containerzellen an Bord des Schiffes mehrere Platforms nebeneinander gestaut, so erhält man auf diese Weise einen Stell- oder Stapelplatz z.B. für Investitionsgüter jeder Art – Transformatoren beispielsweise, Baumaschinen oder Fabrikteile. Mit dem Einsatz von Platforms ist das Transportangebot der Containerschiffe signifikant verbreitert worden.

Isoliercontainer

Diese Container sind dem Standard-Typ ähnlich, haben aber eine wärmedämmende Innenverkleidung, die meistens aus Hartschaum besteht. Sie schützt die Ladung vor raschen Temperaturschwankungen und Schwitzwasserbildung auf kürzeren Strecken. Zur Erhaltung tieferer Temperaturen kann Trockeneis verwendet werden. Diese Container werden hauptsächlich benutzt für den Transport von kälte- oder wärmeempfindlichen Gütern, z.B. Bier oder Wein.

Ventilierte Container

Container mit Ventilation sollen den Transport von Ladungen mit einem gewissen Feuchtigkeitsgrad ermöglichen. Auch leicht verderbliche bzw. empfindliche Güter wie Rohkaffee, Kakaobohnen, Klippfisch, Malz, Salz u.a. können dadurch in Containern befördert werden. Dies wird durch ein Luftfeuchtigkeitsgerät ermöglicht, das ohne Luftzufuhr von außen elektronisch und vollautomatisch arbeitet, Kondenswasserbildung im Container verhindert und ebenso bestimmte Feuchtigkeitswerte der Ladung konstant hält.

Kühlcontainer

Ein sehr großer Teil der Weltnahrungsmittelproduktion ist leicht verderblich. Um in diesem Bereich einen vermehrten weltweiten Austausch herbeiführen zu können, war die Ent-

Container

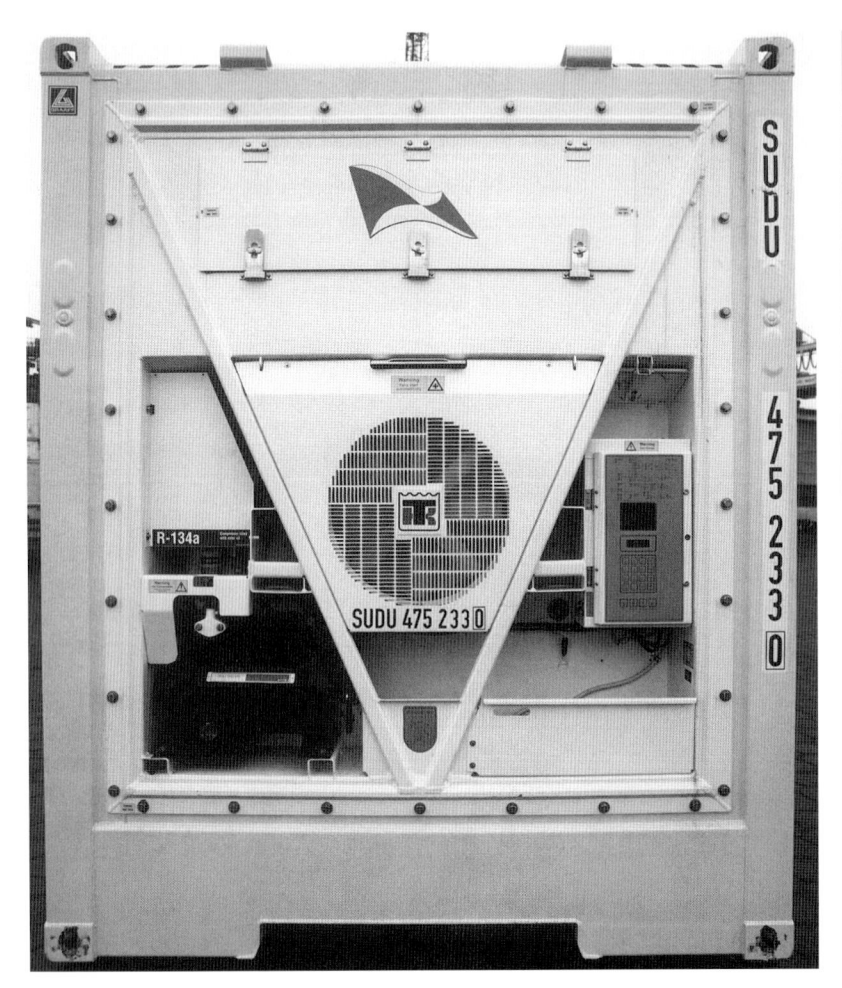

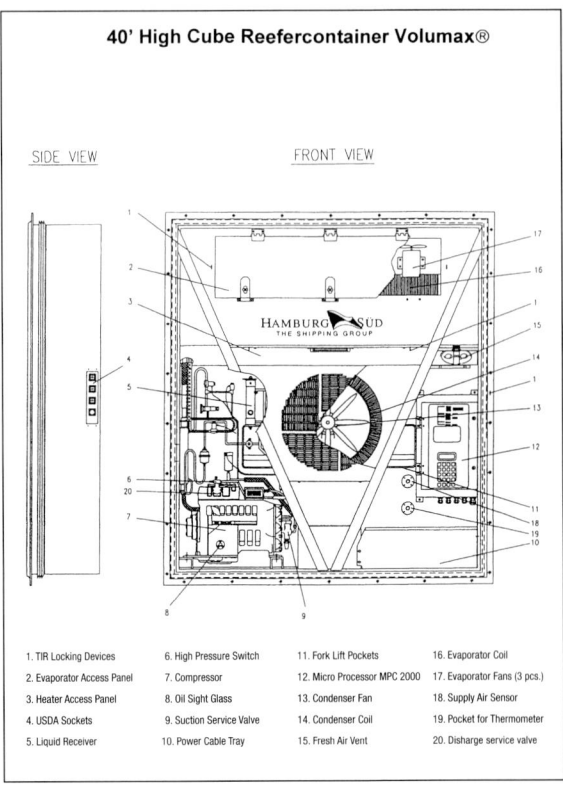

(Fotos: Hamburg-Süd)

wicklung der Kühlung und Luftzirkulation in Containern von großer Bedeutung, nicht wenige sprechen sogar von einer revolutionären Bedeutung. Ziel war es, das Container-System für den Transport von Fleisch, Fischerei- und Milchprodukten, Frischgemüse und Früchten aller Art sowie Fruchtkonzentraten nutzbar zu machen. Wichtig war dies anfänglich besonders für die Entwicklung der Fahrtgebiete Australien/Neuseeland und etwas später Südafrika. Inzwischen hat die Bedeutung des Kühlcontainers für viele Bereiche enorm zugenommen. Fast alle Containerschiffe haben Anschlüsse für Kühlcontainer in unterschiedlicher Zahl, Kühlschiffe bieten zusätzlich Stellplätze für Kühlcontainer, meistens an Deck, und es gibt darüber hinaus auch bereits reine Kühlcontainerschiffe. Sie werden von den großen Fruchtgesellschaften eingesetzt. Das Ladungsaufkommen in den weltweiten Kühlverkehren ist immer noch rasch wachsend, und der Transport in Kühlcontainern ist für viele der sehr unterschiedlichen Güter die wirtschaftlichste und umweltfreundlichste Methode, um auch über weite Entfernungen vom Produzenten bis zum Verbraucher zu gelangen.

Das tragende Skelett der Kühlcontainer besteht wie üblich aus Stahlprofilen. Wände und Dach, jeweils als Einheit gefertigt, sind Sandwich-Konstruktionen, die als Mittellage Hartschaum enthalten und unter Vermeidung von Wärmebrücken in das Skelett eingesetzt werden. Bei den Kühlcontainern konkurrieren zwei unterschiedliche Systeme:

■ Porthole-Container, die selber nicht über ein Kühlaggregat verfügen und von außen mit kalter Luft versorgt werden. Die Luft wird durch genormte Öffnungen zu- und abgeführt. Die Kaltluftversorgung erfolgt im Schiff über Kupplungen, die an den Container gepreßt werden. Dabei wird entweder ein ganzer Containerstapel mit einem Luftsystem gekühlt oder die Container sind mit einzelnen Luftsystemen verbunden. Aufgrund der Anordnung der Kupplungen ist es immer nur möglich, Container gleicher Höhe übereinander zu stapeln.

Containertypen

Für die Kühlung an Land müssen die Porthole-Container durch Maßnahmen wie z.B. die Verwendung von Kühlstäben für mehrere Container übereinander, Clip-On-Units (Kühlaggregate, die an einzelne Container angehängt werden) oder durch Snow Shooting (Flüssig-Stickstoff/CO_2) gekühlt werden.

- Integrated Container, die über ein eingebautes Kühlaggregat verfügen und von außen lediglich mit Strom versorgt werden müssen. Auf dem Seeschiff und während der Lagerung wird der Container an das Stromnetz angeschlossen. Durch die Unterbringung des Kühlaggregates im Container ist dessen Raumgehalt kleiner und sein Leergewicht größer als bei einem Porthole-Container gleicher Größe. Die Integrated Container haben einen Weltmarktanteil von

tung, die sich – mechanische Schäden durch Stürze, Gabelstapler u.ä. bleiben unberücksichtigt – in der Regel aus der Haltbarkeit der Isolierung ergibt. Die Lebensdauer der Integrated Container ist dagegen vom Zustand des Kühlaggregates abhängig, der sich mit zunehmenden Alter naturgemäß verschlechtert. Die Reparaturanfälligkeit nimmt zu. Das Durchschnittsalter der Porthole-Container liegt bei etwa 18 Jahren, das der Integrated Container bei etwa 15 Jahren, wobei meistens das Kühlaggregat bereits vorher einmal ausgetauscht oder zumindest grundüberholt worden ist.

Neben der normalen, auch bei Kühlcontainern angewandten Kühltechnik, gibt es inzwischen zwei weitere, die auf die Entwicklung des Kühlcontainereinsatzes wesentlichen Einfluß genommen haben. Durch sie konnte nicht nur die

Kühlstäbe auf einem Containerterminal
(Foto: Hochhaus)

etwa 80 bis 90 Prozent, bei den Stellplätzen sind es 75 Prozent. Der Anteil der Integrated Container nimmt weiter zu. Porthole-Container werden meistens in 20-ft-Ausführungen eingesetzt, bei Integrated Containern dominieren die 40-ft-Boxen.

Nicht unwichtig bei der Beurteilung der beiden Typen ist, weil es um die Finanzen geht, daß sich ihre Lebenserwartung und damit der Ersatzbedarf deutlich unterscheidet. Porthole-Container haben eine durchweg hohe Lebenserwar-

Palette der zu befördernden Güter erweitert, sondern auch Einfluß auf die Qualität des zu transportierenden Kühlgüter genommen werden.

Es geht um die Technik, vorgegebene Temperaturen im Container bei vermindertem Sauerstoffgehalt einzuhalten. Dieses wird als »Modifizierte Atmosphäre« (MA) bezeichnet.

Werden vorgegebene Grenzwerte von Sauerstoff, Kohlendioxyd, Äthylen und der relativen Luftfeuchtigkeit kontrolliert eingehalten, führt das zur »Kontrollierten Atmos-

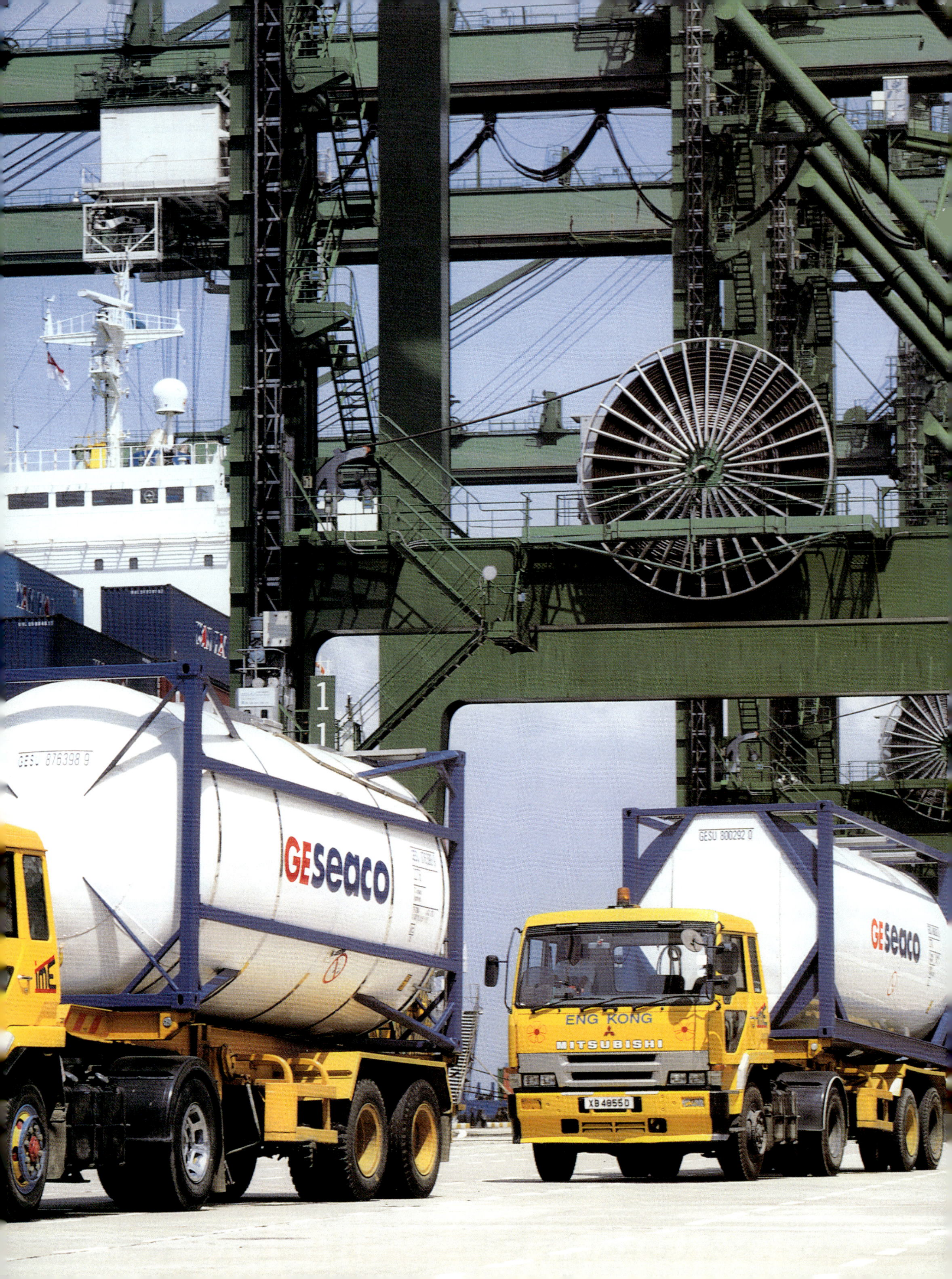
GEseaco
GEseaco
ENG KONG
MITSUBISHI
XB 4855 D

Containertypen

phäre« (CA). Diese CA-Technologie kann durchaus als revolutionär bezeichnet werden, denn sie beeinflußt den Kühltransportsektor ebenso stark, wie seinerzeit die Einführung des Kühlcontainers die Kühlschiffahrt. Mit dieser Technologie lassen sich Güter, die vorher nur mit dem Flugzeug ver-

Schnitt kam erst mit der Einführung von genormten Tankcontainern, die eine Einbeziehung der Flüssiggüter in den Kombinierten Verkehr ermöglichten.

Die Tankcontainer für den Transport flüssiger oder gasförmiger Güter bestehen aus einer stabilen ISO-1-Rah-

Verladung von fabrikneuen Tankcontainern.
(Foto: Westerwälder Eisenwerk)

frachtet werden konnten, Äpfel, Birnen und Kiwis, andere empfindliche Früchte sowie Gemüse und Schnittblumen, nun mit dem Schiff befördern, und zwar in wesentlich größeren Mengen zu entsprechend günstigeren Preisen.

Tankcontainer

Flüssiggüter werden seit über 2000 Jahren über See transportiert. Prinzipiell hat sich an den Transportmethoden über all die Jahrhunderte wenig geändert. Der entscheidende

menkonstruktion mit eingebauten Flüssigbehälter. Es gibt sie in den verschiedensten Ausführungen. Der oder die Tanks sind wegen des hydrostatischen Drucks aus gewölbten Blechen hergestellt. Im einfachsten Fall ist ein liegender Tankbehälter in einem Containergestell untergebracht. Bei anderen Typen sind mehrere zylindrische Behälter in dem Rahmen angeordnet oder mehrere Behälter aufrecht nebeneinander gesetzt. Damit läßt sich das Volumen besser ausnutzen. Während der Transport voller Tankbehälter im Prinzip keine Schwierigkeiten bereitet, kann er unter Umständen bei nur teilweise gefülltem Tank durch den Flüssigkeitsschwall kri-

Tankcontainer
(Foto: Sea Container)

Container

tisch werden. Um durch das Schlingern die Sicherheit des Transportfahrzeuges nicht zu gefährden, erfolgt eine Dämpfung durch Unterteilung mit Schwallblechen bzw. es wird ein Mindestfüllgrad von 80 Prozent vorgeschrieben, um die Flüssigkeitsbewegungen gering zu halten.

Material und Wanddicke sind unterschiedlich. Sie richten sich nach den vorgesehenen Füllgütern. Eine Isolierung ist ebenso möglich wie die Installation von Heizvorrichtungen für Flüssigkeiten, die nicht stocken oder gefrieren sollen. Weitere Zusatzausrüstungen können sein: Füllstutzen mit oder ohne Füllrohr, Sicherheitsarmaturen, Füllstandsanzeiger oder Bodenauslaß zur Entleerung. Hergestellt sind die Tanks – nach anfänglichen Versuchen mit kunststoffbeschichtetem Baustahl – in der Regel aus rostfreiem Edelstahl, gelegentlich auch aus Aluminium. Für den Gastransport kommen auch tieftemperaturbeständige Stähle zum Einsatz. Auf jeden Fall muß das eingesetzte Material hochkorrosionsbeständig sein, wenn aggressive oder brennbare Flüssigkeiten befördert werden.

Die Tankcontainerentwicklung ist noch relativ jung. 1973 waren erst 1500/1600 Behälter dieses Typs im Einsatz, Mitte 1978 waren es bereits ca. 7500, die etwa 0,4 Prozent des Weltcontainerbestandes ausmachten. Die konstruktive Weiterentwicklung war dann gekennzeichnet durch eine immer breitere Ausfächerung, um den unterschiedlichen Anforderungen der verschiedenen zu transportierenden Güter gerecht zu werden:

Getränke/Nahrungsmittel
Petrochemische Produkte oder
Anorganische Chemikalien

Seit Tankcontainer international unterwegs sind, müssen sie überaus komplexen gesetzlichen Regelwerken entsprechen, z.B. dem International Maritime Dangerous Goods Code für den Seetransport (IMDG). Wenn sie in Europa unterwegs sind, müssen sie dem European Agreement concerning the Carriage of Dangerous Goods by Road (ADR) und den International Regulations concerning the Carriage of Dangerous Goods by Rail (RID) entsprechen. Ähnliche Regularien bestehen für den Inlandtransport in den USA. Das alles einzuhalten, ist an sich schon schwierig genug, hinzu kommt aber noch, daß sich viele der Vorschriften überschneiden und auch deshalb viel Konfliktstoff in sich bergen, weil viele nationale Verwaltungen die internationalen Vorschriften unterschiedlich auslegen.

SeaCell-Container

Dieser von SeaContainers Ltd. in Hamilton/Bermuda entwickelte Spezialcontainer könnte eine Lösung des oft beklagten Problems, daß der normale ISO-Container keine optimale Stauung der Euro-Paletten zuläßt, bedeuten. So hat der SeaCell-Container zwar seine Eckpfosten genau dort, wo sie nach der ISO-Norm sollen, er weist aber trotzdem eine Innenbreite von 2,42 m gegenüber den sonst üblichen 2,34 m auf. Erreicht wird dies durch sehr weit außen angeordnete Seitenwände. Die Sicken ragen, obwohl flacher als normalerweise, leicht über die Flucht der Eckpfosten hinaus. So ist der SeaCell mit 2,484 m auch insgesamt um 5 cm breiter als der übliche ISO-Container mit seinen 2,438 m. Und obwohl die Tür nur knapp 2,36 m breit ist, können auch die letzten beiden Paletten noch problemlos gestaut werden. Der Trick dabei ist, daß nur einer der Eckpfosten die übliche Stärke von 5 × 5 cm hat, während der andere nur 2 cm breit, dafür aber 10 cm

20-ft-SeaCell-Container. (Foto: Sea Containers)

Containertypen

tief und speziell verstärkt ist. Wenn die erste Palette seitlich hinter den 5 cm Pfosten gerückt worden ist, läßt sich die zweite problemlos danebenstellen.

Weitere Containertypen

Auto-Container in verschiedenen Ausführungen für den Transport von Pkw. Sie werden schon seit längerem benutzt, auch für gebrauchte Autos. Allerdings gibt es dabei auch eine Kehrseite, für die sich hauptsächlich Zoll und Polizei interessieren. Da man in die Boxen nicht hineinsehen kann, läßt es sich auch nicht feststellen, welche Autos sich in dem Container befinden, es sei denn, es werden Stichproben gemacht, was im Drang der Geschäfte allerdings eher selten geschieht. Dieser Umstand wird von jenen genutzt, die gestohlene Autos ins Ausland verschieben wollen, um sie dort gefahrloser oder gewinnbringender verscherbeln zu können. So entdeckte zum Beispiel der Zoll auf dem Hongkonger Kwai Chung Containerterminal in sechs Containern zwölf Pkw, die in Philadelphia gestohlen und über New York nach China auf den Weg gebracht waren.

In jüngster Zeit überraschte die innovative Maersk-Sea-Land Reederei mit Plänen, Autos in 40-ft-Containern zu befördern. Mit Einzelheiten hielt sich die Reederei bedeckt, gab aber zu erkennen, daß es durchaus denkbar sei, sogenannte Container in solchen Gebieten einzusetzen, die von reinen Spezialautotransportschiffen nicht bedient werden. In der Praxis läßt sich ein 40-ft-Container tatsächlich schnell zu einer Garage umfunktionieren. Für die nötige Höhe sorgen High Cube-Boxen. Mit einem Zwischenboden (car rack) passen vier Autos hinein. Experten sehen durchaus Chancen für den Autotransport auf Containerschiffen und verweisen dabei gern auf die Entwicklung in der Kühlschiffahrt. Dort hat der Container innerhalb von zehn Jahren rund 50 Prozent der Transporte aufgenommen, die vorher mit konventionellen Schiffen abgewickelt wurden.

Viehtransport-Container. Davon sind nur wenige im Umlauf. Zum Teil werden für den Transport von lebendem Vieh auch Open-Side-Container verwendet, die dann vergittert werden.

Die Japaner, schon wegen ihrer geographischen Lage traditionell Liebhaber von Fischgerichten in vielfältigsten Variationen, haben Anfang der neunziger Jahre sogar einen Spezialcontainer für den Transport lebender Fische konstruiert. In diesem **»Fishtec«-Container** sollen sich die Fische bis zu zwei Wochen halten.

Die Vielseitigkeit im Containereinsatz kann noch gesteigert werden durch die Verwendung von besonders beschich-

Fishtec-Container für den Transport von lebenden Fischen. (Foto: Mitsui O.S.K. Lines)

Container

teten flexiblen Transportbehältern für Flüssigkeiten und Rieselgüter. Diese Behälter gibt es in verschiedenen Größen und Ausführungen, je nach Art und Beschaffenheit des Gutes, das aufgenommen werden soll. Durch die Behälter, deren Abmessungen den Containermaßen angeglichen sind, können die Container noch einmal beliebig aufgeteilt werden. Siehe Abbildung »**Vario-Container**«.

Selbst für umweltschädliche Stoffe gibt es Spezialcontainer aus Stahl, Edelstahl, Blei oder Kunststoffen. Sie dienen dem Transport extrem gefährlicher Güter, etwa von Brom, für den z.B. ein Tankcontainer mit 14,5 t Nutzlast angeboten wird. Er ist aus homogen verbleitem Stahl gefertigt. Weiter gibt es Stahltanks mit Bleiauskleidung für Schwefelsäure, Stapelbehälter aus glasfaserverstärkten Kunststoffen mit thermoplastischer Auskleidung; auch mit GFK-Rohrleitungssystemen oder mit Kunststoff-Innenhüllen ausgestattet. Der Kernenergiewirtschaft werden Behälter und Komponenten für Transport und Handling von radioaktiven festen und flüssigen Stoffen angeboten. Die Tankcontainer für hochgefährliche Medien sind auch mit geprüften und zugelassenen Schmelzsicherungen ausgestattet.

Die Container haben nach und nach immer weitere Bereiche erobert, z.B. als mobile Unterkünfte auf Baustellen. Anderswo dienen sie der zusätzlichen Raumbeschaffung als bewegliche Mehrzweckräume u.a. bei Messen oder als Redaktions-, Umkleide-, Wasch-, Requisiten-, Lager-, Werkstatt- oder Kantinenräume. Dabei kann auch weitergehenden Ansprüchen entsprochen werden durch Isolierung, Elektroanschlüsse, Klimageräte, Heizkörper und Sanitäranlagen sowie durch Fenster und Türen (Forschungsstation in der Antarktis).

Der Entwicklung sind keine Grenzen gesetzt, und es ist abzusehen, daß der Container noch weitere Gebiete erobert. Dadurch ergeben sich nicht zuletzt vielfältige Möglichkeiten für Leasingfirmen, da es den Containerreedereien kaum möglich sein wird, stets alle diese Spezialtypen für spezielle Ladungen vorzuhalten. Häufig ist es allerdings auch so, daß die Hersteller die für ihre Transporte geeigneten Typen im eigenen Besitz haben.

Und dann gibt es da noch »**Quick-tie**«. »Quick-tie« ist zwar kein Containertyp, paßt aber trotzdem irgendwie hierher, denn mit diesem Patent läßt sich aus zwei 20-ft-Container ein 40-Füßer herstellen. Dabei wird eine im Grunde simple Spannvorrichtung eingesetzt, mit deren Hilfe eine starre, kraftschlüssige Verbindung zwischen zwei Containern hergestellt wird. Dazu werden vier Quick-tie-Kupplungen mit einem einfachen Hilfswerkzeug in die Eckbeschläge einer Box eingesetzt. Anschließend wird der zweite Behälter herangeschoben, bis das Verbindungselement einrastet. Sind zwei 20-Füßer auf diese Weise verbunden, können sie wie jede andere 40-ft-Einheit mit den üblichen Transport- und Umschlaggeräten bewegt werden.

Container-Leasing

Ein wichtiger Dienstleistungszweig innerhalb des globalen Container-Transportsystems sind die Container-Leasing-Unternehmen. Ohne diese Unternehmen, die weltweit Container disponieren, an den gewünschten Plätzen zur Verfügung stellen, zum Teil auch notwendige Reparaturen organisieren und somit einen Fullservice anbieten, wäre die durchgreifende Containerisierung der Transportwelt kaum denkbar gewesen. In dem Ursprungsland des Containers, in den Vereinigten Staaten, haben die Leasing-Gesellschaften den Kombinierten Verkehr wesentlich gefördert.

Geschäftszweck und Aufgabe der inzwischen ebenfalls Milliarden Dollar umsetzenden Leasing-Branche ist es, Container und vielfach auch rollendes Material bereitzuhalten und diese Ausrüstung den Kunden, in den meisten Fällen sind dies Reedereien, auf Mietbasis gegen Entgelt zur Verfügung zu stellen. Diese Möglichkeit des Anmietens bringt für die Mieter eine Reihe von Vorteilen: Sie sparen einen Teil der Investitionen, die ja ohnehin für das Containersystem sehr hoch sind, sie vermeiden eine langfristige Kapitalbildung und

Anlieferung von Leasing-Containern in Hongkong. (Foto: Xtra)

Terminaltransport von zwei mit der Quick-Tie-Verriegelung verbundenen 20-ft-Containern. Sie können so als ein 40-ft-Container behandelt werden. (Foto: Neufingerl)

Container

bezahlen für das Gerät nur solange, wie es gebraucht wird. Aus dem Angebot der Leasing-Firmen können sie jeweils die aktuell benötigten Behältertypen auswählen, und sie haben keine Aufwendungen für Verwaltung, Unterbringung und Wartung von unbeschäftigtem Gerät.

Das alles sind einleuchtende Argumente, die für das Leasing sprechen. Zu berücksichtigen ist allerdings dabei, daß alle Containerreedereien selbstverständlich über einen eigenen festen Containerbestand verfügen und nur einen gewissen Prozentsatz ihres Bedarfs bzw. die auftretenden Bedarfsspitzen mit Leasing-Containern abdecken. Wie groß der eigene Containerbestand bei den Reedereien ist bzw. in welcher Größenordnung sich der geleaste Anteil bewegt, ist unterschiedlich und hängt von der Philosophie des jeweiligen Schiffahrtunternehmens ab. Der Markt ist ständig in Bewegung: So waren 1970 zum Beispiel noch zwei Drittel aller US-Container im Besitz von Reedereien, zwei Jahre später stellten Leasing-Gesellschaften bereits 60 Prozent.

Grundsätzlich muß beim Leasing zwischen zwei verschiedenen Leasing-Arten unterschieden werden: Das Master-Lease, die kurzzeitige Anmietung, wird in Fällen geringer und/oder nicht kontinuierlicher Ladungsströme angewendet. Hierbei werden Container nur für eine begrenzte Anmietzeit aufgenommen. Sobald kontinuierliche Ladungsströme umfangreicheren Volumens zugrundegelegt werden können, kommt das Long-Term-Leasing zum Zuge, bei dem die Container über einen Zeitraum von ein bis fünf Jahren angemietet werden. In der Regel müssen bei den angemieteten Containern zu den Mietkosten noch als Nebenkosten Handlinggebühren (für Auf- und Abladen), Drop-Off- (Anlieferungs-) und Pick-Up- (Abholungs-) Charges oder Credits, DDP (Versicherung) und Pre-Trip-Inspektionskosten (nur bei Kühlcontainern) hinzu gerechnet werden.

Die großen Leasing-Gesellschaften unterhalten ein weltweites Netz von Container-Depots. Hier zeigen sich gewisse Parallelen mit dem »Rent-a-Car«-Geschäft, jedoch können die Autos zwar an jedem beliebigen Punkt abgestellt werden, sie verlassen im Gegensatz zu den Containern aber nicht die Staatsgrenzen, müssen nicht zolltechnisch abgefertigt werden und auch nicht standardisiert sein.

Die Überwachung und Steuerung des weltweiten Containerflusses erfordert ein hohes Maß an Organisation. Dabei haben sich die Leasing-Unternehmen, die sich ursprünglich auf das reine zur Verfügungstellen von Containern beschränkt hatten, zu Dienstleistern mit umfassenden Serviceangeboten entwickelt.

Die Liste der Leasing-Gesellschaften in der Welt wurde von Anfang an angeführt von Firmen, die ihren Sitz in den USA haben. Es waren zunächst
- Contrans, Hamburg, gegr. 1954 (als Ausnahme)
- Container Transport International, Inc. (CTI), New York, gegr. 1955
- Integrated Container Service, Inc. (ICS), New York, gegr. 1959
- Sea Container, Inc. (SC), New York, gegr. 1967
- Uni Flex Corp. (UF), New York, gegr. 1967
- SSI Container Corp., San Francisco, gegr. 1968 und
- Interpool, Inc., New York, gegr. 1968

Damit hatte Ende der sechziger, Anfang der siebziger Jahre das internationale Leasinggeschäft unternehmensseitig seine Struktur gefunden, die dann über eine lange Zeit relativ stabil blieb. Dominiert wurde der Markt zunächst von den genannten sechs US-Gesellschaften, zu denen sich Anfang der siebziger Jahre noch die in Boston beheimatete Xtra, Inc. gesellte, so daß von da an jahrelang von den »Sieben Schwestern« gesprochen wurde. Als lange Zeit größtes Unternehmen der Leasing-Branche verfügte Container Transport International (CTI) 1974/75 über 60 000 bis 70 000 Boxen. 1976 war die CTI-Flotte bereits auf über 100 000 Einheiten aufgestockt.

Während der siebziger Jahre erlebte das weltweite Leasinggeschäft einen gewaltigen Aufschwung. Kontrollierten die Gesellschaften zu Anfang der genannten Dekade mit etwa 120 000 TEU erst knapp ein Viertel des weltweiten Boxenbestandes, so waren es zu deren Ende bereits 1,5 Mio. TEU bzw. die Hälfte des Gesamtbestandes. Der Erfolg der großen Gesellschaften führte schließlich zum Start zahlreicher weiterer Anbieter, die aber teilweise nach wenigen Jahren wieder verschwanden, indem sie von anderen Gesellschaften aufgekauft wurden oder mit ihnen verschmolzen.

Ab etwa Mitte der achtziger Jahre wurde die Branche von einer Fusionswelle erfaßt, die auch die »Sieben Schwestern« nicht ungeschoren ließ. So wurde beispielsweise CTI von der rasch wachsenden Gesellschaft Genstar übernommen, Flexi-Van und die Container von Xtra gingen an Itel Container, das aber selbst drei Jahre später übernommen wurde – von Genstar. Dieses erfolgreiche Unternehmen sowie die Newcomer Triton und Tiphook werden häufig als die zweite Generation der Leasing-Unternehmen bezeichnet. Damit waren die Fusionen allerdings noch keineswegs abgeschlossen. Die Konzentrationsbewegungen setzten sich fort. So fusionierte beispielsweise 1997 Genstar Container mit Sea-Containers zu GE-Seaco, und schon ein Jahr zuvor hatte

Transamerica Leasing (TAL) Tiphook und Trans Ocean Ltd. (TOL) übernommen. Damit waren die zur Zeit mit Abstand größten Gesellschaften mit Beständen von jeweils über 1,2 Mio. TEU entstanden. Im Oktober 1997 sah die Rangliste der großen Gesellschaften dann folgendermaßen aus:

Transamerica Leasing	1 250 000 TEU
GE-Seaco	1 200 000 TEU
Florence Container Corp.	450 000 TEU
(der weitaus größte Teil davon ist an COSCO vermietet)	
Textainer Group	450 000 TEU
Triton Container	430 000 TEU
Cronos Group	370 000 TEU
Interpool Inc.	330 000 TEU
Xtra Group	240 000 TEU
CAI	210 000 TEU
Gateway Container Corp.	55 000 TEU
Prime Source Holdings	55 000 TEU
Capital Lease	50 000 TEU
Andere	390 000 TEU
Gesamtbestand Leasing.Ges.	5 480 000 TEU.

Nicht zuletzt durch diese Konzentrationsbewegungen wurde es deutlich, daß das Leasinggeschäft nicht nur ein sehr kapitalintensives, sondern auch ein überaus hartes Geschäft auf einem stark umkämpften Markt ist. Reagiert hat der Leasingmarkt mit Übernahmen und Zusammenschlüssen nicht zuletzt auch auf den allgemein sich in der Schiffahrt vollziehenden Prozeß der Schaffung immer größerer Reedereien, Konsortien oder sonstigen Allianzen. »Think big«, heißt es hier wie dort, und, Mega-Carrier erfordern Mega-Leasingfirmen. Allerdings zeigen sich manche Kunden von dieser Entwicklung nicht sonderlich erbaut. Sie hätten gern mehr Auswahl, sprich mehr Wettbewerb, wovon sie sich günstigere Preise erhoffen.

Es liegt auf der Hand, daß die Leasing-Branche stark von der Entwicklung auf den Märkten der Containerschiffahrt abhängig ist. So heißt es nicht umsonst, daß die Container-Vermieter sofort einen Schnupfen bekommen, wenn die Containerschiffahrt anfängt zu niesen. Aber nicht nur die wirtschaftliche Lage ihrer Kundschaft hat die Branche fest im Blick, sondern sehr aufmerksam beobachten die Leasing-

IMO 1 Tankcontainer von Transamericana in Atlanta/Georgia. (Foto: Transamericana)

Gesellschaften auch stets, wie sie es mit dem Kauf eigener Container hält. Das dabei gezeigte Verhalten ist aus einem ganz simplen Grund von elementarer Bedeutung, denn je

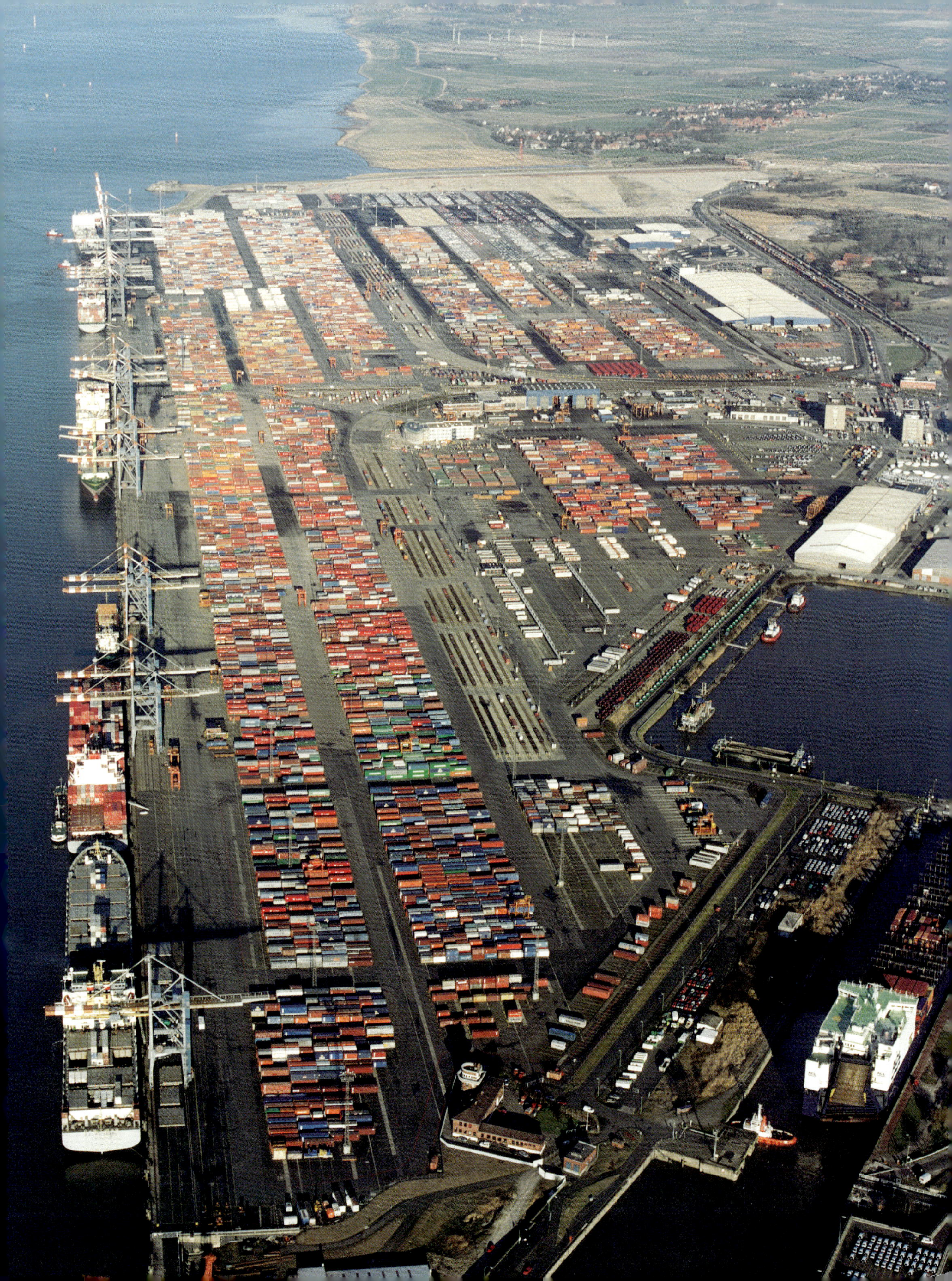

Container-Leasing

größer die eigenen Bestände der Reedereien sind, je geringer ist der Bedarf an zusätzlich zu leasenden Boxen. Ein solcher Fall, und das ist nur ein Beispiel, trat etwa 1996/97 ein, als eine ganze Reihe von Reedereien umfangreiche Neubauaufträge für eigene Boxen vergaben. Allein P&O Nedlloyd orderte Mitte 1997 für 99 Mio. Dollar neue Container. Wesentliche Gründe waren niedrige Preise und ein günstiges Zinsniveau, was es auszunutzen galt.

Wegen des kräftigen Ausbaus der Container-Produktionskapazitäten in Asien, vor allem in den Billiglohnländern China und Indonesien, hatten die Preise um 25 bis 30 Prozent nachgegeben: Von 2400 Dollar für einen 20-ft-Standardcontainer aus Stahl für Trockenfracht im Jahresdurchschnitt 1995 auf 1600 bis 1800 Dollar in 1996. Anfang 1999 konnte noch billiger eingekauft werden. Man spricht von 1350 Dollar. Die Koreaner haben ihre eingemotteten Containerfabriken wieder eröffnet und können wegen der dramatisch schwachen Landeswährung von nahezu konkurrenzlos niedrige Preise anbieten.

Nach Angaben des Containerization International Yearbook vereinigten die Containerlinien 1996 rund 65 Prozent des globalen Ordervolumens für fabrikneue Boxen auf sich. Diese verstärkten Orderaktivitäten, die sich aber im folgenden Jahr 1997 nicht in gleichem Maße fortsetzten, führten zu einem Absinken des Anteils der im Eigentum der Leasing-Gesellschaften befindlichen Behälter am Weltcontainerbestand auf rund 45 Prozent. Nach Angaben des Institute of International Container Lessors (IICL) kontrollierte die Leasingbranche Anfang 1997 Bestände von knapp 4,7 Mio. TEU.

Erst 1998 kamen die Leasing-Gesellschaften langsam wieder aus dem tiefen »Tal der Tränen« heraus, das sie in der genannten Periode 1996/97 durchlitten hatten – mit den schlechtesten jemals erlebten Raten und einer ebenso schlechten Auslastung der Boxen. Im Schnitt hatten zwanzig Prozent des Equipments ungenutzt herumgestanden. Ein verheerender Zustand, für den aber nicht nur die plötzliche »Kaufwut« der Reedereien ausschlaggebend war, sondern ebenso Ladungsrückgänge in vielen Fahrtgebieten und vor allem die Unpaarigkeit von Ladungsströmen, etwa im Fernostverkehr. Dadurch sammelten sich auf der einen Seite große Mengen von Leercontainern an, für die keine Rückladung zur Verfügung stand. Auf der anderen Seite entstand durch den Exportboom ein ebenso großer Bedarf an leeren Containern. Die Leercontainer auf der einen Seite mußten also wieder auf der anderen Seite in Position gebracht werden, was zu einer erheblichen zusätzlichen Kostenbelastung führte. Ein weiterer für die Leasing-Gesellschaften negativer Aspekt ergab sich daraus, daß die Reedereien infolge von Fusionen oder durch die Bildung großer Konsortien ihre eigenen Containerparks besser ausnutzen konnten.

Diese Entwicklung führte zu wachsendem Druck auf die Branche, ihre Dienstleistungsangebote zu verbessern, beispielsweise durch den verstärkten Einsatz moderner Informationssysteme sowie durch Expansion in die Logistik hinein.

Was den verbesserten Service bzw. neue Service-Ideen betrifft, so ist eine davon beispielsweise das Angebot einer Reparaturkostenpauschale, die den Reedereien nicht nur die Kalkulation erleichtern, sondern vor allem feste Kalkulationen erlauben soll. Das geht so vor sich, daß das Leasing-Unternehmen gemeinsam mit den Depots und dem Kunden die durchschnittlichen Reparaturkosten pro Container ermittelt. Akzeptiert der Reeder dann diesen Durchschnittswert als Pauschbetrag, den er bei Rückgabe des Containers zu zahlen hat, entstehen für ihn keine weiteren Kosten. Er braucht kein Personal mehr für die mögliche Schadensbearbeitung, er muß keinen Surveyor beauftragen und es gibt keinen Papierkrieg. Der Reeder bekommt nur eine Gesamtrechnung und er weiß schon vorher, wieviel er zu bezahlen hat – die Containerkosten werden also auch langfristig kalkulierbar.

Einen anderen interessanten Vorschlag unterbreitete die Greybox Logistics Inc., eine Tochter der Transamerica Leasing. Sie bot den Reedereien die Übernahme des kompletten Container-Managements an und warb dafür mit einer dadurch möglichen effektiveren Ausnutzung der Container und daraus sich ergebenden beträchtlichen Kostenreduzierungen. Entscheidende Vorteile seien der gegenseitige Austausch, wodurch ungleiche Ladungsströme ausgeglichen werden könnten.

Unterschiedliche Auffassungen darüber, in welchem Zustand geleaste Container zurückzugeben seien, boten häufig Anlaß für Auseinandersetzungen zwischen Reedereien und Leasing-Gesellschaften. Während die Reedereien das alles möglichst nicht zu pingelig sehen möchten, wird den Verleihern oft unterstellt, daß sie die Boxen in einem besseren Zustand als zuvor zurückhaben wollen. Regelmäßig entzündet haben sich die Meinungsverschiedenheiten an der Frage, ob normaler Verschleiß, der der Leasingfirma anzurechnen ist, oder aber Schäden, für die der Leasingnehmer einzustehen hatte, im Spiel waren. Dadurch kam es zu einem erheblichen Anstieg der Inspektionskosten und der Ausfallzeiten für die Container.

Containerterminal Bremerhaven.
(Foto: BLG)

Container

Um diese Situation zu verbessern, ist Ende 1996 nach intensiven Verhandlungen aller Beteiligten eine neue Norm geschaffen worden, in der – vereinfacht ausgedrückt – festgelegt wird, daß zurückgegebene Container lediglich wind- und wasserdicht sowie »strukturell intakt« sein müssen. Ausbesserungen des Farbanstrichs und sonstige mehr optische Aufbesserungen werden bei Rücklieferung nicht mehr verlangt, standen wohl auch vorher nur in bestimmten Fällen zur Diskussion. In einem neuen Guide for Container Equipment Inspection sind jetzt Entscheidungskriterien darüber festgelegt, ob beispielsweise Beulen oder andere Schäden an geleasten Containern als normaler Verschleiß oder aber als Schäden, die dem Carrier in Rechnung gestellt werden müssen, einzustufen sind. Gemeinhin werden diese neuen Regularien als befriedigend empfunden, was in einem deutlichen Rückgang der Streitfälle seinen Ausdruck findet.

Zustandegekommen sind die neuen Regeln nicht zuletzt auf Betreiben der Reedereien, die wegen der bröckelnden Raten in vielen Relationen unter dem Zwang standen, rigoros Kosten einzusparen. Da boten sich die steigenden Rechnungen für Containerreparaturen geradezu an. Die Kritik daran eskalierte. Einige Carrier akzeptierten, wenn es die Angebots-Nachfrage-Situation zuließ, nur noch neue Container, da ihnen die älteren Boxen im Unterhalt zu teuer wurden. Bei etlichen Verleihern ließen die heftiger werdenden Diskussionen mit den Kunden sogar Befürchtungen aufkommen, daß möglicherweise einigen Reedereien das Hickhack leid würden und sie als Reaktion darauf die eigenen Containerbestände aufstocken könnten. Auch diese Überlegungen trugen einerseits dazu bei, einen Konsens anzustreben oder andererseits die Serviceangebote zu verbessern bzw. sich auf diesem Gebiet etwas Neues einfallen zu lassen.

Aber wie es so ist, derartige Lösungen können natürlich niemals alle zufriedenstellen. Einwände wird es immer geben, nichts ist eben hundertprozentig. So mehren sich im Lager der Verleiher die Stimmen, nach denen die neue Regelung lang- oder auch schon mittelfristig zu deutlichen Kostensteigerungen führen könnte. Konkret heißt es, daß ein Container, der nach dem neuen Standard ohne einen Reparaturanstrich auskommen müsse, schneller rosten und früher verschleißen werde. Derartige Mehrkosten ließen sich nun aber nicht mehr an die Reedereien und anderen Kunden weitergeben. Weiter wird besorgt darauf hingewiesen, daß manche Reedereien möglicherweise wenig geneigt seien, unansehnlich aussehende Container zu leasen, selbst wenn sie sich in einem technisch einwandfreien Zustand befänden. Der Grund liege einfach darin, daß man vielleicht befürchten müsse, daß mit Rost, abgeblätterter Farbe und Graffiti »verzierte« Container bei den verladenden Kunden einen unvorteilhaften Eindruck hinterlassen würden, was auf die Reederei zurückfalle, die die Box gestellt habe. Anders ausgedrückt: Container, bei denen weniger Geld für »Schönheitsreparaturen« ausgegeben würden, ließen sich schlechter vermarkten. Alles in allem würden also durch die neuen Regeln die Ertragsmargen der Leasingfirmen in Mitleidenschaft gezogen.

Was die Zukunft des Leasinggeschäftes angeht, so wird es natürlich wie in jedem anderen Geschäftszweig auch dort immer wieder Schwankungen geben. Signifikante Änderungen, etwa dergestalt, daß der Leasingmarkt tendenziell schrumpft, weil die Reedereien vermehrt auf eigene Container setzen, werden jedoch nicht erwartet. Grundsätzlich wird davon ausgegangen, daß die Carrier, die schnell auf Marktchancen reagieren oder sich gegen Marktschwankungen absichern müssen, sich weiterhin wie gewohnt der Leasing-Unternehmen bedienen.

Den aktuellen Stand der Leasingbranche Anfang 1998 beschrieb das in New York ansässige Institute of International Container Lessors (IICL) folgendermaßen: Angeboten werden von den Leasing-Gesellschaften, die zusammen einen Jahresumsatz von etwa 2,5 Mrd. Dollar erreichen, weltweit rund 5,2 Mio. TEU mit einem Gesamtwert von 10 bis 15 Mrd. Dollar. Damit befindet sich fast die Hälfte des gesamten Containerbestandes in der Welt im Besitz von Leasing-Gesellschaften. Mit Stichtag 1. Januar 1998 waren die Leasing-Boxen zu knapp 85 Prozent beschäftigt.

Um das ungebrochene Wachstum zu verdeutlichen, nachfolgend eine Meldung des IICL vom März 1999. Danach hat die Zahl der von den Leasing-Firmen angebotenen Boxen mit Stichtag 1. Januar 1999 um etwa 8 Prozent auf ca. 5,6 Mio. TEU zugenommen und damit wiederum einen neuen Höchststand erreicht. Bemerkenswert ist, daß der prozentuale Zuwachs der 40-ft-Container an der Gesamtmenge in etwa dem gleichen Tempo angehalten hat wie in den Vorjahren. Er belief sich gerechnet in TEU auf 64,50 Prozent, gegenüber 63,42 Prozent im Jahr davor. 62,30 Prozent waren es 1997 gewesen, 62,23 in 1996 und 61,83 in 1995.

Container-Leasing

Der Gesamtbestand gliederte sich Anfang 1999 wie folgt:

20-ft-Container	1 828 071 Einheiten	1 828 071 TEU =	34,96 % der Gesamt TEU
40-ft-Boxen	1 686 392 Einheiten	3 372 748 TEU =	64,50 % der Gesamt TEU
45-ft-Boxen	12 298 Einheiten	27 671 TEU =	0,53 % der Gesamt TEU
48-ft-Boxen	10 Einheiten	24 TEU =	0,0005 % der Gesamt TEU
Andere	362 Einheiten	362 TEU =	0,006 % der Gesamt TEU

(Quelle: IICL)

Entwicklung des Containerbestandes bei den Leasing-Unternehmen

Jahr	Leasing Container in TEU	Veränderungen gegenüber Vorjahr in TEU	Veränderungen gegenüber Vorjahr in Prozent
1. 1. 1989	2 350 000	–	–
1. 1. 1990	2 556 488	206 488	+ 8,79
1. 1. 1991	2 741 743	185 255	+ 7,25
1. 1. 1992	2 975 609	233 866	+ 8,53
1. 1. 1993	3 447 366	471 757	+ 15,85
1. 1. 1994	3 574 571	127 205	+ 3,69
1. 1. 1995	4 017 169	442 598	+ 12,38
1. 1. 1996	4 383 991	366 822	+ 9,13
1. 1. 1997	4 715 275	331 284	+ 7,56
1. 1. 1998	5 211 189	495 914	+ 10,52
1. 1. 1999	5 593 880	382 691	+ 7,92

(Quelle: ???)

Leasing-Unternehmen Flottengröße 3. Quartal 1998

Firma	TEU	Firma	TEU
Transamerica Leasing	1 200 000	Gateway Cont. Corp.	175 000
GE-Seaco	1 130 000	Capital Lease	125 000
Textainer Group	600 000	Gold Cont Corp	65 000
Triton Cont International	530 000	CATU-Maritainer	45 000
Florens Cont. Corp.	500 000	Amphibious Cont Leasing	40 000
Interpool Inc.	460 000	United Container Systems	40 000
CAI	260 000	Andere	260 000
Cronos Group	370 000		
Xtra Group	250 000	Gesamt-Leasing-Flotte	6 050 000

(Quelle: Containerisation International Market Analysis)

Container-Depots, Reparatur und Wartung

Es geht hoch hinaus bei der Stapelung von Leercontainern in den Depots. (Foto: Xtra)

Zu den vielen Spezialbetrieben, die sich um den Container herum entwickelten, gehören auch die Unternehmen, die die Depothaltung betreiben sowie die für die Reparatur und Wartung der Boxen. Häufig liegen alle diese Tätigkeiten in einer Hand. Auch diese Spezialisten tragen dazu bei, daß die »Blechkisten« an jedem Ort der Welt zu jeder Zeit verfügbar sind, in der gewünschten Anzahl und passend für mittlerweile fast alle Güter, die es zu transportieren gilt. Und das alles natürlich zu marktgerechten Preisen, wobei die beiden beteiligten Seiten nicht selten etwas unterschiedliches darunter verstehen.

Leistungsfähige Depots sind ein wichtiger Baustein in den Logistikkonzepten von Reedereien und Leasing-Gesellschaften. Sie sorgen mit dafür, daß die Kunden schnell und kostengünstig mit der richtigen Box beliefert werden können. Betrieben werden die Depots in unterschiedlichen Formen, etwa als eigenständige Firmen oder auch als Töchter von großen Reedereien oder Umschlagbetrieben.

Angesiedelt sind die Depots in der Regel in den Häfen, in der Nähe der großen Umschlaganlagen sowie an wichtigen Plätzen des Binnenlandes, also da, wo in der Wirtschaft »etwas los« ist, wo produziert, exportiert und importiert wird. Da in vielen Ländern, und gerade in den meisten der Industrieländer, Fläche gewöhnlich sehr teuer ist, werden dem Flächenbedarf der Depotbetreiber häufig dadurch Grenzen gesetzt. Sie gehen dann mit dem Einsatz entsprechenden Gerätes »in die Höhe«. Sie stapeln also

Container-Depots, Reparatur und Wartung

die Container, wobei heutzutage fünf Lagen übereinander keine Seltenheit mehr sind. Ohne EDV-Einsatz ist es dabei verständlicherweise nicht mehr möglich, den gewünschten Container zur geforderten Zeit ohne Verzug »wiederzufinden« sowie die schnelle Abwicklung von Administration und Dokumentation sicherzustellen.

Wie alle anderen Branchen und Dienstleistungszweige ist auch das Depotgeschäft Schwankungen ausgesetzt, die sich in hohem Maße aus der Lage der Gesamtwirtschaft ergeben. Dabei ist es einleuchtend, daß bei einer lebhaften Wirtschaftsentwicklung und florierenden Seeschiffahrt die Boxen stärker genutzt werden als in wirtschaftlich flauen Zeiten, in denen nicht so rasch Anschlußladung zur Verfügung steht. Auch die verbesserte und immer ausgefeilter werdende Containerlogistik der Reedereien hat dazu geführt, daß die Container seltener in Depots Station machen. Ziel der Eigentümer der Container – Reedereien oder Leasing-Gesellschaften – ist es natürlich immer, die Boxen sofort nach ihrer Entladung auf dem kürzesten Weg und möglichst ohne Unterbrechung zu dem nächsten Kunden zu bringen, denn ein Container bringt nur Geld, wenn er entsprechend seinem Verwendungszweck beladen unterwegs ist. Manchmal gelingt das ganz schnell, aber manchmal eben auch nicht. Dann sind Depotplätze gefragt.

Zu dem Dienstleistungsangebot der Depotunternehmen gehören teilweise auch das Packen von Containern, die zolltechnische Abfertigung sowie die Organisation des Vor- und Nachlaufes. Darüber hinaus verfügen viele der großen Depots auch über Werkstätten für die Reparatur und die Wartung von Containern, wobei deren Ausstattung natürlich unterschiedlich ist. Es macht Sinn, die Depothaltung sowie Reparatur und Wartung aus einer Hand anzubieten.

Trotz ihrer durchweg robusten Konstruktion sind wegen der bei den Land- und Seetransporten auftretenden hohen Belastungen immer wieder Beschädigungen an den Containern festzustellen, nicht selten erhebliche. Zum Beispiel kann sich durch hartes, verkantetes Aufsetzen der Rahmen verziehen, die Eckbeschläge und der Containerboden können durch grobe Behandlung in Mitleidenschaft gezogen werden oder es sind Korrosionsschäden zu beseitigen. Sehr schnell ergaben sich aus diesen Gründen schon in der Anfangszeit des Containerverkehrs Forderungen nach entsprechenden spezialisieren Reparaturmöglichkeiten, die, wenn sie optimal sein sollten, immer dort eingerichtet wurden, wo beschädigte Container anfielen. Das heißt, in erster Linie mußten also derartige Möglichkeiten auf den Seehafenterminals selbst oder wenigstens in ihrer Nähe geschaf-

Zur Reparatur angelieferte Container.
(Foto: Remain/Eurokai)

fen werden sowie in oder bei den Inlanddepots. Als Vorteil hat sich auch die gute Anbindung an Containerpackstationen erwiesen. Dezentralisierung war in jedem Fall anzustreben, um an möglichst vielen Orten Reparaturangebote zu schaffen, denn jeder Weg eines Containers mit oder ohne Ladung kostet Zeit und damit Geld.

In diesem Zusammenhang entstand ein neuer, im Zuge der immer weiter fortschreitenden Containerisierung mehr und mehr an Bedeutung gewinnender Dienstleistungszweig für die Reparatur, Wartung und auch Inspektion von Containern.

Wegen der rasch zunehmenden Zahl unterschiedlicher Containertypen und der für den Bau der Boxen verwendeten Werkstoffe, hat sich innerhalb dieses Dienstleistungszweiges eine echte Spezialisierung von Personen und Gerät herausgebildet. Während es zu Beginn der Containerisierung in der Regel zunächst nur darum ging, das eine oder andere Loch auszubessern, sind die Anforderungen nach und

Container

nach erheblich gestiegen. Das ist nicht allein von den unterschiedlichen zur Anwendung kommenden Materialien abzuleiten, sondern von der immer weiter zunehmenden Vielfältigkeit der Container-Typen. Hinzu kommt, daß zwar die Außenabmessungen nach ISO-Norm weitgehend einheitlich sind, man darüber hinaus aber bemüht ist, die Innenräume möglichst groß und den Container so dauerhaft und stabil es geht zu konstruieren.

Das alles führte dazu, daß sich die Container je nach Typ und Serie stark von einander unterschieden, selbst wenn sie vom gleichen Hersteller kamen. Dementsprechend hatten die Reparaturbetriebe ihre Werkstätten einzurichten, das Sortiment der Ersatzteile auszuweiten und auf dem Personalsektor in hohem Maße Spezialkräfte heranzubilden.

Es versteht sich von selbst, daß Containerreparaturbetriebe heutzutage nicht nur Stahl schweißen, sondern ebenso beispielsweise Edelstahl oder Aluminium bearbeiten können. Außerdem sind weitergehende Spezialkenntnisse gefragt etwa für das Schäumen und Isolieren von Isolier- und Kühlcontainern, für das Vulkanisieren von Gummidichtungen, Sandstrahlen, Lackieren und Beschriften. Hinzu kommen viele andere Dinge, beispielsweise die Gewährleistung der Zollverschlußsicherheit nach Vollendung der Reparaturen, die Imprägnierung des Materials nach Maßgabe der Australvorschriften, Arbeiten an den Kühlaggregaten oder sogar der Umbau von Containern. Zum heutigen Serviceangebot gehört mittlerweile nicht selten der Verkauf gebrauchter Container. Grundsätzlich gilt für alle Betriebsstätten, daß Einrichtungen für das optimale Handling der Container vorhanden sein müssen – für das rasche und verzuglose Auf- und Absetzen der Boxen auf Bahn und Lkw. Die Vermeidung von Wartezeiten ist das oberste Gebot.

Insgesamt ist festzuhalten, daß optimierte Umschlagtechniken und die bessere Ausbildung des Personals in den Umschlagbetrieben dazu geführt haben, das Ausmaß der durch unsachgemäße Behandlung der Container verursachten Schäden zu verringern. Das gilt allerdings nur für die großen bzw. größeren Umschlagbetriebe in den großen oder größeren Containerhäfen. Da die Boxen aber inzwischen überall in der Welt unterwegs sind, selbst an den kleinsten Plätzen mit kaum oder weniger geschultem Personal, bleibt für die Reparaturbetriebe reichlich zu tun. Darüber hinaus nimmt die Zahl der weltweit im Umlauf befindlichen Behälter bis heute immer noch zu, so daß es auch unter diesem Aspekt reichlich Beschäftigung gibt.

Von erheblicher Bedeutung ist neben der Reparatur auch die Wartung der Container. Zu den in diesem Bereich anfallenden Arbeiten gehören zum Beispiel das Gangbarhalten der Türen, Entfernen von Aufklebern, Ausfegen, Unratbeseitigung sowie Innen- und Außenwäsche. Bei der Innenwäsche wird gewöhnlich gleichzeitig auch desinfiziert. Hierzu muß aber angemerkt werden, daß sich das Verhalten der meisten Reedereien grundlegend geändert hat, was den früher sehr gepflegten Komplex Wartung betrifft. Sie legen einerseits kaum noch Wert auf eine ordentliche Wartung, so jedenfalls ist es von Depotbetreibern zu hören, selbst eine Reinigung wird nur noch durchgeführt, wenn es sich gar nicht umgehen läßt, andererseits erwarten sie, daß Dinge, für die sie früher bezahlt haben, heute kostenlos als Service von den Depots bzw. deren Reparaturbetrieben erledigt werden. Der Druck auf diese Unternehmen ist enorm.

Bei dieser Gelegenheit ist auf die von den Reparaturbetrieben zu berücksichtigenden Umweltschutzbestimmungen hinzuweisen. Sie sind im Laufe der Zeit immer weiter verschärft worden. Das gilt vor allem für die Behandlung von Kühl- und Tankcontainern, bei denen verschiedenartige Kühlflüssigkeiten und Tankinhalte entsorgt werden müssen. Hohe Kosten verursachen beispielsweise Abwasseraufbereitungsanlagen sowie Absaugeinrichtungen im Zusammenhang mit Schweißarbeiten. Dabei wirkt es sich erschwerend auf den internationalen Wettbewerb aus, daß die Umweltauflagen, die ja immer mit einem erhöhten Kostenaufwand verbunden sind, in vielen Ländern unterschiedlich streng sind und auch unterschiedlich gehandhabt, d.h. kontrolliert werden.

Das Angebot an Containerreparaturmöglichkeiten ist also durchaus als eine wichtige Komponente im Angebot der Containerhäfen, der Terminals oder Depots anzusehen. Deshalb unterhalten denn auch eine ganze Reihe von ihnen eigene Reparaturbetriebe, während andere Fremdfirmen auf ihrem Gelände arbeiten lassen. Zum Teil setzen Reedereien auch eigenes Personal für die Inspektion und für die Durchführung kleinerer Reparaturen ein. Die Containerhersteller selbst werden dagegen nur in ganz geringem Maße in das Reparaturgeschäft eingeschaltet, da sich diese Möglichkeit wegen der meist zu weiten Wege zwischen den Terminals und ihnen als zu unwirtschaftlich erwiesen hat.

In dem seit Jahren herrschenden gnadenlosen Wettbewerb auf den Containerschiffsmärkten schöpfen die Reedereien alle Möglichkeiten aus, die zu Kostensenkungen führen. Davon wird auch der Containerreparatursektor nicht ausgespart, wie schon weiter vorn erwähnt. Für ihn werden von den Schiffahrtslinien heute fast überall deutlich geringere Mittel eingeplant als noch vor Jahren, als die Reedereien und auch die Leasing-Gesellschaften noch bemüht waren, mit tadel-

Container-Depots, Reparatur und Wartung

los aussehenden Containern Eindruck auf den Kunden zu machen. Jetzt werden durchweg nur noch die unbedingt notwendigen Reparatur- und Wartungsarbeiten durchgeführt und für »Kosmetik« wird schon gar kein Geld mehr ausgegeben. Wie der Container aussieht, spielt kaum noch eine Rolle. Hauptsache er erfüllt seinen Zweck, und der Kunde akzeptiert ihn. Cargoworthy und Seaworthy sind hier die Schlagworte – grob übersetzt: Hauptsache, er kann die Ladung aufnehmen und übersteht den Seetransport ohne zusammenzubrechen. Dabei ist festzuhalten, daß für den Zustand der Box der Eigner zuständig ist.

Eine wichtige Rolle in dem Geschehen spielen speziell geschulte Inspektoren (Chekker oder Surveyor), die die jeweilige Box bei ihrer Anlieferung in den Reparaturbetrieben oder Depots prüfen und Schäden anhand der vom Institut for International Container Lessors (IICL) festgelegten Standards ermitteln. Festgestellte Schäden werden umgehend den Kunden mitgeteilt, wobei diese Abläufe weitgehend computergestützt organisiert sind. Diese Besichtigungen durch Surveyor vor der Reparatur und nach deren Ausführung verursachen natürlich zusätzliche Kosten, was von den Reparaturbetrieben häufig beklagt wird, vor allem, wenn es sich um geringfügigere Arbeiten handelt.

Weltweit haben sich heute mehrere hundert Firmen auf die Containerreparatur und Containerwartung spezialisiert oder zumindest darauf eingerichtet. Die Betriebsgrößen reichen dabei von der Zwei-/Drei-Mann-Werkstatt bis zu solchen Unternehmen mit vierzig, fünfzig und mehr Beschäftigten pro Station. Nur wenige Reparaturfirmen haben die technischen und finanziellen Möglichkeiten zur Errichtung eines international verbreiteten Depot- und Service-Netzes. Zum Teil haben sich deshalb auch Zusammenschlüsse und Kooperationen über die Grenzen hinaus ergeben, wie überhaupt der Containerverkehr auf vielen Gebieten immer wieder Impulse zu weltweiter Zusammenarbeit gibt.

Auf der anderen Seite ist auch im Reparaturgeschäft, wie in der Containerschiffahrt selbst, ein sich beschleunigender Konzentrationsprozeß zu beobachten, der vor allem zu dem Verschwinden der kleineren Betriebe geführt hat bzw. führt. Das ist nicht zuletzt die Folge des bereits angesprochenen überaus harten Wettbewerbs und der Bemühungen, den daraus resultierenden Preisdruck abzufangen. Eine andere Reaktion ist, daß viele Reparaturbetriebe dazu übergegangen sind, sich auf das Kerngeschäft zu konzentrieren und für bestimmte Arbeiten in vermehrtem Maße Subunternehmen zu beschäftigen. Auch das schafft mehr Flexibilität in der Preisgestaltung.

Containerreparatur und -reinigung. Die Anlagen dazu sollten möglichst in der Nähe der Terminals oder bei den Depots angesiedelt sein. (Fotos: Remain/Eurokai)

Die Beladung von Containern und ihre Stauung an Bord

Genau gesehen ist ein Container der Transportraum des zu benutzenden Verkehrsmittels:

Hinsichtlich der Frachtbeförderung über See ist er ein Sektionsteil des Schiffes, ein ausgelagertes Teil des Laderaumes. Dieser in seine Einzelteile »zerlegte« Schiffsladeraum entspricht wiederum weitgehend dem gesamten Laderaum eines Schienen- oder Straßentransportmittels.

Die Verkehrsträger übernehmen den Container nur in geschlossenem Zustand. Umfangreiche Arbeitsvorgänge, wie das Stauen, Laschen, Seefestzurren der Ladung usw. entfallen also für die Schiffs- und Hafenbetriebe weitgehend. Die Stau- und Verpackungsarbeiten haben sich, soweit es sich um Haus/Haus-Container handelt, ins Binnenland hinein verlagert. Sie sind in den meisten Fällen vom oder beim Verlader durchzuführen. Die damit für ihn verbundenen Probleme gilt es zu bewältigen, denn durch falsches Stauen verursachte Schäden am Container oder an der Ladung im Container sind meistens gleichbedeutend mit erheblichen finanziellen Einbußen. Abgesehen von dem Schaden selbst, ist damit fast immer auch eine Unterbrechung der Transportkette verbunden sowie darüber hinaus oft auch ein Sicherheitsrisiko für Personen oder andere Güter.

In Sammelladungs-Containern werden die unterschiedlichsten Güter zusammen gestaut. (Foto: HHLA)

Die Beladung von Containern und ihre Stauung an Bord

Hersteller, Versandleiter, Verpackungsindustrie, Packer und alle anderen an der Transportkette Beteiligten mußten und müssen ihre Maßnahmen auf eine Vielzahl von Belastungen abstellen, die entweder gleichzeitig oder nacheinander auftreten können.

Im **Straßenverkehr** belasten in der Horizontalen vornehmlich Schub- und Zentrifugalkräfte. Sie können bei unzureichender Zurrung und Festlegung der Ladung zu Ladungsverschiebungen und Beschädigungen führen. Aufgrund des Beharrungsvermögens (Massenträgheit) wirkt eine nach rückwärts gerichtete Kraft, deren Größe von der Masse und der Beschleunigung abhängt, auf die Ladung ein. Sie wirkt beim Bremsen in umgekehrter Richtung. Die Zentrifugalkräfte treten in Kurven auf. Ansonsten sind während des Straßentransports entsprechend der Transportentfernung und der Straßenbeschaffenheit auch Vibrationseinflüsse nicht zu vermeiden. Sie begünstigen das Verschieben der Güter und den Druck auf die unteren Ladungsschichten. Das kann Verpackungsschäden oder Schäden am Gut selbst zur Folge haben.

Während des **Schienentransportes** treten Stoß- und Schubkräfte beim Anfahren und Halten, vor allem aber beim Rangieren durch plötzliche Stoß- und Bremsvorgänge auf. Dadurch werden ebenfalls Gefahren der Containerbeschädigung, der Ladungsverschiebung und der damit verbundenen Ladungsbeschädigung hervorgerufen. Ansonsten entsprechen die Belastungen in etwa denen im Straßentransport. Vibration und Zentrifugalkräfte wirken jedoch in geringerem Maße. Transportschutzeinrichtungen, zum Beispiel Puffer mit Stoßverzehrern an den Bahntransportwagen, tun ein übriges.

Ganz anders geartete Belastungen bringt der **Seetransport** mit sich. Sie werden hervorgerufen durch die verschiedenartigen Bewegungen des Schiffes – Rollen und Stampfen, durch Vibration, die Naturgewalt der See (Seeschlag) und durch unter Umständen rasch wechselnde Klimaverhältnisse. Die statischen Beanspruchungen, vor allem der Stapeldruck, der durch das Übereinanderstapeln der Packstücke entsteht, ist beim Warentransport im Container allerdings viel geringer als bei der konventionellen Verschiffung.

Mit »Rollen« wird die Drehung des Schiffes um seine Längsachse bezeichnet. Die Rollwinkel können recht erheblich sein. Dabei wirken statische und dynamische Horizontalkräfte auf Container und Ladung ein. Die statische Kraft wächst mit der Masse des Gutes und dem Rollwinkel, die dynamische Horizontalkraft mit der Entfernung des Containers vom Rollzentrum, der Wasserlinie. Die in der oberen Lage an Deck gestauten Container werden also am stärksten beansprucht. Je kleiner die Rollzeit ist, um so stärker

Auftretende Belastungen — Container im Interkontinentalverkehr

Beschleunigung Bremsung Zentrifugalkräfte bei Kurvenfahrt Vibrationen	Beschleunigung Bremsung Absetzstoß	Beschleunigung Bremsung Rangierstoß Zentrifugalkräfte bei Kurvenfahrt Vibrationen
Beschleunigung Absetzstoß	Tauchen Stampfen Rollen Zentrifugalkraft Schlingern Vibrationen	Beschleunigung Absetzstoß	Beschleunigung Bremsung Zentrifugalkräfte bei Kurvenfahrt Vibrationen

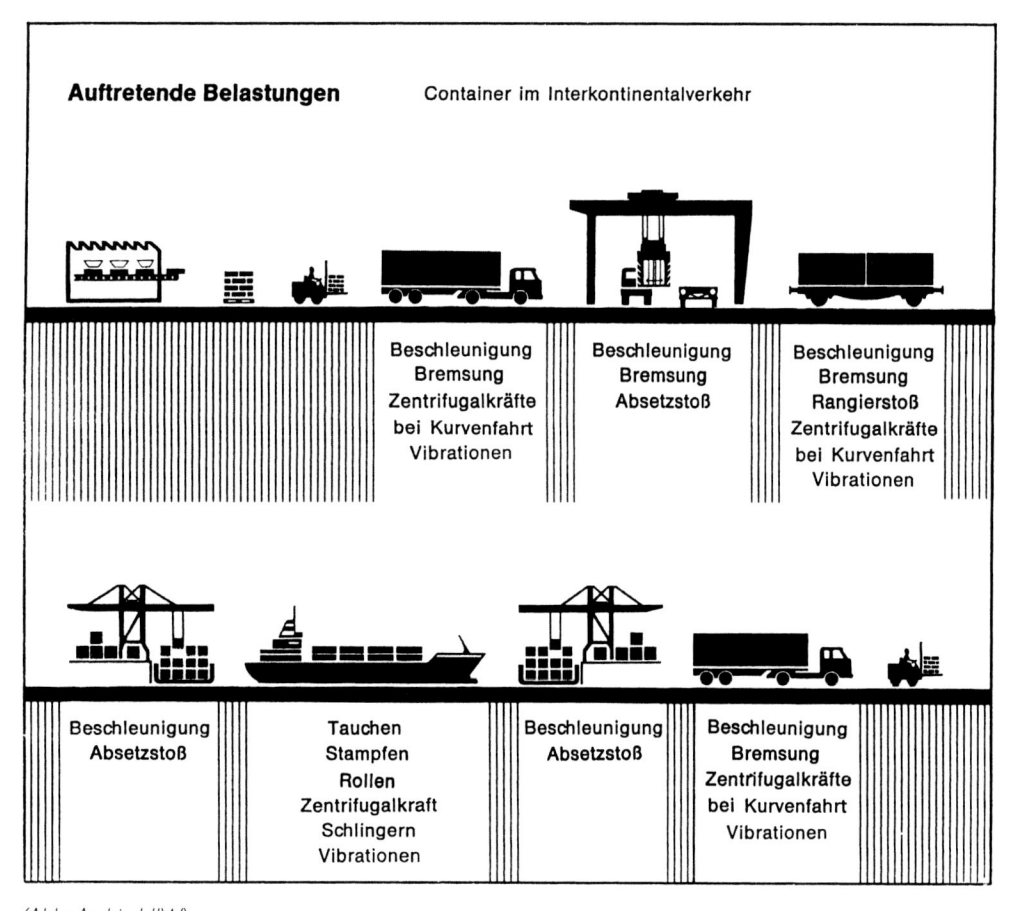

(Abb.: Archiv HJW)

Container

sind die Beschleunigungskräfte. Sind die Güter im Container nicht richtig gestaut, sind Ladungsverschiebungen und dadurch verursachte Beschädigungen sehr wahrscheinlich. Um die Rollbewegungen zu dämpfen, wurden etliche Containerschiffe mit Flossenstabilisatoren ausgestattet, so wie sie sonst vor allem bei Passagierschiffen üblich sind. Das wurde den Reedereien allerdings bald zu teuer, so daß auf diese Zusatzausrüstung wieder verzichtet wurde.

Gegenüber dem Seetransport mit konventionellen Schiffen wirkt sich das Rollen beim Containertransport nicht so stark auf die Ladung aus, da der Laderaum durch die Container in viele kleine Zellen unterteilt und somit die Menge der nachschiebenden Ladung geringer ist. Bei einem konventionellen Schiff fehlen gewöhnlich Unterteilungen des Laderaumes in Längsschiffsrichtung.

»Stampfen« sind die Schwingungen des Schiffes um seine Querachse. Dabei wirkt eine Horizontalkraft in Längsschiffsrichtung zusammen mit starken Vertikalkräften. Mit dem Stampfen verbunden ist das Tauchen. Die Stampfwinkel sind gewöhnlich geringer als die Rollwinkel. Dennoch sind die Belastungen erheblich, nicht zuletzt durch die nichtperiodischen Bewegungen. Nicht selten übersteigen die auftretenden Vertikalkräfte das Gewicht von Container und Ladung zusammen. Die größten Belastungen treten am weitesten vorn auf. Die Stampfperioden werden bestimmt von der Geschwindigkeit des Schiffes und der Wellenperiode. Die beim Stampfen und Tauchen auftretenden Beschleunigungskräfte können durch eine entsprechende Formgebung des Schiffes verringert werden.

Die genannten Schiffsbewegungen Rollen und Stampfen treten häufig gleichzeitig auf, was dann als Schlingern bezeichnet wird. Diesen Belastungen kann am ehesten begegnet werden, indem die Schlechtwetterzone umfahren (Meteorologische Navigation) und die Geschwindigkeit auf die günstigste Fahrtstufe verringert wird.

Durch Seeschlag werden vor allem die Container auf den äußeren Stauplätzen an Deck gefährdet. Die durch Seeschlag auftretenden Kräfte sind zum Teil von enormer Wucht. Sie können zu einer erheblichen Deformierung oder sogar zum Überbordspülen der Container führen. Durch eine den Verhältnissen angepaßte Schiffsführung kann die Gefahr vermindert werden. Allerdings lassen die heute sehr engen Fahrpläne der Containerschiffe dafür nur sehr wenig Spielraum.

Auch Vibration tritt beim Seetransport auf. Sie wird stärker, je näher die Container zum Heck hin gestaut sind, da im hinteren Teil der Schiffe gewöhnlich die Maschinenanlage angeordnet ist.

Großes Augenmerk muß auf die klimatischen Einflüsse gerichtet werden, denn in vielen Fällen, besonders in den Überseeverkehren, durchlaufen die Behälter während des Seetransports rasch hintereinander verschiedene Klimazonen. Dabei ist festzuhalten, daß sich die klimatischen Bedingungen im Container von denen im Laderaum eines konventionellen Schiffes unterscheiden. Der Container stellt eine abgeschlossene Einheit dar, deren Volumen wesentlich kleiner ist als das eines Laderaumes. Die Wände sind allgemein wärmedurchlässig, sofern der Container nicht speziell wärmeisoliert ist, und wasserdicht. Während der Tropenfahrt entstehen vor allem in den direkt von der Sonne bestrahlten Containern hohe Temperaturen. Wegen der nicht wasser- und wasserdampfdurchlässigen Wände werden die Feuchtigkeitsverhältnisse im Container wesentlich durch den Feuchtigkeitsgehalt der im Container befindlichen Ladung bestimmt. Je höher die relative Feuchtigkeit ist, desto größer ist die Gefahr der Kondenswasser-, Rost- und Schimmelbildung. Pappen z.B. verlieren bei hoher Feuchtigkeit ihre Steifigkeit. Um hier in bestimmten Fällen Abhilfe zu schaffen, sind Container entwickelt worden – ventilierte Container –, die belüftet werden können. Dadurch wird das Schwitzen zumindest verringert.

Außer den schon genannten Belastungen, kann auch noch eine gewisse Stoßbelastung beim Absetzen der Boxen auf dem Transportmittel oder beim Umsetzen auftreten.

Was ist also zu tun, um dieses alles bei der Beladung eines Containers zu berücksichtigen? Ganz zuerst ist eine Reihe von grundlegenden Dingen zu beachten, die zum Teil zwar selbstverständlich erscheinen, jedoch, wie die Praxis zeigt, trotzdem immer wieder vergessen werden. Um zu wissen, worum es geht, und um zu erkennen, daß die richtige Beladung eines Containers sowie der Umgang mit ihm gar nicht so einfach ist, wie es oft den Anschein hat, hier nun einige Grundsätze, die der Verpacker beachten sollte:

– Als erstes sollte man sich vor der Beladung davon überzeugen, daß der Container von den vorangegangenen Transporten keine Schäden davongetragen hat. Dann sind Verschlüsse und Dichtungen zu prüfen. Außerdem muß der Container gesäubert und sein Innenraum von dem eventuell vorhandenen Müll der vorangegangenen Reise – Verpackungsreste, Späne usw. – befreit sein. Auch auf Gerüche ist zu achten.
– Der Container ist von den Seiten zur Mitte hin zu beladen, so daß ein eventueller Hohlraum nicht an den Seitenwänden entsteht.
– Der Schwerpunkt der Ladung ist möglichst tief in den geometrischen Mittelpunkt des Containers zu legen.

Die Beladung von Containern und ihre Stauung an Bord

- Die Containertür sollte grundsätzlich nicht belastet werden.
- Die Möglichkeiten zur Verwendung von Verpackungen aus Pappe oder Kunststoff auch bei nichttragendem Inhalt werden durch die relativ niedrigen Stapelhöhen im Container begünstigt. Allerdings ist dabei zu berücksichtigen, daß der Stapeldruck durch das Stampfen des Schiffes u.U. erheblich verstärkt werden kann.
- Vibrationsempfindliche Güter müssen durch geeignete Polster geschützt werden.
- Beim Zusammenstauen verschiedenartiger Güter ist darauf zu achten, daß sie sich miteinander vertragen. Jeder einzelne Fall sollte vorher gründlich überdacht werden, um nachher böse Überraschungen zu vermeiden. Aus der Vielzahl der Fälle einige Beispiele: Unvereinbar sind Lebensmittel und giftige Stoffe, Fischmehl und Kaffee, Feuerwerkskörper und Farbe sowie schwitzende und staubende Güter. Besondere Vorsicht ist selbstverständlich geboten bei allen ätzenden, schmutzigen, ölhaltigen, stark riechenden, geruchsempfindlichen, flüssigen und feuergefährlichen Gütern.
- Ganz besondere Aufmerksamkeit erfordert die Beladung von Containern mit gefährlichen Gütern, von denen es eine geradezu riesige Anzahl gibt. Selbst Haarspray zählt dazu. Dazu zwingend vorgeschrieben ist die Nutzung von Containern mit CSC-Sicherheits-Zulassungsschild. Weiterhin muß eine ganze Reihe von Richtlinien und Vorschriften beachtet werden, deren Aufzählung den hier gesetzten Rahmen sprengen würde.
- Container mit gefährlicher Ladung sind mit den für ihren Inhalt international vorgeschriebenen Markierungen zu kennzeichnen. Für Schütt- und Stückgutcontainer mit gefährlichen Gütern ist im Seeverkehr ein Packzertifikat

Beladung von LCL-Containern in einer Packstation.
(Foto: HHLA)

Beladung eines Containers mit Kautschuk-Ballen.
(Foto: Port Penang)

obligatorisch, und es muß von dem für die Beladung Verantwortlichen mit Zertifikat bescheinigt werden, daß die Beladung ordnungsgemäß ausgeführt wurde.
- Die Ladung sollte möglichst trocken in den Container eingebracht werden. Eine Dichtigkeitskontrolle des Containers vor dem Einsatz ist angebracht.

Container

- Das Gewicht der Ladung ist möglichst gleichmäßig auf den ganzen Containerboden zu verteilen. Sollten viele Einzelkolli unterschiedlicher Größe und Verpackung in einem Container zusammen verladen werden, so ist es angebracht, alle diese Güter zunächst einmal vor dem Container aufzubauen, um die günstigste Reihenfolge für eine optimale Ausnutzung des Bodens leichter bestimmen zu können. Schweres Gut ist unten, leichtes obenauf zu stauen, damit eine möglichst niedrige Schwerpunktlage erreicht

Die Böden der Container sind so stabil, daß sie auch eine Belastung durch Gabelstapler erlauben. (Foto: P&O)

wird. Schwere und leichte Kolli sollten nicht nebeneinander gestapelt werden, denn durch die Schiffsbewegungen kann es passieren, daß so die leichten Kolli von den schweren durch Druck beschädigt werden.
- Der Leerraum zwischen Ladung und Containerwand muß unbedingt ausgefüllt werden. Am Boden, an den Seitenwänden, an der Stirnwand und ganz besonders zur Tür hin ist die Ladung zu sichern.
- Besteht eine Ladung ausschließlich aus Fässern mit Flüssigkeit, so müssen diese alle aufrecht stehen. Unter keinen Umständen dürfen auf der oberen Schicht noch weitere Fässer liegend gestaut werden, da so die Gefahr besteht, daß die Wände der liegenden Fässer von den Kanten der stehenden leckgeschlagen werden.

- Kolli mit flüssigem Gut sollten auf doppelt gelegtes Stauholz gepackt werden. So können eventuelle Leckage-Schäden gering gehalten werden. Läßt es sich nicht vermeiden, flüssige und trockene Güter zusammen in einem Container zu stauen, dann muß unter das trockene Gut ebenfalls ausreichend Stauholz gelegt werden, um im Falle einer Leckage ein »Badengehen« des trockenen Gutes zu vermeiden.
- Sackgut ist vor dem Verrutschen zu schützen, auch, um eventuell die Containerwände dadurch nicht zu überlasten. Es sollte im Verbund gestaut werden.
- Die Lastgrenzen von Container und Fahrzeug sind zu beachten. Ebenso sollte darauf geachtet werden, daß der Schwerpunkt des Containers nicht zu weit aus der Mitte heraus verlagert wird. Dadurch kann einmal die zulässige Achslast überschritten werden, und zum anderen besteht die Gefahr, daß der Container sich beim Umschlag im Seehafen in den Führungsschienen des Schiffes verklemmt und dadurch Verzögerungen eintreten.
- Die Containertür und gegebenenfalls die Dachabdeckungen sind sorgfältig zu schließen. Die Ladung sollte durch Verplomben und Verdrahten der Verschlüsse gesichert werden.
- Wenn die Ladung den Container nicht voll ausfüllt, sollte sie nicht in die Höhe gestaut, sondern gleichmäßig auf dem Boden verteilt werden. So wird vermieden, daß sich die Kolli u.U. während des Seetransports in Bewegung setzen und im Container herumfliegen. Das Resultat ist leicht zu erraten.
- Alle Exportcontainer mit Bestimmung nach Australien oder Neuseeland müssen überdies entsprechend der dortigen Gesetzgebung mit einer Bescheinigung versehen sein, mit der nachgewiesen wird, daß eine Ausgasung durch eine anerkannte Firma mit geeigneten Mitteln durchgeführt worden ist. Die Befürchtungen dieser Länder gelten vor allem der Sirex-Wespe und anderen Mitgliedern dieser Familie der Holzwespen, die ihre Eier in bestimmte Holzsorten legen und deren Larven Holz fressen.

Wichtig ist auf jeden Fall die Berücksichtigung der Klimaproblematik. Zwar ist die Ladung im Container vor einer Reihe äußerer Klimaeinflüsse geschützt, jedoch wäre es unklug, auf weitere Maßnahmen, wenn sie denn möglich sind, zu verzichten. Es geht vor allem um die Bekämpfung von Korrosion, denn die wichtigsten daran beteiligten Komponenten – Feuchtigkeit und Sauerstoff – sind auch in den Containern vorhanden. Ganz allgemein gilt, daß beim Containerversand die Güter mit den gleichen Korro-

Die Beladung von Containern und ihre Stauung an Bord

sionsschutzmitteln behandelt werden müssen wie beim Versand mit einem konventionellen Schiff.

In diesem Zusammenhang ist es wichtig, die mögliche Bildung von Schwitzwasser/Containerschweiß zu beachten. Dadurch kann es zu Rostschäden und zu Schäden an der Ladung kommen. Seit Beginn des Containerzeitalters gehören derartige durch Schwitzwasser/Containerschweiß verursachte Schäden zu den negativen Erscheinungen im modernen Seetransport. Ihr Ausmaß läßt sich nicht beziffern, Experten rechnen jedoch allein für den deutschen Markt mit Millionensummen. Normalerweise sind Schäden durch Schwitzwasser von den Versicherungen nicht gedeckt. Die Versicherbarkeit ist nur dann gegeben, wenn der Befrachter entsprechende Vorsorgemaßnahmen getroffen hat. Es kann nämlich eine Vielzahl von Gütern selbst so vorbehandelt oder gepackt werden, daß normalerweise keine Korrosionsschäden mehr entstehen. Durch den Einsatz von Trockenmitteln bzw. Antikondensmitteln garantieren die Verpacker heute Rostschutz für die Dauer von bis zu zwei Jahren. Zum anderen stehen für alle containerisierbaren Güter isolierte, ventilierte oder temperaturgeführte Container zur Verfügung. Auch Container mit Innenanstrichen aus feuchteabsorbierenden Farben und feuchteaufnehmenden Matten haben sich für bestimmte Gütertransporte bewährt.

Ein interessanter Versuch zur Verringerung der durch Schwitzwasser verursachten Ladungsschäden hat in Hamburg stattgefunden. Es wurden dabei sogenannte Humidity Control Sheets als Hängematten unterhalb des Daches im Innern des Containers befestigt. Während des Standversuches wurde ein 20-ft-Standard-Container mit einer Matte ausgestattet, mit Holzpaletten ohne Ladung (Gesamtgewicht etwa 1500 kg) gefüllt und dem Hamburger Winterwetter ausgesetzt. Meßgeräte lieferten mit rund 65 000 Meßdaten folgendes Ergebnis: Rund 13 Liter Wasser »wanderte« aus den Paletten in die Feuchte absorbierende Matte, ohne wieder abzutropfen. Ohne die Matte wären die 13 Liter Wasser in der Ware versickert und hätten an der Ladung einen teuren Nässeschaden verursachen können.

Eine andere Art, Feuchtigkeit im Container zu verhindern, sind die von der Firma ACE Packaging entwickelten »Dry Bags«, die schnell überall im Container plaziert werden können. Sie absorbieren den Dunst, bevor er die Ware erreicht. Nach dem Ausladen der Container wandern die Bags in den normalen Abfall.

Alle Überlegungen, die mit dem Versand der Güter und dem Stauen der Container zusammenhängen, müssen dort angestellt werden, wo die Transportkette beginnt und sie

Der Gefahrgut-Transport ist eine verantwortungsvolle Aufgabe – eine korrekte Kennzeichnung der dafür eingesetzten Container ist unerläßlich. (Foto: Weserlotse)

müssen für den gesamten Transportweg gelten. Man muß sich dessen bewußt sein, daß die Güter nach dem Schließen und Verplomben des Containers zunächst jeder weiteren Einflußnahme und Kontrolle entzogen sind, mit Ausnahme einiger spezieller Containertypen, wie z.B. Kühlcontainer. Alle Überlegungen und Maßnahmen müssen also von der möglichen Höchstbelastung ausgehen.

Von Fachleuten wird immer wieder empfohlen, vor dem Beladen eines Containers möglichst einen Stauplan anzulegen, um eine optimale Kapazitätsauslastung des Containers sowie eine Beschleunigung und Vereinfachung des Be- und Entladens zu erreichen. Außerdem können so die erforderlichen Stau-Hilfsmittel rechtzeitig disponiert werden.

Neben der Beachtung der oben aufgezeigten Grundregeln, die die beste Gewähr für den reibungslosen Transport

Container

bieten, steht nämlich eine Reihe von Hilfsmitteln für die Ladungssicherung zur Verfügung. Es sind Stauholz, Paletten, Pappe, Dämmwürfel aus Kunststoff, alte Autoreifen, Verzurrgurte, Luftpolster u.ä. Ob eines oder mehrere dieser Hilfsmittel benutzt werden sollen, muß ebenfalls vorher entschieden werden.

Ist der Container beladen, sollten noch einmal folgende Punkte überprüft werden:
1. Innen am Container sollte an gut sichtbarer Stelle eine Kopie der Kolliliste u.a. für den Zoll angebracht sein.
2. Ist die Tür und gegebenenfalls die Dachabdeckung sorgfältig verschlossen? Starke Stahldrahtknebel, Vorhängeschlösser oder High Security Seals schützen vor Ladungsdiebstahl.
3. Um das Diebstahlsrisiko weiter zu vermindern, sind die Verschlüsse mit Plomben oder Siegel zu sichern.
4. Bei Open-Top-Containern müssen die Planen richtig angebracht und die Planenseile richtig eingezogen sein (zollsicherer Verschluß).
5. Wenn Ladung in Spezialcontainern durch Planen abgedeckt ist, müssen diese sicher befestigt sein.
6. Sind alle alten Aufkleber entfernt?
7. Bei Kühlcontainern mit Aggregat und heizbaren Tankcontainern ist darauf zu achten, daß die Temperatur richtig eingestellt ist sowie daß bei Kühlcontainern der Temperaturschreiber läuft und die Temperatur aufgezeichnet wird.

Viele Reedereien bieten ihren Kunden im Binnenland einen Stauberatungsservice, um sie bei auftretenden Problemen zu unterstützen und um Personal entsprechend zu schulen. Meistens werden dabei erfahrene Ladungsoffiziere aus der Schiffahrt eingesetzt.

Echte Profis, die wissen was zu tun ist, sind auf jeden Fall in den Container-Packzentren der Häfen oder im Einzugsbereich der Häfen zu finden. Hierbei handelt es sich um richtige Handwerker, die ihr »Handwerk«, das sach- und fachgerechte Packen Stuffen oder das Entleeren von Containern Strippen regelrecht erlernt haben. Daß sie mit den Hilfsmitteln des Containerpackens, wie Motorsäge oder Bandeisenspanner virtuos umgehen können, ist selbstverständlich. Darüber hinaus haben etliche von ihnen auch den Staplerschein, die Befähigung zum Rangieren oder sie haben sich über Sonderschulungen besondere Kenntnisse im Umgang mit Gefahrgut angeeignet. Selbst mit dem obligatorischen Papierkram können sie in der Regel ordentlich umgehen.

Ganz allgemein ist abschließend zu diesem Thema zu sagen, daß die gelegentlich geäußerte Ansicht, mit der Einführung des Containertransportsystems seien völlig neue Probleme der Ladungsbeanspruchung, -sicherung und -behandlung aufgetreten, nicht oder zumindest nicht voll zutreffend ist. Nur wenige der aufgetretenen Probleme waren wirklich neu. Das größte Problem dabei war, daß sich durch die weitgehende Verlagerung der Stauung zumindest der Haus/Haus-Container ins Binnenland andere Personen als bis dahin mit diesen Arbeiten befassen mußten und müssen. Erst wenn alle Probleme von den Containerpackern richtig erkannt werden und ihnen die in dieser Hinsicht zu treffenden Maßnahmen zur Routine geworden sind, bietet der Containertransport die Vorteile, die von ihm erwartet werden. Festgehalten werden muß aber auch, daß es für alle und alles gültige Patentregeln nicht gibt. Es gibt immer wieder neue Herausforderungen. Alle Verladungen, jede Beladung eines Containers müssen nicht nur auf das Gut und die Möglichkeiten des Versenders abgestimmt sein, sondern alle Teile der Transportkette berücksichtigen.

Stauung an Bord

Und nicht nur die Ladung im Container muß richtig verstaut sein, auch die Boxen selber müssen sicher auf ihren jeweiligen Transportmitteln untergebracht sein. Auf Straßen- und Schienenfahrzeugen ist das relativ einfach zu bewältigen und auch in der Binnenschiffahrt gibt es in dieser Hinsicht kaum Probleme. Völlig anders stellt sich dieser Komplex dagegen in der Seeschiffahrt dar. Auf den Seeschiffen müssen jeweils größere und größte Mengen unterschiedlicher Container verstaut werden, um sie teilweise über tausende Seemeilen bis zum Bestimmungshafen zu transportieren, wobei Schiff und Container außerordentlichen Belastungen ausgesetzt sind. Welcher Art diese Belastungen sind, ist vorher bereits erwähnt worden. Hinzuzufügen ist noch der hohe Stapeldruck, der auf den Containern lastet, natürlich besonders auf den unteren Lagen. Nach einer ISO-Norm darf der unterste Container im Laderaum mit 192 000 Kilogramm überstaut werden. Das bedeutet, daß die Boxen an Bord der Schiffe besonders sorgfältig gestaut und gesichert werden müssen, vor allem die, die in mehreren Lagen übereinander an Deck gefahren werden. Der Aufwand für ihre Sicherung ist nicht unerheblich.

Um Unfällen vorzubeugen, die auf eine ungenügende

Die Beladung eines Tankcontainers erfordert nicht nur spezielle Vorrichtungen, sondern auch entsprechend geschultes Fachpersonal. (Foto: Sea Containers)

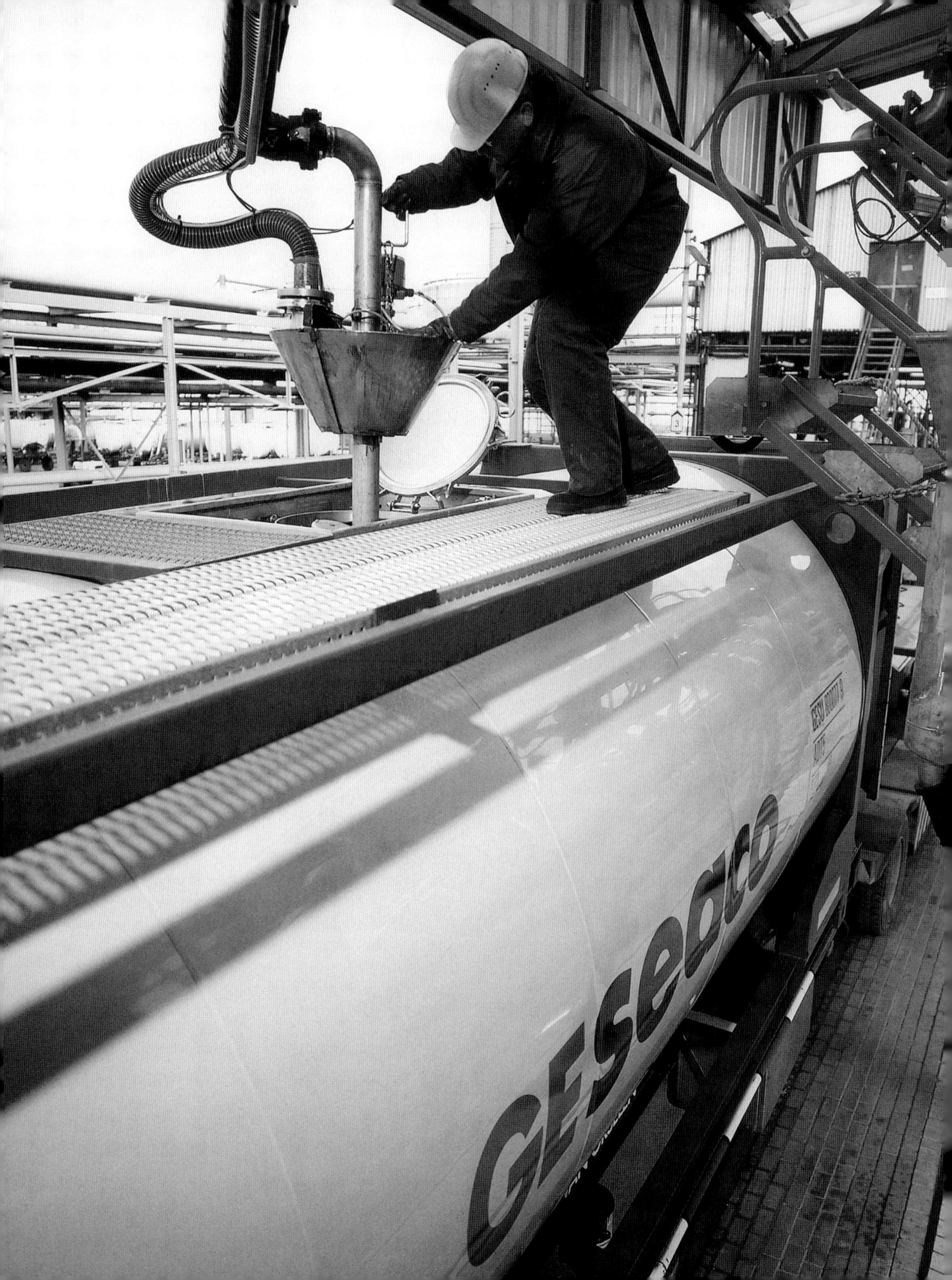
GEseaco

Container

Sicherung von Containern zurückzuführen sind, hat die International Maritime Organization IMO eine Vorschrift erlassen, nach der vom 1. Januar 1998 an jedes Schiff ein Ladungssicherungshandbuch – Cargo Securing Manual (CSM) – an Bord verfügbar haben muß. Die IMO hatte zwar schon früher Ladungssicherungsrichtlinien erlassen, die neue ist jedoch zur Vorschrift erhoben worden, ist also Pflicht. Mit Hilfe des CSM sollen der Schiffsführung alle stau- und laschrelevanten Informationen zur Verfügung gestellt werden.

Auch die Klassifikationsgesellschaften haben sich über die Sicherung der Container an Deck Gedanken gemacht. Als erste dieser Gesellschaften hat der Germanische Lloyd »Vorschriften für Stauung und Zurrung von Containern an Bord von Schiffen« erlassen. Sie sind der technischen Entwicklung und den Erfahrungen bei den Stau und Sicherungsmethoden laufend angepaßt worden. Die Berechnung der Kippkräfte am Containerstapel hat durch die Tendenz zu mehr Containerlagen an Deck steigende Bedeutung gewonnen. So werden heute ohne weiteres fünf Lagen Deckscontainer auf verhältnismäßig kleinen Schiffen oder sechs Lagen bei größeren Schiffen gefahren. Wegen der sich durch die hohe Stauung ergebenden erhöhten Abhebekräfte beim Rollen des Schiffes und den hohen Drucklasten auf den unteren Container können in den oberen Lagen häufig nur Leercontainer gefahren werden. Entscheidend sind neben der Einhaltung der für die Zurrung zugelassenen Kräfte die Stabilitätskriterien für das Schiff selbst. Die sich durch die höhere Stapelung sowie durch Seegang und Wind ergebenden Kräfte müssen durch Brückenfittinge und Druckstücke in die benachbarten Container übertragen werden, so daß zusammen mit der Zurrung kompakte Stapel entstehen.

Für die Berechnung von Stau- und Zurrsystemen mittels Bordcomputer steht Software für alle im praktischen Betrieb vorkommenden Lastfälle zur Verfügung. Bei Eingabe der Containergewichte kann die Schiffsleitung für jeden Containerstellplatz die zulässigen Stackgewichte im Hinblick auf die Lukendeckelfestigkeit und die Einhaltung der zulässigen Belastung der Zurrmittel sowie der Abhebekräfte feststellen. Gleichzeitig werden die Programme mit entsprechenden Stabilitäts- und Längsfestigkeitsprogrammen für das Schiff gekoppelt, so daß eine sichere Beurteilung für den Transport gegeben werden kann.

Aufgrund der vielen Lagen von Containern an Deck haben sich komplizierte und aufwendige Zurrsysteme mit nicht selten 12 bis 16 Zurrstangen für einen Block einschließlich entsprechender Doppelstaustücke und Brückenfittinge entwickelt. Für die Besatzungen bzw. die Ladungsvorplaner haben sich daraus Aufgaben ergeben, die nur mit einem auf das jeweilige Schiff zugeschnittenen Laschprogramm zu bewältigen sind. Um den Zurraufwand zu verringern oder um günstigere Gewichtsverteilungen im Stapel erreichen zu können, sind Deckscontainergerüste entwickelt worden. Des weiteren wird sich immer wieder damit beschäftigt, wie die Zurrsysteme einfacher und weniger beschwerlich für die damit arbeitenden Menschen gestaltet werden können. Ein solcher Vorschlag kam beispielsweise vom Germanischen Lloyd. Er sieht die Anordnung von klappbaren Laschrahmen vor, die auf den Lukendeckeln angebracht werden. Anwendbar ist er in erster Linie für kleinere Containerschiffe bis zu 1000 TEU.

Welche Bedeutung diesem Komplex in seiner Gesamtheit beigemessen wird, läßt sich schon daran erkennen, daß auch für die Containerzurreinrichtungen Abnahmeprüfungen durch die Klassifizierungsgesellschaft vorgeschrieben sind und auch hierfür Zertifikate ausgestellt werden. Dazu einige Auszüge aus den entsprechenden Vorschriften.

Festgelegt wird, daß Teile der Containerstau- und -zurreinrichtung, die mit dem Schiffskörper durch Schweißung verbunden sind und seine Festigkeit beeinträchtigen können, der Prüfung gemäß den Vorschriften für Klassifikation und Bau von Seeschiffen unterliegen. Für andere Elemente der Stau- und Zurreinrichtung, wie lose Zurrteile und losnehmbare Gerüste, erfolgt eine Prüfung der Zeichnungen und Berechnungen im Zusammenhang mit der Prüfung des gesamten Zurrsystems. Der Containerstau- und -zurrplan des jeweiligen Schiffes muß eine Stückliste enthalten, aus der genaue Angaben über die Stau- und Zurrteile ersichtlich sein müssen, wie die Anzahl und Bezeichnung der einzelnen Teile, ihre Hersteller sowie die Bruch- und Nutzlast. Das Klassenzertifikat des Schiffes erhält dann einen entsprechenden Hinweis. Der Hersteller des genehmigten Stau- und Zurrsystems hat dafür zu sorgen, daß der Schiffsführung eindeutige Anweisungen für die gefahrlose und sichere Bedienung des Systems und aller Komponenten zur Verfügung stehen. Die Verantwortung für deren Einhaltung liegt dann aber beim Eigner des Schiffes.

Statt durch Zurrung können Container auch durch Stützgerüste an Deck (evtl. auf den Luken) gegen seitliches Verrutschen bzw. Kippen gesichert werden bzw. durch ein kombiniertes System aus Gerüsten und Staustücken. Diese Stützgerüste und deren Verbindungen mit dem Schiffskörper sind Bestandteil der Schiffsklassifikation und müssen den Bauvorschriften für Seeschiffe entsprechen. Die Container müssen von den Gerüsten so gestützt werden, daß keine unzulässigen Verformungen der Containerrahmen stattfin-

Die Beladung von Containern und ihre Stauung an Bord

den können bzw. daß die zulässigen Rackinglasten nicht überschritten werden. Container in Positionen, die durch Seeschlag und Auftrieb infolge überkommenden Wassers besonders gefährdet sind, müssen durch Verriegelungen bzw. eine verstärkte Zurrung zusätzlich gesichert werden. Bei einzeln stehenden Containerstapeln ist die Wirkung von Sturmböen zu berücksichtigen. Soweit zu den Vorschriften.

Die Arbeit mit den Zurr- und Laschsystemen an Bord der Schiffe ist hart und nicht ungefährlich. Deshalb gibt es immer schärfere Sicherheitsauflagen für das Löschen und Laden von Containern an Bord von Schiffen. So hat beispielsweise die US Occupational Safety and Health Administration (OSHA) beschlossen, es den Hafenarbeitern zu verbieten, auf die Containerstapel an Bord von Schiffen zu klettern, um Zurrelemente oder Twistlocks zu bedienen. Die Reedereien und die Hersteller von Laschsystemen sind gefordert, Konzepte vorzulegen, die diesen Auflagen Rechnung tragen.

Eine Antwort auf die neuen Vorschriften ist die Verwendung halbautomatischer Twistlocks: Bei der Stauung von 40-ft-Containern oder zwei 20-ft-Containern mit Zurrgang

Mit klappbaren Laschrahmen, soll die Containerzurrung vereinfacht werden. (Foto: GL)
Gefahrgutcontainer werden immer an Deck und meistens vorn gefahren. (Foto: Hegemann)

Container

zwischen den 20-ft-Containern wird das Sichern der Container untereinander durch Semi-Automatic Twistlocks (SAT) sowie Zurrsystemen, bestehend aus Spannschrauben und Zurrstangen an den jeweilgen Containerenden, erreicht. Die SAT lassen sich auf der Pier einsetzen oder entfernen.

Das Entriegeln der Twistlocks an Bord erfolgt von Deck aus oder von der Lukendeckelebene unter Zuhilfenahme von einfach zu handhabenden Leichtgewichts-Entriegelungsstangen aus Aluminium oder aus kohlefaserverstärktem Material. Mit ihr kann der Lascher von unten schnell und einfach die SAT lösen. Ergänzt werden die SAT in bestimmten Fällen durch Automatic Fixing Cones (AFC). Sie werden an schwer zu erreichenden Enden der Container eingesetzt, die SAT dagegen nur an den äußeren Containerecken. Bei der Beladung werden die AFC auf dem Kai – ebenso wie die SAT – per Hand eingesetzt und gehen mit dem Container an Bord. Bei Absetzen des Containers rasten die AFC – wie die SAT – in die untere Containerecke ein, so daß eine automatische Verriegelung erfolgt.

Beim Entladevorgang werden die äußeren SAT entriegelt. Damit ist der Container für den Löschvorgang vorbereitet, denn an den AFC ist eine Entriegelung nicht erforderlich. Der Vorteil dieser Sicherungselemente gegenüber handbetätigten Twistlocks liegt – abgesehen von der erhöhten Sicherheit – in der Zeitersparnis. Das Risiko für das Bedienungspersonal an Bord ist erheblich reduziert, da lediglich das Lösen der SAT unter Einsatz der Bedienstange erforderlich ist.

Ziel der Entwicklung ist es letztlich, wie von Herstellerseite betont wird, einen höheren Automatisierungsgrad der Containerschiffahrt zu erreichen. Liegezeiten in den Häfen kosten nämlich Geld, deshalb sollen sie so kurz wie nur irgend möglich sein.

Abschließend noch ein Hinweis auf eine Sonderentwicklung, auf die von einem Hamburger Unternehmen konstruierte Quick-Tie-Verriegelung. Mit ihr können zwei 20-ft-Container kraftschlüssig zu einem 40-ft-Container verbunden werden, der dann beim Terminaltransport, beim Umschlag und beim Stauen auch als solcher behandelt werden kann. Das bringt eine Reihe von Vorteilen. Weitere Erläuterungen dazu im Kapitel Häfen/Terminal-Equipment.

Auf Lukendeckeln festgelaschte Container.
(Foto: CP Davenport)

In Colombo gekentertes Containerschiff.
(Foto: ISU)

Versicherung

Eines der Argumente bei der Entscheidung zugunsten des Containerverkehrs war seinerzeit die bessere Sicherung und damit die erhöhte Sicherheit der Güter auf dem Transportweg. In der Anfangszeit hat es jedoch an Enttäuschungen in dieser Hinsicht nicht gefehlt. Die Gründe hierfür waren vielfältig. Häufig ergaben sie sich aus der noch mangelnden Erfahrung beim Stauen und beim Umschlag der Container. Aber auch der Transport auf den ersten, vielfach nur mehr oder weniger behelfsmäßig für diese Aufgabe eingerichteten Containerschiffen gehört dazu. Auf diesem Feld sind die Mängel inzwischen jedoch weitestgehend abgestellt, da heute nahezu ausschließlich hochentwickelte Containerschiffe eingesetzt werden, in deren Konstruktion alle in den vergangenen rund vierzig Jahren gemachten Erfahrungen eingeflossen sind. Allerdings ist das auch keine Garantie für Schadensfreiheit.

Der Container ist unbestritten das sicherste Transportmittel. In einem großangelegten Test wies das American Institute of Merchant Shipping beispielsweise schon 1970 nach, daß die Schadenshäufigkeit bei Containerverladungen äußerst gering sei. Untersucht wurden über den Zeitraum von Mitte 1968 bis 1969 330 693 Container, die von zwölf Reedereien weltweit befördert worden waren. Dabei stellte das Institut fest, daß auf 11 430 Container nur einer kam, bei dem es zu Schäden an der Ladung gekommen war.

Die Reederei ACT meldete, daß bei den in der Zeit vom 1.7.1969 bis 1.7.1970 über See beförderten 32 000 Containern im Wert von 125 Mio. Pfund nur fünf Prozent der

Container

Schäden können in den Containerverkehren leicht Volumen in Höhe von mehrstelligen Millionenbeträgen erreichen. So etwa beim Auseinanderbrechen des 2420-TEU-Containerschiffes MSC CARLA in der Nähe der Azoren. Das Achterschiff konnte noch nach Las Palmas eingebracht werden.
(Foto: ISU).

Gleichfalls große Schäden waren auch auf dem Containerterminal in La Guaira zu verzeichnen, der von einem tropischen Wirbelsturm heimgesucht wurde.
(Foto: TT Club)

Versicherung

Feuer an Bord ist immer gefährlich, besonders aber auf Containerschiffen, wie hier auf der CMA DJAKARTA, das von seiner Besatzung verlassen wurde und an der ägyptischen Mittelmeerküste bei Marsa Matruk strandete. (Foto: ISU)

Schäden aufgetreten seien, die man sonst bei konventioneller Verschiffung gewohnt gewesen wäre. Und aus dem Hause Hapag-Lloyd verlautete Ende 1973 in einem Zeitschriftenbeitrag über den Fernostverkehr: »Nach 18 Monaten Betriebserfahrung können über die exakte Entwicklung der Schadensquote im Containerverkehr dieses Fahrtgebietes noch keine endgültigen Zahlen vorliegen. Aber schon jetzt kann man von einer deutlichen Verbesserung sprechen. Ladungsdiebstähle gibt es kaum noch und Beschädigungen sind äußerst selten... Auch die Versicherer haben die Sicherheit der Containerladungen anerkannt und gewähren heute schon teilweise Prämiennachlässe.«

Die Rechnung hinsichtlich der Diebstahlsicherheit ging allerdings nicht ganz auf. Zwar ist einerseits von einer deutlichen Verbesserung zu sprechen, wobei vor allem die Kleindiebstähle drastisch zurückgingen, jedoch hat sich in vielen Regio-

Container

nen der Welt die gut organisierte Verbrecherwelt ebenfalls rasch und effizient auf den Containerverkehr eingestellt.

Wenn gestohlen wird, dann werden heute vorzugsweise ganze Container gestohlen. Gerechnet auf die Gesamtzahl der Containerbewegungen sind es zwar nur wenige, aber in fast jedem Fall sind es solche mit besonders wertvollem Inhalt: Zigaretten, Spirituosen, Elektronikartikel, Radios und ähnliche Dinge. Über ein ausgeklügeltes System bekommen die Banden genau den Container, den sie wollen. Ihnen ist die Existenz von Computern nämlich durchaus nicht unbekannt und sie wissen auch, wie man sie nutzt bzw. anzapft. Die begehrte Box verschwindet unbemerkt vom Terminal und wird nach einer Weile leergeräumt an einsamer Stelle irgendwo wiederentdeckt. Andere gehen mit anderen Methoden bei der Beraubung von Containern vor. Allgemein gesehen läßt sich aber das Argument der höheren Diebstahlsicherheit, abgesehen von dem »Vollcontainerklau« ohne weiteres vertreten, darf aber keineswegs verniedlicht werden. Diebstahlschäden, welcher Art auch immer, gehen jährlich weltweit in die hunderte von Millionen Dollar. Die Versicherer weisen deshalb immer wieder darauf hin, die Container, ganz besonders die Containertüren verstärkt zu sichern, zum Beispiel mit massiven Bolzen oder besonderen Riegeln, die seit längerem zur Verfügung stehen.

Tips, wie Reedereien und Vermieter dem Verlust von Containern vorbeugen können, hat Anfang 1999 wieder einmal der Londoner TT Club (Through Transport Mutual Services Ltd.) in einem Informationsblatt »Stop Loss« herausgegeben. Anlaß war eine Studie, die den Umfang des Problems verdeutlicht hat. Sie ist in Zusammenarbeit mit elf Unternehmen in der Region um Hongkong angefertigt worden. Ergebnis: In nur zwölf Monaten sind in der Region mehr als 400 Boxen verschwunden. 75 Prozent davon waren beladen, 10 Prozent Kühlcontainer. Der Gesamtschaden wird auf 2 Mio. Dollar geschätzt.

Gelegentlich ist der Verlust auf die Eingabe falscher Daten zurückzuführen. Der Club geht allerdings davon aus, daß es sich meistens um Diebstähle handelt. 60 Prozent der Container gingen verloren, während sie in der Obhut des Empfängers waren, 30 Prozent bei Verladern und Speditionen, der Rest bei Fuhrunternehmern und Barge Operators. Besonders Kühlcontainer sind wegen ihrer vielseitigen Einsatzmöglichkeiten begehrt und stellen durch ihren hohen Wert für den Eigner einen großen Verlust dar. Zur Vorbeugung gibt der Club unter anderem diese Empfehlungen:
– Neukunden in jeder Hinsicht gründlich prüfen.
– Große und außergewöhnliche Buchungen (besonders bei Reefer-Boxen) einer doppelten Prüfung unterziehen und Kontakt mit dem eigentlichen Verlader aufnehmen.
– Ausgedehnte Standzeiten ablehnen oder in Rechnung stellen.
– Container beim Kunden nur mit Genehmigung vom Fahrzeug abladen lassen.
– Bei Inlandtransporten die Kontrolle möglichst im eigenen Unternehmen und bei den Vertragspartnern behalten.
– Die Ladung nur im Beisein des Fahrers entladen lassen, insbesondere, wenn sie für mehrere Empfänger bestimmt ist.
– Bei Rückgabe im Inland eigene Depots oder renommierte Anbieter nutzen.

Beispielhaft verweist der TT Club darauf, daß 1998 allein in Hongkong rund 40 Reefer-Container im Wert von schätzungsweise 1 Mio. US-Dollar spurlos verschwunden sind. Dabei wurde nach eigenen Recherchen wie folgt vorgegangen: Ganz kleine neue Exportunternehmen, die, wie sich im Nachhinein herausstellte, nur über ein Mini- oder auch gar kein Büro verfügten, was in der ehemaligen Kronkolonie allerdings überhaupt nicht ungewöhnlich ist, orderten bei einem Spediteur oder direkt bei einer Reederei einen oder gleich mehrere Kühlcontainer. Nachdem die Anlieferung an die angegebene Adresse zur Beladung erfolgt ist, sind wenig später sowohl der oder die Container verschwunden, wie auch die ganze Exportfirma. Aufgeklärt wurde 1998 kein einziger dieser Fälle.

Der TT Club beschäftigt sich mit Haftungsfragen und versichert derzeit über zwei Drittel des weltweiten Containerbestandes, 1150 Häfen und Terminals sowie 5636 Intermodal-Unternehmer weltweit.

Beklagt wird von Seiten der Versicherungsgesellschaften die immer noch zu häufig festzustellende Sorglosigkeit von Verladern und Spediteuren beim Stauen von Gütern in Containern. Selbst elementarste Regeln werden immer noch nicht berücksichtigt. Zunehmend spielt dabei neben der Gleichgültigkeit auch das Bestreben nach Kostensenkungen eine Rolle. Hier werde aber am falschen Ende gespart, heißt es. Der Verzicht auf teuren Verpackungskarton zugunsten billigerer Schrumpffolie ist beispielsweise dann kaum zu verstehen, wenn dadurch hochwertige Geräte und Ausrüstungen einem erhöhten Schadensrisiko ausgesetzt werden.

Ein Problem ist nach wie vor auch die vielerorts mangelnde Kenntnis über die schon vorher angesprochene Feuchtigkeitsproblematik bzw. darüber, wie Feuchtigkeitsbildung verhindert oder bekämpft werden kann und welche Schäden entstehen können. Großen Einfluß auf Feuchtigkeitsbildung haben unter anderem die Klimaschwankungen, die während

Versicherung

des Transportverlauf auf Container und Ladung einwirken. Dazu als ein keineswegs seltenes Beispiel für Extrembedingungen die Beförderung eines Containers über die Transsibirische Eisenbahn mit Umladung in Südostasien: Ein Transport, der im Januar in Deutschland bei 0° C beginnt, erfährt in Sibirien Temperaturen von minus 40° C und trifft in Südostasien bei plus 35° C ein. Was diese Temperaturunterschiede für die Ladung bedeuten können, kann man sich vorstellen – wenn man daran denkt.

Anfang 1998 wies der UK P&I Club darauf hin, daß etwa 30 Prozent der Container-Claims über 100 000 Dollar bei Unfällen an Land entstünden und nicht an Bord der Schiffe der Mitglieder. 43 Prozent der Ladungsschäden ereigneten sich demzufolge vor dem Laden und 57 Prozent nach dem Löschen. Drei Fünftel der Claims sind gemessen an der Schadensersatzsumme aus physikalischen und Wasserschäden sowie durch Überbordgehen entstanden. Weiter hieß es, daß verglichen mit dem Durchschnitt übriger Ladungsgüter mehr Container-Claims aus schlechter Stauung, falscher Temperatur, elektrischen Fehlern, Laschfehlern, Untergang und Diebstahl stammten. Bemerkenswert sei, daß etwa zwei Drittel der Container-Claims auf Schiffen anfielen, die nicht speziell für den Containertransport gebaut worden seien. Gut 26 Prozent der Schadensersatzansprüche bei Containern seien auf Personalfehler zurückzuführen, 20 Prozent auf schlechte oder mangelhafte Ausrüstung.

Erhebliche Schäden verursachen darüber hinaus das sogenannte »Rough Handling«, also der grobe, unsachgemäße Umgang mit der Ladung, und die in manchen Regionen geradezu chaotische Lagerhaltung. Beides ist vornehmlich in Ländern der Dritten Welt anzutreffen.

Immer wieder kommt es vor, daß in schwerem Wetter auf See Container über Bord gehen. Derartige Schäden sind bislang anstandslos von den Versicherern übernommen worden. Doch Ende 1998 hat der britische TT Club als Folge einer Serie derartiger Vorfälle die praktizierte Form der Ladungssicherung zur Diskussion gestellt.

Vier Schiffe hatten allein im Oktober 1998 Teile ihrer Containerladung auf dem Weg über den Pazifik verloren. Auf der APL CHINA, der ALLIGATOR STRENGTH, PRESIDENT ADAMS und der EVER UNION brachen bei hartem Seegang Containerstapel ein, zahlreiche Boxen gingen über Bord und es kam zu Schäden auf den Schiffen. Allein für die APL CHINA wurden die Ladungsschäden auf rund 100 Mio. Dollar geschätzt. Den Versicherern vom TT Club gab vor allem zu denken, daß dies alles sehr große Schiffe waren. Deshalb sei es an der Zeit, über die An-Deck-Verladung von Containern nachzudenken, zumal der Bau von Schiffen diskutiert werde, die noch erheblich größer würden als die APL CHINA, gab man zu bedenken.

Erinnert wurde an die Empfehlung von Klassifikationsgesellschaften, wonach die Boxen in nicht mehr als drei Lagen an Bord gestaut werden sollten. Heute aber seien bereits fünf Lagen das Normale und sechs würden zunehmend üblich. Angesichts dieser Entwicklung stelle sich die Frage, ob die Befestigungssysteme noch angemessen seien. Das übliche Lashing-System hält der TT Club für unzureichend, da es schon unter normalen Wetterbedingungen für die Besatzungen schwierig sei, die Verstrebungen regelmäßig zu kontrollieren und, wenn nötig, nachzuspannen. Bei einem modernen Post-Panamax-Schiff mit einer Kapazität von 5000 bis 7000 TEU und einer Besatzung von nur 14 bis 15 Seeleuten sei eine regelmäßige Kontrolle gar nicht möglich, heißt es, schon gar nicht bei schlechtem Wetter und bei Containern in der äußersten Position der sechsten oberen Reihe.

Der TT Club sieht allerdings in den Mängeln des Lashing-Systems nicht die einzige Ursache für den Zusammenbruch von Containerstapeln. Ein weiterer Grund seien strukturelle Mängel am Container, die sich unter normalen Bedingungen gar nicht bemerkbar machen würden, sondern erst aufgrund exzessiver Belastungen. Für den TT Club erhebt sich deshalb die Frage, ob nicht auch das Containerdesign modifiziert werden sollte, um der Tatsache Rechnung zu tragen, daß die Containerstapel immer höher und schwerer werden.

Dem Versicherungswesen stellen sich im Rahmen des Containerverkehrs über die vorgenannten Teilaspekte hinaus in der Hauptsache zwei grundsätzliche Probleme: Das eine sind die gewaltigen Investitionen in spezialisierte Schiffe und Container, die eine hohe Konzentration des eingesetzten Kapitals darstellen. Dieses birgt wegen der immer noch wachsenden Schiffsgrößen nach Ansicht vieler Versicherer zunehmend kaum mehr kalkulierbare Risiken, die katastrophale Ausmaße annehmen können. Nicht zuletzt geht es dabei um die Millionen Tonnen gefährlicher Ladungen, die jährlich an Land umgeschlagen oder über See transportiert werden. Zu erinnern ist dabei beispielhaft nur an das französische Containerschiff SHERBRO, das Ende 1993 im Englischen Kanal in einen Sturm geriet und dabei 88 Container verlor. Einige dieser Container enthielten mit Pestiziden gefüllten Beutel. Weit über 100 000 dieser Plastiksäckchen mit dieser hochgiftigen Substanz wurden an die niederländische, die deutsche und die dänische Nordseeküste gespült, was eine bis dato einmalig aufwendige Suchaktion auslöste.

Containerschiff in schwerer See. Starke Kräfte wirken auf die Ladung ein, die sicher verzurrt sein muß. (Foto: Nordcapital)

Auch als Folge der wachsenden Schiffsgrößen bauen sich für die Versicherer phänomenale Schadenspotentiale auf: Bei einem der neuen Großcontainerschiffe mit einer Stellplatzkapazität von über 6000 TEU kommt man leicht auf 120 bis 150 Mio. Dollar für das Schiff selbst und zuzüglich weitere 30 bis 35 Mio. Dollar für die Container sowie in bestimmten Fahrtgebieten auf einen theoretisch denkbaren Ladungswert von reichlich über 500 Mio. Dollar. Das verdeutlicht den enormen Umfang der abzudeckenden Risiken, wobei hier lediglich die Sach- und Haftungsschadenspotentiale angesprochen sind und noch nicht die Gefährdung der Besatzungen. Es kann ohne weiteres davon ausgegangen werden, daß bei einem Gefahrgutfall, etwa im Rahmen des Unterganges eines größeren Containerschiffes, denkbare Verluste an materiellen Sachwerten in Schiff und Ladung von über 500 Mio. Dollar um ein Mehrfaches von entsprechenden Haftungsansprüchen übertroffen werden.

Nach der Kalkulation von Transportversicherern könnte der Verlust von zwei Containerschiffen mit je etwa 7000 bis 8000 TEU durchaus etwa 5 Mrd. US-Dollar kosten. Für die Risikokalkulation wurden dabei Werte von 200 000 bis 250 000 US-Dollar pro Container angenommen. Daß dieses keineswegs als überzogen bezeichnet werden kann, zeigen Schadensfälle aus der jüngsten Vergangenheit.

So verlor am 2. Februar 2000 das 4960 TEU tragende Containerschiff OOCL AMERICA auf der Reise von Long Beach nach Kaohsiung in schwerem Wetter ca. 300 40-ft-Container, weitere 200 Container wurden beschädigt. Der Schaden wird auf mindestens 10 Mio. US-Dollar geschätzt. Und dieser schwere Sturm hat noch weitere Schäden verursacht: Das Containerschiff ASTORIA BRIDGE verlor 17 Container, weitere 20 wurden beschädigt. Das Containerschiff SEA-LAND HAWAII verlor 21 Container und die SEA-LAND PACIFIC 20 Boxen. Ein weiterer spektakulärer Fall war das Auseinanderbrechen der CLARA im November 1997 vor den Azoren. Ungeachtet dessen, daß das Achterschiff des Containerschiffes nach Las Palmas geschleppt und die restlichen 587 Container dort gelöscht werden konnten, entstand durch diesen Unfall ein Schaden in geschätzter Höhe von über 100 Mio. US-Dollar, von denen 85 bis 90 Prozent auf die Ladung entfielen. Wäre das Schiff gesunken, so hatte der Versicherungsmarkt errechnet, wäre mit einem Verlust in Höhe von 2 Mrd. US-Dollar zu rechnen gewesen. Die Aufzählung ließe sich fortsetzen.

Versicherung

Wegen dieser enormen Schadensrisiken weisen die in dieser Sparte engagierten Versicherer immer wieder warnend darauf hin, daß der Ausbildungs-, Trainings- und Kommunikationsstandard der ohnehin stetig schrumpfenden Schiffsbesatzungen kontinuierlich sinkt, was eine zuzätzliche Gefährdung darstellt. Sie sehen deshalb allen Anlaß zu der Annahme, daß der Anteil menschlichen Fehlverhaltens an den Ursachen von Unfällen auf See, der ohnehin etwa im Bereich von 80 Prozent anzusiedeln ist, künftig eher noch weiter zunehmen wird. Sie beobachten weiterhin mit Bedenken, daß viele Beteiligte zum wohlfeilen Mittel moderner Qualitäts-Zertifizierungen greifen, ohne den erforderlichen inneren Wandel von einer regelungsbezogenen auf eine individuell risikoorientierte Sicherheitskontrolle zu vollziehen.

Auch als Folge der wachsenden Schiffsgrößen können sich für die Versicherer enorme Schadenspotentiale aufbauen. (Foto: GL)

Die Häfen im Containersystem

Mit dem raschen Wachstum der Containerverkehre hat sich auch die Struktur und das Erscheinungsbild der Häfen grundlegend gewandelt. Wo früher die Besucher noch eine gewisse Romantik spüren konnten, die von Teer, gegerbten und ungegerbten Häuten oder Gewürzen herrührte, vom Geräusch der Ladebäume und -winden oder von den Rufen der mit den Lade- und Löscharbeiten beschäftigten Menschen, prägen heute Motorenlärm, Hektik und Menschenleere die Szenerie. Containerbrücken, Portalstapler sowie lange Reihen und hohe Stapel von Containern bilden den Hintergrund. Die Faszination geht nicht mehr vom Hauch der sogenannten großen weiten Welt aus, sondern es ist die geballte Technik, die beeindruckt.

Den Seehäfen kommt innerhalb der Kette der weltweiten Containerverkehre eine gewisse Schlüsselrolle zu. Sie sind die Nahtstellen zwischen den inzwischen immer stärker gebündelten Seetransporten und den fächerförmig sich ausbreitenden Binnenverkehren, die hier mit der Verteilung beginnen oder die hier aus der Fläche zusammenlaufen. In den Seehäfen treten die Container massenhaft auf, und dieser Umstand bestimmt alle Bemühungen, das Aufkommen optimal in den Griff zu bekommen.

Die Häfen im Containersystem

Kwai Chung Containerterminal in Hongkong Mitte der achtziger Jahre. (Foto: Archiv HJW)

Rieseninvestitionen

Durch den Container wurde die individuelle, aus unterschiedlichen Packstücken bestehende Ladung zur Massenladung, deren Bewältigung von Anfang an Konzentrationstendenzen in der Seeschiffahrt bewirkte und eine daraus resultierende Selektion der Anlaufhäfen. Die schnelle Durchdringung der überseeischen Transportmärkte mit den Containern und, nachdem die anfängliche Skepsis überwunden war, immer optimistischere Prognosen haben in den vergangenen drei Jahrzehnten weltweit boomartig zu riesigen Investitionen in die Hafensupra- und -infrastruktur geführt.

Auch in den Häfen hatte man sich früh darüber Gedanken gemacht, ob und wie der Container die Entwicklung beeinflussen würde. Das gilt besonders für die europäische Seite des Nordatlantiks, wo die Verantwortlichen das gegenüber auf der amerikanischen Seite rasch wachsende Aufkommen dieser großen Kisten zunächst noch mit gemischten Gefühlen betrachteten. Dennoch wurden bereits 1964/65 Stimmen laut, die da meinten, man müsse schon jetzt die Möglichkeiten eines ständig steigenden Containerverkehrs bei der Projektierung neuer Stückgutanlagen berücksichtigen. Demgegenüber aber meinte noch zum gleichen Zeitpunkt Gerhard Baier, seinerzeit Chef der Bremer Lagerhaus-Gesellschaft und Fachmann unbestreitbaren Ranges, in seinem im »Jahrbuch des Schiffahrtswesens 1965« erschienenen Beitrag: »Entwicklungslinien im Umschlag der Seehäfen« über den Container lediglich »…wesentliches Mittel der Rationalisierung im Hafenumschlag ist fraglos der Einsatz von Containern. Er reicht von speziellen Schiffen im inneramerikanischen Verkehr bis zu Einzelbehältern, die praktisch in allen Fahrtgebieten zum Einsatz kommen können.« Punktum, mehr nicht. Allerdings war es wenig später dann am europäischen Nordkontinent gerade Bremen, das den Containerkomplex sehr energisch und bahnbrechend anging.

Aber es war in der Tat so, daß der Containerverkehr bis in die zweite Hälfte der sechziger Jahre in Europa eher unbedeutend blieb, um dann aber um so schlagartiger über die Häfen hereinzubrechen. Während 1964 zum Beispiel insgesamt erst lediglich rund 76 000 Boxen im US-Binnen- und -Küstenverkehr bewegt worden waren, wurde diese Zahl nur drei Jahre später allein schon im Nordatlantikverkehr deutlich übertroffen. In den meisten europäischen Häfen blieb der Anteil des Containeraufkommens am gesamten Stückgutumschlag zunächst trotzdem zwar noch relativ gering, doch waren auf diesem Sektor hohe Zuwachsraten zu verzeichnen: In Antwerpen z.B. vergrößerte sich das Volumen des Stückgutumschlages von 19 Mio. t im Jahre 1967 auf 22,2 Mio. t im darauffolgenden Jahr, während die Containerladung von 480 000 t auf 605 000 t wuchs. In Rotterdam wurden 1967 insgesamt 22,5 Mio. t Stückgüter umgeschlagen, 1969 27,9 Mio. t. Das Aufkommen an Containerladung aber stieg im gleichen Zeitraum von 0,9 Mio. t auf 2,0 Mio. t und verdoppelte sich damit reichlich.

Für die wichtigsten US-Häfen mit Containerbetrieb lagen die entsprechenden Zahlen noch beträchtlich höher: In New York entfielen beispielsweise 1968 schon ca. 20 Prozent des insgesamt geladenen und gelöschten Stückgutes auf Con-

Wesentliche Nahtstelle in den internationalen Containerverkehren sind die Häfen. (Foto: BLG)

Container

Das Schwergutschiff HAPPY BUCCANEER setzt in Port Botany eine komplett vormontierte Containerbrücke auf die Pier. Außerdem gehören große Sraddle Carrier »im Stück« zur Ladung. (Foto: Mammoet Shipping).

tainerladungen und auch in San Francisco/Oakland an der Westküste bewegte sich der Containeranteil in gleicher Höhe. In Los Angeles/Long Beach machte der Containerverkehr rund 15 Prozent des gesamten Stückgutumschlages aus.

Das Startsignal für den großen Aufschwung in Europa hatte die Reise des Frachters FAIRLAND der US-Reederei Sea-Land gegeben, der im Mai 1966 mit 266 35-ft-Containern von New York kommend in Rotterdam, Bremen und Grangemouth eingetroffen war. Damit war der Container nicht länger eine in der Hauptsache inneramerikanische Angelegenheit. Die Ausdehnung über den Nordatlantik war für die Amerikaner nur folgerichtig gewesen und im alten Europa mußte man halt zusehen, wie man mit diesen neuen Ideen fertig wurde.

Improvisation war deshalb in der ersten Phase »Trumpf«. Doch sehr schnell zeigte sich, daß es dabei nicht bleiben konnte. Die Errichtung von eigenen Umschlaganlagen mit spezieller Ausrüstung war unumgänglich und diese Erkenntnis setzte sich dann auch innerhalb kürzester Zeit durch. Der Bau einer ganzen Reihe von Terminals wurde mit Hochdruck vorangetrieben. Etliche entstanden auf der »Grünen Wiese«, wie z.B. in Bremerhaven und wenig später in Hamburg.

Dabei war man sich in den Häfen weitgehend darüber im klaren, daß ein Zögern in der Anfangszeit die Attraktivität des Platzes für die Linienverkehre möglicherweise auf längere Zeit beeinträchtigt hätte, und einmal verlorene Verkehre später wieder zurückzuholen, ist äußerst schwierig, besagt eine damals wie heute allgemein gültige Erkenntnis der Hafenwirtschaft. Dennoch ließ sich in den Häfen eine unterschiedliche Investitionspolitik beobachten. Einige errichteten Spezialanlagen erst dann, wenn eine Reederei beschlossen hatte, sie mit Containerschiffen anzulaufen, während die anderen in Erwartung des zukünftigen Bedarfs und als Angebot an die Reedereien zuerst die notwendigen Fazilitäten schufen.

Rechts oben: COLUMBUS LOUISIANA im Hafen von Port Chalmers/Neuseeland. (Foto: Hamburg-Süd) Rechts unten: Göteborg ist Skandinaviens Hauptcontainerhafen, sowohl für Direktanläufe und vor allem auch für Feederverkehre. (Foto: Hafen Göteborg)

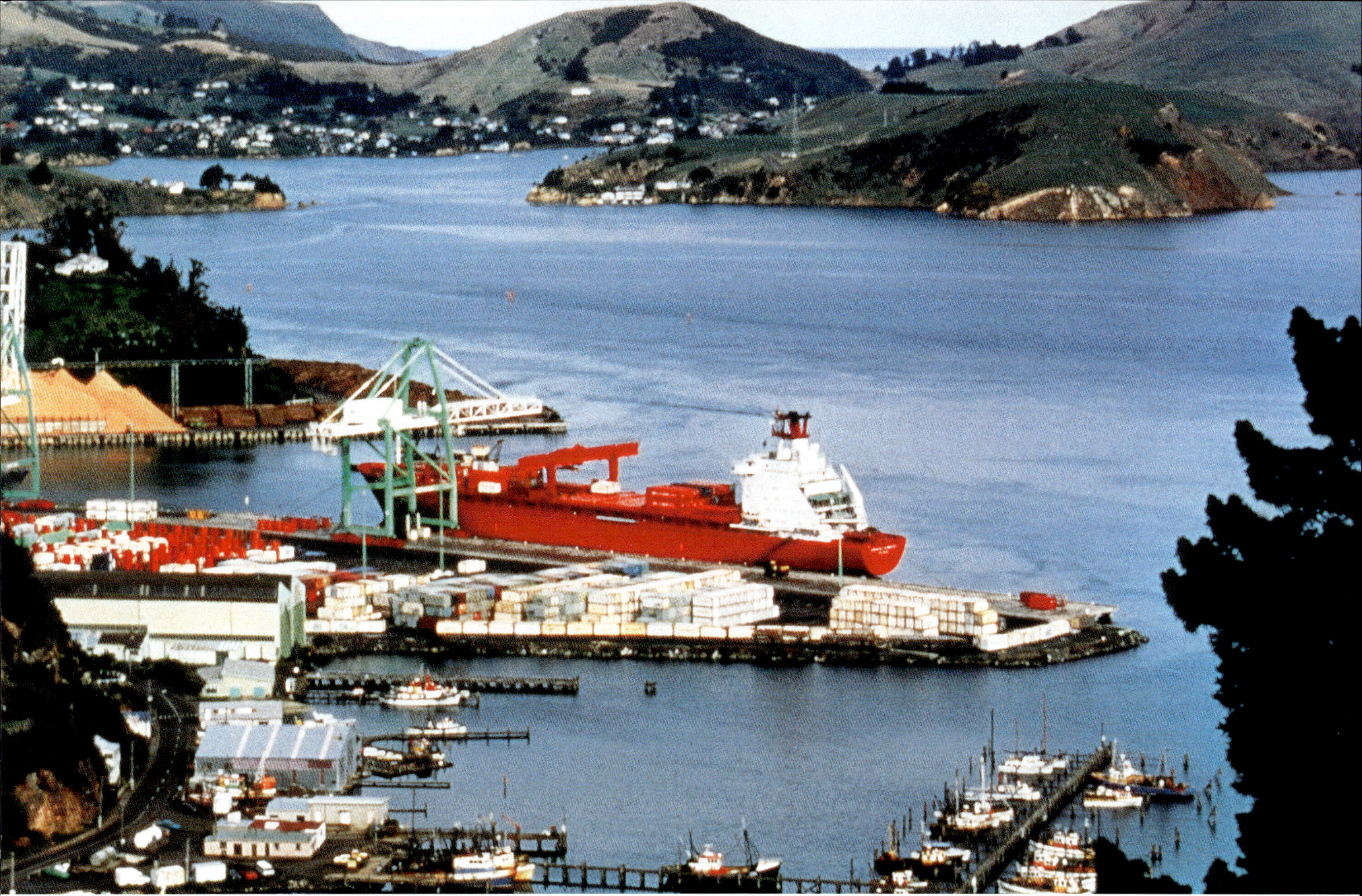

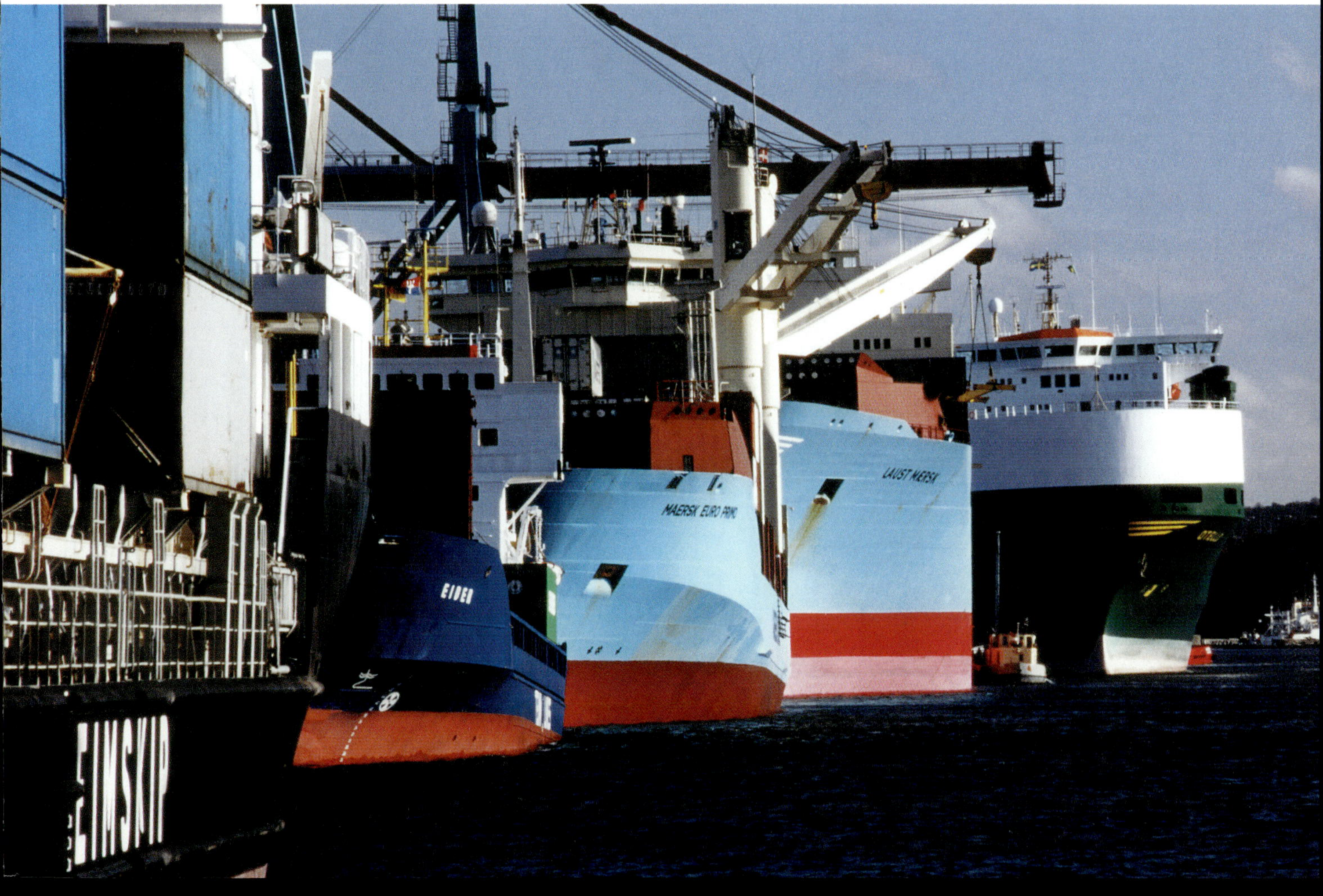
EIMSKIP
EIDER
MAERSK EURO PRIMO
LAUST MÆRSK

Container

Containerumschlag nach Ländern 1974/75 Angaben in TEU nach »Containerization International Yearbook 1977«		
Land	1975	1974
USA	5 638 065	5 382 537
Japan	1 895 995	1 906 832
Großbritannien	1 452 770	1 640 758
Niederlande	1 138 713	1 173 000
Hongkong*	802 238	726 215
Australien	745 350	690 112
Bundesrep. Deutschland	742 119	736 975
Belgien	501 086	507 958
Taiwan	471 065	388 923
Puerto Rico*	452 375	678 650
Kanada	447 459	502 894
Frankreich	395 013	345 274
Italien	309 239	316 188
Schweden	204 179	231 617
Irland	200 817	202 816
Singapur*	191 568	153 411
Dänemark	187 671	194 102
Spanien	179 417	188 340
Israel	143 508	150 170
UdSSR	124 127	90 791
Portugal	100 134	114 714
Philippinen*	95 176	65 773
Norwegen*	65 000	63 000
Südafrika	64 695	37 464
Malaysia	64 464	34 950
Griechenland*	64 184	46 630
Neuseeland	65 569	71 091
Finnland*	58 926	46 969
Jamaika*	51 317	31 200
Brasilien	37 195	26 432
Polen	36 304	24 726
Andere	57 891	21 401
Gesamt	16 981 584	16 791 913

* vertreten nur durch einen Hafen

Letztere gingen zwar ein größeres Risiko ein, zumal die Anlagen nicht gleich rentabel ausgelastet werden konnten, hatten aber die Chance, sich damit kurzfristig neue Containerverkehre zu sichern, was vor allem in der anfänglichen, außergewöhnlichen Expansionsphase sehr wertvoll war.

Obwohl gerade zu Beginn des Containerzeitalters besonders häufig die sogenannte Ein-Hafen-Theorie vertreten wurde, also die Bedienung nur eines Hafens auf jeder Seite des Fahrtgebietes, gelang es trotzdem allen größeren Linienhäfen, nach und nach mehrere Containerdienste auf sich zu ziehen. Jeder dieser Häfen verfügte über ein eigenes großes Hinterland und konnte mit ständig steigenden Umschlagzahlen aufwarten, wobei das Wachstum selbstverständlich unterschiedlich war. Daß es aber dennoch zu gewissen Konzentrationsbewegungen kam, läßt sich nicht leugnen.

Einen Eindruck von den Bemühungen der großen Häfen, ihre Position auch innerhalb des neuen Verkehrssystems nicht nur zu erhalten, sondern möglichst noch zu stärken, gibt der Bericht, den Mrs. Helen Bentley, seinerzeit Präsidentin der US Federal Maritime Commission, über ihre vom 19. April bis 4. Mai 1970 dauernde Europareise schrieb. Über die Aufnahme des Containers in Europa hieß es: »Die Containerisierung hat sich in Europa wie ein Lauffeuer ausgebreitet. Wohin ich immer kam, zu Schiffahrtsunternehmen, Containerterminals und staatlichen Stellen, sprach man fast nur über Containerisierung und Lash-Schiffe. Es wird nicht nur darüber gesprochen, es wird gehandelt. In den bedeutenden Seehäfen werden sowohl Schiffe als auch alle Anlagen für den Containerumschlag gebaut. Dies gilt vor allem für London. Der 20 Meilen entfernte Seehafen von Tilbury, kürzlich voll in Betrieb genommen, ist hier zum Mittelpunkt der Containerisierung geworden. Ein weiterer Hauptcontainerhafen ist das 50 Meilen entfernte Felixstowe. An der Westküste Englands gewinnt Liverpool zunehmend an Bedeutung. In Schweden wird Göteborg zu dem Hauptcontainerhafen für ganz Skandinavien ausgebaut.

Rotterdam und Antwerpen verfügen über moderne Containeranlagen. In der Bundesrepublik sind in Bremen, Bremerhaven und Hamburg ausgezeichnete Anlagen im Ausbau. Jeder der erwähn-

Die Häfen im Containersystem

ten Häfen wird zwischen 10 und 50 Millionen US-Dollar in diese modernsten Containereinrichtungen investieren. Die endgültige Investitionssumme für Hamburg, wo erstklassigen Anlagen bereits in Betrieb sind und weitere Containerkais gebaut werden, beträgt dem Vernehmen nach ca. 200 Mio. Dollar. Das zeigt, daß man sich dort voll ins Geschäft stürzt.

Obwohl Hamburg hervorragende Einrichtungen bietet, bestehen dort allerdings ernste Sorgen, ob man den Containerdienst aufrechterhalten kann. Der 40 Meilen von See entfernt liegende Hafen ist nur über einen gewundenen Flußlauf zu erreichen. Bremerhaven als nördlicher Seehafen Bremens wird heute schon als wirklicher Containerhafen der Bundesrepublik angesehen. In Hamburg ist man jedoch nicht untätig geblieben und hat Land im Elbmündungsgebiet erworben, das ähnlich wie Bremerhaven zu einem ›Hamburghaven‹ ausgebaut werden kann….« Soweit die Erkenntnisse der Frau Bentley. Mit dem Landkauf in der Elbmündung meinte sie die seinerzeitigen Pläne der Hansestadt, die Insel Neuwerk zu einen Vorhafen für Hamburg auszubauen. Diese Pläne zielten allerdings damals nicht auf den Containerumschlag ab, sondern auf die Schaffung eines Standortes für stark rohstoffabhängige Industriebetriebe – in erster Linie ging es dort um einen möglichen Massengutumschlag.

Nun, zu einem »Hamburghaven« welcher Art auch immer ist es zwar nicht gekommen, obwohl bis heute in der einen oder anderen Art darüber immer wieder diskutiert wird. Insgesamt aber verdeutlicht der Bericht, daß viele Häfen bestrebt waren, leistungsfähige Anlagen zu schaffen. Den Reedereien blieb somit die Freiheit erhalten, unter mehreren möglichen Häfen den auszusuchen, der ihren Anforderungen am ehesten entsprach, wobei in etwa folgende Kriterien, die auch heute noch ihre Berechtigung haben, wichtig waren:
– Anlauf- und Abfertigungskosten pro Frachttonne oder pro Container
– Marketinggesichtspunkte im Verhältnis zwischen Reeder und verladender Wirtschaft
– Lage des Hafens zur See und zum Hinterland
– technische und organisatorische Voraussetzungen des Hafens.

Grundsätzlich ist dazu zu sagen, daß die Häfen in ihren Investitionen den Anforderungen der Schiffe folgten oder sich abzeichnenden Anforderungen möglichst voraus sein mußten, und zwar möglichst noch vor der Konkurrenz. Allein die Schiffe bestimmen das Ausmaß und die Technik des Umschlages nebst der dazugehörigen Fazilitäten.

Im Vorcontainer-Zeitalter waren die Häfen bestrebt, den differenzierten Anforderungen der Schiffe möglichst viel universell einsetzbare Kapazitäten entgegenzusetzen, um weitgehend »allround« zu sein und um durch eine hohe Kapazitätsausnutzung kostengünstig arbeiten zu können. Mit der Einführung des Containerverkehrs – und später weiterer Spezialverkehre – ging das Zeitalter dieser Allroundanlagen zumindest für die größeren Häfen relativ rasch zu Ende. Eine kostspielige Spezialisierung trat an ihre Stelle. Sie brachte auch aus dieser Sicht Probleme mit sich, denn der Zwang, die vorhandenen oder noch zu bauenden Kapazitäten auszulasten blieb nicht nur, sondern nahm sogar an Schärfe in dem Maße zu, wie die Höhe der erforderlichen Investitionen wuchs. Nicht zu überhören waren in jener Zeit die Stimmen, die die Häfen davor warnten, die kostenintensive Methode des konventionellen Stückgutumschlags gegen eine noch kostenintensivere einzutauschen. Die exorbitant hohen Investitionen für die Containerisierung wurden in Anbetracht der noch ungewissen Ergebnisse damals vielfach noch als reine Geldverschwendung bezeichnet.

Doch die Notwendigkeit, den Forderungen der Reeder nachzugeben, war geradezu zwanghaft, um nicht gegenüber den Konkurrenten ins Hintertreffen zu geraten. Für die Reedereien lag der mit dem Containerschiff zu erzielende Rationalisierungseffekt ja gerade in der Mechanisierung und Beschleunigung des Hafenumschlages, dessen wesentliches Kennzeichen im konventionellen Bereich damals trotz des Einsatzes vielseitiger technischer Hilfsmittel die hohe Personalintensität war. Sie war für beide Seiten mit hohen Kosten verbunden. Hinzu kam für die Hafenwirtschaft als nicht zu unterschätzendes Antriebsmoment, daß der stetig steigende Außenhandel, nicht zuletzt stimuliert durch die zunehmende Arbeitsteilung in der Welt, hinsichtlich seiner Massenhaftigkeit mit konventionellen Methoden immer schwerer zu bewältigen war.

Wie alle anderen an der Transportkette Beteiligten, betraten auch die Häfen überall technisches Neuland. Verbunden war der Schritt ins Ungewisse mit umfangreichen Investitionen, die innerhalb kürzester Zeit zu tätigen waren:
– für die großen Freiflächen, die für die abzustellenden vollen und leeren Container zu schaffen waren. Die Oberfläche mußte den speziellen Belastungen durch gestapelte Container und durch schweres Transportgerät gewachsen sein.
– Spezielle Kräne – Containerumschlagbrücken – waren anzuschaffen, die ein schnelles, genaues und sicheres Positionieren der Container gestatteten.

Die Zahl der Häfen, die weltweit von vollbeladenen Mega-Containerschiffen angelaufen werden können, ist eher klein. Die SOVEREIGN MAERSK schafft es in Bremerhaven gerade noch. (Foto: Maersk Deutschland)

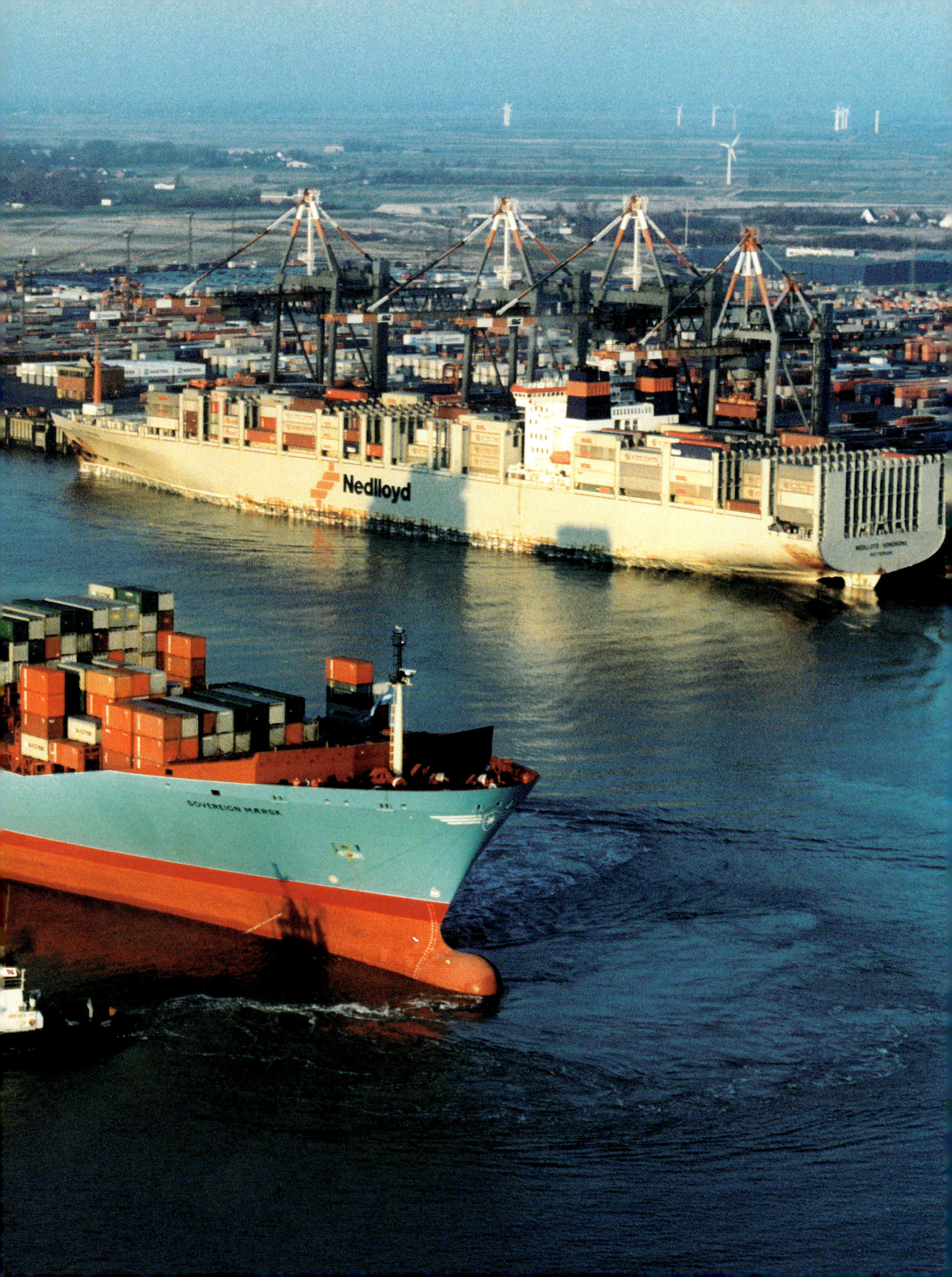
Nedlloyd
SOVEREIGN MÆRSK

Container

Kleinere Häfen werden über Feederdienste in die Containerverkehre einbezogen. (Foto: Emder Hafenförderungsgesellschaft)

- Flurfördergeräte mit bis dahin nicht gekannten Abmessungen für den Flächentransport auf dem Terminal mußten in ausreichender Zahl vorhanden sein.
- Hallen waren zu errichten, in denen Güter gesammelt und ein Teil der Container witterungsgeschützt be- und entladen werden konnte.
- Weiter waren Parkplätze, Eisenbahnanschlüsse samt vorgelagerten Rangierbahnhöfen, Werkstätten, Büros und sonstige Nebengebäude zu bauen.

All das verschlang, zusammen mit einer Vielzahl weiterer Maßnahmen, rasch stattliche Millionenbeträge. Dadurch ergab es sich praktisch von selbst, daß sich die Containerumschlaganlagen auch in den großen Häfen zunächst vielfach auf nur einen Platz konzentrierten, in Abkehr von der bis dahin vielfach geübten Praxis, zumindest möglichst jeder größeren Reederei einen eigenen Schuppen – jetzt Containerterminal – bieten zu können.

Weiter hatten sich die Häfen im Zuge der Containerisierung auf eine Vielzahl von Systemen bzw. Entwicklungen einzustellen. Sie reichten von der weitgehenden Konzentration der Zu- und Abläufe der Container auf die Schiene oder auf die Straße bis hin zu Mischungen beider Verkehrsträger. Sie reichten vom überwiegend Haus/Haus-Verkehr bis hin zu solchen Verkehren, die mehr von Pier/Pier-Containern geprägt waren. Eine Linie setzte auf Semi-Containerschiffe, andere sahen das Optimum in Vollcontainerschiffen. Entsprechend mußten die Terminals konzipiert und vor allem der Flurfördergerätepark zusammengesetzt sein. Immer aber galt es, hinter bzw. vor den Liegeplätzen der Schiffe ausreichend Flächen für den Zwischenstau der Im- und Exportcontainer zu schaffen. Mit der rasanten Zunahme der umzuschlagenden Container wuchs auch der Bedarf an immer mehr Fläche. Diesem Bedarf nachzukommen, brachte etliche Häfen in arge Platznot, so daß immer mehr Terminals an den Rändern der bestehenden Anlagen entstanden, sozusagen auf der »grünen Wiese«. Auch in den Häfen selbst konnten in gewissen Grenzen durch den Abriß von Lagerschuppen und das Zuschütten von Hafenbecken Flächen für immer mehr Containerverkehre geschaffen werden.

Aber es gab eine ganze Reihe von Plätzen, die derartig unter Raumknappheit litten, daß sie keine Möglichkeit hatten, in die Fläche zu gehen. Deshalb blieb ihnen nichts anderes übrig, als in die Höhe zu gehen und Containersilos oder Container-Hochregale zu bauen. Andere konzipierten besondere Stapelsysteme, bei dem die vom Seeschiff kommenden Container mit Flurfördergeräten in die Lagerzone verbracht, dort mit fahrbaren Bockkränen (Transtainer) bis zu sechsfach hoch angehoben und unmittelbar nebeneinander gestapelt wurden. Zwar wurde hierbei vergleichsweise wenig Platz benötigt, jedoch waren die organisatorischen Schwierigkeiten erheblich. Sie bestanden darin, daß die Container nur in der Reihenfolge zum Schiff transportiert oder zum Weitertransport ins Binnenland angefaßt werden konnten, wie sie gestapelt waren. Es gab also keine Möglichkeit, an untere Container heranzukommen, es sei denn, daß zeitraubende Umstapelungen in Kauf genommen wurden.

Gleiches trifft für Silos und Hochregale zu. Die Silos stellen praktisch an Land montierte Containerschiffszellen dar, in denen die Container in Schichten übereinander gestapelt sind. Die Bewegungen der Boxen werden durch Überkopfkräne vorgenommen, die wie schiffseigene Containerkräne den Silo überspannen. Das Hochregalsystem basiert dagegen auf dem Prinzip des Palettenhochregals. Dazu drei Beispiele.

Für den Containerterminal Tokio wurde 1975/76 ein fünfgeschossiges Lagerhaus entwickelt, aus dem jeder Container jederzeit ohne Umstapelung herausgeholt werden konnte. Auch Lkw mit Hängern konnten in jedes Geschoß einfahren. Aus Platzgründen gab es statt einer Auffahrt einen Mehrzweckfahrstuhl sowohl für Container wie für Lastzüge. Er war mit einer Fahrkorbfläche von 20 x 4,5 m, 50 t Belastbarkeit und 35 m Hubhöhe seinerzeit der größte der Welt.

Schon vorher, Mitte 1974, hatten in Hongkong zwei Spezialliftanlagen für Container in einem elfstöckigen Gebäudekomplex den Betrieb aufgenommen. Sie beschickten das 55 m hohe Lagerhaus längs dessen Außenwand. Container mit Größen bis zu 40 ft und Gewichten bis zu 30,5 t wur-

Die Häfen im Containersystem

den außen bis zur Höhe des entsprechenden Stockwerkes gehoben und dort in das Innere des Gebäudes eingefahren, wo die Entleerung oder das Beladen mit Gabelstaplern erfolgte. Auf jeder Etage war Raum für zwei Container gleichzeitig – ein Packing Center also, mit dem man in die Vertikale ausgewichen ist.

Im Elbehafen Hamburg hat der Eurokai-Terminal Mitte 1975 eine Containerstaplerlage in Betrieb genommen. Die zunächst zwei, später drei schienengebundenen Containerstapler (Constapler) ermöglichten auf einer Fläche von ca. 15 000 qm die Stapelung von rund 3800 Containern in elf Reihen nebeneinander und bis zu fünf Lagen hoch. Die automatisch über Prozeßrechner gesteuerten Kräne trugen wesentlich zur Erhöhung der Umschlagkapazität des Terminals bei. Diese Prozeßrechner-gesteuerte Containerstaplerlage war die erste ihrer Art in der Welt.

In der Zwischenzeit sind alle diese Systeme natürlich, wie auch das Containertransportsystem in seiner Gesamtheit, weiterentwickelt und optimiert worden. Anders hätte die sprunghafte Zunahme der Containerverkehre an der Schnittstelle Hafen auch gar nicht bewältigt werden können.

*

Werfen wir einen kurzen Blick auf das die Wachstumsentwicklung der großen Containerhäfen in der Welt: Danach ist der weltweite Containerumschlag in den zwanzig Jahren zwischen 1974 und 1994 von 16,6 Mio. TEU auf 125 Mio. TEU gewachsen. Dieses rasante Wachstum hat seine Ursache vor allem in dem ebenso rasanten Anstieg der industriellen Produktion in den Ländern Südostasiens einschließlich Chinas. Folgerichtig haben die Häfen dieser Region auch am stärksten von dieser Entwicklung profitiert. In den genannten zwei Jahrzehnten hat sich der Anteil Asiens am weltweiten Containerumschlag von 21 Prozent in 1974 auf beinahe 48 Prozent in 1994 mehr als verdoppelt. Das Wachstum des Containeraufkommens in Europa und Nordamerika ist deutlich hinter dieser spektakulären Entwicklung zurückgeblieben. Im Vergleich mit den genannten Erdteilen sind Afrika, Ozeanien sowie Süd- und Mittelamerika für den Containerverkehr bislang eher unbedeutende Regionen.

Was die Umschlagentwicklung in den ganz großen Containerhäfen der Welt betrifft, in der Gruppe der »Top ten«, so hat es dort ständig Verschiebungen zugunsten südostasiatischer Plätze gegeben, was das vorher gesagte noch bestätigt. Außerdem ist festzuhalten, daß die Anzahl der in diesen »Top ten«-Häfen umgeschlagenen Container in dem genannten Zeitraum zwar gewaltig zugenommen hat, von von 7,1 Mio. TEU auf 47,9 Mio. TEU, ihr Anteil am Gesamtumschlag in der Welt jedoch im Laufe dieser Zeit von 42,8 Prozent auf 38,3 Prozent abnahm. Gesondert zu betrachten ist die Periode zwischen 1974 und 1990. In dieser Zeit ist der weltweite Containerumschlag um 415 Prozent auf 85,5 Mio. TEU gestiegen, der in den zehn größten Häfen aber »nur« um 322 Prozent auf 30,0 Mio. TEU, was den Anteil am Gesamtumschlag noch mehr auf 35,1 Prozent verringerte. Zwischen 1990 und 1994 wuchsen die »Top ten« dann schneller als der weltweite Containerumschlag, so daß sie ihren Anteil wieder auf 38,3 Prozent bringen konnten.

Bis 1980 hat New York die Rangliste der größten Containerhäfen in der Welt angeführt. 1981 bis 1986 übernahm Rotterdam diesen Platz und 1987 war mit Hongkong erstmals ein südostasiatischer Hafen die Nummer eins. 1990/91 war es Singapur, und seitdem liegen diese beiden Plätze meistens irgendwie Kopf an Kopf vorn.

Die Rangliste der »Top ten« bestand 1974 aus fünf amerikanischen, drei asiatischen und zwei europäischen Häfen. 1994 befanden sich bereits sechs asiatische Häfen auf der Liste, wobei drei von ihnen die Spitze bildeten: Hongkong, Singapur und Kaohsiung. Es ist abzusehen, daß auch in Zukunft Häfen dieser Region auf den ersten Plätzen liegen werden, ungeachtet der seit zwei, drei Jahre andauernden ökonomischen und auch politischen Krisen in diesen Län-

Containerumschlag in den »Top ten«-Häfen 1974–1994

Häfen	1974	Häfen	1994
New York	1,658	Hongkong	11,100
Rotterdam	1,116	Singapur	10,460
Kobe	839	Kaohsiung	4,900
Hongkong	726	Rotterdam	4,539
San Juan	679	Busan	3,825
Oakland	545	Kobe	2,916
Seattle	430	Hamburg	2,726
Bremen	420	Long Beach	2,529
Tokio	371	Los Angeles	2,529
Hampton Roads	362	Yokohama	2,310

1000 in TEU

(Quelle: Containerisation International)

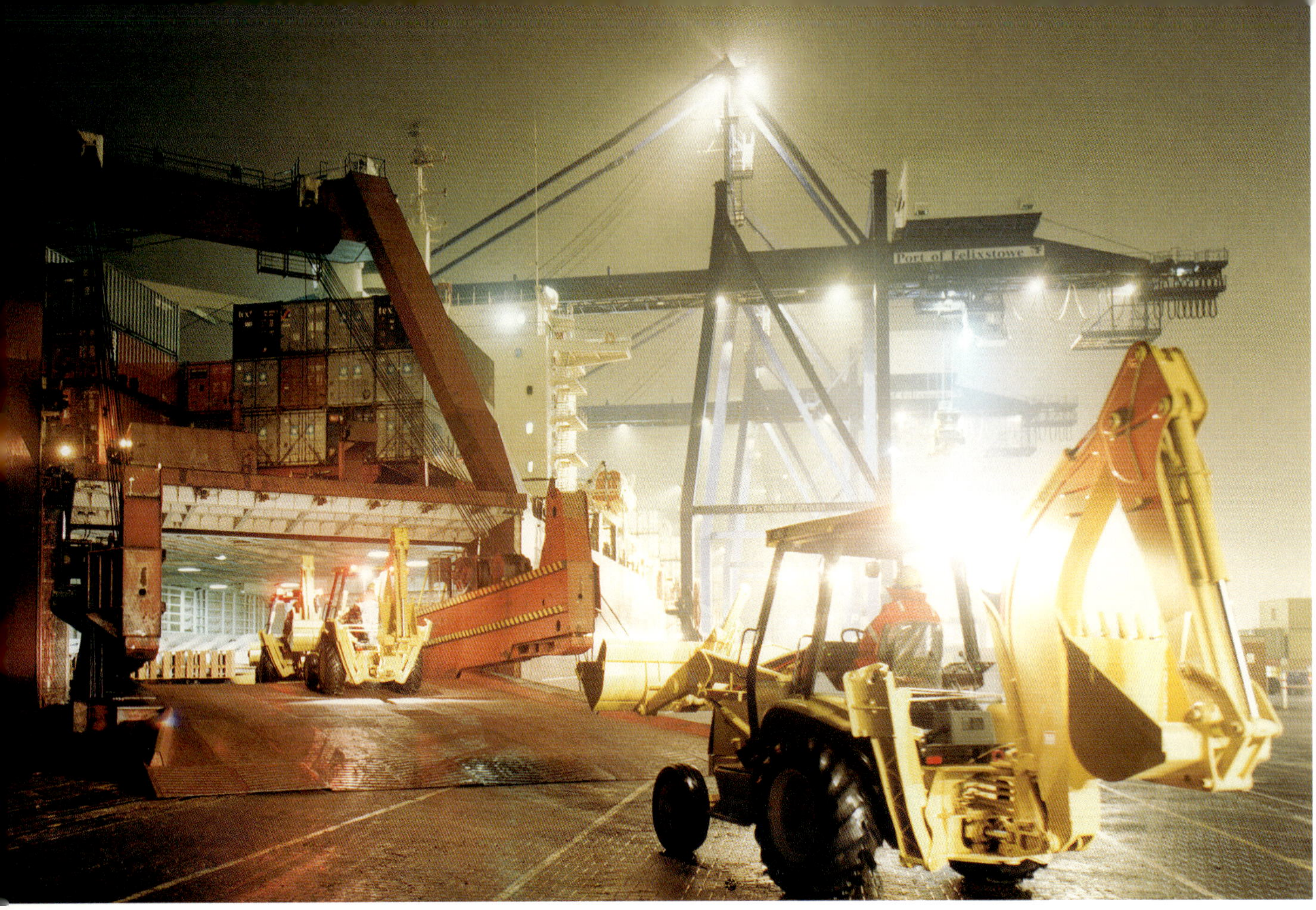
Port of Felixstowe

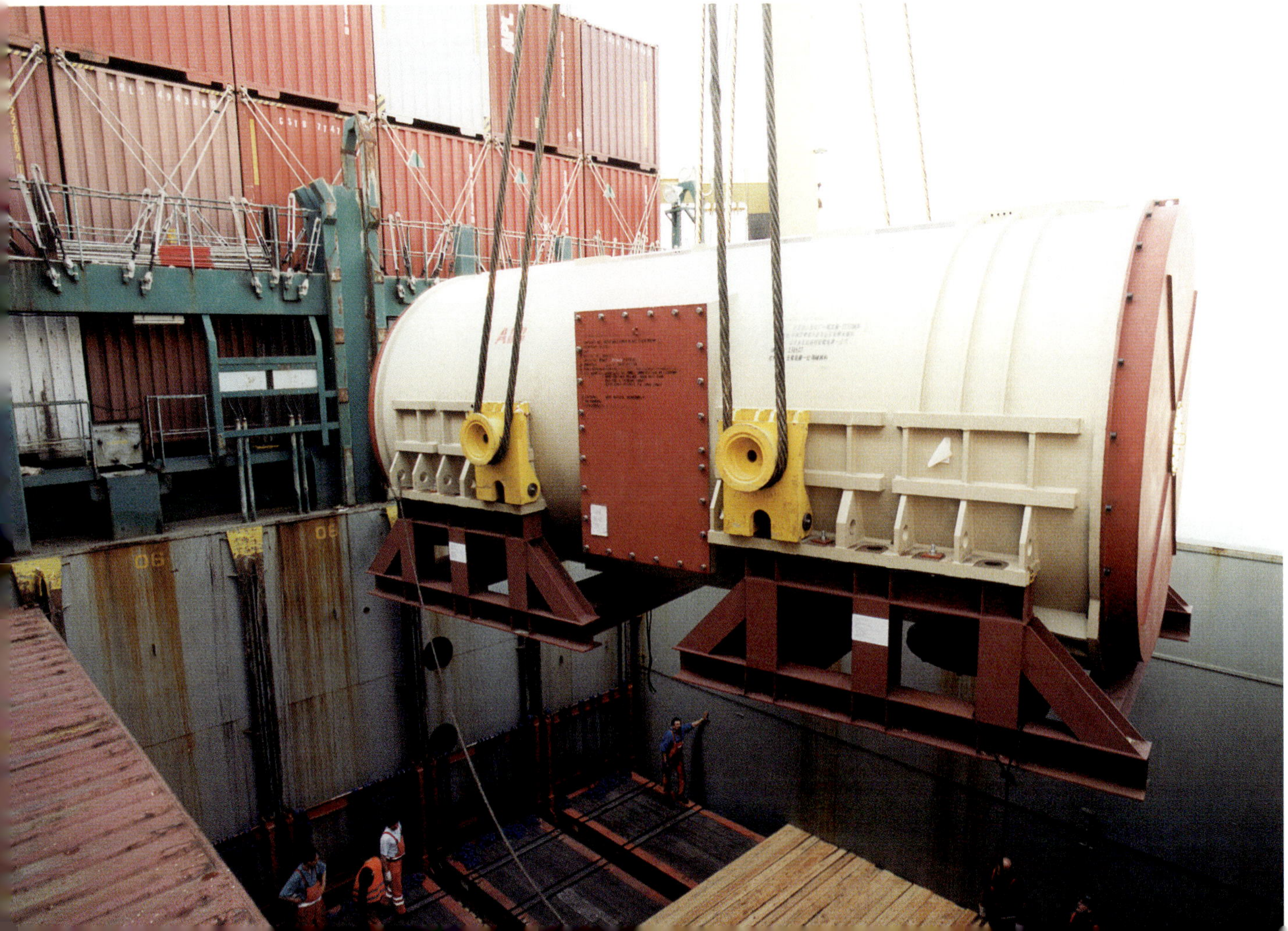

Oben: Auch auf diese Weise läßt sich der Transport von Containern und rollender Ladung kombinieren.
(Foto: Archiv HJW)

Links oben: Brasilianisches RoRo-Containerschiff BETELGEUSE (30 225 BRZ) bei nächtlicher Beladung in Felixstowe.
(Foto: Richman & Ass./Transroll)

Links unten: Dank des Einsatzes von Platforms ist auch der Transport von Schwerstücken, wie hier eines 253 t schweren Generators auf der 51 836 BRZ großen HYUNDAI BARON, für Containerschiffe kein Problem.
(Foto: BLG)

dern. Der taiwanesische Hafen Koahsiung hat 1993 Rotterdam vom dritten Platz der Weltrangliste verdrängt, und wenig später schob sich Busan immer dichter an Europas größten Containerumschlagplatz heran. Der Hafen von New York, wie erwähnt bis Anfang der achtziger Jahre der wichtigste Containerhafen der Welt, war 1994 bis auf Rang zwölf abgefallen, 1998 auf Rang 14.

Nach jüngsten Zahlen hat sich in der Rangliste der zehn größten Containerhäfen in der Welt nicht allzuviel geändert. Allerdings ist der Hafen von Kobe durch das schwere Erdbeben im Januar 1995 aus der Rangliste verschwunden. Andere japanische Häfen, vor allem Yokohama, konnten dadurch viel zusätzliche Ladung auf sich ziehen. So ist Yokohama in der Rangliste 1997 dann auch auf Platz zehn zu finden, Kobe auf Platz 16. Einen großen Sprung nach vorn konnte Antwerpen vollziehen. Der Hafen, der 1997 auf Platz zehn und 1998 sogar bereits auf Platz acht vorgerückt ist, hat die Riege der europäischen Häfen in der Zehnergruppe auf drei verstärkt. 1998 ist mit Dubai erstmals ein Mittelosthafen ganz dicht an die Gruppe der »Top ten« herangestoßen. Interessant ist aber auch noch ein kurzer Blick auf die zehn nächstgrößten Häfen, unter denen sich weitere südostasiatische Umschlagplätze befinden: Manila als Haupthafen der Philippinen, Keelung auf Taiwan und Tanjung Priok

Container

	Containerumschlag der 20 wichtigsten Containerhäfen der Welt						
Hafen	1997	TEU 1998	1999	Differenz zum Vorjahr 1998	1999	prozent. Veränd. z. VJ 1998	1999
1 Hongkong	14 386 000	14 582 000	16 200 000	196 000	1 618 000	1,4 %	11,1 %
2 Singapur	14 135 200	15 136 000	15 945 000	1 000 800	809 000	7,1 %	5,3 %
3 Kaohsiung	5 693 339	6 271 053	6 985 361	577 714	714 308	10,1 %	11,4 %
4 Rotterdam	5 494 698	6 010 502	6 343 020	515 804	332 518	9,4 %	5,5 %
5 Pusan	5 233 880	5 752 955	6 310 664	519 075	557 709	9,9 %	9,7 %
6 Long Beach	3 504 603	4 097 689	4 408 480	593 086	310 791	16,9 %	7,6 %
7 Shanghai	2 520 000	3 066 000	4 210 000	546 000	1 144 000	21,7 %	37,3 %
8 Los Angeles	2 959 715	3 378 218	3 828 852	418 503	450 634	14,1 %	13,3 %
9 Hamburg	3 337 477	3 546 940	3 738 307	209 463	191 367	6,3 %	5,4 %
10 Antwerpen	2 969 189	3 265 750	3 614 246	296 561	348 496	10,0 %	10,7 %
11 Dubai	2 600 102	2 804 104	2 844 634	204 002	40 530	7,8 %	1,4 %
12 New York	2 456 866	2 465 993	2 828 878	9 127	362 885	0,4 %	14,7 %
13 Tokio	2 382 625	2 494 826	2 695 315	112 201	200 489	4,7 %	8,0 %
14 Felixtowe	2 251 379	2 523 639	2 610 000	272 260	86 361	12,1 %	3,4 %
15 Port Kelang	1 684 506	1 820 018	2 550 419	135 512	730 401	8,0 %	40,1 %
16 Tanjungpriok	1 670 744	1 898 069	2 273 303	227 325	375 234	13,6 %	19,8 %
17 Gioia Tauro	1 448 492	2 125 640	2 253 401	677 148	127 761	46,7 %	6,0 %
18 Bremerhaven	1 703 219	1 812 441	2 180 955	109 222	368 514	6,4 %	20,3 %
19 Manila	2 117 076	1 854 684	2 147 920	-262 392	293 236	-12,4 %	15,8 %
20 Yokohama	2 327 937	2 057 560	2 129 580	-270 377	72 020	-11,6 %	3,5 %
	80 877 047	86 964 081	96 098 335	6 087 034	9 134 254	7,5 %	10,5 %

Entwicklung des Container-Umschlagaufkommens

- Entwicklung und Prognose des Container-Umschlagaufkommens

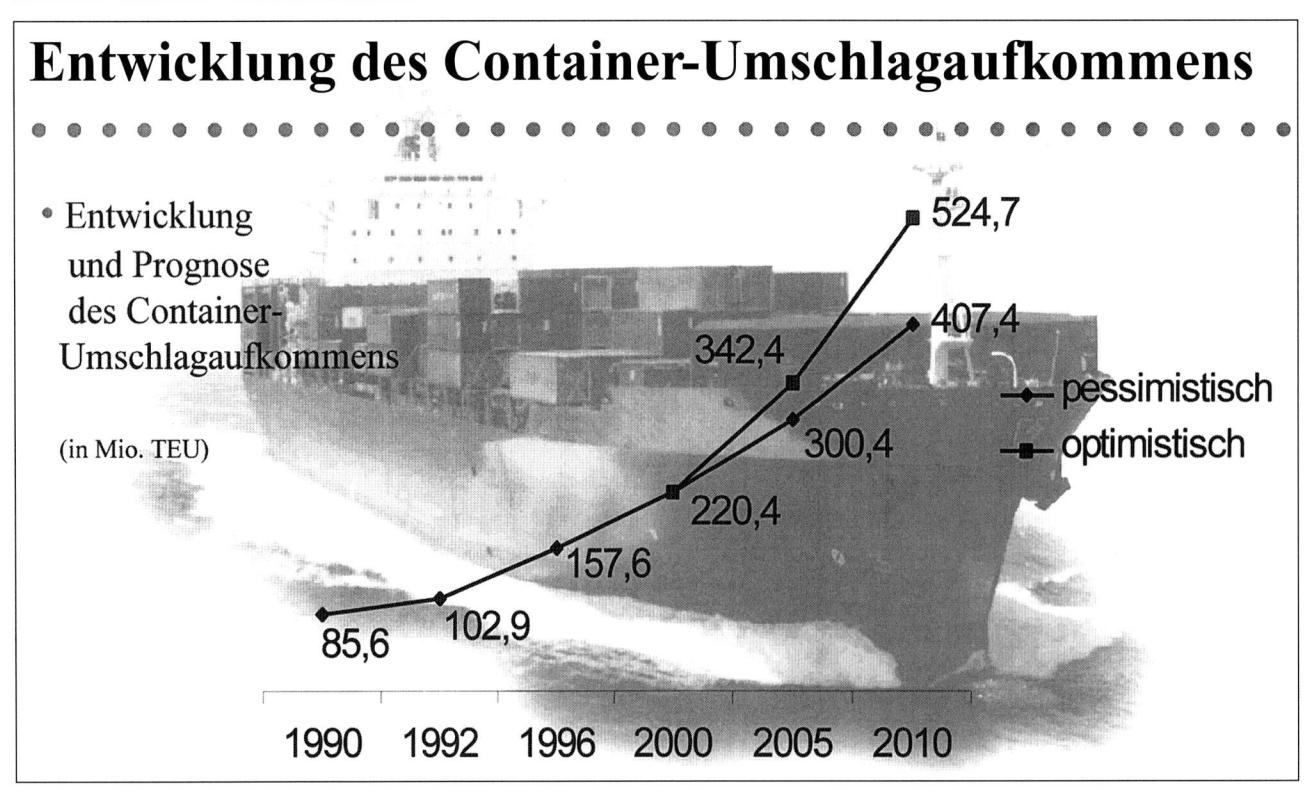

(in Mio. TEU)

- pessimistisch
- optimistisch

85,6 (1990) · 102,9 (1992) · 157,6 (1996) · 220,4 (2000) · 300,4 / 342,4 (2005) · 407,4 / 524,7 (2010)

Quelle: OSC/Hansa Mare Reederei, 1997-Global Container Port Demand and Prospect

Die Häfen im Containersystem

Entwicklung Warenaustausch 1999

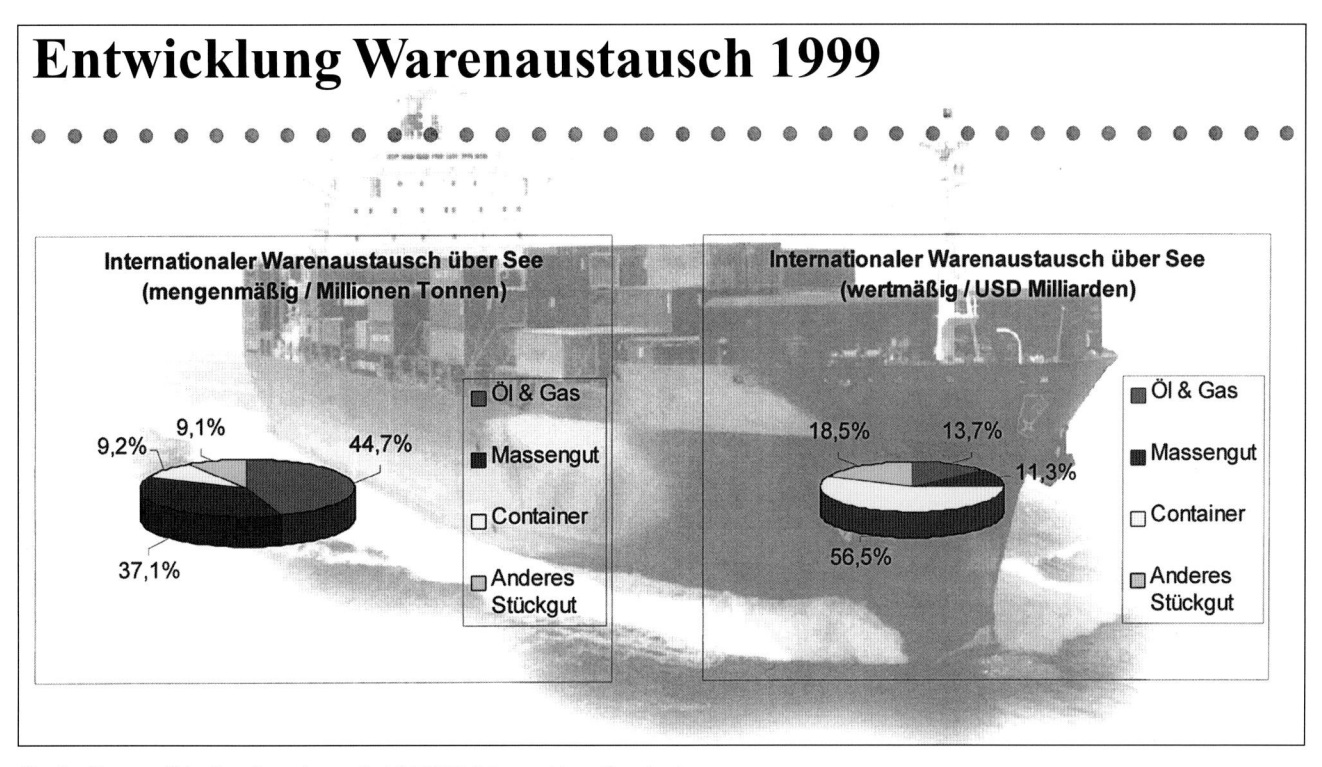

**Internationaler Warenaustausch über See
(mengenmäßig / Millionen Tonnen)**

- 9,2%
- 9,1%
- 44,7%
- 37,1%

- Öl & Gas
- Massengut
- Container
- Anderes Stückgut

**Internationaler Warenaustausch über See
(wertmäßig / USD Milliarden)**

- 18,5%
- 13,7%
- 11,3%
- 56,5%

- Öl & Gas
- Massengut
- Container
- Anderes Stückgut

Quelle: Drewry Shipping Consultants & UNCTAD/Hansa Mare Reederei

in Indonesien. Bei diesen ganzen Statistiken darf allerdings der Hinweis nicht fehlen, daß sie alle doch irgendwie unterschiedlich ausfallen. So genau darf man sie also insgesamt alle nicht nehmen, denn mit Statistiken läßt sich bekanntlich alles belegen oder beweisen. Trotz dieses Vorbehalts sind aber doch immer Trends erkennbar.

In einer Anfang 1996, also noch vor der sogenannten Asienkrise, vorgelegten Studie der britischen Ocean Shipping Consultants (OSC) hieß es über die voraussichtliche weitere Entwicklung, daß sich die Containerhäfen in aller Welt in den nächsten 15 Jahren auf einen weiteren kräftigen Anstieg des Umschlagaufkommens einstellen könnten. Wurden 1995 etwa 141,6 Mio. TEU umgeschlagen, so sei im Jahr 2000 mit 220 Mio. TEU zu rechnen – ein Anstieg um 57 Prozent.

Für die Entwicklung bis zum Jahr 2010 unterstellten die Briten zwei Szenarien: Im ersten Fall wurde davon ausgegangen, daß sich der Handel weiter frei entwickelt und nicht durch protektionistische Maßnahmen innerhalb der OECD-Länder eingeschränkt wird. Vorausgesetzt wird, daß vor allem für die wesentlichen Containerrouten zwischen USA und Japan, den USA und Westeuropa sowie Westeuropa und Japan keine zusätzlichen Handelsbarrieren aufgebaut werden, die das Transportwachstum behindern könnten. Unter diesen Voraussetzungen, so schätzen die OSC-Fachleute, dürfte das Umschlagaufkommen bis zum Jahre 2010 weltweit auf über 465 Mio. TEU ansteigen.

Das zweite Szenario geht dagegen von zunehmenden protektionistischen Maßnahmen im Verkehr zwischen Nordamerika, der Europäischen Union, Japan und China aus. Dadurch werde das Wachstum des Containerverkehrs beeinträchtigt. Doch auch unter dieser Annahme dürfte das Umschlagaufkommen auf 390,8 Mio. TEU steigen.

Die optimistischen Prognosen der britischen Experten basierten überwiegend auf der dynamischen Entwicklung verschiedener südostasiatischer Länder, vor allem Koreas, Taiwans, Singapurs, Thailands und Malaysias. Außerdem sind sie der Meinung, daß die Containerisierung, die von den entwickelten Märkten in Europa, Nordamerika und Japan bereits vollzogen wurde, auch in den Entwicklungsländern weiter voranschreiten wird. Auf jeden Fall werde, so heißt es, die Dominanz der asiatischen Häfen weiter zunehmen, und zwar so, daß bereits im Jahre 2000 dort etwa jede zweite im weltweiten Containerverkehr bewegte Box umgeschlagen wird. Die europäischen Häfen würden im Vergleich dazu weiter an Bedeutung verlieren, gleiches gelte für Nordamerika.

Die engen Fahrpläne der Schiffe setzen Tag- und Nachtbetrieb an den Terminals voraus. (Foto: Ceres)

Hafenseitig war in den Anfangsjahren zunächst vermutet worden, daß die kostspielige Anpassung an die Erfordernisse des Containerverkehrs sich folgenschwer auf die Struktur der gesamten Hafenwirtschaft auswirken würde. Für ganze Branchen und Funktionen bestünde die Gefahr, so war zu hören, daß sie völlig aus dem Geschäft verdrängt und sich ihre Tätigkeit ins Binnenland verlagern würde. Man glaubte, daß nur wenige große Betriebe eine Chance hätten, sich innerhalb des neuen Verkehrssystems zu behaupten. Diese düsteren Prognosen, die damals keineswegs nur vereinzelt zu hören waren, haben sich so nicht bewahrheitet. Allerdings stimmt es, daß es in den Häfen zu Umstrukturierungen gekommen ist und der Containerverkehr darüber hinaus die Schaffung leistungsfähigerer Unternehmen durch Zusammenschlüsse bereits bestehender Betriebe begünstigt hat. Diese Prozesse, die zunächst durchaus als moderat zu bezeichnen waren, haben allerdings in jüngster Zeit wohl im Zuge der vielbeschworenen Globalisierung an Dynamik gewonnen.

So hat sich im Laufe der Jahre die traditionelle Umschlagleistung der Seehäfen im Container-Bereich durch die Zunahme der Haus/Haus- (FCL/FCL) Verkehre mehr und mehr auf einen reinen Dienstleistungsvorgang mit oder ohne Zwischenlagerung für Container reduziert. Diese Ausdünnung in der Verkehrsfunktion verschärft gleichzeitig die Wertschöpfungs- und Arbeitsplatzproblematik in den Seehäfen, denn das arbeitsintensive Beladen (stuffing) und Entladen (stripping) von Containern wird heute zunehmend direkt beim Verlader bzw. Empfänger oder in den binnenländischen Knotenpunkten, etwa den Binnenterminals oder Güterverteilzentren, vorgenommen. Es gibt zwar noch Packhallen im Bereich der Terminals, aber ihre Zahl hat sich deutlich verringert.

Diesen Verlusten bei den traditionellen Seehafenfunktionen stehen auf der anderen Seite jedoch auch Gewinne gegenüber, so daß sich insgesamt gesehen die Bedeutung der Seehäfen nur verlagert, sie aber keineswegs abgenommen hat. So ist ein Seehafen als natürliches Bindeglied innerhalb der seewärtigen Transportketten dank

Das 5364-TEU-Containerschiff EVER ULTRA am Evergreen-Terminal in Kaohsiung. Davor das 2728-TEU-Schiff EVER GRACE. (Foto: Evergreen)

Die Häfen im Containersystem

seiner strategischen Position geradezu dazu prädestiniert, die Disposition von Transportketten stärker wahrzunehmen. Befähigt wird der Seehafen zur Organisation und Durchführung dieser physischen Bündelungs- und Verteilerprozesse vor allem durch die hohe Datenverfügbarkeit sowie in wachsendem Maße durch die Möglichkeit, aufgrund leistungsfähiger Informations- und Kommunikationssysteme den an den Verkehrsprozessen beteiligten Partnern Informationen zur Verfügung zu stellen, die die Container nicht nur begleiten, sondern ihnen sogar vorauseilen. Als weiterer Gewinn kommt hinzu, daß sich die Seehäfen vermehrt und mit wachsenden Erfolg als Distributionszentren anbieten.

Heute wird das Routing der Container weitgehend von den Linienschiffahrtsunternehmen, den Containerreedereien bestimmt, was sich einerseits aus dem intermodalen Charakter des Transporthilfsmittels Container ergibt, zum anderen aus den gewachsenen Forderungen, logistische Leistungen aus einer Hand erbringen zu lassen. Das hat Auswirkungen sowohl auf die Art der Hinterlandtransportmittel, wie auch auf die Auswahl der anzulaufenden Häfen, die wiederum, damit sie im Wettbewerb bestehen können, alle Anstrengungen unternehmen müssen, um in Sachen Produktivität und Service möglichst ganz vorn zu sein.

Die Produktivität der einzelnen Häfen hängt von ihrer Fähigkeit ab, die vorhandenen menschlichen und sachlichen Kapazitäten optimal einzusetzen. Reine Umschlagzahlen sind dafür nicht unbedingt aussagekräftig, eher schon technische Kennzahlen, wie die zur Verfügung stehende Fläche pro Liegeplatz oder pro Containerbrücke, Kaimeter pro Kran usw. Miteinbezogen in eine Bewertung muß auch die personelle Leistungsfähigkeit, was sich dann zusammen ausdrückt in der Anzahl der umgeschlagenen Container pro Stunde, pro Schicht, pro Kaimeter bzw. Quadratmeter Stellfläche, Umschlag pro Brücke pro Stunde oder Umschlag pro Schiff und Liegeplatz. Alle diese technischen Kennzahlen können jedoch einerseits höchste Werte erreichen, sie lassen sich andererseits aber ganz schnell durch zusätzliche Einflüsse wieder relativieren, etwa durch die Streikfreudigkeit bzw. -bereitschaft der Hafenmitarbeiter.

Generell kann davon ausgegangen werden, daß die Produktivität in den Hauptcontainerhäfen der Welt annähernd gleich ist, zumindest, was die technische Seite betrifft. Das bedeutet, daß die Häfen fast nur noch auf der Serviceseite eigenes Profil zeigen können, und der Service erweist sich in der Qualität und dem Grad der Dienstleistungstiefe an der Ware sowie bei der Transportleistung. Bei der Trans-

Container

portleistung ist zwischen dem seeseitigen sowie dem landseitigen Vor- und Nachlauf zu unterscheiden.

Unter Service am Schiff ist in erster Linie die jederzeitige Bedienung ohne Wartezeit zu verstehen und das muß selbst bei schiffs- oder witterungsbedingten Verzögerungen funktionieren. Allein der Reeder legt den Fahrplan seiner Schiffe fest und dieses Korsett läßt heute praktisch keinen Zeitspielraum mehr, auch nicht, wenn es nur um Stunden geht. Das bedeutet, daß der Hafen seine Kapazitäten nicht gleichmäßig auslasten kann, sondern er muß sich an Spitzenanforderungen orientieren und entsprechend Liegeplätze, Gerät und Personal vorhalten, was hohe Fixkosten mit sich bringt. Service bei den Vor- und Nachlaufverkehren heißt vor allem, für eine zügige Abfertigung der Landverkehrsträger zu sorgen und soweit es irgend geht, auch Last-Minute-Container zu akzeptieren. Da diese Serviceleistungen schiffs- und landseitig gleichzeitig gefordert werden, setzt ihre Erfüllung eine außerordentliche Flexibilität vor allem im Personalbereich, aber auch beim Geräteeinsatz, bei Organisation und Operation voraus.

Mit dem Service an der Ware verbindet sich in erster Linie eine Erhöhung der Wertschöpfung für die Häfen, die über die Steigerung der Dienstleistungstiefe erreicht wird. Als hafenoriginäre Dienstleistung gilt nach wie vor das Be- und Entladen von LCL-Containern in den Packing-Centers, wenn sich diese Tätigkeit durch teilweise Verlagerung an andere Plätze auch im Umfang verringert hat. Da der Großteil der umzuschlagenden Boxen FCL-Container sind, ihre Beladung und Entladung im Seehafen also entfallen ist, haben sich die Häfen mit wachsendem Erfolg bemüht, als Ausgleich für diesen Verlust in Distributionsgeschäfte einzusteigen, wie es vorher bereits erwähnt worden ist.

Die Lage von Distributionszentren am seeschiffstiefen Wasser macht Sinn, weil unter anderem dadurch Zwischentransporte in binnenländische Zentrallager entfallen können, was nicht nur Kosten spart, sondern auch zur Verkehrsvermeidung beiträgt. Das fachliche Wissen für den Umgang mit hochwertigen Handelsgütern ist in einem großen Hafen ohnehin vorhanden, so daß sich auch die Behandlung und Veredelung der Waren als zusätzlicher Service anbietet.

Wichtig ist natürlich, daß die Containerterminals nicht nur die Kostendeckung erreichen, sondern darüber hinaus auch noch eine Rendite erwirtschaften. Das läßt sich nicht nur mit absolut reibungslosen Abläufen sicherstellen, sondern eine noch größere Rolle spielen dabei große Mengen. Und um große Mengen auf sich ziehen zu können, ist für die Häfen nicht nur eine weltweit gut funktionierende Akquisition wichtig, sondern entscheidend ist ihre seewärtige Erreichbarkeit – ein Problem, das für etliche der großen Umschlagplätze in dem Maße wächst, wie die Größe der in Fahrt kommenden Schiffe zunimmt. Darauf ist noch zurückzukommen. Nicht zuletzt in diesem Zusammenhang ist die Diskussion um die »Ein-Hafen-Strategie«, also ein Hafen auf jeder Seite als Load Center, über all die Jahre nie verstummt. Seit jüngster Zeit wird gerade innerhalb der nordwesteuropäischen Range (Hamburg-Antwerpen-Range) wieder heftig darüber gestritten, weil Rotterdam mit kräftiger staatlicher Unterstützung große Anstrengungen unternimmt, eine Position als »Mainport« in dieser Region zu erreichen. Sicher spricht vieles für die »Ein-Hafen-Strategie«, zumindest theoretisch, aber allein die Tatsache, daß sie sich in über dreißig Jahren Containerverkehr noch in keinem Fahrtgebiet durchgesetzt hat, läßt dennoch an ihrer Richtigkeit zweifeln. Auch in Zukunft dürften in dieser Hinsicht kaum Änderungen zu erwarten sein. Jeder große Hafen hat nun einmal sein eigenes gewachsenes Hinterland und sein eigenes »Loco«-Aufkommen, und die Reedereien wären sicherlich schlecht beraten, dieses nicht angemessen zu berücksichtigen.

Generell lassen sich bei den Reedereien, je nach Unternehmensphilosophie, drei verschiedene Strategien festhalten, nach denen sie ihre Hafenanläufe festlegen:

1. Das Load-Center-Konzept, das auch als Single-Port- oder Hub-Port-Konzept bezeichnet wird. Hierbei wird in einer Range nur ein Hafen direkt bedient, über den der gesamte Umschlag der Region erfolgt. Dieses Konzept beinhaltet ein strahlenförmiges Verkehrsnetz mit einem Knoten, über den sämtliche Zu- und Ablaufbewegungen abgewickelt werden.
2. Das Multi-Port-Konzept, bei dem mindestens die Haupthäfen einer Range bedient werden. Hierdurch entfallen viele Feederbewegungen und ebenso reduzieren sich die Gesamttransportentfernungen im Hinterland. Bei diesem Konzept kann, wie vorher bei der konventionellen Linienfahrt, von bestimmten Hinterlandregionen der einzelnen Häfen ausgegangen werden
3. Das Kombi-Konzept – eine Mischung aus den anderen beiden. Dabei werden in einer Range mehrere Häfen angelaufen, aber nicht alle wichtigen. Dieses ist das zur Zeit am meisten praktizierte Modell.

In diesem Zusammenhang ist es einmal ganz interessant zu erfahren, wie sich Reedereien den idealen Containerterminal vorstellen, einen, der ganz ihren Vorstellungen entspricht. Einschränkend muß aber gleich darauf hingewiesen

Die Häfen im Containersystem

werden, daß es viele Reedereien gibt, mit ebenso vielen individuellen Wünschen. Das einmal außer acht gelassen, lassen sich die Nutzer der Terminals in zwei Gruppen teilen: Eine, sie beschränkt sich mehr oder weniger auf die ganz Großen, ohne aber auch dort alle einzuschließen, wünscht in den Häfen eigene Terminals, sogenannte »dedicated terminals«, die nur auf ihre Bedürfnisse zugeschnitten sind und die in den meisten Fällen auch von ihnen betrieben oder zumindest mitbetrieben werden. Mehrere große Carrier, darunter Maersk-Sea-Land, Hanjin und Orient Overseas Container Line (OOCL), haben in diese Richtung diversifiziert.

Die andere Gruppe, es ist die größere, lehnt ein solches Engagement ab. Sie will den Wettbewerb nutzen, um dadurch Möglichkeiten zu haben, Druck auf die Kostenseite ausüben zu können. Ihre wesentlichen Vorstellungen gehen dahin, in vielen Punkten sind sie dabei deckungsgleich mit der erstgenannten Gruppe, daß

- der Terminal idealerweise dort liegt, wo die Ladung produziert wird. Die Wünsche der Verladerschaft, möglichst kurze, effiziente, kostengünstige und sichere Transporte in Anspruch zu nehmen, haben bei der Standortwahl eines Terminals oberste Priorität.
- Der Terminal muß in ausreichendem Umfang Liegeplatzkapazitäten und Fazilitäten für einen effizienten Umschlag vorhalten. Wichtig dabei sind vor allem ausreichende Lagerkapazitäten für Container, Reefer- bzw. Conair-Anschlüsse, Wartungs- und Reparatureinrichtungen sowie Schwimmkranverfügbarkeit für das Handling von Schwergutstücken.
- Aus nautischer Sicht sind Verkehrs-, Liegeplatz- und Tiefgangssicherheit die wichtigsten Gesichtspunkte. Aber auch in kommerzieller Hinsicht sind dies wichtige Aspekte: Eine ausreichende Wassertiefe ist für die Abfertigung immer größerer Schiffe ausschlaggebend, um uneingeschränkt den Fahrplananforderungen der Reedereien zu genügen. Deshalb müssen sich die Häfen auch bei den Wassertiefen zeitgerecht den immer größeren Schiffsgrößen anpassen, da ansonsten die »Mega-Carrier« auf alternative Plätze ausweichen. Kann ein großer Hafen von vollbeladenen Schiffen nicht mehr sicher zu jeder Zeit angelaufen werden, entfällt für ihn das zugkräftige Argument »erster Löschhafen« für die aus Übersee kommenden Schiffe oder »letzter Ladehafen« für die ausgehenden.
- Es werden hohe Anforderungen an ein dichtes Feedernetz gestellt.
- Wichtig ist die Erfüllung der garantierten Abfertigungsleistung.
- Der Terminal muß 24 Stunden am Tag und sieben Tage in der Woche mit der erforderlichen Leistung zur Verfügung stehen.
- Durch die Möglichkeit, daß bestimmte Reedereien »dedicated terminals« mehr oder weniger exklusiv nutzen können, darf es nicht zu einer »Zwei-Klassen-Gesellschaft der Terminal-Nutzer« kommen.

Insgesamt gesehen wird die Lage für die öffentlichen Containerhäfen nicht einfacher, denn das Bestreben, durch immer neue Erweiterungs- und Rationalisierungsinvestitionen auf der stetigen Wachstumswelle mitreiten zu können schafft Kostenstrukturen, für die ein Rückgang des Umschlagvolumens katastrophale Folgen haben könnte. Jeder Hafen muß also bestrebt sein, möglichst keine Kunden zu verlieren.

Wie könnten nun die Containerhäfen der Zukunft aussehen, wobei es hier um die Großhäfen gehen soll? Sicher ist, daß sie die heutigen Dimensionen sprengen werden und ins riesenhafte gehen, weil sie Verkehrsströme auffangen müssen, die immer mehr gebündelt die heutigen bei weitem übertreffen. Verbunden mit der Schaffung derartiger Häfen oder Terminals sind ein ebenso ins riesige wachsender Kapitalbedarf, wie auch ein ebensolcher Flächenbedarf, der sich an manchen Plätzen wahrscheinlich nur noch schwer decken läßt. Aber es gibt keine Alternative, wenn man nicht in die zweite Reihe oder noch weiter zurückrutschen will. Das Boxaufkommen hat trotz der Krise in Asien weiter rasch zugenommen und gerade in Asien haben sich die Hafenbetreiber sorgfältig auf das absehbare Wachstum vorbereitet. Ein Vorteil in diesen Ländern ist, daß notwendige Projekte wesentlich schneller umgesetzt werden können, als etwa auf der europäischen Seite, wo sich das vorgeschaltete gesetzgeberische Verfahren oft über Jahre hinzieht, bevor der erste Spatenstich oder Baggeraushub erfolgen kann. Deutschland dürfte dabei Weltmeister sein.

Südostasien macht es vor: Aus Hongkong verlautet, daß die Herausforderung aus einem Anstieg des erwarteten Containerumschlags auf 30 Mio. TEU bis zum Jahr 2000 und auf 40 Mio. TEU bis 2010 besteht. Mindestens drei neue Containerterminals mit einer Kapazität von zusammen 6,6 Mio. TEU sollen dort bis zum Jahre 2004 fertiggestellt werden. Auch für die Zeit danach gibt es schon fertige Pläne. Die neuen Flächen sollen bei der Insel Lantau aus dem Meer gewonnen werden. Auf umgerechnet 7 Mrd. DM werden die Kosten für dieses Projekt veranschlagt.

Der Konkurrent Singapur steht nicht zurück. Dort hat die mächtige Port of Singapore Authority/PSA, die gelegentlich als die eigentliche Regierung dieses Stadtstaates bezeichnet

Container

In Korea entsteht bei Pusan als Entlastungshafen Pusan Kadok Newport. (Foto: Archiv HJW)

wird, bereits 1995 mit der Landgewinnung für den zweiten Bauabschnitt des Hafens Pasir Panjang begonnen: Dort sollen in einer ersten Phase für 223 ha Fläche und 18 Liegeplätze umgerechnet 5 Mrd. DM investiert werden, um eine Umschlagkapazität für jährlich 13 Mio. Container zu schaffen. Bereits 2001 werden die ersten Liegeplätze in Betrieb genommen. Nach Fertigstellung der gesamten Anlage wird dieser Hafen der Superlative dann 50 Liegeplätze und eine Umschlagleistung von 36 Mio. TEU bieten. Zur Erinnerung: 1997 wurden in Singapur 14,12 Mio. TEU umgeschlagen.

Ein anderes Projekt beeindruckt im Nachbarstaat Malaysia, wo in dem im Bundesstaat Johore gelegenen Tanjung Pelepas auf der berühmten »grünen Wiese«, hier wohl eher zu verstehen als »grüner Dschungel«, ein neuer Großterminal geplant ist, um den in unmittelbarer Nähe Singapurs arbeitenden Hafen Pasir Gudang zu entlasten. Allein im ersten Bauabschnitt soll dort ein 2160 m langer Containerkai mit dahinterliegendem Terminal entstehen, der vollab-

geladene Schiffe der Post-Panamax-Klasse abfertigen kann und eine jährliche Umschlagkapazität von zunächst 3,7 Mio. TEU erreicht.

Südkorea plant die Entlastung Busans durch den Bau neuer Anlagen in Busan Kadok Newport, 60 km von dem aus allen Nähten platzenden Hauptcontainerhafen entfernt. Es ist das bislang größte Infrastrukturprojekt Südkoreas überhaupt. Als Kosten sind 5 Mrd. Dollar veranschlagt. Gebaut wird in zwei Phasen. Phase eins soll 2005 abgeschlossen sein, dann werden ein Mehrzweckliegeplatz und zehn Liegeplätze für Containerschiffe zur Verfügung stehen. Bis 2011 sollen dann vierzehn weitere hinzukommen. Die gesamte Kailänge wird dann 2900 m betragen, die Gesamtfläche 2,6 Mio. qm.

Aber auch in Europa wird trotz aller Schwierigkeiten an die Zukunft gedacht und tatsächlich gehandelt, wenn asiatische Dimensionen, wie die genannten, auch nicht annähernd erreicht werden. Rotterdam ist hier, unterstützt von einer besonders hafenfreundlichen Politik, mit Abstand der Vor-

Die Häfen im Containersystem

In Amsterdam baut der Ceres Paragon Terminal einen Großcontainerschiffs-Liegeplatz, der von beiden Seiten bedient werden kann. (Foto: Ceres)

reiter. Mit dem »Hafenplan 2010« hat dieser niederländische Hafen ein Investitionsprogramm verabschiedet, in das Privatwirtschaft und öffentliche Kassen 100 Mrd. hfl pumpen werden. Basis der Planung ist eine Prognose, die von einem Anwachsen des Containerverkehrs in diesem Zeitrahmen auf 10 Mio. TEU ausgeht – 1997 waren es 5,4 Mio. TEU.

Im Nachbarhafen Amsterdam tut sich ebenfalls etwas, möglicherweise sogar zukunftsweisendes. Dort wird in Zusammenarbeit zwischen der Stadt und dem Terminalbetreiber Ceres ein neuartiger Teminal gebaut, der eine Verdoppelung der Umschlagleistung gegenüber herkömmlichen Anlagen ermöglichen soll. Das Besondere des Konzepts: Das Schiff wird in eine Art Parkbucht geschoben, die in das Terminalgelände hereinreicht. Bis zu neun Brücken mit einer Reichweite von 22 Containerreihen können das Schiff gleichzeitig bearbeiten und eine Umschlagleistung von bis zu 300 TEU pro Stunde erzielen, wodurch sich die Liegezeiten erheblich verkürzen. Das Hafenbecken hat eine Länge von 350 m und eine Breite von 55 m, so daß auch die derzeit größten Containerschiffe am Ceres Paragon Terminal abgefertigt werden können. Die Hubfähigkeit der neun in China bestellten Brücken (plus drei Optionen) beträgt abhängig von der Reichweite bis zu 100 t. Der Terminal soll Mitte 2001 in Betrieb gehen.

In Antwerpen erhält die schweizerische Reederei Mediterranean Shipping Company (MSC) einen »dedicated terminal«, der mit 13 Post-Panamax-Brücken ausgerüstet wird. Das Stapeln der Container auf dem Kai erfolgt mit schienengeführten automatischen Kranbrücken. Dieses neue Terminalkonzept, das einen umfangreichen Materialeinsatz erfordert, wird als einzige Möglichkeit angesehen, um auf einem räumlich beschränkten Areal große Mengen von Containern umschlagen zu können.

MSC ist mit jährlich 900 000 Moves der größte Kunde des Antwerpener Hafens. Beide Partner rechnen damit, daß MSC im Jahre 2006 ungefähr 1 250 000 Moves im Hafen

Container

Neues Terminalkonzept für die Mediterranean Shipping Company (MSC) in Antwerpen. (Foto: Hafen Antwerpen)

ausführen wird. Dies entspricht etwa 1,6 Mio. TEU. Um dieses Volumen an einem nur 1260 m langen Kai bewältigen zu können, sind ungewöhnlich viele Brücken erforderlich. In der ersten Betriebsphase sollen zehn Post-Panamax-Brücken mit einer Reichweite über Deck von 20 Containerreihen eingesetzt werden. In der zweiten Phase kommen noch einmal drei Brücken hinzu. Die Brücken können 245 Moves pro Schicht bewältigen. Pro Schiff können bis zu fünf Brücken eingesetzt werden.

Auf dem Terminalgelände werden die Boxen in kompakten Stacks gestapelt. Deren Breite beläuft sich auf 9 TEU, die Höhe auf 4 TEU und die Länge auf 24 TEU. Über jedem Stack befinden sich zwei schienengeführte automatische, 15 m hohe Kranbrücken. Durch den Einsatz von je zwei Kranbrücken kann auch auf der Landseite permanent durchgearbeitet werden. Da diese Kranbrücken unbemannt sind, kann die Einteilung der Stacks in ruhigeren Phasen problemlos optimert werden. Der Tranport zwischen Brücke und Stacks erfolgt durch kleine, schnelle Straddle-Carrier. Für die erste Betriebsphase sind 34 Lagerzonen geplant.

Das Terminalkonzept ist neu, lehnt sich aber an bereits bestehende Konzepte in Thamesport und Singapur an. Durch die große Zahl von Brücken wird die Ausrüstung des Terminals recht kostspielig. Insgesamt wird mit Investitionen in Höhe von 11 Mrd. bfr (272,86 Mio. Euro) gerechnet. Jedoch soll der Terminal mit einer Umschlagleistung von 28 000 TEU pro Hektar auch um 65 Prozent produktiver sein, als ein konventioneller Terminal. Im Sommer 2002 soll der Umzug von MSC zum neuen Container-Tidebecken abgeschlossen sein.

Auch im Hamburger Hafen entsteht ein völlig neuer Containerterminal, der Containerterminal Altenwerder (CTA),

Die Häfen im Containersystem

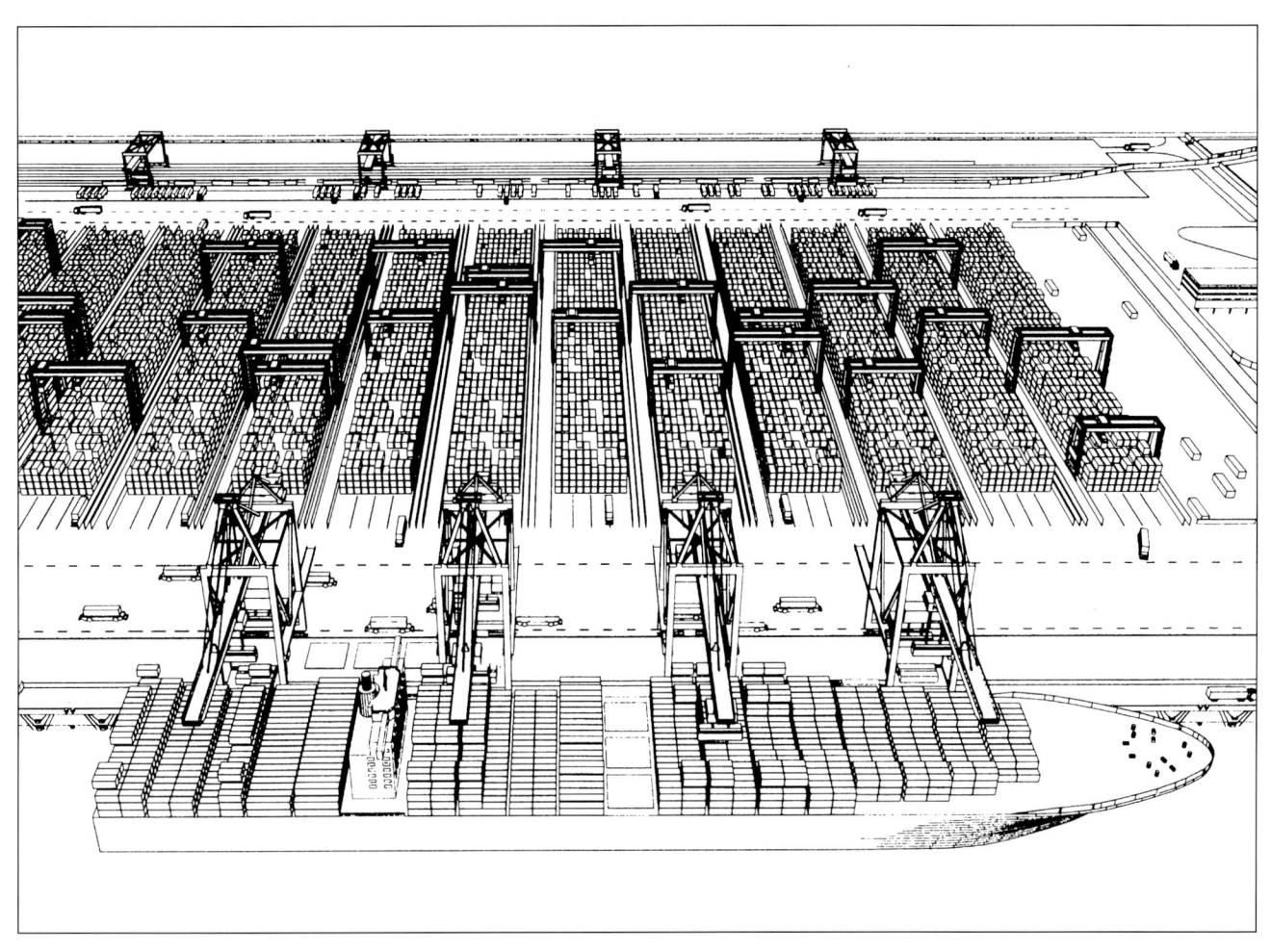

Konzeption eines Liegeplatzes am neuen Containerterminal Altenwerder in Hamburg (Foto: HHLA)

an dem ab Herbst 2003 pro Jahr 1,9 Mio. Standardcontainer (TEU) abgefertigt werden sollen. Die für eine Inbetriebnahme im 4. Quartal 2001 geplante erste Baustufe ist bereits für 1,1 Mio. TEU ausgelegt. Im Endausbau des CTA werden ab Herbst 2003 vier Liegeplätze für Großcontainerschiffe an einer rd. 1400 m langen Kaimauer zur Verfügung stehen. 14 sog. Super-Post-Panamax-Containerbrücken dienen der Be- und Entladung auch der größten Schiffe. Diese Containerbrücken, von denen bereits drei am Liegeplatz 1 des Terminals Burchardkai in Betrieb genommen wurden, sind 72 m hoch, besitzen eine Portalspurweite von 35 m und können bei einer Hubhöhe von 37 m rd. 53 t heben. Die Länge des Brückenauslegers beträgt 53 m. Der besondere Clou dieses neu entwickelten Containerbrückentyps ist, daß die Containerbewegungen mit zwei getrennt arbeitenden Laufkatzen erfolgen.

Wesentlichen Einfluß auf die Hafenplanungen haben neben den wachsenden Containermengen die immer größer werdenden Containerschiffe, die wegen ihrer Abmessungen und Tiefgänge immer weniger Häfen anlaufen können. Die Großhäfen sind natürlich bestrebt, alle Voraussetzungen für diese Mega-Schiffe zu schaffen. Sie wollen keine Dienste verlieren, deren Containermengen sie für die Auslastung ihrer Terminals benötigen, um auch mit den getätigten enormen Investitionen als Belastung noch Renditen erwirtschaften zu können. Dabei sollte das derzeit im Mittelpunkt der Diskussionen stehende 8000-TEU-Schiff für die Häfen allerdings keine Schreckensvision mehr sein, denn es ist praktisch schon da, und noch größere werden folgen.

Natürlich bekamen die Häfen wegen der immer größeren Tiefgänge der immer größeren Containerschiffe immer größere Kopfschmerzen, wobei nicht allein die Größenent-

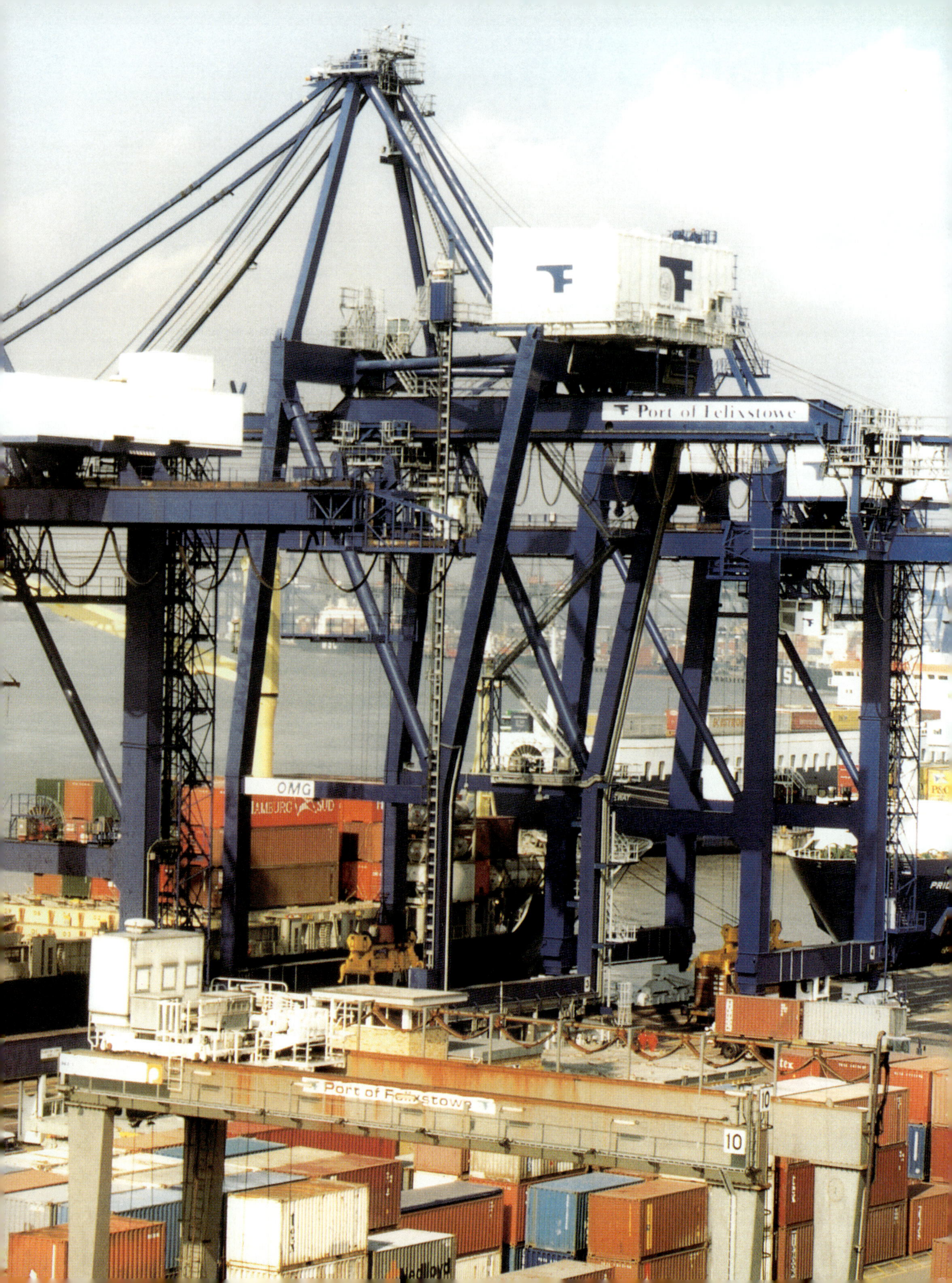
Port of Felixstowe
OMG
10

Die Häfen im Containersystem

wicklung der Schiffe selbst für größere Tiefgänge sorgte. Hinzu kam, daß eine bessere Stauweise und effizientere Containerlogistik die Durchschnittsgewichte der Boxen insgesamt schwerer machte, was sich natürlich zusätzlich auf den Tiefgang auswirkte. So ist das Durchschnittsgewicht der Container nach Angaben der Bremer Lagerhaus-Gesellschaft von 1999 innerhalb von zehn Jahren um 1,3 t auf gut 17,7 t gestiegen. Ein 2000 TEU tragendes Containerschiff kann also jetzt schon 2600 t schwerer sein als früher und entsprechend mehr Tiefgang haben. Bei den größeren Schiffen setzt sich das entsprechend fort.

Diese Tiefgangsproblematik hat auch in der deutschen Hafenwirtschaft etwa ab 1999 heftige Diskussionen ausgelöst, bei denen es um die Anlage eines neuen Tiefwasserhafens an der Nordseeküste geht, da die Zufahrten zu den Containerterminals in Hamburg und Bremerhaven wohl nicht mehr weiter ausgebaggert werden können, um den Mega-Carriern genügend Wassertiefe zu bieten. Zwei Standorte bewerben sich: Wilhelmshaven und Cuxhaven, wobei beide bestimmte Vorteile für sich geltend machen können. Wilhelmshaven wuchert mit seiner jetzt schon konkurrenzlosen Wassertiefe und den großen zur Verfügung stehenden Flächen, Cuxhaven verweist auf seine wesentlich bessere Verkehrsanbindung und die Nähe des Nord-Ostsee-Kanals. Bremen/Bremerhaven macht sich für Wilhelmshaven stark, Hamburg plädiert dagegen naturgemäß für Cuxhaven. Studien sind in Auftag gegeben. Die Entscheidung für einen Standort soll von Politik und Wirtschaft gemeinsam getroffen werden.

Die Entwicklung hin zu immer größeren Schiffen begann eigentlich schon etwa 1993, als die Zahl der 4000-TEU-Schiffe rasch zunahm. Nach einer ISL-Statistik hatten Anfang 1993 ca. 120 Schiffe einen Tiefgang von mindestens 12,50 m, 66 Einheiten davon benötigten mehr als 13,0 m und 19 Schiffe sogar mehr als 13,50 m. Das bereitete in Europa nicht nur Plätzen wie Southampton, Felixstowe, Hamburg und Bremerhaven Sorge, sondern auch beispielsweise Kobe, Port Kelang und Tokio in Fernost sowie Baltimore, New York und Long Beach in den USA.

Mit den 8000-TEU-Containerschiffen, die jetzt zulaufen, wachsen auch die Anforderungen an die Umschlaggeschwindigkeit in den Häfen, denn die Liegezeiten der Schiffe dürfen sich keinesfalls proportional mit den umzuschlagenden Mengen verlängern. Dazu die Rechnung, die ein Hamburger Terminal-Manager für ein Schiff mit 300 bis 320 m Länge, 50 m Breite und 14,5 m Tiefgang sowie einer Umschlagmenge von 2000 Boxen pro Umlauf aufmachte.

Nach seinen Vorstellungen, die auf dem von den Kunden geforderten Leistungsprogramm basieren, müssen pro Netto-Liegestunde 100 Boxen umgeschlagen werden, so daß sich die Liegezeit für den Terminalbetrieb auf ca. 20 Stunden beläuft. Hinzu kommt ein Zuschlag von etwa 20 Prozent für »Organisationszeiten«. So können dann innerhalb von 24 Stunden 2000 Boxen bewegt werden.

Tatsächlich haben sich die ganz großen Häfen auf diese Schiffe schon seit geraumer Zeit vorbereitet. Im Zuge des Ausbaus ihrer Umschlageinrichtungen rüsteten sie sich bereits für Schiffe mit bis zu 50 m Breite. Damit sind sie in der Lage, 8000-TEU-Schiffe abzufertigen. Anfang 1998 waren bereits weltweit 45 Containerbrücken mit Reichweiten von 53 m und darüber bestellt. Nicht zuletzt das wirft ein Schlaglicht auf die Entschlossenheit der großen Terminalbetreiber, auf die kommenden Mega-Schiffe vorbereitet zu sein.

Noch deutlicher wird dies in einer von Ocean Shipping Consultants (OSC) in der zweiten Jahreshälfte 1999 vorgelegten Studie. Daraus geht hervor, daß Brücken zur Abwicklung von Post-Panamax- und Super-Post-Panamax-Schiffen bereits einen Anteil von 14,7 Prozent am Gesamtbestand hatten. Bei Neubauten war die Zahl der Super-Post-Panamax-Brücken von 34,5 Prozent im Jahre 1996 auf 56 Prozent in 1999 gestiegen. Und trotz der Asienkrise waren es vor allem die Häfen dort, die sich auf die neue Situation einstellten. Von 185 neuen Containerbrücken, die 1998 weltweit verkauft wurden, waren allein 80 für den Einsatz in asiatischen Häfen bestimmt.

Ähnlich ist die Entwicklung bei den Terminal-Transportgerät. Auch hier lagen die asiatischen Häfen bei der Neubeschaffung vorn, was vor allem auf die große Nachfrage für den Pasir Panjang Terminal in Singapur und den neuen Kaohsiung-Terminal von Evergreen zurückzuführen ist.

Und um das hier vorweg zu nehmen: Sollten sich die Prognosen bestätigen, nach denen der Containerboom weiter anhalten wird, woran im Grunde niemand zweifelt, dann wird ein weiterer Ausbau der Umschlaganlagen unumgänglich sein. Die Zahl der Containerbrücken, die sich bereits in den vorangegangenen vier Jahren von 1750 auf 2245 erhöht hat, müßte laut OSC bis zum Jahre 2012 um weitere 1100 Brücken zunehmen, um das erwartete Ladungsaufkommen bewältigen zu können.

Gleichzeitig mit der Abfertigung der Seeschiffe, muß für ein adäquates Feederschiffsprogramm gesorgt werden, das jedoch in den einzelnen Häfen einen unterschiedlichen

Containerbrücken und Transtainer im Hafen von Felixstowe. (Foto: Port of Felixstowe)

Container

Umfang erreicht – in Hamburg wird beispielsweise von 25 bis 30 Prozent der Menge der Überseecontainer ausgegangen. Hierfür sind entsprechende Liegeplatzmöglichkeiten vorzuhalten. Weiterhin ist zu berücksichtigen, daß Schwergut auch im Zeitalter der Vollcontainerschiffe ein Einnahmefaktor für den Reeder ist. Dieser Spezialumschlag muß ausschließlich von der Wasserseite mit Schwimmkränen sichergestellt werden, um die Liegezeiten nicht zu verlängern und das Kaivorfeld nicht zu belasten.

So gesehen, heißt es in Hamburg, kann ein Liegeplatz wöchentlich rund drei Großschiff-Abfahrten zuzüglich Feederanläufe aufnehmen. Die Liegepatzauslastung – bezogen auf ein Meterstundenkonzept – liegt dann bei etwa 50 bis 55 Prozent, ein sowohl unter vertrieblichen als auch betriebswirtschaftlichen Gesichtspunkten gerade noch verträglicher Wert. So können auch für verspätete Schiffe noch Zeitpuffer gefunden werden.

Während die Bewältigung des reinen Umschlags in den Häfen auch zukünftig sicherlich nicht unbedingt das große Problem darstellen wird, sieht es bei der Organisation der Zu- und Ablaufverkehre etwas anders aus. Sie müssen wesentlich besser vernetzt werden, als es jetzt der Fall ist, um die anfallenden größeren Mengen »in den Griff« zu bekommen.

Bei allem Gigantismus darf aber nicht übersehen werden, daß es noch einen weiteren wichtigen Trend in der Entwicklung gibt, und der weist in eine etwas andere Richtung. Es steht zwar immer im Vordergrund, und es ist ja auch tatsächlich so, daß der internationale über See abgewickelte Handel ein ungebrochenes starkes Wachstum aufweist, aber vergessen wird dabei häufig, daß der über See gehende regionale Handel in noch weit höherem Maße wächst. Das gilt vor allem für den südostasiatischen Raum. Daraus ergibt es sich, daß nicht nur Nachfrage nach großen Einrichtungen auf den Hauptrouten besteht, sondern ebenso Bedarf an kleineren Häfen, die, wie die anderen, effizient arbeiten und einen vergleichbaren Service vorhalten müssen.

Zusammenfassend ist festzuhalten, daß die Häfen einem enormen Druck ausgesetzt sind, die Kosten zu reduzieren, um in dem gnadenlosen Wettbewerb mithalten zu können. Andererseits steigen die Investitionszwänge gewaltig, um der wachsenden Flotte von Mega-Carriern die erforderlichen Fazilitäten bieten zu können, z.B. in Form von Post-Panamax-Brücken und Terminalbauten bzw. -ausbauten teilweise gigantischen Ausmaßes. Dieses alles miteinander zu vereinen, ist sicher keine einfache Aufgabe.

Terminal-Equipment

Wesentliche technische Elemente der Containerterminals sind die Umschlagbrücken und die Flurfördergeräte, die im Rahmen der Terminalkonzeption aufeinander abgestimmt sein müssen. Sie beeinflussen entscheidend die Schnelligkeit des Umschlags, die Sicherheit der Container und die allgemeine Betriebssicherheit.

Die erste Containerschiffsgeneration des Trendsetters Sea-Land und einiger der nachfolgenden anderen Reedereien war noch mit bordeigenen Verladebrücken ausgestattet. Sie löschten die Container in den Häfen auf bereitstehende Lkw-Chassis und luden auch direkt vom Chassis. So waren landseitig in der allererersten Phase zunächst nur Stellflächen für die reedereieigenen Chassis vorzubereiten und Zugmaschinen zu beschaffen. Sea-Land hat dieses Chassis-System noch bis in die 80er Jahre hinein angewendet. Es erforderte in den Häfen kein Umladen der Container und damit nur geringe Investitionsmittel. Als Nachteil für den Chassis-Eig-

Die ersten Straddle-Carrier sahen noch ziemlich dürr aus, hier auf den B.W.W.D. Terminals in Australien. (Foto: Archiv HJW)

Die Häfen im Containersystem

Terminalausstattung in den Anfangsjahren des Containerverkehrs, hier auf dem Burchardkai in Hamburg.
(Foto: HHLA)

ner erwies sich die beschränkte Verfügbarkeit seines Equipments, denn jeder Behälter blockierte auch in den Standzeiten ein Chassis. Deshalb suchten die meisten der in den Containerverkehr einsteigenden Reedereien andere Lösungen.

Abgesehen von diesem Chassis-System war es ganz zu Anfang üblich, herkömmliche Kaikräne mit größerer Hubkapazität oder zwei gekoppelte Normalkräne für den Umschlag der Container zu verwenden. Sehr bald mußte jedoch die Erfahrung gemacht werden, daß diese Praxis angesichts der rasch wachsenden Zahl umzuschlagender Boxen keine Dauerlösung sein konnte, da so die unbedingt erforderliche Schnelligkeit, Präzision und schonende Behandlung der Behälter beim Umschlag nicht zu erreichen war. Die Konstruktion und die Beschaffung von speziellem Umschlaggerät war also zwingend notwendig. Aufwendige Verladebrücken, Containerbrücken, wurden zu charakteristischen Merkmalen der Liegeplätze für Containerschiffe. Allerdings werden auch heute noch in kleineren Häfen Container mit konventionellen Kränen, teilweise mit Mobilkränen, umgeschlagen.

Containerbrücken sind große, auf Schienen laufende Portalkräne mit Ausrüstungen für alle Umschlagvorgänge. Sie überragen mit ihrem Ausleger wasserseitig das Schiff sowie landseitig Gleise und Fahrstraßen. Die erste Containerbrücken-Generation hatte Eigengewichte von bis zu 700 Ton-

Container

nen. Der wasserseitige Ausleger reichte bis zu 45 m über das Schiff und konnte, um die Frachter beim An- und Ablegen nicht zu behindern, hochgeklappt werden. Die Tragfähigkeiten der Brücken waren den Gewichten der umzuschlagenden Container angepaßt. Sie lagen zwischen 25 und 55 Tonnen, um auch unter Umständen anfallendes Schwergut bewältigen zu können. Ansonsten wurde und wird Schwergut vorzugsweise mit Schwimmkränen angefaßt, um eine Umrüstung der Brücken und damit eine Unterbrechung der Containerumschlagvorgänge zu vermeiden.

Der landseitige Ausleger der Containerbrücken gestattet ein Zwischenlagern der Behälter während des Löschvorganges und ein Vorsortieren bei der Beladung. Außerdem werden in diesem Bereich die Lukendeckel des in der Abfertigung befindlichen Schiffes abgelegt. Sie sind so konstruiert, daß sie von den Brücken wie Container angefaßt werden können.

Laden und Löschen läßt sich bei Containerschiffen zu einem Arbeitsgang zusammenziehen. Die in der Zelle des Schiffes befindlichen Container werden angefaßt, gehoben und dann entweder auf dem Kaigelände oder direkt auf Eisenbahnwaggons bzw. Lkw abgestellt. Anschließend kann jeweils ein Exportcontainer aufgenommen und auf umgekehrtem Weg in das Schiff gesetzt werden. Die hohen Arbeitsgeschwindigkeiten werden im wesentlichen durch die Ausrüstung der Verladebrücken mit selbstgreifenden Heberahmen (Spreader) erreicht.

Beim Spreader handelt es sich um eine Tragrahmenkonstruktion (Traverse) mit vier jeweils an den Ecken angeordneten Drehbolzen (Twist-Locks). Trichterförmige Führungen oder Zentrierleisten sorgen dafür, daß sich der Rahmen genau über die Containerecken legt und die Verriegelungsbolzen in die genormten oberen Eckbeschläge (Corner Fittings) der Container eingreifen. Dort werden sie automa-

Die Häfen im Containersystem

Ein erheblicher Teil des Containerumschlags wird in Hongkong auf diese Weise mit vor Anker liegenden Schiffen abgewickelt. (Foto: Nordcapital)

tisch um 90 Grad gedreht und somit verriegelt. Die Speaderarme sind in Längsrichtung verschiebbar, so daß unterschiedlich lange Container angefaßt werden können.

Beim Containerumschlag kommt es vor allem darauf an, daß Heberahmen und Container zentimetergenau plaziert werden. Um dieses und einen insgesamt störungsfreien Umschlag zu erreichen, sind die Verladebrücken mit einer aufwendigen, immer weiter verfeinerten Technik ausgestattet. Menschliches Können allein würde das gesteckte Ziel, nämlich einen möglichst raschen, aber gleichzeitig auch schonenden Umschlag zu gewährleisten, nicht erreichen. So geben z.B. Verstellgeräte den Containern eine Neigung, die der Trimmlage des Schiffes entspricht, und eine Vorrichtung am Heberahmen führt automatisch einen Schwerpunktausgleich her, damit auch ungleich beladene Container waagerecht bewegt werden können und sich in den Führungsschienen nicht verklemmen. Gleichstromaggregate ermöglichen weiche Anfahrbewegungen durch Beschleunigungsregelung. Antipendeleinrichtungen beeinflussen ebenfalls die Umschlagbewegungen. Eine automatische Zielpositionierung entlastet den Kranführer, dessen Führerkanzel ebenso nach ergonomischen Gesichtspunkten angeordnet ist, wie die Hebel und Schalter, die er zu bedienen hat.

Linke Seite: Für den Umschlag von Schwerstücken ist der Einsatz von Schwimmkränen immer noch die günstigste Lösung. (Foto: BLG)

Um Container mit unterschiedlicher Länge umschlagen zu können, lassen sich die Heberahmen durch eine teleskopartige Konstruktion auf die erforderliche Länge einstellen. Auf diese Weise können beim sog. »Twin-Twenty«-Verfahren bzw. beim »Twin-Lift«-Betrieb sogar zwei gleich hohe 20-ft-Container gleichzeitig bewegt werden.

Hier bietet sich ein Hinweis auf die in Hamburg entwickelte Quick-Tie-Verriegelung an, die dazu dient, zwei 20-ft-Container zu einem 40-ft-Container zusammenzufügen. Diese Verriegelung ist so fest – von der Klassifikationsgesellschaft Germanischer Lloyd geprüft –, daß der dadurch entstandene 40-Füßer in jeder Beziehung sowohl beim Umschlag als auch beim Laschen an Bord als solcher behandelt werden kann. Weder an den Containern noch an den Umschlaggeräten müssen irgendwelche Veränderungen vorgenommen werden. Der Hersteller weist noch auf eine ganze Reihe weiterer Vorteile hin, von denen hier zwei genannt werden sollen: Ein durch Koppelung an den Stirnseiten entstandener 40-Füßer kann unter bestimmten Bedingungen rascher als eine Originalbox von dieser Größe be- und entladen werden, da sich an jeder Seite eine Tür öffnen läßt, und, sind zwei 20-Füßer mit besonders wertvollen Gütern beladen, können sie mit den Türen gegeneinander verriegelt werden, so daß sich dadurch eine zusätzliche Sicherung ergibt. Allerdings weisen Terminalbetreiber auch auf Nachteile hin. Danach ist die logistische Abwicklung eines solchen »Dop-

165

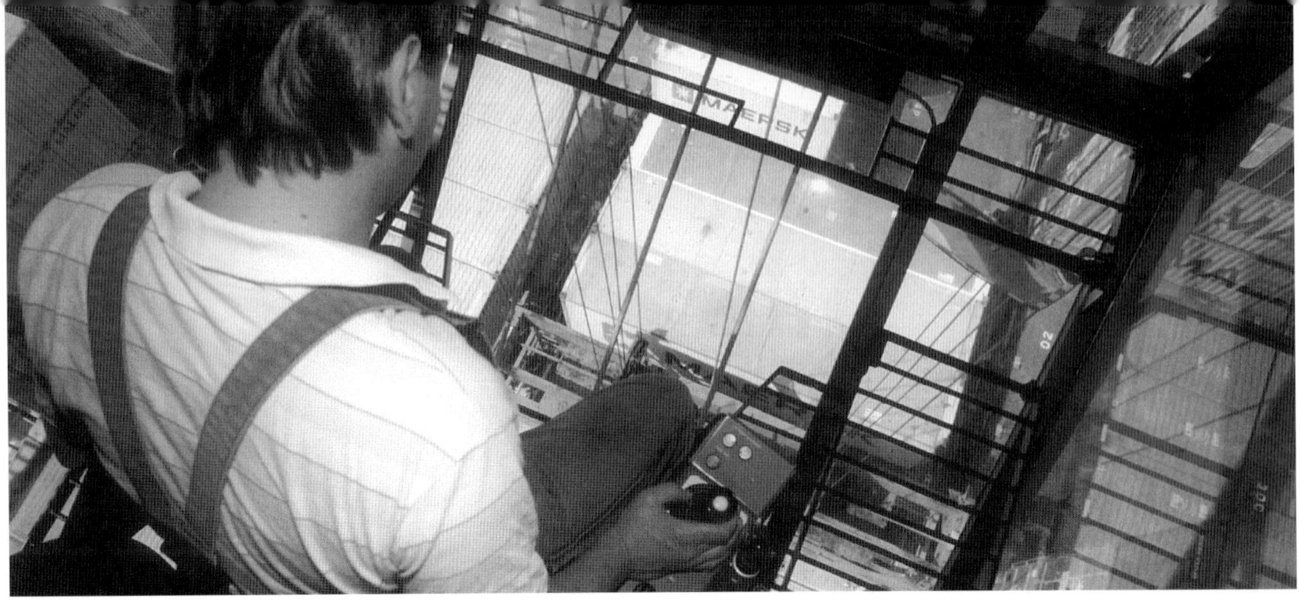
MAERSK

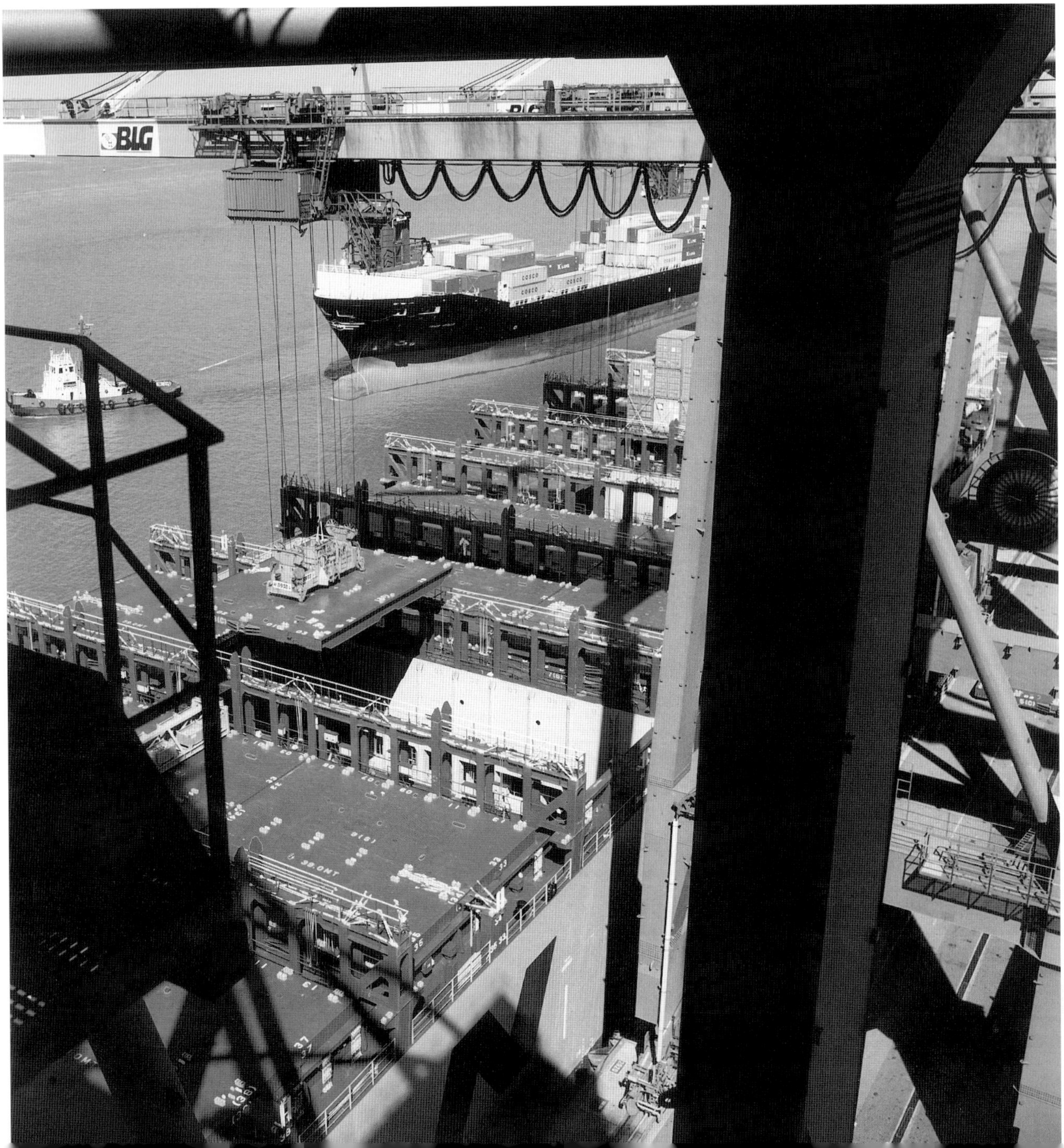
BLG

Die Häfen im Containersystem

pel-Containers« deswegen problematisch, weil terminalseitig der gleiche Aufwand betrieben muß wie für zwei Container. Das gilt u.a. für die EDV-Erfassung, das Checken, die Stellplatzplanung oder für die nur scheinbar so nebensächliche Frage, welche Seite denn nun als Türseite zu gelten hat. Schwierigkeiten gibt es auch, so heißt es, bei der Einbeziehung in den Stauplan an Bord.

Analog zu den gewachsenen Schiffsgrößen, die bis vor wenigen Jahren mit den Panamax-Abmessungen ihre obere Grenze gefunden hatten, aber seit geraumer Zeit deutlich darüber hinausgehen, wachsen auch die Größen der Umschlagbrücken, wird ihre Leistungsfähigkeit immer weiter verbessert, um die zunehmenden Containermengen angemessen bewältigen zu können. Inzwischen haben etliche der großen Häfen ihre Containerbrücken der ersten Generation außer Dienst gestellt, weil sie den Anforderungen nicht mehr entsprachen. Eine ganze Reihe von ihnen ist an kleinere Häfen verkauft wurden, in denen geringere Mengen an Boxen anfallen. In den meisten dieser Fälle erfolgte diese Umsetzung in »einem Stück«, daß heißt, die großen Brücken wurden in komplizierten Operationen komplett auf einen Ponton verladen und so zu ihrem neuen Einsatzort verbracht.

In jüngster Zeit konzentrierten sich die Anstrengungen der Großhäfen darauf, Containerbrücken zu beschaffen, mit denen die zunehmende Zahl der Post-Panamax-Schiffe abgefertigt werden kann. Der Schiffe also, die wegen ihrer Breite den Panamakanal nicht mehr passieren können. Entsprechend mußte also die Länge der wasserseitigen Ausleger zunehmen und damit die Dimensionen der Brücken insgesamt.

In der Regel wird für die wasserseitigen Ausleger der heutigen Großbrücken eine Länge von 53 m als ausreichend angesehen. So zum Beispiel von der Bremer Lagerhaus-Gesellschaft, die für die Ausstattung des neuen Terminals CT III in Bremerhaven gemeinsam mit MAN Takraf Fördertechnik, Leipzig, eine neue Brückengeneration entwickelt hat. Sie baut auf bewährte Elemente des Containerbrückenbaus auf, unterscheidet sich jedoch wesentlich in der Geometrie (Spurweite, Ausladungen) sowie bei den betriebstechnischen Parametern (Arbeitsgeschwindigkeiten, Tragfähigkeiten, Sicherheitskonzept etc.). Die betriebstechnischen Parameter geben nach Herstellerangaben einen Überblick über die spezifischen Einsatzmöglichkeiten der Brücken:

Tragfähigkeiten	
Am Haken des Zwillingshubwerkes	75 t
An der Hubflasche jedes Einzelhubwerkes	36 t
An den Hubflaschen für Container bis 48 ft	48 t
An den Hubflaschen für Container 2 × 20 ft	60 t
Nutzbare Ausladungen wasserseitig	
Hakenbetrieb bis 75 t	40 m
Containerbetrieb bis 60 t	48 m
Containerbetrieb bis 48 t	53 m
Nutzbare Ausladung landseitig	
für alle Laststufen	22 m
Nutzbare Gesamthubhöhen	55 m
Arbeitsgeschwindigkeiten der geregelten Antriebe	
Hubwerk	
Heben/Senken mit Spreader und leerem Container	0–140 m/min.
Heben/Senken mit Nennlast bis 60 t	0–63 m/min.
Katzfahrwerk (unabhängig von der Laststufe)	0–210 m/min.
Portalfahrwerk	0–55 m/min
Schienenmittenabstand	30,48 m
Sonstige Ausrüstungen	
Antisway-Automatik für pendelarme Lastführung	
Elektronisches Managementsystem zur Störungserkennung und -analyse	
Expreß-Aufzug für Bedien- und Wartungspersonal.	

Zusätzlich weisen diese Containerbrücken einige weitere konstruktive Besonderheiten auf. So sind statisch konstruktive Vorkehrungen getroffen worden, um zu einem späteren Zeitpunkt zwischen den Portalstielen ein zweites Katz/Hubsystem zur Steigerung der Umschlagleistung installieren zu können. Ebenfalls wurde die Kranfahrerkanzel separat von der Hubwerkskatze gelagert, um weitestgehend Schwingungen durch das Lastbugsieren mit erhöhten Geschwindigkeiten und Beschleunigungen zu vermeiden sowie die Rollgeräusche der Katze nicht auf den Kranfahrer einwirken zu lassen.

Auch der Konkurrent an der Elbe, die Hamburger Hafen- und Lagerhaus-Aktiengesellschaft (HHLA), »rüstet auf«. Sie errichtete drei Super-Post-Panamax Containerbrücken an

Präzisionsarbeit in großer Höhe. Die Arbeit des Containerbrücken-Fahrers erfordert äußerste Konzentration. (Fotos: Hafen Hamburg und Hinze/BLG)

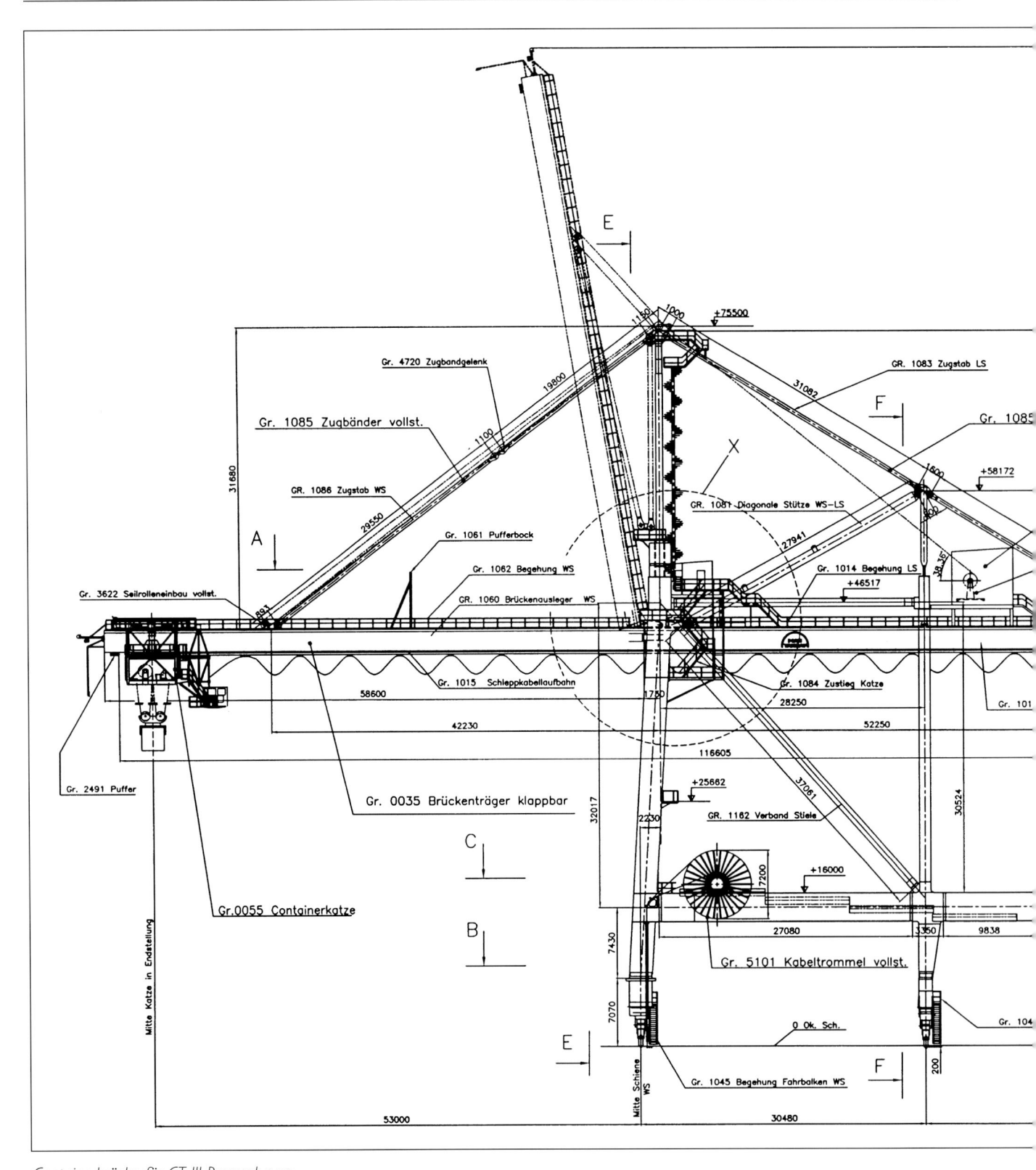

Container

Containerbrücke für CT III Bremerhaven.
(Abb.: MAN Takraf)

Die Häfen im Containersystem

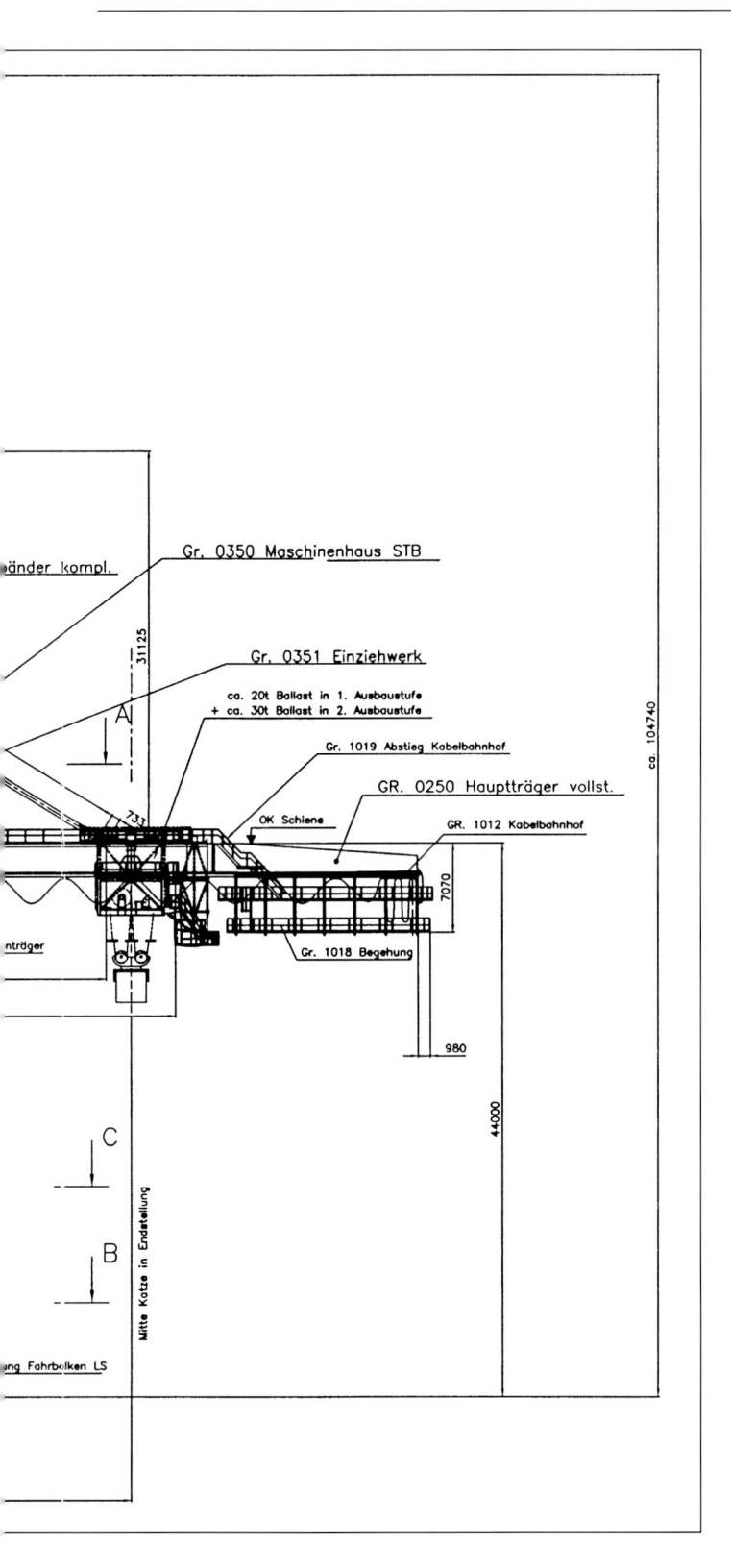

ihrem Terminal Burchardkai, mit denen ab Ende 1999 auch die seinerzeit größten geplanten Containerschiffe problemlos abgefertigt werden können. Bei den technischen Details lohnt sich ein Vergleich (in Klammern) mit der Vorgängergeneration. So haben die neuen Brücken eine Portalspurweite von 35 m (18 m), eine wasserseitige Ausladung von 53 m (47,5 m), eine Hubhöhe von 37 m (29,5 m) und sie können eine Nutzlast von ca. 53 t (43 t) heben. Diese neuen Brücken sind aber nicht nur wesentlich größer, sie sind auch schneller. So beträgt die Hubgeschwindigkeit max. 180 m/min (120 m/min) und die Katze bewegt sich mit max. 220 m/min (150 m/min). Mit einer Gesamthöhe von 72 m überragen die neuen Brücken alle vorhandenen, und wenn sie den Ausleger hochklappen bleiben sie mit 105 m lediglich 17 m unter der Höhe des Hamburger Rathausturmes.

Mit diesen neuen Brücken wurde auch ein neues Umschlagsystem eingeführt. Wurden zuvor z.B. beim Löschen die Container direkt vom Schiff auf die Fahrspuren unter die Brücken gesetzt, so werden die Boxen nun im ersten Arbeitsgang zunächst auf eine Laschplattform, die an der Brücke montiert ist, gehoben. Dort werden die Twistlocks abgenommen und die üblichen Checks durchgeführt. In einem zweiten Arbeitsgang wird der Container dann von einer automatischen zweiten Katze auf den Kai gesetzt. Da unter den neuen Brücken viel mehr Platz ist als bei denen der vorherigen Generation, können die Straddle-Carrier/Portalstapler vier Fahrspuren nutzen, womit eigentlich das Gedränge auf den bisherigen zwei Spuren unter der Brücke zumindest zunächst der Vergangenheit angehören sollte.

Festzuhalten ist generell, daß die Leistungsfähigkeit einer Containerbrücke durch die landseitig zu- und abgeförderten Behälter bestimmt wird. Deshalb muß es das dringendste Bestreben der Terminals sein, den Horizontaltransport zu verstetigen und nicht, die Brückenzahl am Schiff zu maximieren. Als wichtigste Parameter einer zukunftsweisenden Brücke werden häufig genannt: Hubhöhe 53 m über Wasser, Spurweite 33 bis 35 m, Auslegerlänge ca. 62 m über Wasser. Neben den absolut größeren Abmessungen fällt dabei vor allem die größere Spurweite gegenüber den derzeit gängigen Brücken auf, um so die Horizontaltransporte unter den Brücken entzerren zu können und um Platz für das Setzen/Abnehmen der automatischen Twistlocks zu gewinnen.

Aber es gibt nicht nur interessante Entwicklungen, die auf vergrößerte Brückenauslegungen oder Steigerungen der Arbeitsgeschwindigkeiten abzielen. Ein Beispiel dafür bietet wiederum die Hamburger Hafen- und Lagerhaus-AG (HHLA),

Container

deren Containerbrücken am Terminal Burchardkai nicht nur in großem Umfang Strom verbrauchen, sondern dank einer ausgeklügelten technischen Neuerung auch selbst Strom produzieren, was sich erleichternd in der Gesamtrechnung niederschlägt. Vereinfacht ausgedrückt sieht das Ganze so aus: Alle Brücken arbeiten mit Elektromotoren: Montiert sind Hubwerke, die Motoren der Katzen, Motoren an den Fahrwerken, Motoren für die Kabeltrommeln und auch Motoren der Fahrstühle – insgesamt pro Brücke rd. 35 Elektromotoren. Die Hauptarbeit leisten die beiden Hubwerke, angetrieben von Gleichstrommotoren mit einer Leistung von jeweils 250 bis 300 kW. Natürlich verbrauchen die Hubwerke beim Anheben Strom, doch was geschah mit der Energie, die beim Absenken entstand?

»Früher wurde diese Energie durch extra eingebaute Widerstände sozusagen vernichtet, und da die Widerstände dabei heiß wurden, mußten sie auch noch mit Hilfe von Lüftern, die zusätzlich Energie verbrauchten, gekühlt werden,« erinnern die Techniker am Terminal. Heute wirken dagegen die Hubwerkmotoren beim Absenken als Generatoren. Der so »zurückgewonnene« Strom wird unmittelbar in das Netz zurückgespeist. Die Energieeinsparung durch dieses Verfahren ist beachtlich, denn rd. 40 Prozent der benötigten Energie erzeugen die Brücken damit sozusagen selbst. Nach HHLA-Angaben liegt die Ausbeute der Energierückspeisung jedes Jahr bei durchschnittlich 4,7 Mio. kW, die ausreichen würden, um 1566 Zwei-Personen-Haushalte ein Jahr lang komplett zu versorgen.

Ein kleinerer Teil der umgeschlagenen Container wird von den Brücken direkt auf Bahnwaggons oder Lkw abgesetzt bzw. von dort aufgenommen. Der bei weitem größere Teil muß jedoch zunächst innerhalb des Terminalgeländes bewegt und zwischengelagert werden. Hierzu wird eine Reihe unterschiedlicher Flurfördergeräte eingesetzt, die innerhalb der Transportkette eine gewichtige Rolle einnehmen, denn auch sie haben einen sehr großen Anteil am schnellen Handling auf den Terminals. Sie sorgen, vereinfacht und nicht immer zutreffend ausgedrückt, für den reibungslosen Übergang der Boxen vom Kai in den Hinterlandtransport und umgekehrt.

Portalstapler oder Straddle- bzw. Van-Carrier sind die auf den Terminals am häufigsten eingesetzten Flurfördergeräte. Diese äußerst wendigen Geräte besorgen den Transport der Container in der Fläche sowie problemlos das Be- und Entladen von Bahnwaggons, Chassis und Lkw, sofern dies nicht unmittelbar unter der Brücke geschieht. Zu diesem Zweck werden die auf den Umschlag wartenden Behälter oder die Transportfahrzeuge überfahren. Stets arbeiten mehrere Portalstapler mit einer Brücke zusammen. Die vollhydraulisch arbeitenden Geräte mit der Gestalt eines umgedrehten U-Rahmens der sich auf breiten Gummirädern bewegt, können Container aller gängigen Größen befördern. Die Anschlagrahmen lassen sich wie bei den Containerbrücken teleskopartig verstellen. Eine enorme Erhöhung der Produktivität ist durch den Einsatz von Twin-Lift-Straddle-Carriers erreicht worden, die zwei 20-ft-Container gleichzeitig bewegen können. Dafür sind sie mit einem speziellen Twin-Lift-Spreader ausgerüstet, mit dem sich dank seiner ebenfalls teleskopartigen Konstuktion problemlos auch einzelne 20-, 30- oder auch 40-ft-Behälter transportieren lassen.

Die Geräte sind mittlerweile in der Lage, Container bis zu vierfach hoch zu stapeln bzw. dreifach hoch gestapelte Containerreihen mit einem Container am Spreader zu überfahren. Hierdurch ist ein schneller Zugriff auf jeden in einer Reihe abgestellten Container möglich. Der gewünschte Container wird aufgenommen und mit einem Minimum an Zeitaufwand in den Verladebereich befördert – oder der Vorgang läuft umgekehrt ab. Unter normalen Einsatzbedingungen, auf der Basis von zehn Arbeitszyklen pro Stunde und bis zu 3000 Arbeitsstunden im Jahr können so jährlich bis zu 30 000 Container pro Gerät bewegt werden, was als sehr gutes, aber keinesfalls als ein Spitzenergebnis angesehen wird.

Durch den Einsatz von Portalstaplern läßt sich eine gute Ausnutzung der Terminalflächen erzielen. Diese gute Nutzung der zur Verfügung stehenden Stellflächen, die in Europa zumeist knapp und an einigen Plätzen, zum Beispiel in Hongkong, sogar sehr knapp sind, wirkt sich letztlich auch kostensparend aus. Ein weiterer Vorteil ist die organisatorische Beweglichkeit. Die übliche Fahrgeschwindigkeit von mittlerweile bis zu 30 km/h ermöglicht rasche Arbeitsspiele zwischen Kaibereich und Stapelplatz. Die Allradlenkung verleiht den Staplern eine außerordentlich große Beweglichkeit.

Obwohl heute schon sehr viel Elektronik eingesetzt wird, um Fehler bei der Aufnahme oder beim Absetzen der Container zu vermeiden, die Arbeitsgänge zu beschleunigen, die Sicherheit insgesamt zu erhöhen und den Fahrer dieses Großgerätes zu entlasten, wird doch auch noch viel menschliches Können und Gefühl bei dessen Handhabung verlangt. Dabei darf nicht vergessen werden, daß sich der Arbeitsplatz des Fahrers bei einem dreifach hoch stapelnden Gerät in 11 m und bei einem vierfach hoch stapelnden sogar in 14 m Höhe befindet.

Die zukünftige Entwicklung dürfte sich vor allem damit befassen, Möglichkeiten zu suchen, wie der Einsatz dieser teuren Geräte noch flexibler gestaltet werden kann, um einen

Die Häfen im Containersystem

Die Zusammenarbeit der Containerbrücken mit dem landseitigen Terminal-Equipment, hier mit Straddle-Carriern, erfordert präzise Abläufe und ein genaues Timing. (Foto: Hafen Hamburg)

noch höheren Ausnutzungsgrad zu erreichen. Weiter wird es darum gehen, zu einer deutlichen Verringerung der Schallemission zu kommen, speziell beim Absetzen der Behälter. Wichtige Teilerfolge sind in dieser Hinsicht schon erreicht worden, zum Beispiel durch den weiter verstärkten Einsatz von Automation und auch von Lasertechnologie, die u.a. ein zentimetergenaues Positionieren der Container unter den Umschlagbrücken ermöglicht.

Auch Mobilkräne kommen beim Containerumschlag zum Einsatz. Sie haben seitlich schwenkbare Arme, so daß die Arbeitsgänge des Hebens, Stapelns und Absetzens auch außerhalb der eigenen Radbasis durchgeführt werden können. Da das Überfahren der Last wie beim Portalstapler unnötig ist, können Mobilkräne auch auf engstem Raum verwendet werden. Zwar gibt es inzwischen sogar als Fast Mobile Crane bezeichnete Geräte, aber ihre Leistung ist insgesamt zu gering, so daß sie auf den großen Terminals kaum noch zu finden sind. Ihr Arbeitsbereich ist eher den Mehrzweckterminals oder den Umschlageinrichtungen in Entwicklungsländern mit noch nicht so großen Umschlagzahlen zuzuordnen.

Zu den Flurfördergeräten zählen ebenfalls Gegengewichts- oder Gabelstapler. Für den Transport beladener Container können sie nur in besonders schweren Ausführungen verwendet werden. Sie fassen die am Boden abgestellten oder auf einem Fahrgestell liegenden Container entweder, indem sie die Gabel in entsprechend ausgearbeitete Gabelstaplertaschen im Bodenrahmen des Containers einführen und die Box anheben, oder sie greifen ihn mit einem Heberahmen. Gabelstapler finden überall dort bevorzugt Anwendung, wo sich die Anschaffung spezieller Flurfördergeräte wegen zu geringen Umschlags noch nicht lohnt. Vielseitig einsetzbar sind Gabelstapler im Bereich der Containerreparatur. Hierfür ist u.a. ein Stirnseiten-Drehspreader für Schwerlaststapler entwickelt worden, mit dem auch 40-ft-Container schonend auf die Seite gelegt werden können.

Container

Mit dem Ansteigen des Containerverkehrs wurde bald deutlich, daß die einfache Lagerung der Container nicht mehr der Situation entsprach, weil sie zuviel Platz verbrauchte, so daß bald Forderungen nach einer effizienteren Lagerhaltung erhoben wurden. Zur Reduzierung der Fahrgassen zwischen den Lagerreihen und zur besseren Ausnutzung der Fläche wurde zwei- oder mehrlagiges Stapeln erforderlich. Diese Forderung führte zur Entwicklung des Reachstackers, der aufgrund seines Ausleger- und Teleskopiersystems eine bessere Nutzung der Lagerfläche ermöglicht, weil mit ihm problemlos bereits bis zu vierfach hoch gestapelt werden kann. Realisierbar sind darüber hinaus Höhen bis zu acht Containern übereinander, wobei sich allerdings mit zunehmender Hubhöhe, was ja gleichbedeutend ist mit einem größeren Abstand des Containers vom Fahrer, die Sichtverhältnisse trotz ergonomisch gut ausgeführter Fahrerkabinen deutlich verschlechtern. Bei schlechten Witterungsverhältnissen, etwa bei starkem Regen oder Nebel, kann es zu spürbaren Produktivitätseinbußen kommen.

Reachstacker haben ihre Vorteile dort, wo bei überwiegend kurzen Transportwegen viele Ein- und Ausstapelvorgänge erforderlich sind, etwa in Depots, in denen spezielle Geräte für das Leercontainerhandling zum Einsatz kommen, bei der Bahn- und Lkw-Beladung oder bei der Bereitstellung von Containern für das Ein- oder Auspacken. Als reines Flächentransportmittel eignet sich der Reachstacker weniger, da er bauartbedingt die Container immer quer zur Fahrtrichtung transportieren muß.

Insgesamt haben sich die Reachstacker als überaus flexible Arbeitsgeräte erwiesen, mit denen beispielsweise auf Mehrzweckterminals auch die Blocklagerung von Containern ermöglicht wird. Als ein Beispiel dafür, was Reachstacker leisten können, einige Daten des Kalmar ContChamp DRD 420-60 S5, der bei einem Eigengewicht von 63,7 t eine Tragfähigkeit von 42 t hat. Der maximale Nennhub beträgt 15,1 m. Bei einer Länge von von 11,1 m und einer Breite von 4,15 m wird ein äußerer Radius von nur 8 m erreicht.

Als ein ideales Betätigungsfeld für Reachstacker hat sich der Containerumschlag in Binnenhäfen eröffnet. Dort wird nach den eher schleppenden Anfängen in den kommenden Jahren mit guten Zuwachsraten gerechnet. Reachstacker können, wo sich Containerbrücken nicht oder noch nicht rechnen, eine kostengünstige und flexible Lösung sein. Dazu wiederum ein Beispiel von Kalmar, einem Unternehmen, das entsprechendes spezielles Gerät bereits geliefert hat, und zwar u.a. an die Dienstleistungs- und Umschlagsgesellschaft mbH in Nienburg. Sie erhielt speziell für den Containerumschlag von und auf Binnenschiffe ausgerüstete Reachstacker mit einem Eigengewicht von 78,8 Tonnen für die Aufnahme von Lasten bis zu 45 Tonnen. Die Geräte erhielten zusätzlich hydraulische Abstützungen an der Frontseite, um die Bodenbelastungen auf den Kaianlagen zu optimieren. In der Komfortkabine für den Fahrer sind, wie aus Unternehmensangaben hervorgeht, alle Instrumente und Bedienelemente nach ergonomischen Gesichtspunkten besonders übersichtlich angeordnet. Um dem Fahrer beim Be- und Entladen der Binnenschiffe in jeder Situation eine bestmögliche Sicht auf die Last zu bieten, kann die Kabine bis auf 4,64 m hochgefahren werden. Noch leistungsfähiger ist der »Long Star« der SMV Lift Truck AB, der vom Güterverkehrszentrum (GVZ) Emsland am Standort Dörpen in Betrieb genommen worden ist. Mit seinen 11,50 m Länge, 9 m Radstand, 4,45 m Breite, 104 t Gewicht und einer Hubfähigkeit von 29 bis 45 t je nach Position des Containers könnte er gegenwärtig der Weltmeister sein.

Die weitere Entwicklung dieses Gerätetyps bietet viele Möglichkeiten. Wesentlich dürfte es dabei auf immer höhere Hub- und Senkgeschwindigkeiten in Verbindung mit Teilautomatisierungen verschiedener Funktionen ankommen. Auch hier ist übrigens das Bemühen um die Lärmverringerung beim Absetzen der Container ein wichtiger Aspekt. Weiter wird es um die Steigerung der Tragfähigkeit gehen und darum, daß der Reachstacker mit einem Twin-Lift-Spreader zwei 20-ft-Container bis zu 60 t Gesamtgewicht gleichzeitig bewegen kann, wobei es durch einen automatischen Schwerpunktausgleich auch ermöglicht wird, einen vollen Container zusammen mit einem leeren zu transportieren.

Ein weiteres System für den Horizontalverkehr auf den Terminals sind Zugmaschinen mit Chassis bzw. Rolltrailern. Bei diesem System handelt es sich um eine spezielle Sattelzugmaschine, meistens mit drehbarem Fahrerplatz und hebbarer Sattelkupplung, zum selbständigen Aufnehmen von ungebremsten Aufliegern (Chassis) oder Rolltrailern. Diese können mit einem sogenannten Schwanenhals aufgenommen und an jeder ebenen Stelle des Terminals schnell und einfach wieder abgestellt werden, ohne daß der Fahrer seine Kabine verlassen muß. Nachteilig ist, daß sie für das Be- und Entladen der Container immer die Hilfe von zusätzlichem Equipment, wie z.B. Containerbrücke, Stapelkran oder Reachstacker benötigen.

Wegen der zu erreichenden hohen, durchaus mit einem Lkw zu vergleichenden Fahrgeschwindigkeiten und der Möglichkeit, mit den Zugmaschinen und Chassis auch auf öffentlichen Straßen zu fahren, wird dieses System häufig einge-

Die Häfen im Containersystem

setzt, wenn lange Fahrstrecken unter Benutzung öffentlicher Straßen zu bewältigen sind. In Zukunft wird wohl versucht werden, bestimmte Bereiche der Transporte teilautomatisiert ablaufen zu lassen und höhere Nutzlasten zu bewältigen.

Ein ähnliches Flurfördersystem ist der Trailerzug, der sich grundsätzlich nur durch die Anzahl der Anhänger von dem vorher erwähnten System Zugmaschine/Chassis unterscheidet. Wegen des höheren Gesamtzuggewichtes ist allerdings eine deutlich höhere Motorleistung erforderlich. Alle Anhänger müssen mit einer Zwangslenkung und einer Bremsanlage ausgerüstet sein, um den Trailerzug sicher auf den vorgegebenen Verkehrswegen über den Terminal bewegen zu können. Problematisch ist der Einsatz von Trailerzügen immer auf Terminals mit beengten Platzverhältnissen, da die langen Züge einen entsprechend großen Wendekreis haben. Die weitere Entwicklung wird sich wohl vor allem auf eine automatische Positionierung an den Übergabepunkten konzentrieren.

Auf vielen großen Terminals weltweit hat sich die Kombination von Trailersystem und Straddle-Carrier bewährt. Dabei werden die Bewegungen in der Fläche mit Trailern ausgeführt und der Straddle-Carrier übernimmt die Auf- und Absetzbewegungen auf der Landseite. Zugmaschinen und Trailer verlangen geringere Beschaffungsinvestitionen und sind kostengünstiger in der Wartung. Die Zahl der eingesetzten Straddle-Carrier kann auf diese Weise reduziert werden. Der Nachteil dabei ist, daß die Container auf dem Terminal zweier Fördermittel und damit einer zusätzlichen Bewegung bedürfen. Hinzu kommt die gegenseitige Abhängigkeit der Systeme voneinander. Eine Störung an dem einen kann auch das andere vorübergehend lähmen. Letzteres wird jedoch wegen der erreichten hohen Zuverlässigkeit der Geräte durchweg in Kauf genommen.

Eine neue, zukunftsweisende Ära begann Ende der achtziger Jahre mit der Entwicklung von Automated Guided Vehicles (AGV) und ihrem Einsatz auf einem Containerterminal in Rotterdam. Mehr als hundert dieser unbemannten, mit der Zeit immer weiter entwickelten Fahrzeuge sind dort inzwischen mit dem Containertransport beschäftigt, und zwar mit außerordentlich guten Ergebnissen. Durch die vollkommene Automatisierung sind die von Mannesmann Demag Gottwald entwickelten AGVs ständig verfügbar und reduzieren Personal- und Betriebskosten. Ausgelegt für die automatische Beladung mit Containern bis zu 40 t Gewicht

Die Aufnahme und der Platz eines jeden Containers ist genau erfaßt und vorgeplant. (Fotos: Preussag, PSA)

Container

In kleineren Häfen, wie hier in St. Johns/Neufundland, werden häufig Mobilkräne für den Containerumschlag eingesetzt. (Foto: Witthöft)

und 49 ft Länge können sie sich mit einer Genauigkeit von +/- 3 cm positionieren, was schnelle Beladung und Steigerung der Produktivität bedeutet.

Die optimale Nutzung der AGV-Flotte in dem vom Individualverkehr ansonsten total abgesperrten Bereich wird von einer Steuerzentrale koordiniert und überwacht. Einsatzplanung und Verkehrslenkung, Fahrzeugnutzung und Sicherheit sind hierbei die wesentlichen Aufgaben für Personal und Computer. Entsprechend der Schiffslade- und Zeitplanung weist ein Prozeßrechner den Fahrzeugen einen Transportauftrag und eine optimale Fahrtroute per Digitalfunk zu. Daten-, Waren- und Verkehrsfluß werden damit zentral gesteuert und automatisch optimiert. Jedes AGV verfügt über bordeigene Rechner zum Fahren und Navigieren ohne Leitdraht. Damit ist es in der Lage, jeden beliebigen Punkt auf dem Terminal frei anzufahren und sich exakt zu positionieren. Die Bodenfläche und die im Bordrechner gespeicherten Fahrwege bilden die Basis der AGV-Navigation. Beim Fahren bestätigt das bordeigene Navigationssystem die Positionsbestimmung mit Hilfe passiver Markierungselemente im Boden. Ein elektronisch geregeltes Hydrauliksystem übersetzt die Befehle des Navigationssystems in exakte Bewegungen des Fahrzeugs entlang der unsichtbaren Routen, die von der Steuerzentrale jederzeit per Computer geändert werden können.

Als Nachteile der AGVs werden genannt, daß sie Hindernissen nur bedingt ausweichen können, daß viel Fläche für Fahrstraßen verbraucht wird und daß wegen der relativ geringen Geschwindigkeit von etwa 8 km/h eine große Anzahl dieser Fahrzeuge benötigt wird. Für die Zukunft wird erwartet, daß die AGV dank verbesserter Sensortechnik und unter Nutzung der Satellitenortung einschließlich der Lasertechnik höhere Fahrgeschwindigkeiten erreichen sowie außerdem frei navigieren können und damit nicht mehr ausschließlich an Fahrstraßen gebunden sind bzw. Hindernissen selbständig ausweichen können.

Noch mehr setzen etliche Terminalbetreiber jedoch auf den Automated Guided Straddle-Carrier (AGSC), mit dessen Einführung eine deutliche Produktivitätssteigerung einhergehen soll. Mit einem solchen fahrerlosen Transportsystem könnte automatisch ein am Boden stehender Container aufgenommen, transportiert und wieder automatisch auf

Die Häfen im Containersystem

einer bestimmten Position abgesetzt werden. Mit derartigen Geräten und einer entsprechenden Peripherie sollte es dann möglich sein, über 95 Prozent aller Containerbewegungen auf einem Terminal abzudecken. Lediglich Container mit Überhöhe oder Überbreite müßten noch mit konventionellen Umschlaggeräten bewegt werden.

Letzteres soll hier noch die Aufmerksamkeit auf eine Besonderheit lenken, die dann gegeben ist, wenn Container bewegt werden müssen, deren Ladung über die oberen Eckbeschläge hinausragt. Diese Container können mit den üblichen, unten ebenen Spreadern nicht angefaßt werden, da diese bereits vor dem Einrasten in die Eckbeschläge auf der Ladung aufliegen würden. Um diesem Übel abzuhelfen, sind Überhöhenrahmen entwickelt worden. Diese Überhöhenrahmen bestehen aus vier Eckpfosten, die durch zwei Querholme sowie durch einen oder mehrere Längsholme miteinander verbunden sind. Sie werden auf die Eckpfosten der Container aufgesetzt und verlängern sie damit, so daß der obere Rahmen die Ladung überragt. Die Verriegelung des Überhöhenrahmens mit dem Container erfolgt manuell oder auch schon automatisch. Die Container können anschließend mit normalen Spreadern angefaßt werden.

Wichtig für die Ausrüstung der meisten der großen Terminals sind außerdem Transtainer. Das sind schienengebundene oder auf starken Gummirädern fahrende Portalkräne, die vornehmlich als Lagersysteme und zur Flächenbedienung, z.B. über Gleisanlagen, verwendet werden. Die Fahrwerke sind mit regelbaren Antrieben ausgerüstet. Transtainer bieten relativ einfache Automatisierungsmöglichkeiten sowie kalkulierbare Betriebskosten, und sie ermöglichen bei Flächenknappheit die Ausnutzung der Höhe. Auf einzelnen Terminals im Binnenland wird ausschließlich mit Transtainern gearbeitet. Je höher aber gestapelt wird, desto höher ist die Zahl der notwendigen Umstauvorgänge, deren Erfassung und Dokumentation. Vor- und Nachstauarbeiten erfordern entsprechend Zeit. Das Problem ist also die relativ geringe Flexibilität dieses Systems.

Um in der Fläche Platz zu sparen, wird hoch gestapelt. (Foto: Kalmar)

Generell läßt sich festhalten, daß es bei der weiteren Entwicklung der Flurfördergeräte nicht so sehr auf das einzelne Gerät ankommt, sondern vielmehr auf die Optimierung des Gesamtsystems Containerhandling, denn um den Containerumschlag weiter zu optimieren, ist ein effizientes Zusammenspiel aller daran beteiligten Einzelsysteme erforderlich.

Natürlich wird sich vielerorts seit langem nicht nur damit beschäftigt, wie bestehende Terminals in ihren Abläufen optimiert werden, sondern wie völlig neue Terminalkonzeptio-

Container

nen aussehen könnten. So wurde beispielsweise Mitte der achtziger Jahre mit dem Transliftsystem eine Großhängebahn für den Transport von Normcontainern präsentiert – und nicht realisiert –, und gut zehn Jahre später gab das damalige Bundesministerium für Forschung und Technologie (BMFT) eine »Studie über Rahmenbedingungen und Konzepte für Container-Transportsysteme der Zukunft« in Auftrag. Darin wird der Seeverkehr nicht isoliert betrachtet, sondern folgerichtig auch der Landtransport als Teil der kompletten Transportkette gesehen. An der Studie war eine Reihe namhafter deutscher Unternehmen beteiligt. Von ihnen hat die Preussag Noell GmbH ein völlig neuartiges System für den automatischen Transport schwerer Güter und Lasten zur Verkettung von Containerbrücken und Zwischenlager entwickelt, also für den Horizontaltransport. Mit diesem System ist eine quasi Verstetigung des Behälterflusses zwischen Stapelkränen und Containerbrücken möglich. Engpässe bei der landseitigen Bedienung der Containerbrücken sollen damit der Vergangenheit angehören. Im Gegenteil, heißt es beim Hersteller, nun könne sogar über eine Erhöhung der Umschlagleistung durch Massierung herkömmlicher Containerbrücken am Schiff oder sogar über deren Ablösung durch eine noch leistungsfähigere Krangeneration nachgedacht werden.

Die revolutionäre Containertransportanlage – Linear Motor-Based Transfer Technology – besteht aus einem System von parallel und rechtwinklig zueinander verlaufenden Fahrbahnen, auf denen Rollwagen vollautomatisch längs und quer bewegt werden. Die Rollwagen sind schienengebunden und bidirektional fahrbar. Sie bestehen aus Grundrahmen und Tragwanne, ergänzt um Doppelradsätze mit Schwenkgestänge für die Trag- und Führungsfunktion sowie Permanentmagnetleisten für die Übertragung der Antriebskraft. Die Baugruppen für Antrieb und Positionserfassung sind in der Fahrbahn integriert, die Steuerung ist stationär.

Die Fahrbahn besteht aus handelsüblichen Bahnschienen. Um die Schwenkbewegungen der Radsätze zu ermöglichen, ist in den Kreuzungspunkten, d.h. an den Schnittpunkten der Längs- und Querfahrtschienen, je eine kreisförmige Stahlfläche mit Seitenführungen eingebaut.

Der Antrieb der Rollwagen erfolgt durch berührungslos wirkende Synchronlinearmotoren, die entsprechend der Schubkraftanforderung über die Anlage verteilt sind. Ein im Fahrzeug integriertes berührungslos arbeitendes Positions-Istwerterfassungssystem erlaubt die Bestimmung der Absolutposition der Rollwagen und liefert die Eingangswerte für die lagerichtige Bestromung und Weiterschaltung der Statoren. Die Rollwagen können auf +/- 3 mm genau positioniert werden. Damit ist die Voraussetzung für eine Automatisierung sämtlicher terminalinterner Transport- und Lagerprozesse gegeben. Vom Hamburger Terminaloperator Eurokai ist das System inzwischen getestet worden, um es mit anderen Systemen vergleichen zu können.

Was nun die Anlage neuer Terminals insgesamt betrifft, so sind bestimmte Entwicklungslinien praktisch vorgegeben, und sie werden mit Sicherheit, wenn hier und da wohl etwas abgewandelt und örtlichen Gegebenheiten angepaßt, zumindest von allen großen Terminals verfolgt werden. So erhebt sich generell die Frage, was denn Terminalbetreiber tun müssen, um im Wettbewerb bestehen zu können oder dem Wettbewerber möglichst eine Nasenlänge voraus zu sein. Darauf gibt es nur eine Antwort: Es müssen bei der Verknüpfung von See- und Landtransporten unschlagbare Leistungspakete angeboten werden. Vor allem die Organisation der Hinterlandverkehre und die gesamte Logistik rund um den Container bieten dazu vielfältige Möglichkeiten.

Organisation und Information

Für den Außenstehenden läuft der Güterumschlag auf den Containerterminals scheinbar automatisch ab. Containerbrücken, Portalstapler, Lkw und Bahn, alles bewegt sich wie von Geisterhand gesteuert in einem weiträumigen Zusammenspiel. Menschen sind auf den weiten Flächen immer weniger zu sehen. Doch der Schein trügt weitgehend, denn hinter den sichtbaren Arbeitsvorgängen, wie z.B.
– dem Umschlag der Container vom/ins Schiff mit der Containerbrücke,
– dem Be- und Entladen von Straßenfahrzeugen und Bahnwaggons und
– dem Transport mit Flurfördergeräten auf den Abstellflächen sowie vom/zum Schiff

steht eine ungeheuer aufwendige Organisation, die nur reibungslos funktionieren kann, wenn neben den technischen miteinander verknüpften Abläufen auch die organisatorischen Vorgänge aufeinander abgestimmt sind.

Technisch dürften wohl alle mit dem Containerumschlag in den Häfen zusammenhängenden Dinge gelöst sein. Inzwischen hat es eine rasante Entwicklung gegeben, und wie es

(Foto: Franz/BLG)

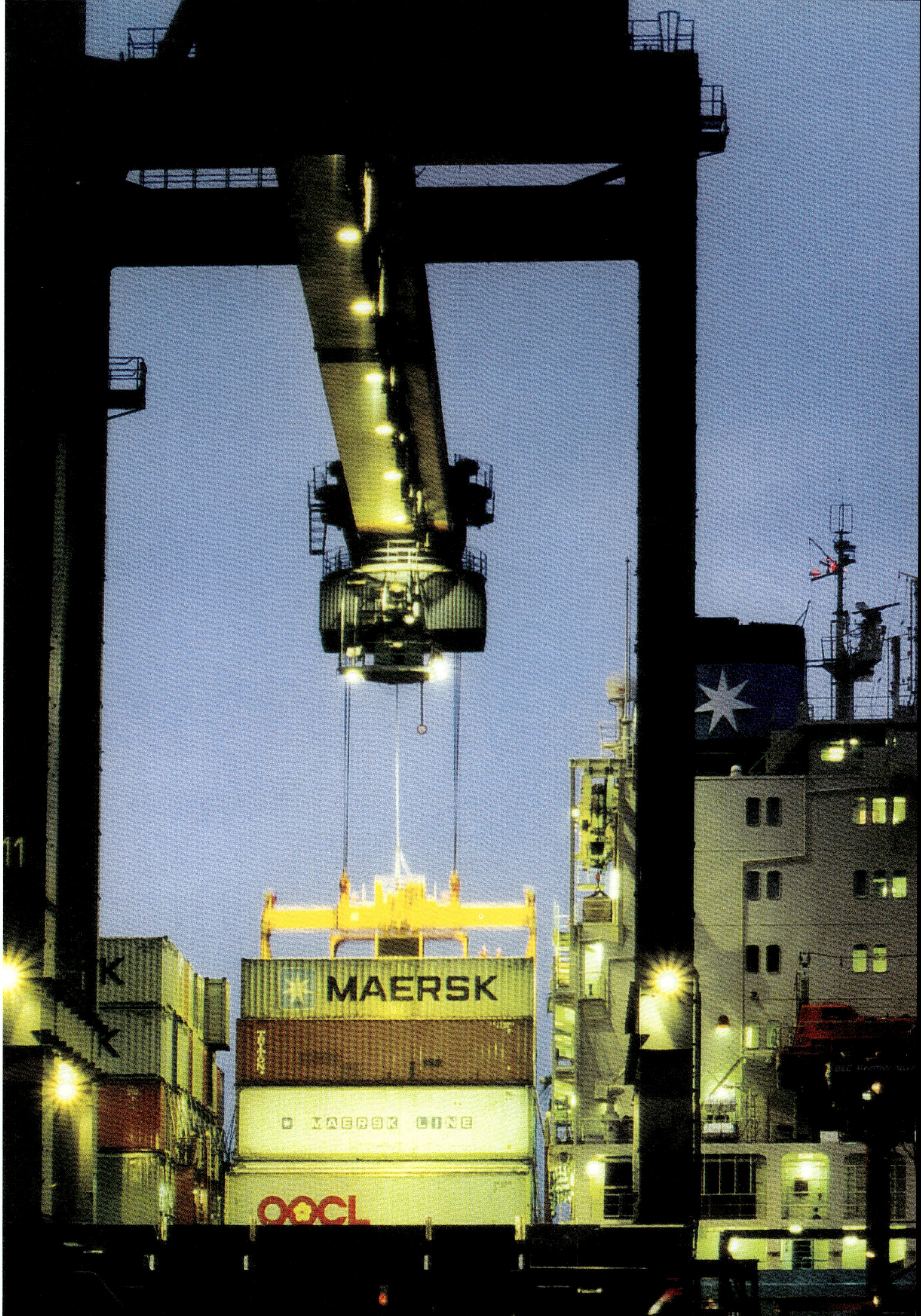
MAERSK
TRITON
MAERSK LINE
OOCL

Container

aussieht, dürfte auch die ins Auge gefaßte weitere Entwicklung keine unlösbaren Probleme bescheren. Jedoch mit der Technik allein ist es nicht getan. Unbedingt dazu gehören mindestens gleichrangig eine reibungslos funktionierende Organisation – was Technik voraussetzt – und ein einwandfreier Informationsfluß, dessen Schnelligkeit mit der des Warenflusses übereinstimmt oder besser noch ihm voraus sein muß. Auf diesem Sektor gibt es trotz gewaltiger Fortschritte noch vieles zu tun.

Es muß akzeptiert werden, daß in den anfänglichen Jahren der Bewährung des Containerverkehrs den technischen Belangen meistens höchste Priorität beigemessen wurde. Bei den anderen Dingen ließ sich ja immer noch irgendwie improvisieren. Damit ist es längst vorbei. Die Menge der zu bewältigenden Boxen ist dafür zu groß geworden. Die Überlegungen, wie der Stand der Kommunikation und der Information den Erfordernissen optimal angepaßt werden können, rangieren seit geraumer Zeit an erster Stelle. Wenn der wirtschaftliche Effekt, der durch die Schiffs- und Umschlagtechnik sichtbar gemacht wird, erhalten bleiben soll, muß es auf diesem Gebiet immer weiter vorwärts gehen.

In den Anfangsjahren sah es so aus, daß die Dokumente, die den Container begleiten mußten, oft viel später im Hafen eintrafen als der Container selbst, der mit großer Schnelligkeit per Schiff, Straßen- oder Schienentransport bewegt wurde. Die konventionellen Übermittlungsmethoden mit Post, Boten usw. konnten einfach nicht mehr mithalten. Häufig waren sich aber wohl auch etliche der Beteiligten nicht bewußt, wie eilig und wichtig die Weitergabe der zum Container gehörenden Daten für eine exakte Vorplanung und damit für den reibungslosen Ablauf des Umschlags war.

Heute arbeiten in den großen Containerhäfen aufwendige Datenverarbeitungssysteme, ohne die die Jahresdurchsätze an Containern, die auf vielen Plätzen längst die Millionengrenze überschritten haben, nicht zu bewältigen wären. Diese Datenverarbeitungsanlagen müssen, um das leisten zu können, was von ihnen erwartet wird, mit einer Vielzahl von Informationen gespeist werden, und zwar unverzüglich für jeden Container. Nur so kann ein flüssiger Umschlagablauf erreicht werden, der wiederum die Voraussetzung dafür ist, daß die Hafenliegezeiten der teuren Schiffe so kurz gehalten werden, wie es das Hauptanliegen der Reedereien ist.

Wie sich die Situation in den ersten Jahren des Containerzeitalters häufig stellte, soll an einem Beispiel dargestellt werden, das sicherlich grundsätzlich auch heute noch seine Berechtigung hat: Bevor ein Schiff im Hafen festmachte, hatte es dem Terminal eine Liste der im Hafen zu löschenden Container übermittelt. Es bedeutete jedoch ein erhebliches Erschwernis, wenn selbst zu dem Zeitpunkt, an dem mit dem Löschen begonnen wurde, dem Operator nicht bekannt war, wie, wann und wohin die Container weiter ins Binnenland transportiert werden sollten. Und das war nur allzu häufig der Fall. Die Container mußten also erst einmal auf dem Terminal zwischengelagert werden, wobei es sicher unschwer vorstellbar ist, welcher »Zustand« in dem Moment eintrat, als endlich die ersten Informationen für den Weitertransport ins Binnenland eintrafen.

Mit Hilfe des Computers wurde der Standort des betreffenden Containers lokalisiert und dabei festgestellt, daß man an ihn nicht herankam, ohne etliche andere Boxen vorher umzustauen. Das alles mußte dann erneut in den Computer eingegeben werden. Viele Arbeitsgänge hätten also bei rechtzeitigem Vorliegen der Informationen vermieden werden können.

Zum gleichen Zeitpunkt trafen immer noch weitere für das Schiff bestimmte Export-Container ein, zum Teil ebenfalls ohne oder nur mit unvollständigen Informationen. Das brachte natürlich große Schwierigkeiten mit sich, weil dadurch jede exakte Vorplanung unmöglich wurde. Die Stauung der Ladung für ein Schiff wurde ja in einem regelrechten Planspiel an Land vom Terminaloperator gemeinsam mit der Reederei vorgenommen. Dabei wurde eine eindeutige Reihenfolge der Lade- und Löschvorgänge nach Einzelcontainern festgelegt. Man sprach dabei für den Export von einer spiegelbildlichen Vorstauung des Schiffes an Land, um in der Reihenfolge der so vorgestauten Container das Schiff mit höchster Geschwindigkeit und, wo es möglich war, unter dem Einsatz mehrerer Containerbrücken schnellstens abfertigen können. Fehlten jedoch Informationen, so ist es einleuchtend, daß dadurch Verzögerungen auftraten. Die betreffenden Container konnten nicht in das Vorstauprogramm aufgenommen und in einer ganz speziellen Vorstau-Lager-Position zwischengelagert werden. Durch dieses »In-der-Luft-hängen« wurde die Effizienz des gesamten Systems beeinträchtigt.

Das Informationsbedürfnis des Terminals, die Notwendigkeit rechtzeitiger Information, galt gleichermaßen für die Einzelpartien, die in den Packstationen für Sammelgutcontainer (LCL) einliefen. Nur bei Vorliegen der kompletten Verschiffungsdokumente bzw. -informationen konnten die Packarbeiten sowohl zeitgerecht als auch kostengünstig durchgeführt werden.

Diese Probleme gerade im Bereich der Information erschwerten vor allem die Arbeit des Umschlagplaners auf

Die Häfen im Containersystem

dem Terminal. Seine Tätigkeit war der Angelpunkt in dem Bemühen, daß das Schiff trotz Nichteinhaltung des Containerannahmeschlusses pünktlich wieder auslief. Er hatte den schnellstmöglichen Umschlag bei geringster Kostenverursachung und kürzester Liegezeit des Schiffes zu planen und zu verantworten. Dabei waren Schiffsstabilität, Trimm und Torsion sowie selbstverständlich besondere Stauanweisungen etwa für Kühl-, IMO (Gefahrgut)- oder Deckscontainer zu berücksichtigen. Dieses alles zusammengenommen, ließ und läßt die Forderung nach einer immer weiteren Verbesserung des Datenflusses sicher mehr als verständlich werden.

Daß dies nicht unbedingt einfach zu verwirklichen war, ergibt sich nicht nur aus der Zahl der am gesamten Transportvorgang Beteiligten, die unter einen Hut gebracht werden mußten, sondern auch aus der Gesamtmenge der für einen Container anfallenden Daten. Besonders, wenn zu denen, die nur den Behälter an sich betreffen – Typ, Größe, Tara, Eigentümer, Erhaltungszustand usw. – noch die der Ladung kommen: Ladungsart, Gewicht, Versender, Empfänger, Transportweg, Löschhafen, Bestimmungsort, Versicherung, Stau- und Trennvorschriften, Gefahrgutaufkleber, Verplombung, Übermaße usw. Das führt zu erheblichen Datenströmen, die aber in Teilströme aufgegliedert werden können, da nicht jeder der Beteiligten an allen Daten interessiert ist. Für Eigentümer, Terminal, Spediteur, Reederei bzw. die Schiffsführung sind jeweils nur Untermengen der Datenmenge wichtig.

Hochmoderne, teure Spezialschiffe, standardisiertes Equipment bis hin zu integrierten DV-gestützten Informationsflüssen erfordern also bei den am internationalen Containerverkehr beteiligten Unternehmen intensive Anstrengungen im Bereich von »Information Technology« (IT). Der Anspruch an zeit- und ortsgenauer Ab- und Auslieferung von Gütern und die benötigte Präzision und Detaillierung der Transportinformation setzen eine leistungsfähige Kommunikation aller Beteiligten bei der Vorbereitung und Durchführung der Transporte voraus.

Der Ablauf eines Transportvorganges für einen Container von der Buchung bis zur Rücklieferung des Equipments, von der Annahme bis zur Auslieferung des Transportgutes, die Beförderung mit einem oder mehreren Transportmitteln, der Umschlag im Hafen oder an anderen Knotenpunkten des Containerverkehrs und letztlich die den Transport begleitenden administrativen Aktivitäten stellt ein überaus umfangreiches Netzwerk von Tätigkeiten dar, die sich nur unter Einsatz von Informationslogistik und Electronic Data Interchange (EDI) in erforderlichem Maße beherrschen lassen, wobei

Mit einer Großröntgenanlage prüft der Zoll in Hamburg den Inhalt von Containern. (Fotos: Zoll Hamburg)

Container

EDI einen »papierlosen« Datentransport ermöglichen soll. Häfen richten derartige Umschlaginformationsdienste ein, um die Abfertigung zu beschleunigen und um weniger Papier bewegen zu müssen.

Die internationale Transportwirtschaft setzt die Informationslogistik ein, um die Qualität ihrer Dienstleistung zu sichern und kontinuierlich zu verbessern. Die Beschleunigung der Prozeßgeschwindigkeit und die damit höhere Produktivitätsauslastung der Transportmittel und des Equipments wird durch die Anwendung von EDI erreicht.

In der internationalen Containerschiffahrt ist neben der Containerlogistik – womit die Bevorratung von Containern zur Beförderung von Gütern gemeint ist – die Informationslogistik ein ganz entscheidender Faktor. Einmal, um der Forderung der Kunden nach Flexibilität und kurzer Reaktionszeit nachzukommen, und zum anderen, um jeweils aktuelle Informationen über den Status des jeweiligen Transportes geben zu können. Eine optimale Kommunikation sowie die exakte und zeitgerechte Bereitstellung von Informationen sind wichtige Wettbewerbsfaktoren. Dabei sollte anerkannt werden, daß die notwendigen transportvorauseilenden und -begleitenden Informationen zur Steuerung, Kontrolle und Überwachung nationaler und internationaler Transporte hohe Anforderungen an die Leistungsfähigkeit der Informations- und Datenverarbeitung in den Unternehmen stellen.

Informationen über den Container, zur beförderten Ware und zur administrativen Abwicklung müssen an jeder einzelnen Schnittstelle in der Transportkette vom Versender bis zum Empfänger allen an dem jeweiligen Transport eines jeden einzelnen Containers zu jeder Zeit bzw. rechtzeitig und vollständig zur Verfügung stehen. Voraussetzung dafür sind flexible, strukturierte und standardisierte Informationsströme mit genormten Schnittstellen und Daten.

EDI ist zum Rückgrat der Informationslogistik geworden, wobei klar ist, daß die volle Entfaltung der Vorteile von EDI nur zu erreichen ist, wenn der elektronische Informationsfluß nicht unterbrochen wird. Ein weitergehender Anspruch auf einen unternehmens-, branchen- und regionsübergreifenden elektronischen Datenaustausch zwischen unabhängigen DV-Systemen unter Nutzung international abgestimmter Regeln und Normen wird im Rahmen von Edifact (EDI for Administration, Commerce and Transport) erhoben. Bei Edifact handelt es sich um einen einheitlichen, internationalen Standard zum Aufbau von Meldungen zur Datenübertragung zwischen Geschäftspartnern. Jede Meldung besteht aus normierten Datensätzen (Segmenten) und

Ein Container Number Recognition System (CNRS) erfaßt in Singapur die auf dem Terminal eintreffenden Boxen per Videokamera automatisch und trägt so zu einem reibungslosen Ablauf bei. (Foto: PSA)

Weitgehend menschenleer und trotzdem voll in Betrieb – auch nachts. (Foto: Hero Lang/BLG)

Die Häfen im Containersystem

Datenelementen, die in einem »Wörterbuch« bei der UN definiert sind. Der Edifact-Standard wurde 1987 von den Vereinten Nationen beschlossen und von verschiedenen nationalen Standardisierungsorganisationen, darunter ISO und DIN, als erster weltweiter Standard zum Austausch von Handelsdaten akzeptiert. Entworfen wurden die entsprechenden Meldungen von der Shipplanning Message Development Group, einer Entwicklergruppe europäischer Reedereien und Terminalbetreiber.

In den Häfen als den Knotenpunkten internationaler Verkehre und Schnittstellen zwischen den see- und landseitigen Transportträgern sind Datenkommunikationssysteme unterschiedlicher Ausführungen installiert worden, die in erster Linie lokale Interessen und gewachsene Branchen-

Container

strukturen bedienen. Bislang werden damit eher kleinräumige Abwicklungsformen unterstützt. International abgestimmte und hafenübergreifend ausgerichtete Ablaufstrukturen sind noch nicht genügend zu erkennen. Die oftmals beschworene Zusammenarbeit zwischen den Häfen ist leider allzuhäufig nur ein Lippenbekenntnis. Sie wird von den Häfen unterschwellig nicht selten als wettbewerbsschädigend empfunden, wobei fairerweise festzuhalten ist, daß sich sicherlich auch nicht alle Tätigkeitsfelder für Kooperationen eignen. Aber es gibt auch durchaus schon Ansätze, wie zum Beispiel in Europa mit Protect (EDI von Gefahrengutdaten zu Hafenverwaltungen). Fest steht, daß die internationale Standardisierung und die Koperationen zwischen den Transportunternehmen und mit den Seehäfen im Bereich der Informationslogistik immer weiter vorangetrieben werden müssen, denn nur damit können Rationalisierungspotentiale in der Transportkette zum Nutzen aller Beteiligten realisiert werden. Anders ausgedrückt kann es auch heißen, daß die Rationalisierungsmöglichkeiten in den Betrieben selbst inzwischen weitgehend ausgeschöpft sind und nur noch die weltweite Computervernetzung neue Chancen eröffnet.

Nachfolgend einige knappe Beispiele dafür, wie die Elektronik, wie Computer und Datenübertragung von Terminals genutzt werden, um die Organisationsabläufe so zu optimieren, daß die ständig wachsenden Containermengen angemessen bewältigt werden können. Zwar keineswegs nur, aber in erster Linie geht es dabei um die Steuerung der Hinterlandverkehre.

In den bremischen Häfen hat die Hafenwirtschaft mit dem Ziel, den Informationsfluß zu beschleunigen und Fehlerquellen auszuschalten unter Federführung der Datenbank Bremische Häfen (DBH) ab September 1994 damit begonnen, die DV-Systeme der Unternehmen und Behörden zu vernetzen. In mehreren Schritten wurde seitdem das Gesamtkonzept der »Bremer Hafentelematik« (BHT) umgesetzt, an dessen Ende die Beteiligten alle Informationen nur noch auf elektronischem Wege austauschen.

Einer der neuralgischen Punkte in der intermodalen Transportkette sind die Zu- bzw. Ausfahrten, die Gates der Terminals für den Lkw-Verkehr. Zu den Ärgernissen gehören Wartezeiten am Gate, Leerfahrten aufgrund nicht verfügbarer Container sowie fehlende Vorabinformationen über geplante An- und Auslieferungen. Mit Hilfe des von der EU-Kommission finanzierten Projektes Corem (Cooperative Resource Management for the Transport of Unit Loads) sind auf dem Containerterminal Bremerhaven die Vorgänge am Gate nun weitgehend automatisiert worden, um einen reibungslosen und wesentlich beschleunigten Ablauf zu erreichen. Dabei brauchen die Lkw-Fahrer gar nicht mehr auszusteigen.

Einer vereinfachten und beschleunigten Abfertigung der Lkw am Gate dient auch die in Rotterdam entwickelte »Cargo Card«. Dieses kleine Plastikkärtchen mit integriertem Elektronik-Chip ist zu einer Art individuellem Schlüssel entwickelt worden, der für eine bestimmte Zeit gültig ist und den Zugang zu den Containerterminals ermöglicht. Er ist Bestandteil eines ganzen Bündels von Maßnahmen, das dazu dient, die hafeninternen Logistikabläufe im Containerverkehr zu optimieren, denn auch in Rotterdam ist der Container der Wachstumsträger Nummer eins.

In Singapur werden die Identifikationsnummern der per Lkw eintreffenden Container bei der Einfahrt in den Hafen per Videokamera registriert, in einen Datensatz umgewandelt und gespeichert. Nach automatischem Vergleich mit der bereits im Computer vorliegenden Containeranmeldung erhält der Lkw-Fahrer umgehend den Containerstellplatz auf dem Terminal zugewiesen.

Auch die US-amerikanischen Häfen machen große Anstrengungen, einen »stehenden Verkehr« auf den Zufahrtstraßen zu den Terminals zu vermeiden. Dazu als Beispiel der Ostküstenhafen Baltimore. Will dort ein Trucker zum Seagirt Marine Terminal, erreicht er als erstes eine dreizehnspurige »Sign Bridge«, die anzeigt, welche der Spuren er zu benutzen hat. Nächste Station ist eine in die Fahrbahn eingebaute Waage, neben der ein Telefon steht, über das der Fahrer mit dem Gatehaus kommuniziert ohne die Fahrerkabine zu verlassen. Nachdem er seinen Namen, das Trucking-Unternehmen, die Reederei, für die der Container bestimmt ist, Nummern und Größe von Container und Chassis, Buchungsnummer, Bestimmungshafen, den Schiffsnamen sowie das Gewicht der Zugmaschine durchgegeben hat, prüft ein Computer die Angaben.

Gibt es keine Unstimmigkeiten wird die Erlaubnis zur Weiterfahrt zur Kontrollstation erteilt, während der Bearbeiter im Gatehouse einen Trailer Interchange Report (TIR) mit allen Angaben an der entsprechenden Fahrbahn bei der Kontrollstation veranlaßt. Dort übergibt der Trucker seine Ladepapiere an einen Kontrolleur der Hafenarbeitergewerkschaft ILA, der den Zustand von Container und Chassis überprüft und die Ladepapiere mit dem TIR vergleicht. Eventuell festgestellte Mängel und Schäden werden vermerkt. Anschließend erfolgt die Weisung, zum Container-Vorstaugelände zu fahren und den Container dort auf der für seine Reederei reservierten Fläche abzustellen. Die Reedereien wer-

Die Häfen im Containersystem

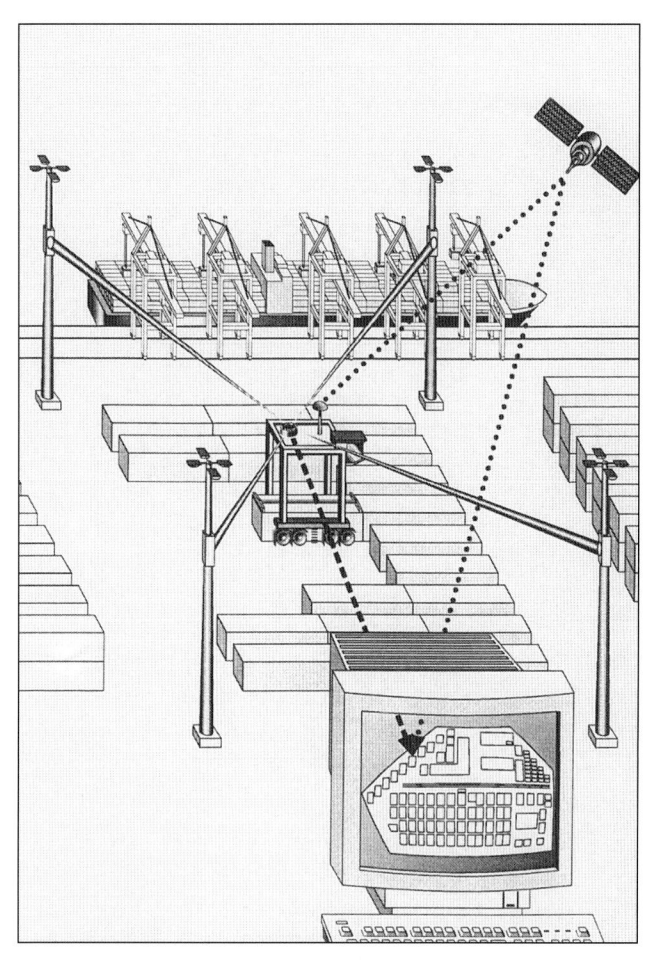

Satelliten (DGPS)/Laser-Radar (LADAR) Ortungssystem zur Steuerung von Abläufen z.B. in Port Rashid und bei der HHLA in Hamburg. (Foto/Abb.: Archiv HJW/ HHLA)

den kontinuierlich informiert und haben ihrerseits Zugang zu Teilen der Database des Terminals.

Allgemeine Kommunikationsschnittstelle für die Verkehrswirtschaft im Hamburger Hafen ist die Dakosy Datenkommunikationssystem GmbH. Sie hat etwa seit Anfang der achtziger Jahre ein Kommunikationsnetz aufgebaut, an das sich alle in die Güterströme über den Hamburger Hafen integrierten Branchen, also Exporteure, Importeure, Spediteure, Linienagenten/Reeder, Umschlagunternehmen, Tallyunternehmen, Verkehrsträger und Behörden (Zoll/Wasserschutzpolizei) angeschlossen haben. Mittlerweile kommunizieren gut 500 Unternehmen und Institutionen über Dakosy und tauschen alle transportrelevanten Informationen und Dokumente via EDI aus.

Im Oktober 1995 gab die Hamburger Hafen- und Lagerhaus-AG (HHLA) bekannt, daß sie als weltweit erstes Unternehmen auf ihrem Terminal Burchardkai ein automatisches System zur Ortung der für Umschlag und Transport eingesetzten Straddle-Carrier eingeführt hat, das eine absolut zuverlässige Erfassung aller Containerbewegungen ohne manuelle Eingaben ermöglicht. Neben einer höheren Ausnutzung vorhandener Kapazitäten konnten damit vor allem die Arbeitsabläufe verbessert werden. Die Ortung erfolgt durch Kombination der parallel und unabhängig voneinander arbeitenden Satelliten-(DGPS) und Laser-/Radar-(LADAR) Systeme. Die HHLA hat sich für die kombinierte Anwendung beider Systeme entschieden, obwohl jedes für sich nur eine minimale Ausfallquote beinhaltet, diese aber trotzdem wegen der hohen Qualitätsansprüche des von der Terminalleitung angestrebten integrierten Terminal-Planungs- und Steuerungssystems nicht in Kauf genommen werden sollte.

Wie in Bremen ist man auch bei der HHLA unter Einsatz innovativer Datenkommunikationssysteme auf dem Weg

Container

zum »paperless port« ein gutes Stück vorangekommen. Wo sich unlängst noch Schreibtische unter einer Papierflut aus Container-Anmeldelisten, Fax-Freistellungen, An- und Auslieferlisten, Bestandslisten, Lösch- und Ladelisten förmlich bogen, werden diese ehemals auf Papier erfaßten Informationen heute via Bildschirm, Computer und Datenübertragung ausgetauscht und verarbeitet. Partner dieser Art der Kommunikation sind hauptsächlich die HHLA als Hafenumschlagunternehmen und auf der Kundenseite Reedereien und Linienagenten. Aber auch Trucker, Zollämter und alle anderen am Transport beteiligten Unternehmen und Institutionen des Elbehafens werden in das umfassende Kommunikationsnetz eingebunden.

Behördenseitig spielt der Zoll in den Häfen eine wichtige Rolle, wobei seine Aufgaben mit der Einführung des Containerverkehrs nicht einfacher geworden ist. Eine Überprüfung von Boxen, die zudem noch alle irgendwie gleich aussehen, ist immer umständlich und zeitaufwendig. So muß sich der Zoll, auch um nicht den ständigen Strom der Container zu sehr zu behindern, mehr oder weniger auf Stichproben beschränken und auch die sind meistens noch problematisch, weil nur bei ganz klaren Verdachtsmomenten ein Auspacken zu verantworten ist. Zwei bis sechs Stunden Zeit werden dazu schon benötigt. Ansonsten lassen sich, in den großen Kisten eine Menge Dinge gut verstecken, die sich geschickt getarnt, ohne größeren Aufwand kaum finden lassen.

Auch das will organisiert sein: Containerumschlag in Abidjan/Elfenbeinküste. (Foto: OTAL)

Um auf diesem Gebiet Abhilfe zu schaffen, hat man in einigen Häfen damit begonnen, Großröntgenanlagen für die Überprüfung von Containern zu installieren. Nach USA und Hongkong ist im August 1996 eine dritte Anlage dieser Art in Hamburg-Waltershof in Betrieb genommen worden. Sie soll eine schnelle Überprüfung der Behälter auf Rauschgift, Waffen, Sprengstoffe und sonstige Schmuggelware ermöglichen, ohne daß die Boxen geöffnet oder gar ausgepackt werden müssen. Zur Abschirmung der Röntgenstrahlen ist der Röntgentunnel mit ca. 2,50 m starken Betonwänden und

Die Häfen im Containersystem

Die Arbeit der Straddle-Carrier-Flotte auf dem Hamburger Containerterminal Burchardkai wird elektronisch gesteuert. Die Erfassung aller Containerbewegungen erfolgt ohne manuelle Eingaben. (Foto: MLR-Werkfoto)

über 0,50 m dicken Strahlenschutztoren aus Stahl mit Betonfüllung versehen. Die Auswertung der Aufnahmen erfolgt mit modernster EDV, so daß der Röntgen- und Auswertevorgang nur ca. 20 Minuten Zeit in Anspruch nimmt. Mit der neuen Anlage, einer Art Schleuse, durch die Container oder Lkw mit bis zu 20 m Länge mit unbesetztem Führerhaus gezogen werden, können technisch bis zu 14 Objekte stündlich geprüft werden, wobei eine Erweiterung der Kapazität auf 20 Einheiten pro Stunde möglich ist. Die Erfolge können sich sehen lassen.

Von diesen Einzelentwicklungen nun zurück zum Grundsätzlichen. Festzuhalten ist, daß in den vergangenen Jahren die verschiedenen Aspekte von Transport, Lagerhaltung, Material-/Produktplanung und -kontrolle sowie Kundenservice zunehmend in die Logistikkette integriert wurden. Dieser Prozeß muß sich fortsetzen, wobei jeder Teilbereich besonderer Aufmerksamkeit bedarf. Die Herausforderungen sind groß, aber da der Zeitfaktor heute in höchstem Maße wettbewerbsentscheidend ist, kommt dieser Integration mittlerweile eine elementare Bedeutung zu.

Container

Das Zurren der Container an Deck ist trotz mancher Erleichterungen immer noch Schwerstarbeit. (Foto: GL)

Soziale Probleme

Es kann nicht überraschen, daß es vor allem in der Anfangsphase, in der für alle schwierigen Zeit der Gewöhnung an den für viele Bereiche revolutionären Containerverkehr, zu sozialen Spannungen, ja zu Konflikten kam. Zu groß war die Angst der Arbeitnehmer im Hafen um die Arbeitsplätze, zu groß war die Unsicherheit angesichts der Ankündigungen, daß der Containerverkehr für die Häfen große Rationalisierungsmöglichkeiten berge, weil für ihn längst nicht soviel Personal benötigt würde, wie beim konventionellen Stückgutumschlag. Streiks waren deshalb in den ersten Jahren nicht ungewöhnlich. So lähmte zur Jahreswende 1968/69 ein großer Dockerstreik die Häfen an der US-Ost- und Golf-Küste. Er mündete ein in einen mit dem Internationalen Hafenarbeiterverband der Vereinigten Staaten (ILA) geschlossenen Vertrag, der eine Container-Beladungsklausel enthielt. Die Klausel bestimmte, daß Sendungen, die kleiner waren als eine volle Containerladung und innerhalb eines 50-Meilen-Umkreises vom Hafen an- oder abgefahren wurden, durch der ILA angehörende Arbeiter geladen oder gelöscht werden mußten. Inzwischen leben die amerikanischen Hafenarbeiter mit dem Container als Selbstverständlichkeit.

In Großbritannien hatten arbeitspolitische Probleme die Inbetriebnahme der neuen Umschlaganlagen von Tilbury, die dort unter Millioneninvestitionen angelegt waren, bis zur Mitte 1970 verhindert. Die Kalkulation der britischen Gewerkschaften, daß angesichts der hohen Betriebskosten der Container-Konsortien deren Bereitschaft zu weitgehenden Zugeständnissen besonders groß sei, ging allerdings nicht auf. So wurden die ersten Abfahrten der britischen Linien Associated Container Transportation (ACT) und Overseas Container Ltd. (OCL) nach Australien, die durch den Docker(Container)-Streik gefährdet waren, kurzerhand auf den Kontinent nach Rotterdam verlegt. Weitere Konflikte dieser Art traten vereinzelt auch in anderen britischen Häfen, an der US-Westküste und in Australien auf. Aber auch dort gewöhnte man sich bald an die großen Boxen, und wenn es Schwierigkeiten gab, betrafen sie vornehmlich die Reedereien.

Wie die Streiks zeigten, wurde der Strukturwandel dort am schmerzlichsten empfunden, wo noch Umschlagmethoden praktiziert wurden, die selbst schon für den traditionellen Stückgutverkehr überholt, aber stets starr gewahrt worden waren. In den Vereinigten Staaten, wo überaus mächtige Organisationen und in den Häfen Großbritanniens, wo ungemein zahllose, nach Berufen aufgesplittete Mini-Gewerkschaften ihre vor Urzeiten erkämpften Privilegien nach dem Motto »Das haben wir schon immer so gemacht« verteidigten, traf der Siegeszug des Containers auf heftigste Gegenwehr – aufzuhalten war er jedoch nicht.

Sehr schnell und deutlich war zu erkennen, daß die Personalkosten für den Containerumschlag im Vergleich mit dem konventionellen Umschlag stark gesenkt werden konnten. Dazu folgendes Beispiel: Eine Arbeitskolonne (im Hafen »Gang«) mit 10 bis 16 Mann erreichte im konventionellen Stückgutumschlag eine Leistung von rund 100 t pro Schicht. An Gerät gehörten ein normaler Stückgutkran von 3 t Hebekraft sowie zwei bis vier Flurfördergeräte mit vergleichbarer Kapazität dazu. Eine gleich starke Gang am Containerschiff schaffte 200 Container pro Schicht, das sind rund 2000 t Ladung. An Gerät gehörten hierzu eine Containerbrücke

Die Häfen im Containersystem

Zwar ist, wie das angeführte simple Beispiel erkennen läßt, der Faktor »menschliche Arbeitskraft« in den Häfen erheblich reduziert worden, was den direkten Umschlag betrifft, der Erfolg der großen Investitionen hing jedoch nach wie vor und von Anfang an von der Bereitschaft der Menschen ab, in vernünftiger Form an und in diesem Konzept mitzuarbeiten. Ob diese in den Anfangsjahren aber in jedem Fall gegeben war, mußte manchmal bezweifelt werden. Diese Einschränkung galt besonders für die britischen und noch mehr für die australischen Häfen, wo sich zum Teil groteske Situationen ergaben. Das lag allerdings weniger an dem einzelnen Hafenarbeiter als

von 50 t Hebekraft sowie schwere Flurfördergeräte mit adäquater Leistung. Dieser typische Vergleich zeigt, daß, grob gesehen, ein Teil der menschlichen Arbeitskraft durch Kapital ersetzt worden ist. Die Industrialisierung der Dienstleistungsproduktion begann sich zu verwirklichen, zumindest im Containerbereich. Überflüssig geworden ist der Mensch deswegen aber noch lange nicht.

Ein weiterer Schritt hin zum menschenleeren Terminal ist der Einsatz ferngesteuerter Transportwagen (AGV/Automated Guided Vehicles) von einer Leitzentrale aus – hier auf dem ECT-Terminal in Rotterdam. (Fotos: Mannesmann Demag)

an den Organisationen, die vorgaben, seine Interessen zu vertreten. Häufig drängte sich dabei der Eindruck auf, daß es nur um Macht ging, daß die Zurschaustellung von Macht für viele Maßnahmen eher die Ursache war als das Bestreben, berechtigte Vorteile der Mitglieder zu wahren. So konnte es beispielsweise vor-

Harten persönlichen Einsatz erfordert auch heute noch stets dem Umschlag besonderer Ladungsstücke, auch auf Containerschiffen. Nicht alles läßt sich in die Norm-Boxen packen, aber ist meistens doch auch auf Containerschiffen zu verladen. (Foto: BLG)

kommen, daß in Sydney das Auspacken der Ladung aus Containern und die Auslieferung der Waren an die Empfänger länger dauerte, als der Transport vom europäischen Kontinent nach Australien. Durch Streiks und sonstige Behinderungen in australischen Häfen ergaben sich zeitweise nicht unbeträchtliche Verlängerungen der Rundreisedauern und empfindliche Rückgänge der Kapazitätsausnutzung der im Australverkehr eingesetzten Schiffe. In manchen anderen Regionen spielte sich ähnliches ab.

Gemessen am konventionellen Güterumschlag verlangte das Containersystem von Anfang an vom Hafen eine außerordentlich hohe Umschlagleistung, wobei das optimale Containerhandling erreicht wird durch Vielseitigkeit und Flexibilität des Terminals, dem die fachliche Schulung der Mitarbeiter, die

Die Häfen im Containersystem

Kommunikation zwischen ihnen und die Organisation des Geräteeinsatzes entsprechen müssen.

Die Abteilung »Schiffahrt und internationaler Verkehr« der britischen Eisenbahnen hatte 1970 eine Untersuchung von Containerumschlaganlagen in 23 europäischen, amerikanischen und kanadischen Häfen durchführen lassen und dabei im Umschlag einen mittleren Takt von drei Minuten pro Container und Brücke ermittelt. Diese Leistungen konnten nach und nach noch gesteigert werden, wozu nicht nur technisch verbessertes Gerät beitrug, sondern eher noch die zunehmende Erfahrung des gründlicher ausgebildeten Personals.

Die Schnelligkeit des Umschlags ist zu einem wichtigen Faktor der Hafenwerbung geworden, mehr noch als in der »konventionellen Vergangenheit«, da im Containerverkehr ein leicht vergleichbares, weil einheitliches Umschlaggut zugrundegelegt werden kann. So wundert es denn auch nicht, wenn von Zeit zu Zeit die Häfen immer wieder neue Rekordmeldungen verbreiteten. Sie tun es heute noch. So meldete der Hafen Hamburg zum Beispiel anläßlich der Eröffnung des Australverkehrs 1970 zur Unterstreichung seiner Leistungsfähigkeit, daß erst kürzlich mit dem Einsatz von drei Containerbrücken und bis zu zehn VAN-Carriern an einem Schiff eine Stundenleistung von 89 Containern mit über 1100 t Ladung erzielt worden wäre – ein Spitzenergebnis, das in Europa bis dahin ohne Beispiel sei. Bei der Abfahrt des ersten Austral-Containerschiffes, der deutschen MELBOURNE EXPRESS, hieß es dann, daß in Containern 2700 t Stückgüter mit dem Einsatz von zwei Containerbrücken innerhalb von fünf Stunden verladen worden seien. Um die gleiche Ladungsmenge konventionell umzuschlagen, hätten sechs Gänge drei Tage lang rund um die Uhr arbeiten müssen.

Links unten:
In Asien ist auch im Container-Rausch immer noch Zeit für ein Schwätzchen. (Foto: TT Club)

Die Arbeit des Hafenpersonals an Bord von Containerschiffen erfordert gründliche Schulung und ein ausgeprägtes Sicherheitsdenken. (Foto: Hafen Hamburg)

Eine Meldung von Anfang März 1976 besagte, daß am Terminal Burchardkai mit der Abfertigung des britischen Ostasien-Containerschiffes der 3. Generation TOKYO BAY mit einem neuen Spitzenergebnis aufgewartet werden könne: 1495 Container wechselten in drei Arbeitsschichten zwischen Kai und Schiff. Die Behälter entsprachen 1966 TEU. 630 Behälter/ 796 TEU gelöscht und 865 Behälter/1170 TEU geladen. Immerhin sei das aber nur ein Spitzenergebnis und kein Rekord, der würde bei 1560 Containern liegen. Dieser Rekord sei am 30. August 1976 bei der Abfertigung der KOWLOON BAY, einem Schwesterschiff der TOKYO BAY, erzielt worden.

Und im Februar 1999 ließ California United Terminals (CUT) verbreiten, daß am 15. Januar während der Tagesschicht der eigene Rekord, der bis dahin bei 837 Containern gelegen hatte, übertroffen worden sei. Drei 20-Mann-Gangs hätten mit drei Brücken 862 Container bei der Abfertigung des 5500-TEU-Schiffes HYUNDAI FREEDOM geschafft. Damit seien per Gang und Stunde 36 Containerbewegungen (moves) geschafft worden. Gleichzeitig wiesen die kalifornischen Terminalmanager darauf hin, daß nach ihrer Erkenntnis der Schnitt allgemein bei 25 moves liege und 30 als schon sehr gut bewertet würden.

Nun, sicherlich sind derartige Ergebnisse immer wieder ein Ansporn, zum einen für die eigenen Mitarbeiter, zum

Container

anderen für die Wettbewerber. Alle großen Häfen treten dann und wann mit solchen Meldungen hervor, und solche Leistungen verdienen auch Respekt und Anerkennung. Sie dürfen aber nicht darüber hinwegtäuschen, daß derartige zeitweilige Spitzenergebnisse von eher geringer Bedeutung sind, denn wesentlich für den Faktor Umschlagleistung sind, und das soll hier noch einmal betont werden, möglichst hohe, gleichbleibende Mittelwerte. Nur sie können verläßlich die rasche Abfertigung gewährleisten, wie sie unbedingt erforderlich ist. Die hohen Tageskosten der Containerschiffe sprechen als Begründung dafür eine deutliche Sprache – und Leistung bringen, Geld verdienen, können die Schiffe nur, wenn sie fahren, nicht aber während der Liegezeiten im Hafen.

Fakt ist, daß immer mehr Güterarten containerisiert werden, daß immer mehr Ladung in Containern auf den Weg gebracht wird. Damit einher ging zwangsläufig im Stückgüterbereich in vielen Häfen ein rapider Rückgang des konventionellen Güterumschlags. Im Hamburger Hafen hat der Grad der Containerisierung im Stückgutverkehr 1998 gut 90 Prozent erreicht, in den bremischen Häfen gut 76 Prozent und an anderen Plätzen sieht es nicht viel anders aus. Das wiederum führte zu einer erheblichen Reduzierung der Beschäftigtenzahlen in den Häfen, denn für den arbeitsintensiven konventionellen Stückgutumschlag waren immer viele Hafenarbeiter zum Einsatz gekommen, während beim Containerumschlag deutlich weniger benötigt werden. Die großen Terminals machen denn auch eher einen menschenleeren Eindruck. Auch das Anforderungsprofil an die Mitarbeiter hat sich gewandelt: Es gibt kaum noch »Sackträger«, es überwiegt bei weitem das technisch spezialisierte, hochqualifizierte Personal.

Die Angst um den Arbeitsplatz sorgte vor allem in den ersten Jahren für Unruhe im Zusammenhang mit dem ständig wachsenden Containerverkehr, und die Angst davor, die höheren Leistungsanforderungen nicht oder nicht mehr erfüllen zu können. Das ist sicherlich verständlich. Andererseits war es aber so, daß sich die Beschäftigtenzahlen zwar tatsächlich rückläufig entwickelten, dies aber in der Regel keine dramatischen Ausmaße annahm, da sich dieser Prozeß über Jahre hinzog, und da vor allem in den ersten Jahren nach der Einführung des massenhaften Containerverkehrs noch viele Hafenarbeiter in den Packhallen benötigt wurden, in denen die Port/Port-Container (LCL) be- oder entladen wurden. Erst allmählich hat sich dieses Geschäft zum großen Teil an die Ränder der Häfen verlagert, weil dort in der Regel niedrigere Löhne gezahlt werden müssen.

Viel ist inzwischen geschehen auf den Terminals. Nahezu alles, was vorher bekämpft oder zumindest skeptisch beäugt wurde, ist zur Selbstverständlichkeit geworden, ist Normalität. Zwar wird gelegentlich noch gestreikt, jedoch steht dabei kaum noch der Container im Mittelpunkt, sondern es geht in der Regel um Machterhalt von Gewerkschaften, wie bei dem großen Streik in Australien im April/Mai 1998. Dabei wurden die Containerverkehre zwar stark in Mitleidenschaft gezogen, aber es ging nicht mehr um sie.

Eine hohe Produktivität wird heute in allen Wirtschaftsbereichen verlangt – natürlich auch innerhalb der Transportketten. In den Häfen genügt es deshalb heute nicht mehr, daß eine ausreichende Zahl von Containerbrücken und Flurfördergeräten oder die für den Vorstau notwendige Fläche vorhanden ist, sondern es muß vor allem das entsprechende Personal verfügbar sein. Auf die Menschen kommt es an. Sie müssen das Gerät, die Hilfsmittel für den Containerumschlag perfekt beherrschen, egal, ob Computer, Containerbrücke oder Straddle-Carrier. Die Fahrpläne der Linienreeder sind heute so eng gestaltet, daß Verzögerungen an den Umschlagplätzen, aus welchem Grund auch immer, von ihnen nicht mehr akzeptiert werden. Häfen müssen sieben Tage in der Woche und rund-um-die-Uhr nicht nur zur Verfügung stehen, sondern zu jeder Zeit gleichbleibende hohe Leistung garantieren. Nur Menschen können das.

Container im Zu- und Ablaufverkehr

(Foto: Hamburg-Süd)

Binnenverkehrsträger

Für Außenstehende erscheinen auf den ersten Blick die Containerschiffe als die wichtigsten Glieder in der Transportkette, zumal ja doch auch die Container-Revolution von hier ihren Ausgang nahm. Dieses ist jedoch ein kompletter Trugschluß. Zwar ist das Seetransportmittel Containerschiff unbestreitbar ein sehr wichtiges und vor allem sehr teures Teil der Kette, aber deren andere Glieder sind ebenfalls wichtig. Es wurde von Anfang an und immer wieder betont, daß der Inlandorganisation, also der Durchführung des Zu- und Ablaufes der Container zu und von den Kunden bzw. den Seehäfen und Schiffen, eine schwerpunktartige Bedeutung beigemessen werden müsse, und zwar deshalb, weil sich die Wirtschaftlichkeit der Containerdienste weitgehend an Land entscheidet. Die »Kisten« müssen möglichst verzugslos bewegt werden. Dem Gewicht des Wettbewerbsfaktors »Kosten und Qualitäten im Zu- und Ablaufverkehr« kann daher nicht genug Bedeutung beigemessen werden.

Zu Beginn der Containerfahrt konnten sich die Reedereien weitgehend auf den Verkehr von Hafen zu Hafen konzentrieren. Aber bald war auf der Verladerseite immer häufiger der Wunsch zu hören, möglichst nur noch mit einem Dienstleister zusammenzuarbeiten, der den gesamten Transport vom Versender zum Empfänger übernimmt. Das brachte die Reedereien dazu, verstärkt Haus-zu-Haus-Verkehre anzubieten, also nicht nur den Seetransport, sondern auch den Vor- und Nachlauf der Boxen in eigene Regie zu übernehmen. Zwar folgten sie damit zunächst einmal in erster Linie den Wünschen aus der Kundschaft, erkannten aber schnell, daß sich damit auch für sie selbst in beträchtlichem Maße Möglichkeiten zu weiteren Rationalisierungen erschlossen.

Die Nachfrage nach qualifizierten Logistik-Dienstleistungen nahm rasch zu. In Industrie und Handel war nämlich ein Prozeß zu beobachten, in dessen Verlauf dort die Fertigungstiefe ständig verringert und alle nicht mehr zum Kerngeschäft gehörenden Aktivitäten ausgegliedert wurden. Dazu gehörten immer häufiger auch Lagerhaltung, Landtransport und Distribution. Die sich daraus ergebenden komplexen Anforderungen, beispielsweise aufbauend auf dem Containersystem der absolut pünktliche Materialfluß »just in time« mit einer exakten und immer verläßlichen Transportabwicklung, konnten entweder die Reedereien oder die Speditionen übernehmen, was sie dann auch in zunehmendem Maße taten. Die ehemals klare Abgrenzung zwischen den einzelnen Anbietern in der Transportkette löste sich damit allmählich auf und nahm parallel zur voranschreitenden Bedeutung des Containers immer weiter ab. Wichtig und ausschlaggebend blieb allerdings immer der Wunsch der Kunden – egal, ob es nur

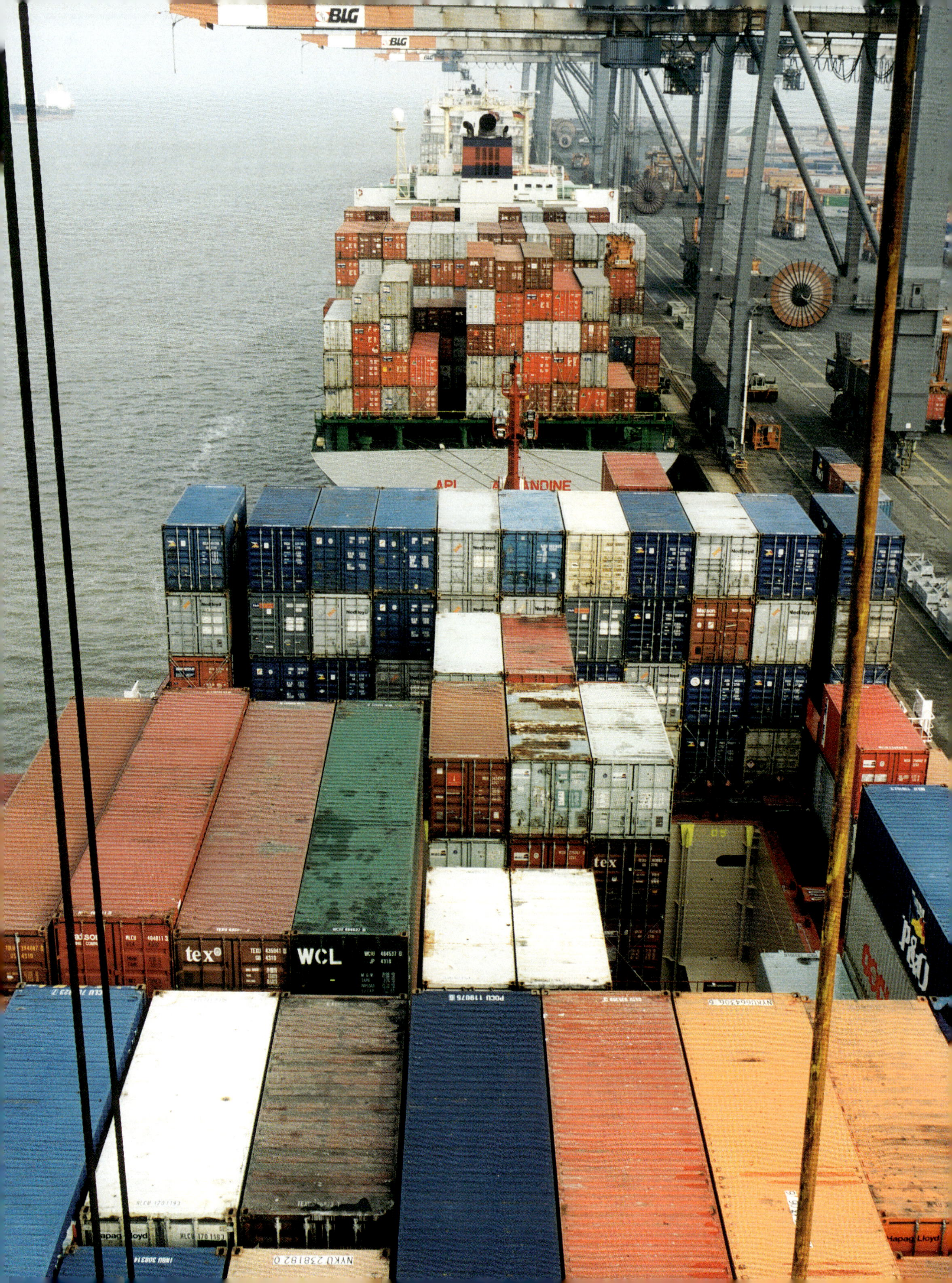
BLG
BLG
tex
WCL
tex

Container im Zu- und Ablaufverkehr

Reachstacker beim Umschlag einer 40-ft-Containereinheit, die aus zwei mit Quick-Tie-Kupplungen starr miteinander verbundenen 20-ft-Containern gebildet worden ist.
(Foto: Kalmar)

der reine Seetransport war oder andere Dienstleistungen bis hin zum Haus-Haus-Verkehr nachgefragt wurden.

Von den im Seehafen gelöschten Containern verbleibt nur ein kleiner Teil im Hafen, um dort ausgepackt zu werden. Der bei weitem größte Teil läuft weiter ins Binnenland. Ebenso sieht es umgekehrt bei der Verschiffung, aus. Beim Transport- im Zu- und Ablaufverkehr – beim Vor- und Nachlauf – konkurrieren Eisenbahn, Straßenverkehr sowie Feeder- und Binnenschiffahrt miteinander. Selbst die Luftfahrt hat sich inzwischen in diese Prozesse eingeschaltet.

Damit sich die Rationalisierungsvorteile, die das Containertransportsystem im Seeverkehr und in den Häfen bot, bei den genannten Binnenverkehrsträgern in gleichem Maße fortsetzten, mußten diese die notwendigen komplementären Investitionen vornehmen und sich den Erfordernissen der neuen Transporttechnik rasch anpassen. Das ging nicht immer reibungslos vonstatten und manch einer tat sich zunächst sehr schwer. Vor allem die Binnenschiffahrt brauchte eine relativ lange Anlaufzeit.

In den Vereinigten Staaten, dem Geburtsland des Containers, wurde anfangs der weitaus überwiegende Anteil der Zu- und Ablaufverkehre im Straßentransport durchgeführt. Das hatte seinen Grund darin, daß ein erheblicher Teil der amerikanischen Industrie im engeren Bereich der größeren Häfen angesiedelt ist. Der Lkw war aufgrund der Entfernungen konkurrenzfähig, und außerdem spielte es dort sicherlich eine Rolle, daß einer der maßgeblichen Initiatoren des Containerverkehrs, das Unternehmen Sea-Land, als ursprünglich mehr im Straßenverkehr tätige Gesellschaft über die notwendigen Mittel und Erfahrungen verfügte.

In Europa waren die Verhältnisse zunächst ähnlich. Eine Ausnahme bildete Großbritannien, wo im Gegensatz zu den anderen westeuropäischen Ländern die Eisenbahn zu den Vorreitern der neuen Verkehrsart gehörte. Ansonsten zeigten sich die Lkw-Unternehmen in der Anfangsphase flexibler. Wegen des zunächst vergleichsweise geringen Transportaufkommens waren sie technisch auch ohne weiteres zu dessen Bewältigung in der Lage. Der weitaus größ-

(Foto: Scheer/BLG)

Container

te Teil des Zu- und Ablaufverkehrs der Häfen wurde also in der ersten Zeit über die Straße abgewickelt. Erst später begannen sich die Bahnen in den Verkehr einzuschalten, um die verloren gegangenen Ladungsanteile zurückzuholen.

Diese Verspätung läßt sich damit erklären, daß die Bahnen zunächst ihre großen Apparate auf das neue Verkehrssystem umzustellen und die notwendigen infrastrukturellen und organisatorischen Voraussetzungen für dessen Bewältigung zu schaffen hatten. Dieser Prozeß nahm naturgemäß einige Zeit in Anspruch. Es mußten beispielsweise Containerumschlagplätze im Binnenland eingerichtet werden, auf denen der Umschlag auf Straßenfahrzeuge erfolgen konnte, wenn der Empfänger des Containers über keinen Gleisanschluß verfügte. Ebenso mußten Spezialwaggons für den Schienentransport sowie Zugmaschinen und Chassis bereitgestellt und entsprechende Fahrplanverbindungen für die Beförderung von Containern in Ganzzügen (Blockzügen), in Wagengruppen oder als Einzelsendung geschaffen und die Gesamtorganisation auf deren Abwicklung ausgerichtet werden. Nach der Realisierung dieser Voraussetzungen gelang es den Bahnen dann aber sehr rasch, den überwiegenden Teil der Binnentransporte von Überseecontainern auf die Schiene zu ziehen. Das sprunghaft an Umfang zunehmende Containeraufkommen begünstigte sie dabei, da nur sie die entsprechenden Transportkapazitäten für den rasch wachsenden bieten konnten.

Generell, wenn auch vereinfachend, ist festzuhalten, daß im Hinterlandverkehr zumindest des nordwesteuropäischen Kontinents der Container zunächst nur dann die angestrebten und überzeugenden Vorteile bringen konnte, wenn die Eisenbahnen zu günstigen Tarifen schnelle Verbindungen zu Knotenpunkten anboten und der Nahverkehr durch Straßenfahrzeuge abgewickelt wurde.

Dieser Knotenpunktverkehr, die sinnvolle Kooperation von Bahn und Lkw, bot sich in den Anfangsjahren als Idealfall an. Dabei hatte jeder der beiden Verkehrsträger die ihm spezifischen Funktionen bei vergleichsweise geringsten Kosten zu erfüllen. Das bedeutete bei optimaler Arbeitsteilung, daß die Bahn unter Beibehaltung des Gleisanschlußverkehrs ausschließlich die Strecken zwischen den Ballungszentren erledigte und der durch die Schienenunabhängigkeit flexiblere Lkw den Flächenverkehr übernahm sowie, wie zuvor, den Lkw-Express-Fernverkehr.

Diese Knotenpunkte hatten nach den Vorstellungen der damaligen Verkehrsplaner im Idealfall unter anderem folgende Voraussetzungen zu bieten:

- Die Standorte sollten in den frequentiertesten Verkehrsgebieten zu liegen.
- Um den wirtschaftlichsten Einsatz des Fuhrparkpotentials zu sichern, mußte das Aufkommen für den Lkw im Vor- und Nachlauf groß genug sein.
- Die vom Lkw zu bedienende Zone sollte nicht zu groß sein, um bei möglichst geringem Leerlauf gute Gesamtbeförderungsergebnisse erzielen zu können.
- Eine sinnvolle Raumplanung der Umschlagfazilitäten und Rückstauzonen mußte möglich sein.
- Das Verkehrsaufkommen mußte der Bahn eine gewisse Zuglänge gestatten und die Abstände der Knotenpunkte sollten so groß sein, daß die Blockzüge eine gewisse Durchschnittsgeschwindigkeit erreichen konnten.

Inzwischen ist dies alles unter dem Begriff Kombinierter Verkehr bzw. Kombinierter Ladungsverkehr (KLV), bei dem es im Verlauf der Transportkette unter Beibehaltung des Transportbehältnisses zu einem Wechsel des Verkehrsmittel kommt, längst Realität geworden. Zwar wird immer wieder bzw. immer noch an endgültigen Konzepten gefeilt, aber die Entwicklung geht weiter und Stillstand wird es auch hier nicht geben.

Daß dies so ist, dafür steht auch die von der Krupp Fördertechnik entwickelte Schnellumschlaganlage für den kombinierten Güterverkehr. Das Konzept dieser Anlage ist im Verbund mit der Deutschen Bahn AG entwickelt worden mit dem Ziel, 500 Ladeeinheiten pro Tag mit je einem Portalkran für den schienen- und straßenseitigen Umschlag, einem Kompaktlager und einer Querfördereinrichtung zu planen und zu konstruieren. Eine in Duisburg-Rheinhausen betriebene Pilotanlage benötigt pro Ladevorgang nach Herstellerangaben rund 50 bis 60 Sekunden, während konventionelle Anlagen hierfür circa zwei Minuten gebrauchen. Für alle gängigen Ladeeinheiten geeignet, die in einem solchen Knotenpunkt anfallen, bewältigt die Anlage sowohl Container als auch Wechselbehälter und kranbare Lkw-Sattelauflieger. Krupp Fördertechnik hat damit eine Systemlösung entwickelt, realisiert und optimiert, die mit der Zielsetzung eines schnellen Güterumschlages das automatisierte Ent- und Beladen der Tragwagen eines langsam fahrenden Zuges durch die »Rendezvous-Technik« ermöglicht.

Kurze Transitzeiten sind, ebenso wie hohe Abfahrtfrequenzen, wichtige Faktoren bei der Auswahl des Carriers. Dieses macht unerläßlich, daß die einzelnen Glieder der Transportkette nahtlos ineinandergreifen. Für jeden Transportorganisator ist daher eine effizient funktionierende Infrastruktur von herausragender Bedeutung. Die Engpässe auf

Container im Zu- und Ablaufverkehr

den Straßen, besonders im dicht besiedelten Westeuropa oder in bestimmten Regionen Asiens sind evident, und ein weiterhin schneller Anstieg muß dort, das ist seit langem erkannt, zwangsläufig zum Kollaps führen. Schon allein aus diesem Blickwinkel war klar, daß nur mit der Weiterentwicklung intelligenter Maßnahmen gegengesteuert werden konnte. Hieraus ergab sich sehr schnell die Erkenntnis, alle zur Verfügung stehenden Verkehrsträger stärker in den Transportfluß einzubeziehen, um vorhandene Kapazitätsreserven zu nutzen. Gemeint war damit zwar auch die noch weitergehende Nutzung der Schienenwege, vor allem aber zielte dies auf die Küsten- oder Binnenschiffahrt ab. Nicht zuletzt sprachen auch Umweltschutzgründe dafür.

Diese Bestrebungen führten schließlich dahin, daß sich über den Kombinierten Verkehr, also über die weiter oben angesprochene Kombination von Schiene und Straße hinaus, in zunehmendem Maße der Intermodale oder Multimodale Verkehr entwickelt hat. Beim Intermodalen Verkehr kommt zu der ursprünglichen Verbindung von Schiene und Straße die Schiffahrt, vor allem die Küsten- und Binnenschiffahrt, sowie auch die Luftfahrt hinzu. Weltweite multimodale Transporte, bei denen unter Ausnutzung der jeweiligen Vorteile der einzelnen Verkehrsträger die Güter in einem einzigen Ladegefäße von Haus zu Haus gebracht werden, sind heute ein Muß.

Seit etwa Ende der siebziger, Anfang der achtziger Jahre hat die Bedeutung Intermodaler Transporte auf dem Wasser, der Schiene, der Straße und auch in der Luft stetig zugenommen. Wurden sie zunächst gemeinhin nur als eine einfache Form des Umladens von Containern und auch Trailern vom Schiff auf den Lkw oder den Zug begriffen, so hat sich der Intermodale Transport mittlerweile zu einem hochkomplexen System entwickelt, das den Verladern vielfältige, maßgeschneiderte Möglichkeiten bietet, ihre individuellen Transportbedürfnisse zu befriedigen. Verkehrsenthusiasten sprechen gar vom Anbruch eines Intermodalen Zeitalters.

Die sich verändernden verkehrs- und umweltpolitischen Rahmenbedingungen im Verein mit der weltweiten Öffnung der Märkte, die fortschreitende Arbeitsteilung in der Welt verbunden mit einem immer intensiver werdenden Wettbewerb, neue Technologien sowie zunehmende Infrastrukturengpässe zwingen geradezu zu einer effizienteren Ausnutzung der zur Verfügung stehenden Ressourcen und damit zu der Optimierung der Verkehrsströme. Um den Herausforderungen des Verkehrsmarktes von morgen begegnen zu können, ist eine sinnvolle Arbeitsteilung und vertrauensvolle Kooperation zwischen allen an der Transportkette Beteiligten unbedingt erforderlich.

Diese Erkenntnis beginnt sich zwar nach und nach in einsichtsvollen Köpfen durchzusetzen, zumindest theoretisch zunächst, die Realität ist allerdings von dieser schönen Vorstellung noch weit entfernt. Es mangelt an technischer und administrativer Intermodalität, sprich Kompatibilität. Aus heutiger Sicht fast unüberwindliche Hürden werden von unterschiedlichen Behältergrößen, abweichenden Preisen je Verkehrsträger und uneinheitlichen Besteuerungssystemen errichtet. Ein weiteres Problem sind die unterschiedlichen Haftungsregelungen, weil sie stark verkehrsträgerorientiert sind. Jeder Verkehrsträger lebt in seiner Welt, und es erweist sich als ein überaus schwieriges Unterfangen, die Welten miteinander zu verknüpfen, vor allem auch ihre Kostenstrukturen, und sie einander anzugleichen.

Für die Zukunft geht es darum, Straßen-, Schienen-, Schiffs- und Flugverkehr zu einem leistungsstarken Gesamtsystem zu verknüpfen. Auch die Verkehrspolitik hat hierzu ihren Beitrag zu leisten. Das ganzheitliche Systemdenken muß sich durchsetzen. Eine Schlüsselrolle hinsichtlich der Effizienz intermodaler Transporte kommt dabei dem Informationsfluß zwischen den Partnern zu. Er kann dazu beitragen, daß sich Verlader von einzelnen Verkehrsträgern lösen können, um zu übergreifenden Transport- und Logistiklösungen zu kommen.

Und noch etwas kommt hinzu: Die Sicherheit bei Transport, Umschlag und Lagerung von Gütern im Sinne eines verantwortungsbewußten Umweltschutzes hat in der Industrie nicht nur bei hochsensiblen Gütern einen hohen Stellenwert erlangt. In der intermodalen Transportkette müssen derartige Sicherheitskonzepte lückenlos realisiert werden. Spezialisierung, alle Anforderungen erfüllendes Equipment sowie geschultes Personal, das über das nötige Know-how verfügt und sich mit der Aufgabe identifiziert, sind unerläßliche Voraussetzungen dafür.

Festhaltenswert sind in diesem Zusammenhang die Äußerungen von William Villalon, in Singapur tätiger Vizepräsident der amerikanischen Containerschiffs-Reederei American President Lines (APL), auf der Konferenz Intermodal 98 in Rotterdam. Er hielt aus seiner Sicht fest: »Europa ist schon jetzt bereit, traditionelle Barrieren zwischen See- und Landtransport zugunsten integrierter Transport- und Logistiksysteme zu überwinden. Damit wird die europäische Wirtschaft kräftiger und wettbewerbsfähiger, und zwar schneller, als zunächst angenommen.«

Das herkömmliche Transportsystem von Hafen zu Hafen in Europa und weltweit gehe immer mehr über in ein integriertes Transport- und Logistiksystem von der Fabrik zum Regal im Auslieferungslager, fuhr der APL-Mann fort. In die-

Container

ser neuen Welt würden die Grenzen innerhalb der verschiedenen Länder oft überwunden, weil die Transportgesellschaften die modernste Kommunikationstechnologie benutzen. Das Ergebnis sei größere Effizienz und einfachere Handhabung für den Kunden.

»Weil die Grenzen der unternehmerischen Ausrichtung der Transport- und Logistikanbieter allmählich verwischen und die Dienstleistungen immer ähnlicher werden, wird die zur Zeit noch existierende Wand, die den See- und Landtransport trennt, früher oder später endgültig fallen«, pro-

Container im Zu- und Ablaufverkehr

Wichtig, besonders für die Haupthäfen, ist die Organisation und die Kapazität der Schienenanbindung. (Foto: Hafen Hamburg)

phezeite Villalon. Statt streng getrennter Aufgabengebiete würden die europäischen Verlader bald Allianzen zwischen See- und Landtransporteuren kennenlernen, damit die Ladungsgüter nahtlos die Versorgungskette des Kunden durchlaufen, zum Beispiel von der Fabrik in Malaysia bis direkt ins Warenhaus in Mailand.

Die integrierte Logistik mit ihrem Schwerpunkt auf der modernen Informationstechnologie, die die verschiedenen Stadien der Transportkette miteinander verbindet, läßt die seit langem geführte Debatte, wer denn nun den Landtransport kontrolliert, die Schiffahrtsgesellschaft oder Landtransporteure wie die Bahn oder Spediteure, verstummen, meint Villalon. »Um den Schritt zur Internationalität zu vollziehen, müssen überseeische Reedereien mit einem inländischen Partner zusammenarbeiten und umgekehrt.«

Einen besonderen Komplex im Rahmen der Zu- und Ablaufverkehre bzw. der Containerbewegungen in den Hinterlandverkehren bildet die in der Europäischen Union geborene Idee, die seit Jahren unter dem Schlagwort »from road to sea« diskutiert wird. Gemeint ist damit die Schaffung eines Systems, mit dem Gütertransporte, nicht zuletzt Container, weg von den überlasteten Straßen auf Küsten- und Binnenschiffe verlagert werden sollen. Dieses an sich hervorragende Vorhaben ist dann auch auf breite Resonanz in den beteiligten Kreisen gestoßen, etwas Handfestes herausgekommen ist dabei allerdings bis jetzt kaum. Es fehlen dafür einfach noch alle Voraussetzungen. Zum Beispiel ist es, was den Containerverkehr betrifft, noch nicht gelungen, einen palettenkompatiblen Seecontainer zu entwickeln. Der jetzige ISO-Container für die Überseeschiffahrt ist nämlich EU-weit nicht wettbewerbsfähig gegenüber den auf Straße und Schiene üblichen palettenbreiten Transporteinheiten. Es gibt also noch viel zu tun, um das »from road to sea«-Konzept zu realisieren. Seine Umsetzung ist dringend erforderlich.

Spedition/ Straßenverkehr

Als das Containersystem seinen Siegeszug in Europa antrat, erfolgte der Zu- und Ablauf der Boxen zu und von den Seehäfen zum weitaus größten Teil per Lkw. Praktisch wurde, von den berühmten Ausnahmen abgesehen, fast der gesamte Hinterlandverkehr mit dem Lkw abgewickelt. Dabei gab es natürlich regionale Unterschiede. Die Straßenverkehrsunternehmen zeigten von Anbeginn an eine große Flexibilität in der Einstellung zu dem neuen Verkehrsssystem und waren damit zunächst den Bahnen überlegen. In Deutschland wurden beispielsweise im Jahre 1967 etwa 75 bis 80 Prozent der Containerbewegungen im Inland mit dem Lkw bewältigt, wobei allerdings gesagt werden muß, daß es sich damals noch um verhältnismäßig geringe Transportmengen gehandelt hat.

Das Bild hat sich dann jedoch rasch gewandelt, zumindest was die transportierten Mengen betraf. Prozentual sank der Lkw-Anteil, während der der Bahnen in gleichem Maße anstieg. In Anbetracht der sprunghaft wachsenden Mengen an zu befördernden Boxen zeigte es sich schon bald, daß die Möglichkeiten des Straßentransportes begrenzt waren – jedenfalls soweit es das Transportvolumen betraf. Mehr und mehr trat die Bahn als vom Kapazitätsangebot her potenterer Mitbewerber auf.

Im Wettbewerb mit der Bahn lag der hauptsächliche Vorteil des Straßenverkehrsunternehmers in dem zeitlichen Vorsprung, den er innerhalb eines Entfernungsbereiches von bis

Container

zu 500 Kilometern anbieten konnte. Diese Entfernung konnte ohne Bindung an einen Fahrplan und ohne jeden Zeitverlust sofort zurückgelegt werden. Inzwischen ist dieser Vorteil allerdings infolge wesentlich verbesserter und verdichteter Bahnfahrpläne deutlich geschrumpft. Auf kurzen Distanzen ist der Lkw jedoch allen anderen Hinterland-Verkehrsträgern überlegen, und dort spielt er in den Sammel- und Verteilfunktionen nach wie vor eine große Rolle. Generell ist es so, daß der Lkw, abgesehen von Anschlußgleisverkehren mit der Bahn oder bei der Bedienung von Werksterminals mit dem Binnenschiff, an allen Hinterlandtransporten beteiligt ist. In bestimmten Fällen hat der Lkw aber auch über weitere Entfernungen heute noch Wettbewerbschancen. Er allein ist nämlich dazu in der Lage, eine Box direkt vom Schiff zu übernehmen und ohne jegliche Zeitverzögerung und Umladung auf einem Binnenterminal direkt zum Empfänger zu bringen bzw. den umgekehrten Weg zu bieten. Der Kunde entscheidet, ob es sich rechnet.

Noch etwas: Wie aus der Praxis zu hören ist, kann es durchaus vorkommen, daß sich ein Operator innerhalb von 24 Stunden oder in einer noch kürzeren Zeitspanne vor der Ankunft seines Schiffes entschließt, nicht den fahrplanmäßig angekündigten Hafen zu bedienen, sondern aus logistischen oder sonstigen Gründen einen anderen anzulaufen. Eine solche Entscheidung hat zur Folge, daß in ganz kurzer Zeit in erheblichem Umfang Containerumfuhren zwischen zwei Häfen organisiert werden müssen – eine Leistung, die praktisch nur mit dem Lkw erbracht werden kann.

Es ist nicht zu leugnen, daß bei aller bewiesenen Flexibilität die Spediteure, hier zu verstehen auch als Straßen-

verkehrsunternehmer, in den Anfangsjahren des Containerverkehrs die über sie hereinbrechende Revolution mit äußerst gemischten Gefühlen betrachteten. Noch auf dem deutschen Spediteurstag 1970 wurde gewettert, daß die Containerisierung wie eine ägyptische Heuschreckenplage aus den USA über Europa gekommen sei. Gleichzeitig versäumte man es aber auch nicht zu betonen, daß dies keine grundsätzliche Absage an den rationalisierenden Containerverkehr sein sollte, jedoch wäre eine evolutionäre Entwicklung besser gewesen als die aufgezwungene kostenverschlingende Investitionspolitik der europäischen Reeder und Häfen. Und dann, an die Adresse der Reeder gerichtet, hieß es weiter, daß für das Speditionsgewerbe die Gefahr bestünde, daß der Container an ihm vorbei gehe. Die Reeder sollten aber nicht vergessen, daß der Spediteur auch noch konventionelle Ladung in freier Wahl der Flagge zu

Container im Zu- und Ablaufverkehr

vergeben habe. Diese kaum verhüllte Drohung zielte auf die schon damals zu beobachtenden sich verstärkenden Bemühungen der Containerreeder, den Zu- und Ablauf, d.h. den Hinterlandverkehr, zu beeinflussen oder ihn sogar selbst in die Hand zu nehmen. Dieses Unbehagen ist selbst heute bei den Spediteuren noch nicht ganz ausgeräumt.

Den diesbezüglichen Standpunkt der Reeder erläuterte stellvertretend der damalige Hapag-Lloyd-Vorstandssprecher Hans Jakob Kruse am 27. April 1976 in einem Vortrag vor der Jahreshauptversammlung des Vereins Hamburger Spediteure: »Ein zentrales Thema unserer Beziehungen war und ist der Container. Vermeintliche Gegensätze traten besonders bei der Einführung des neuen Systems auf, und, hieran möchte ich Sie besonders erinnern, ein nicht geringer Teil der Speditionen fürchtete damals um seinen Besitzstand. Viele von Ihnen erwarteten eine direkte Kontrolle des Vor- und Nachlaufs der Container und die Ausschaltung als Vermittler – zumindest im Seehafen (was nicht eintraf)… Wir waren damals wie heute der Überzeugung, daß die Rolle des Spediteurs in ihrer Vielgestalt von zentraler Bedeutung im Verteilungssystem ist und daß ein Anpassungsprozeß die Spedition nicht unbedingt schwächen, sondern vielleicht sogar stärken würde. Auch der vielzitierte Sprung des Reeders in das Hinterland fand nicht statt. Selbstverständlich jedoch kontrolliert die Reederei einen wesentlichen Teil des Vor- und Nachlaufes wie auch alle anderen Containerbewegungen. Sie erlaubt aber der Spedition eine sehr große Flexibilität in der Ausnutzung des unter erheblichen Investitionen erstellten modernen Transportsystems. Diese Kontrollfunktion der Reeder ist unerläßlich, und sie wird sich eher verstärken als abschwächen und muß als Voraussetzung für einen reibungslosen Ablauf angesehen werden, wie ihn die Wirtschaft verlangt.

Die Spedition hat sehr wohl ihre Chancen mit dem neuen Gerät zu nutzen gewußt. Sie hat auch die Zurückhaltung der Reeder feststellen können, deren Aktivitäten sich eigentlich nur auf die Notwendigkeiten des neuen Systems beschränken. Es gibt hier sicherlich Ausnahmen, darunter einige Reeder mit Speditionsinteressen. Doch auch der Handel versucht von Zeit zu Zeit im Direktkontakt eine Ausschaltung des Vermittlers in Erwartung von Kostenvorteilen.

Die Chancen und Nachteile des Containers für die Spedition dürften sich deshalb in etwa die Waage halten. Ob diese Entwicklung genauso für sie und für uns und unsere Beziehungen in den – sagen wir – nächsten zehn Jahren weiter verlaufen wird, bleibt abzuwarten.«

Zu diesem Zeitpunkt haftete dem Speditionsgewerbe noch die grundsätzliche Schwäche der Zersplitterung in eine Vielzahl kleinerer und mittlerer Betriebe an, und schon damals wurde gefordert, daß es zu Zusammenschlüssen kommen müsse, um mit größeren Unternehmenseinheiten den Reedern, bei denen längst ein ebenfalls durch die Containerisierung hervorgerufener Konzentrationsprozeß im Gange war, geschlossener gegenübertreten zu können. Gerade die Situation im modernen durchgehenden Verkehr verlangte derartige Zusammenschlüsse, auch, um mit den größeren Einheiten die Verkehrsabläufe und alles, was damit zusammenhängt, straffer und effizienter gestalten zu können. Sehr rasch kam dieser Konzentrationsprozess dann tatsächlich auch im Speditionsgewerbe in Gang. Er dürfte auch heute noch nicht abgeschlossen sein.

Kommen wir noch einmal zurück auf die nach wie vor nicht immer einfache Zusammenarbeit von Spediteuren und

Heute rauschen leistungsfähige Zugmaschinen mit Chassis auch durch die kleinsten Dörfer – hier in Ghana an der Straße nach Kumasi. (Foto: OTAL)

Anfänglich klappte es auch noch mit solchen Lkw. (Foto: Hapag-Lloyd)

Container

Reedereien. Die Spediteure vertreten die Meinung, daß den Verhältnis zu den Reedereien, aber auch zu den See- und Binnenhafenbetreibern, eine besondere Kooperationspflicht zukommt. Ein Nebeneinander statt eines sinnvollen Miteinanders von im Übersee- und Binnentransport tätigen Dienstleistern widerspreche den Erfordernissen, die sich im Rahmen kombinierter Transportketten ergeben. Reederei-, See- und Binnenhafenbetreiber würden von den Kenntnissen des Partners Spedition profitieren, der Koordinator der gesamten Transportkette Straße/Schiene/Wasser ist, während sie selbst Verkehrsträger oder Spezialisten der Schnittstellen seien.

Beklagt wird, daß durch die vermeintliche Notwendigkeit, die Container unter ihrer Kontrolle halten zu müssen, seitens der Reedereien immer wieder der Versuch unternommen würde, flächendeckende Systeme für den Vor- und Nachlauf im Inland aufzubauen. Dabei würde die von den Reedern aufgrund ihrer hohen Investitionen geforderte lückenlose Kontrolle der Behälterequipments inzwischen auch von den Spediteuren durchaus bejaht. Das sollte jedoch nicht bedeuten, daß die Reeder auch die Transporte in eigener Regie durchführen müßten.

Der immer stärker werdende Wettbewerb und der Zwang zur Rationalisierung sollten nach Meinung der Spedition auch bei den Reedern Überlegungen fördern, sich von der eigenen Inlandorganisation weitgehend zu trennen und das große Marktpotential der Speditionen in Anspruch zu nehmen. Das böte Chancen für beide Seiten. Daß bei einer solchen Kooperation eine Abhängigkeit der Seereedereien von den Speditionen eintrete, sei unwahrscheinlich. Die Zusammenarbeit der Luftfahrtgesellschaften mit der Spedition mache dies deutlich.

Natürlich könnten auch bei einer solchen Zusammenarbeit die Seereedereien die Möglichkeit behalten, ihr Rationalisierungspotential im Hinterlandverkehr durch eine engere Kooperation untereinander zum Tragen zu bringen, zum Beispiel mit dem Ziel, mit den Bahnen zusammen eigene Hinterlandzüge zu organisieren. Für die Verteilung in der Fläche aber brauche man dann wieder die Spedition, vor allem wenn es um Sammelgut gehe.

Grundsätzlich ist es so, daß das ihnen gewohnte Denken in Alternativen die Spediteure befähigt, kundenspezifische Transportketten zu gestalten. Sie haben im allgemeinen wenig

Unterwegs in den Rockies. (Foto: CP Ships)

Interessenkonflikte zu verzeichnen und können daher mit einer gewissen Berechtigung als Architekten von Transportketten bezeichnet werden. Und sie sind es auch, die für die gebündelt in den Häfen eintreffenden Seetransporte mit Blick auf die sich auffächernden Binnenlandtransporte eine Konsolidierungsfunktion übernehmen können – eher wahrscheinlich als andere. Das gilt besoners für Sammelcontainerverkehre.

Wie für alle anderen Beteiligten, brachte der Container auch für die Speditionen einen tiefgreifenden Wandel in ihrer Tätigkeit, dem sie sich zu stellen hatten. Auch sie mußten den Wandel in sehr kurzer Zeit schaffen. Daß sie dabei aber nicht nur reagierten, sondern auch kreativ agierten, davon zeugt eine ganze Reihe von Initiativen, die von ihnen ausgingen. Als hervorragendes Beispiel dafür ist die Einrichtung der Transsibirischen und anderer Landbrücken nennen, über die an anderer Stelle berichtet wird. Auch ist dies ein Beispiel dafür, daß die Spediteure die große Chance nutzten, mit dem Container ihr Aufgabengebiet nicht nur im nationalen, sondern auch verstärkt im internationalen Verkehr beträchtlich auszuweiten. Ein anderes Beispiel ist das Auftreten als Non-Vessel-Operating-Common-Carriers (NVOCC). Sie chartern, meistens kurzfristig, Containertonnage und demonstrieren damit gleichzeitig, daß der Seetransporteur durchaus austauschbar ist.

Heute umfaßt die wirtschaftliche Kernfunktion der Spedition nicht mehr nur die Organisation eines unimodalen Transports, sondern vielmehr die Planung, Steuerung und Kontrolle einer Logistikkette einschließlich verschiedener Zusatzfunktionen wie Umschlag, Verpackung, Information und Controlling. Die Spedition muß eine innovative Logistik betreiben und dies so ökonomisch, aber auch so umweltfreundlich wie möglich.

Schienenverkehr

Vorweg ist anzumerken, daß hier die Bahn nur als Träger des Zu- und Ablaufverkehrs zum und vom Seehafen Gegenstand des Interesses ist. Der inzwischen sehr gut ausgebaute Binnencontainerverker der Bahnen bleibt weitgehend unberücksichtigt oder wird nur am Rande erwähnt.

Schon im April 1966 hatte die Deutsche Bundesbahn offiziell in der »Deutschen Verkehrs-Zeitung« verlauten lassen, daß sie für den kommenden Containerverkehr, über den sich die Nachrichten überschlugen, gut gerüstet sei. Als aber das erste Containerschiff nach Deutschland kam, wurden dann doch die Verkehre ins Hinterland, wie schon weiter vorn erwähnt, zunächst weitgehend per Lkw abgewickelt.

Straddle-Carrier bedienen auf dem Terminal an genau bezeichneten Plätzen bereitstehende Lkw. (Foto: Hafen Hamburg)

Container

Ganzzugverbindung zwischen dem Hafen Hamburg und Polen – eine von vielen, die die Haupthäfen mit dem im scharfen Wettbewerb umkämpften Hinterland verbinden.
(Foto: Hafen Hamburg)

Die Straßenfahrzeuge erwiesen sich als flexibler und erst als das Containeraufkommen sprunghaft anstieg, was allerdings sehr rasch geschah, verlagerten sich die Transporte mehr und mehr auf die Schiene, weil nur die dort vorhandenen Kapazitäten in der Lage waren, den weitgehend reibungslosen Zu- und Ablauf der Boxen sicherzustellen.

Während auf der anderen Seite des Nordatlantiks, der ersten vom Containerverkehr erfaßten Überseestrecke, die Bahnen mit den massenhaft auftretenden Blechkisten durchaus schon vertraut waren, entwickelten nun auch die europäischen Eisenbahnen entsprechende Aktivitäten. Sie maßen von Anfang an der von Haus zu Haus durchgehenden Transportkette große Bedeutung bei, mußten aber zunächst einmal die Besonderheiten dieses Verkehrs an sich und des Containers überhaupt auf die speziellen Bahnverhältnisse umsetzen. Probleme ergaben sich schon allein dadurch, daß die notwendigerweise verhältnismäßig leichte Konstruktion der Überseecontainer nach Bahnmaßstäben für nur sehr geringe Beschleunigungswerte ausgelegt und auch die Größe der von den Transportmitteln getrennt zu

Container im Zu- und Ablaufverkehr

befördernden Transportgefäße bis dahin nicht üblich gewesen waren. Für ihren Umschlag und für die Zustellvorgänge mußten neue Methoden entwickelt werden, was wiederum mit großen Investitionen verbunden war.

Im Juni 1967 hatten sich die staatlich kontrollierten Eisenbahngesellschaften der Benelux-Staaten, Deutschlands, Frankreichs, Großbritanniens, Italiens, Schwedens, der Schweiz und Spaniens in Paris getroffen und die Internationale Transcontainer Gesellschaft als Vorgängerin der noch im Dezember des gleichen Jahres formierten europäischen Gesellschaft Intercontainer gegründet. Sitz der Gesellschaft wurde Basel. Sie erhielt den Auftrag, die grenzüberschreitenden Containertransporte zu entwickeln und zu koordinieren sowie geeignete zusätzliche Dienste im Zusammenhang mit diesen Transporten zu erbringen und zu organisieren. Intercontainer arbeitete eng mit der Interfrigo zusammen, die als ebenfalls internationale Gesellschaft Transporte mit Kühlcontainern und die entsprechenden Kühldienste organisierte. In den folgenden Jahren wurde ein umfassendes Netz von Schienenverbindungen speziell für Containerverkehre auf- und ausgebaut und 1993, um das vorweg zu nehmen, verschmolzen Intercontainer und Interfrigo zur Intercontainer-Interfrigo (ICF), der seitdem größten europäischen grenzüberschreitenden Transportorganisation. Derzeit befördert sie jährlich etwa 1,4 Mio. TEU, davon etwa die Hälfte Container aus überseeischen Verkehren.

Mit einer breiten Palette von Anpassungsmaßnahmen haben die Bahnen mit dem Lkw als Partner dem hohen Stellenwert des sich entwickelnden Kombinierten Verkehrs Rechnung getragen. An den binnenländischen Verkehrsknotenpunkten schufen sie Umschlaganlagen für Container, auf denen nach und nach auf Schienen verfahrbare, mehrere Gleise, einen Fahrweg und einen Lagerplatz überspannende Portalkräne installiert wurden.

In Deutschland begann die Deutsche Bundesbahn 1968 mit dem Bau derartiger Anlagen und mit Stichtag 1. Januar 1972 gab es im Bundesgebiet bereits 49 binnenländische Containerumschlagplätze. 37 von ihnen waren mit Containerkränen ausgerüstet. An allen Plätzen konnten Container bis 40 ft und, von wenigen Ausnahmen abgesehen, mit Gewichten bis zu 30 t umgeschlagen werden. Bei den anderen westeuropäischen Bahnverwaltungen sah es nicht viel anders aus.

Mit großen Anstrengungen wurde gleichzeitig die Beschaffung des geeigneten Waggonmaterials vorangetrieben. Um die Container vor allem beim Rangieren nicht übermäßig zu belasten, kamen speziell konstruierte Container-Tragwagen (CT) mit Langhubstoßdämpfern zum Einsatz. Mit dieser Technik ließ sich die Auswirkung der Brems- und Beschleunigungsvorgänge auf die Container dämpfen bzw. auffangen. Damit konnten die CT-Wagen in allen normalen Güterzügen mitfahren, trotz der geringen Beschleunigungswerte, die die Überseecontainer vertrugen. Wie schnell auch hier die Entwicklung voran ging und wie hoch die Investitionen waren, zeigt das Beispiel Deutsche Bundesbahn, die 1967 230 Güterwagen dieser Art besaß, 1968 waren es

Typisch für den Hinterlandverkehr in den USA, aber auch für die dortigen Landbrücken, sind die für europäische Verhältnisse unendlich langen Doppelstock-Züge. (Foto: Maesk)

Container

Der Shuttle-Zug boXXpress.de verbindet München, Stuttgart und Nürnberg täglich mit den Eurogate Containerterminals in Bremerhaven und Hamburg.
(Foto: Eurogate)

bereits 600 und Anfang 1976 4905 in zweiachsiger und vierachsiger Ausführung. Außerdem konnten ca. 40 000 Flachwagen verschiedener Bauarten für die Containerverkehre eingesetzt werden.

Parallel zu der Bewältigung des Überseecontainerverkehrs bauten alle Bahnen eigene Containerverkehre auf, um mit diesem Angebot in Konkurrenz zum Straßenverkehr zu treten. Andererseits wollten sie damit aber auch der Schiene Neuverkehre zuführen sowie abwanderungsgefährdete Verkehre halten. Dieser Binnencontainerverkehr erlebte ebenfalls ein enormes Wachstum. Dabei können die im Binnenverkehr eingesetzten Container von anderer Bauweise sein, als die Übersee-ISO-Container, da eine Stapelbelastbarkeit wie bei diesen nicht erforderlich ist. Auch weichen die Binnencontainer in ihren Normen vom Überseecontainer ab, da sie auf die Maße der Euro-Palette abgestimmt sind, was ihnen bis heute bestimmte Wettbewerbsvorteile verschafft.

Entscheidend wichtig war das Bestreben der Bahnen in Westeuropa, für die Containertransporte ins Binnenland Ganz- oder Blockzugverbindungen einzurichten und daraus ein immer dichter werdendes Netz zu schaffen. Dies trug wesentlich zur Rentabilität der durchgehenden Containerverkehre bei. Allerdings konnte der Container im Einzelverkehr mit CT-Wagen auch gar nicht der Regelfall sein, da das Ausrangieren und die Einzelbehandlung im Umschlag viel zu zeitraubend und damit zu teuer war.

Der erste Containerblockzug in Westeuropa verband, Antwerpen und Rotterdam mit Mailand, und ab dem 5.2.1968 verkehrte auch zwischen den beiden deutschen großen Nordseehäfen Hamburg und Bremerhaven und mehreren Binnenterminals der Containerzug »Delphin« der Deutschen Bundesbahn. Er verband die beiden deutschen Containerhäfen mit Frankfurt, Mannheim und Ludwigsburg sowie Nürnberg und München. Die Züge wurden in Hannover zusammengefaßt und bewältigten die Strecken im sogenannten Nachtsprung.

Von Anfang an warben die Bahnen mit ihren Pfunden, die sie unbestreitbar besitzen. Sie warben damit, daß sich der Bahntransport positiv hinsichtlich der Straßenentlastung auswirkt, sie warben mit Verkehrssicherheit und Umweltschutz und stellten den Straßenverkehr als durch hohe Unfallträchtigkeit, zunehmende Umweltfeindlichkeit und als durch Verkehrsstaus gekennzeichnet dagegen. Das war zwar ein sehr offensives Wettbewerbskonzept, bezog sich aber nur auf Transporte über längere Strecken, denn im Kurzstreckenbereich, beim Vor- und Ablauf aus und in die Fläche kooperierten die Bahnen bekanntlich nicht nur mit dem Lkw, sondern boten auch eigene Dienste dieser Art an.

Container im Zu- und Ablaufverkehr

Wie auch immer, richtig war es schon, was da alles angeführt wurde, eigentlich wesentlich waren jedoch vor allem die Möglichkeiten zur massenhaften Transportabwicklung sowie die dabei fast zu garantierende Zuverlässigkeit und Pünktlichkeit. Nicht zu unterschätzen war darüber hinaus das Angebot eines eigenen Containerdepotnetzes, das die Bahnen für die Benutzung Dritter, und das sind in der Regel die Containerschiffsreedereien, nahezu flächendeckend einrichteten. Hinzu kamen weitere entweder direkt oder über Partnergesellschaften angebotene Serviceleistungen für beladene und leere Container, etwa Inspektion und Reinigung, Reparatur oder Kühlcontainerservice.

Eine sich immer als wertvoller erweisende Trumpfkarte der Bahnen ist ihre Umweltfreundlichkeit, die im Hinterlandverkehr nur noch von der Binnenschiffahrt übertroffen wird, die aber in ihrem Streckenangebot auf vergleichsweise wenige Verbindungen beschränkt ist. Die Bestrebungen, die kostbare »Ressource Umwelt« immer sorgsamer zu hüten, werden auch in Zukunft den Bahnen immer Pluspunkte bringen und sich nachhaltig auf die Unternehmenspolitik der Industrien sowie der Transportunternehmen auswirken. Und auch die sensibilisierte Bevölkerung wird mehr und mehr dazu übergehen, auf Produkte zu achten, die nicht nur umweltfreundlich produziert, sondern auch ebenso transportiert worden sind.

Natürlich ist der Wettbewerb der Bahnen darauf ausgerichtet, vor allem dem Lkw Marktanteile abzujagen, was nahezu überall auch der allgemeinen politischen Zielsetzung entspricht. Eine beachtliche Reihe von Beispielen zeugt von Erfolgen in dieser Hinsicht. Eines davon ist der 1993 auf den Weg gebrachte Kaffee-Logistikzug, den das Unternehmen Kraft Jacobs Suchard zwischen den beiden Betriebsstandorten Bremen und Berlin eingerichtet hat. Während vorher rund 4300 Lkw mit etwa 60 Prozent des Gesamttransportaufkommens die Straßen füllten, wurde nach einem neuen Konzept alles umweltfreundlich auf die Schiene gebracht.

Ein anderes Beispiel ist das Angebot des im Herbst 1997 eingerichteten Trans Atlantic Rail Express »Tares«, mit dem drei europäische und zwei amerikanische Bahnen durchgehende Transporte zwischen den beiden Kontinenten anbieten. Die Idee dieser transatlantischen Kooperation sei simpel, erklärten die Veranstalter bei der Einführung: Man nehme die intermodalen Streckennetze sowie die Container- und Terminalanlagen der verschiedenen Partner, kombiniere sie und heraus komme ein multimodales Transportangebot mit Schwerpunkt Schiene. Ausgenommen sei der reine Seetransport, den man nicht organisieren wolle, weil dies die Arbeit des Reeders oder Spediteurs sei. In der Praxis umfasse das Angebot alle Schritte, von der Containergestellung beim Kunden über das Trucking zum nächsten Kombiterminal bis hin zum Seehafen. Auf der jeweils anderen Atlantikseite gehe es entsprechend umgekehrt vom Seehafenterminal bis vor die Haustür des Empfängers – »Von door to port und von port to door«, und das Ganze zu einem Komplettpreis. Erklärtes Ziel von »Tares« ist es, an dem zu erwartenden Wachstum des containerisierten Seehandels teilzuhaben, den Hinterlandverkehr zugunsten der Schiene zu verbessern und auf beiden Seiten des Atlantiks die Boxen »möglichst von der Straße auf die Schiene zu ziehen«.

Ein großes Gewicht hat der Schienenverkehr vor allem in Nordamerika, wo ein riesiges Streckennetz zur Verfügung steht. Allerdings hat das, was auf den ersten Blick so ideal erscheint, auch seine Tücken, denn es gibt nicht »eine Bahn«, sondern viele Bahngesellschaften, von denen etliche auf bestimmten Strecken eine Monopolposition haben, die Wettbewerb nicht zuläßt. Die vielen Eisenbahnverbindungen erhöhen nicht zuletzt auch das Fehlleitungsrisiko. So muß beispielsweise ein von der Ostküste nach Minnesota bestimmter Container von zwei verschiedenen Eisenbahnlinien befördert werden, deren Schienennetze unglücklicherweise nicht miteinander verbunden sind. Die Boxen müssen deshalb in Chicago von einem Eisenbahnterminal zu

Ein Straddle-Carrier setzt einen 40-ft-Container paßgenau auf einen Bahntransportwagen ab. (Foto: Fizit)

Container

einem anderen umgefahren werden, wobei ohne weiteres Fehler passieren können – und das ist nur ein Beispiel. Hier besteht also durchaus Bedarf, daß die Reedereien durchgehend in die Transporte eingeschaltet bleiben und sie überwachen.

Höchst beeindruckend auf den Beobachter wirken die doppelstöckigen Containerzüge, die quer durch den Halbkontinent drüben unterwegs sind. Sie stellen einen bedeutenden Faktor der Transportketten und auch der Landbrückenverkehre dar, auf den von europäischer Seite oftmals mit einem gewissen Neid geblickt wird. Sicherlich mit einiger Berechtigung. Aber hier muß auf die Binsenwahrheit verwiesen werden, daß der doppelstöckige Containertransport nicht nur das Vorhandensein geeigneter Bahnwagen voraussetzt, sondern vor allem ein Streckennetz, das derartige Transporte zuläßt. Im flachen Land, wie in weiten Teilen Nordamerikas, ist das kaum ein Problem, aber in bergigem Gelände oder gar in Gebirgen, sieht es schon anders aus. Bevor dort doppelstöckige Containertransporte aufgenommen werden können, müssen beispielsweise die in früheren Zeiten gebauten Tunnel auf entsprechende Höhen gebracht werden. Weiterhin sind in den Einzugsbereichen vieler Häfen Brücken abzusenken und andere Vorkehrungen zu treffen. Wer soll das bezahlen, wird eine der vielen damit zusammenhängenden Fragen sein. Und an die langwierigen Genehmigungsverfahren vor allem bei Verkehrsvorhaben zu denken, dürfte schon im Vorfeld hierzulande erhebliche Kopfschmerzen verursachen.

In Nordamerika sieht es offenbar etwas anders aus, wie Presseberichten zu entnehmen ist. So hat es sich der im Nordosten der USA gelegene Bundesstaat Massachusetts beispielsweise 158 Mio. Dollar kosten lassen, vier amerikanischen und zwei kanadischen Eisenbahngesellschaften gleichzeitig den Weg für Containertransporte im Doppelstockverfahren freizumachen. Mit diesen Mitteln, die neunzig Prozent der Gesamtkosten deckten, sind auf den Strecken zum Hafen Boston sowie nach Montreal Brücken abgesenkt und Tunnel vergrößert worden, um sie für Doppelstock-Containerzüge passierbar zu machen.

Die Canadian National Railways investierten rund 200 Mio. kan. Dollar für den Bau eines Tunnels, der unter dem St. Clair River hindurch Doppelstock-Zugverbindungen zwischen dem kanadischen Sarnia in der Provinz Ontario und dem amerikanischen Port Huron im Bundesstaat Michigan erlaubt. Canadian National Railways erhofft sich dadurch großen wirtschaftlichen Nutzen, denn so wird die Transitzeit zwischen Chicago und dem kanadischen Hafen Halifax um gute zwölf Stunden verkürzt. Sehr zum Leidwesen einiger US-Ostküstenhäfen übrigens, die den Verlust einiger Containerverkehre befürchten.

Um auf den Seeverkehr zurückzukommen, ist festzuhalten, daß die Schienenanbindung ein ganz bedeutender Faktor für die Seehäfen bzw. für den Wettbewerb der Häfen untereinander ist. Ganz klar ist nämlich, daß die Reedereien dorthin gehen, wo die Ladung ist oder von wo aus sie am besten zu erreichen ist. Das heißt, daß neben der Effizienz der Schiffsabfertigung an den Umschlagterminals sowie den anfallenden Kosten im Hafen, die Hinterlandanbindung und damit die relative Nähe zum Kunden eine zentrale Rolle bei der Hafenwahl der Containerschiffsreedereien spielt. Auch hier zeigt sich in der Praxis, daß die Schiene immer mehr an Bedeutung gewinnt, was sich leicht an der infrastrukturellen Ausrichtung der Terminals ablesen läßt.

Hier sind vor allem die Shuttle-Züge zu nennen, die in ihrer Zahl von vielen Haupthäfen aus stetig zunehmen und zumindest in Europa zu einem heftigst umkämpften Wettbewerbsargument geworden sind. Kurz skizziert handelt es sich dabei um schienengebundene Liniendienste, die, wie diese, nach festen Fahrplänen Container zu bestimmten Zielbahnhöfen weit im Hinterland befördern. Die Züge sind als Ganz- oder Blockzüge eingerichtet, womit das zeitraubende Ausrangieren entfällt. Sie fahren mit hoher Durchschnittsgeschwindigkeit direkt von Terminal zu Terminal ohne unterwegs zu rangieren und werden im Schienenverkehr mit Vorrang behandelt. Dadurch verringern sich die Transitzeiten wesentlich.

Binnenschiffahrt

Die Binnenschiffahrt hat sich vergleichsweise langsam in den Containerverkehr eingeschaltet, obwohl die Wasserstraßen als kostengünstigste und umweltfreundlichste Verkehrswege gelten. Möglicherweise lag das daran, daß das Binnenschiffahrtsgewerbe sehr zersplittert und in der Masse von Einschiffsbetrieben geprägt war, die sich zunächst sehr schwer taten, zu größeren Unternehmenseinheiten zusammenzufinden. Das Binnenschiff hat sich, auch was den Container betraf, stets nur als reiner Flußcarrier verstanden, im Gegensatz zur Schiene, wo von Anfang an im Containerverkehr bei den Vor- und Nachläufen mit dem Lkw zusammengearbeitet worden ist, um komplette Hinterlandverkehre anbieten zu können. Dabei sind, abgesehen von

Container im Zu- und Ablaufverkehr

Der Containerterminal Dortmund hat 1989 mit 140 m Kailänge den Betrieb aufgenommen. Die kombinierte Schwergut-Containerbrücke hat eine Tragfähigkeit von 50 t. (Foto: mago Luftbild/freigegeben unter M 0156/89)

Transporten, die von werkseigenen Binnenterminals ausgehen bzw. dahin bestimmt sind, alle Containertransporte per Binnenschiff immer auch mit Lkw-Anschlußverkehren verbunden, was eigentlich von Anfang an Anlaß zu entsprechendem Umdenken hätte geben müssen.

Als großes Hemmnis erwies sich zu Anfang die Skepsis der Binnenschiffsunternehmen gegenüber dem Container, der für sie Synonym vor allem für einen schnellen Verkehr war, während bei den bis dahin vorwiegend Massengut befördernden Binnenschiffen die Geschwindigkeit immer eine eher untergeordnete Rolle gespielt hat. Als ein »wegegebundenes Verkehrsmittel« waren ihre Transporte auf wenige Verkehrslinien, eben die Wasserstraßen, beschränkt, so daß nach damals vorherrschender Meinung als der günstigste Verkehrsablauf für ein Binnenschiff ein Gütertransport zwischen möglichst wenigen größeren Umschlagzentren angesehen wurde. In der Binnenschiffahrt war man zudem der Ansicht, daß rund 90 Prozent des anfallenden Verkehrsaufkommens gar nicht und weitere 8,5 Prozent höchstens bedingt für den Transport in Containern geeignet seien. Die Chancen, mit dem Container zusätzliche Ladung für die Binnenschiffahrt zu gewinnen, und darum ging es ja, wurden nur langsam erkannt.

Vom technischen Aspekt her betrachtet war das großräumige Binnenschiff dabei durchaus gut für den Transport von Containern geeignet. Nicht zuletzt boten die Schubleichter günstige Voraussetzungen dafür. So wurden dann letztlich für die Beförderung von Boxen auf den Binnenwasserstraßen praktisch alle vorhandenen Trockenfrachtertypen eingesetzt. Beschränkungen ergaben sich aus den begrenzten Durchfahrtshöhen unter Brücken, durch die Schleusenbreiten sowie durch unregelmäßig und teilweise stark schwankende Wasserstände.

Auch weltweit gesehen war es so, daß Container-Hinterlandverkehre mit dem Binnenschiff zunächst nur auf dem Rhein einige Bedeutung erlangten. Das war nicht nur auf die Größe dieses Wasserweges zurückzuführen, sondern auch darauf, daß sich entlang des Rheintals das größte Industriepotential Mitteleuropas erstreckt – eigentlich ideale Voraussetzungen für den Aufbau von Containerdiensten also. Darüber hinaus entwickelten sich derartige Verkehre in nennenswertem Umfang nur noch auf dem Mississippi und seinen Nebenarmen. Auf den anderen Binnenschiffahrtswegen blieben Containertransporte in den ersten Jahren mehr oder weniger auf Ausnahmen beschränkt.

Der aus Kreisen von Politik und Wirtschaft bis heute häufig zu hörende Vorwurf, daß die Binnenschiffahrt ihre Chancen im multimodalen Transport nicht genutzt habe, nur als Carrier zwischen A und B aufgetreten sei und Mangel an

Container

Die Binnenschiffahrt schaltet sich mehr und mehr in den Containerverkehr ein.
(Foto: Michael Kilian)

kreativen Ideen, Initiative und Marketing gezeigt habe, muß einerseits bestätigt werden, wird andererseits aber von der Binnenschiffahrt selbst heftig bestritten, indem auf die ständig steigenden Transportzahlen verwiesen wird. Alle langfristigen Prognosen seien übertroffen worden und seit langem umfasse das Angebot nicht mehr nur den reinen Transport auf dem Wasser, sondern auch Vor- und Nachlauf sowie zahlreiche Dienstleistungen.

Aber wie auch immer: Unstrittig ist, daß es erst nur langsam langsam voran ging, wenn auch bereits 1968, also unmittelbar nachdem die ersten Container in Europa angekommen waren, in Mannheim der erste Containerterminal am Rhein errichtet worden ist. Und schon im Februar 1969 schlossen sich dreizehn größere auf dem Rhein tätige Reedereien zur Rhein-Container-Linie (RCL) zusammen, um Transporte zwischen den Rheinmündungshäfen und wichtigen Umschlagplätzen an dieser großen europäischen Wasserstraße anzubieten (Basel, Straßburg, Mannheim, Köln, Duisburg u.a.). 1970 wurden schon knapp 2000 Container vorwiegend im Zu- und Ablauf von und zu den Überseelinien befördert. Aber der große Durchbruch gelang nicht.

Container im Zu- und Ablaufverkehr

Weitere Beispiele für den sukzessiven Aufbau von Binnenschiffs-Containerdiensten sind
- der 1970 von der Reederei van Geest eingerichtete Rhein-Seeverkehr zwischen Emmerich und England
- die ab 1971 in der gleichen Relation von der Reederei A. Kirsten eröffnete Rheintainer-Linie oder
- die CMT Container Terminal Mainz GmbH mit ihrem Containerdienst zwischen Mainz und Rotterdam.

Jedoch noch 1972 machte eine Untersuchung deutlich, daß im Grunde keiner der Beteiligten, die Binnenschiffahrt selbst, Verlader, Spediteure und Reeder, ein übermäßiges Interesse an der verstärkten Einschaltung dieses Verkehrsträgers in den Containerverkehr erkennen ließ. Dennoch ging es weiter, fast immer mit dem Ziel, mit Zusammenschlüssen und anderen Kooperationsformen möglichst hohe regelmäßige Abfahrtsfrequenzen bieten zu können:
- 1973 baute die Reederei Zürich AG gemeinsam mit der Lehnkering AG einen Dienst zwischen Basel und Rotterdam auf,
- 1974 wurde die Duisburger Container-Umschlags- und Transportgesellschaft (DUCUTRA) von den Firmen Rhenus AG, G. Scharrer und Westfälische Transport AG als Zubringer und Abwicklungsdienstleister für den Containerumschlag gegründet,
- Ende 1974 begann die Erich Kieserling Benelux B.V. mit einem regelmäßigen Containerdienst zwischen Frankfurt und Rotterdam und
- 1975 richteten drei ehemalige RCL-Mitglieder, die Nieuwe Rijnvaart Maat. B.V., Fendel-Stinnes und Koenigsfeld B.V., einen Dienst zwischen den Seehäfen und Binnenterminals ein.

Ab etwa Mitte der siebziger Jahre begann der Umschwung, der dann auch für die Binnenschiffahrt in den Containertransporten rasch steigende Zuwachsraten brachte. Es wuchs die Erkenntnis, daß eine gesunde, funktionierende Binnenschiffahrt sich durch eine hohe Wirtschaftlichkeit auszeichnet und daß sie, bei gleichen Ausgangsbedingungen gegenüber Bahn und Lkw, durchaus nicht nur wettbewerbsfähig ist, sondern in mancher Hinsicht sogar erhebliche Vorteile aufweist. Auf jeden Fall gilt dies, wie bereits vorher angesprochen, hinsichtlich niedriger Transportkosten und Umweltfreundlichkeit.

Containerumschlag im Rhein-Ruhr Hafen Duisburg.
(Foto: Port Agency Duisburg Rhein-Ruhr)

Mit Beginn der achtziger Jahre konnte eine geradezu stürmische Ausweitung des Containerverkehrs auf dem Rhein registriert werden. Eine ständig wachsende Flotte von Spezialschiffen besorgte die Transporte zwischen den Rheinmündungshäfen und den Plätzen am Mittel- und Oberrhein.

Container

Auf dem Rhein, und nur auf dem Rhein, hieß es damals, boten sich dem Binnenschiff reelle Wettbewerbschancen, denn auf der Rheinstrecke konnte es den Mangel fehlender Schnelligkeit gegenüber Bahn- und Lkw-Transport wenn auch nicht wettmachen, aber doch mildern, so daß die Vorzüge des großen Transportvolumens besser zum Tragen kamen.

Der Hinterlandverkehr des Hafens Rotterdam zeigt beispielhaft, wie auch in der Binnenschiffahrt die Entwicklung letztendlich immer rascher in Gang kam: Noch 1978 wickelte der größte europäische Containerhafen seine Hinterlandtransporte erst zu fünf Prozent per Binnenschiff ab. Zwischen 1986 und 1994 aber erreichte dieser Verkehrsträger jährliche Zuwachsraten von 12,5 Prozent, so daß derzeit rund ein Drittel der Rotterdamer Boxen auf diesem Weg an- bzw. abtransportiert wird. 1997 waren es 1,3 Mio. TEU. In Rotterdam geht man davon aus, daß diese Zahl sich in den nächsten Jahren noch verdoppelt.

Natürlich ist der Rhein nach wie vor unbestritten das Herzstück der europäischen Container-Binnenschiffahrt. Dazu trägt das große Behälteraufkommen in den Rheinmündungshäfen Rotterdam und Antwerpen ebenso bei, wie die großen, an der Rheinschiene angesiedelten Industrien und der Umstand, daß es zumindest an den großen Strecken des Rheins keine Kapazitätsbeschränkungen für Binnenschiffe gibt. Inzwischen ist der Containerschiffsverkehr aber längst auch auf den Nebenflüssen des Rheins sowie auf anderen großen Flüssen Europas Selbstverständlichkeit und über das europäische Kanalnetz, besonders über den Rhein-Main-Donau-Kanal, bestehen Verbindungen bis ins Schwarze Meer.

Damit einhergehend wächst die Bedeutung der zahlreichen Binnenhäfen unterschiedlicher Größe. Zunehmend beginnt sich die Erkenntnis durchzusetzen, daß nur die Einbindung der Binnenhäfen in die verkehrsträgerübergreifende Logistikplanung die Flexibilität sichert, die zur umweltverträglichen Bewältigung des Güterverkehrs insgesamt unverzichtbar ist. Angestrebt werden muß die Realisierung logistischer Lösungen unter Ausnutzung der jeweiligen Systemvorteile.

Als überaus nachteilig für die Entwicklung der Containertransporte auf den Binnenwasserwegen erwies sich das Image der Binnenschiffahrt, ein langsamer Verkehrsträger zu sein, während Containerverkehre generell als schnelle Verkehre gelten. Das gilt für Europa gleichermaßen wie für die Vereinigten Staaten von Amerika. Und natürlich ist das Argument der Langsamkeit überhaupt nicht zu bestreiten. Die Frage ist nur, ob dies überhaupt eine Rolle spielt und die genannten Vorteile der günstigen Transportkosten und der Umweltfreundlichkeit überlagert. Die Antwort ist rasch gefunden, denn mit Sicherheit ist dies nicht der Fall: Für die weitaus größte Zahl der Container kommt es nämlich gar nicht darauf an, ob sie in den Hinterlandverkehren sechs Stunden oder sechs Tage unterwegs sind. Abgesehen von den wenigen Containern, die es wirklich eilig haben, ist es schwer zu erklären, warum die Masse der Boxen nach häufig dreißig Tage und mehr Tage dauerndem Überseetransport nun unbedingt in wenigen Stunden beim Empfänger im Hinterland sein muß. Der so häufig ins Spiel gebrachte Faktor »Just in time« heißt ja nicht, wie ebenso häufig mißverstanden wird, so schnell wie möglich, sondern genau zu der geforderten Zeit, und das zu planen sollte für ein effektiv arbeitendes Transportmanagement überhaupt kein Problem sein – auch nicht bei Einbeziehung langsamerer, aber kostengünstiger Binnenschiffe. Das Problem liegt bis heute eher auf der psychologischen Seite, denn viele der Transportplaner haben bis heute die Binnenschiffahrt einfach noch nicht »auf der Rechnung«. Von ihnen muß zu allererst eine Anpassung der Logistik bzw. der Lagerpolitik verlangt werden, was jedoch eine innere Kulturveränderung voraussetzt. Manchmal hängt man eben zu sehr und zu lange an alten Gewohnheiten. Das Umdenken nimmt jedoch zu, auch beschleunigt durch den Generationswechsel.

Natürlich gibt es noch etliches zu tun. So muß das Vorurteil abgebaut werden, daß die Binnenschiffahrt als Partner im intermodalen Verkehr technisch rückständig und anfällig für Naturkatastrophen ist. Als Beispiel dafür werden immer wieder die Hoch- oder Niedrigwasser auf den großen Flüssen – in Europa vor allem auf dem Rhein, in USA auf Mississippi, Missouri und Ohio – angeführt. Derartige Natureinflüsse sind tatsächlich überhaupt nicht zu kalkulieren, man kann sie jedoch, durch Sondervereinbarungen mit anderen Verkehrsträgern, wie es auch schon praktiziert wird, auffangen. Was die Technik betrifft, halten die Binnenschiffahrtsunternehmen dagegen, daß sie inzwischen die gleichen computerisierten zusätzlichen Dienstleistungen bieten, wie ihre Konkurrenz auf Schiene und Straße. So können beispielsweise alle Verlader mit entsprechender EDV-Ausstattung jederzeit erfahren, wo sich ihr Transportgut gerade in welchem Zustand befindet.

Das Denken der Transportakteure zu ändern – nicht zuletzt auch im Hinblick auf das Konzept »From Road to Sea« – ist vor allem wichtig. In der Binnenschiffahrt selbst hat sich nämlich inzwischen einiges bewegt. Das drückt sich nicht nur in dem Angebot vermehrter, in ihrer Dichte und Zuverläs-

Container im Zu- und Ablaufverkehr

sigkeit optimierter Dienste aus, sondern auch in dem Bestreben, die Transportkapazitäten der Schiffe selbst zu steigern. Dabei erwies sich zum Beispiel in Deutschland die Schleusenbreite auf den Binnenwasserstraßen von maximal 12 m als Hindernis. Sie ließ eine größte Schiffsbreite von 11,40 m zu, was bedeutete, daß nur drei Container nebeneinander im Laderaum gestaut werden konnten. Das daraus sich ergebende Ziel war es, Konstruktionen zu schaffen, die es erlaubten, vier Boxen nebeneinander zu plazieren. Konstruktiv war das weniger ein Problem, sondern es mußte vielmehr irgendwelchen Sicherheitsvorschriften Rechnung getragen werden. Aber, was das eine Mitgliedsland der Europäischen Union (EU) plagte, war in einem anderen, in den Niederlanden, längst verwirklicht, und so ging es auch auf diesem Gebiet vorwärts.

Seit der Einführung des Containers hat sich auf den Flüssen viel verändert. Die Zahl der Terminals ist ständig gewachsen, regelmäßige Liniendienste wurden eingerichtet und aus der Binnenschiffahrtsbranche ist die Automatisierung nicht mehr wegzudenken. Die Schiffe wurden stärker und vor allem größer, die Transportkosten pro Container sanken. In dieser Hinsicht sind durchaus Parallelen zur Seeschiffahrt zu erkennen, wenn auch alles später vor sich ging.

Die Durchschnittskapazität der Binnenschiffe im Containerverkehr lag 1996 bereits bei 200 TEU. Auf die Eisenbahn umgerechnet ergibt das zwei Containerzüge und auf der Straße ist das eine Lkw-Schlange von rund zwei Kilometern Länge. Das ist an sich schon beeindruckend. Aber richtig brach die Zeit der Großschiffe auf den Binnenwasserstraßen erst im März 1998 mit der Infahrtsetzung des niederländischen MS JOWI für den Dienst zwischen den Rheinmündungshäfen und Plätzen bis hinauf nach Mannheim an. Dieser Neubau hat bei 134,16 m Länge, 16,84 m Breite und 3,00 m Tiefgang eine Tragfähigkeit von 4600 t. In seinem offenen Laderaum können in Schienenführungen bis zu 398 TEU in sechs Reihen neben- und bis zu fünf Lagen übereinander gestaut werden. Bei dieser enorm hohen Beladung gibt es allerdings Schwierigkeiten mit der Sicht nach vorn bei Brückendurchfahrten. Im freien Wasser kann der Fahrstand jedoch hydraulisch auf 17 m über die Wasserlinie ausgefahren werden.

Schubverband mit Containern auf der Elbe. (Foto: DBR-Deutsche Binnenreederei)

Die derzeit größten Containerbinnenschiffe JOWI und AMISTADE. (Foto: Hafen Rotterdam)

Ähnlich große Schiffe wie die JOWI sind bestellt und auch schon in Fahrt.

Eine andere Entwicklungslinie geht dahin, spezielle kleinere Binnenschiffe für den Containertransport zu entwickeln, um auch die Nebenflüsse der großen Ströme stärker in das Containerverkehrssystem einbeziehen zu können. In jüngster Zeit sind einige interessante Typen dieser Kategorie in Fahrt ge-

Container

kommen, und es sind auch schon Erfolge bei der genannten Zielsetzung erzielt worden.

Dieser Blick auf die Größenentwicklung der Binnenschiffe läßt überleiten zu einem ebenfalls mit den Binnenwasserstraßen verbundenen speziellen Verkehrszweig, den Fluß-/Seeschiffen, die sowohl auf den großen Flüssen als auch über kürzere Seestrecken zum Einsatz kommen. Da auch hier der Rhein die größten Möglichkeiten bietet, wird bei diesen Schiffen oft von der Rhein-/See-

Links: Spezialstapler für das Be- und Entladen von Binnenschiffen mit einer tragfähigkeit bis zu 45 t im Einsatz.
(Foto: SMV).

Unten: Binnenschiffe im Feederverkehr von und nach Bremerhaven.
(Foto: Hero Lang/BLG)

Container im Zu- und Ablaufverkehr

schiffahrt gesprochen. Für konventionelle Güter bestanden derartige Verbindungen bereits seit Jahrzehnten, ein direkter Containerdienst mit Fluß-/Seeschiffen wurde erstmals 1968 geboten. Auch hier ging die Entwicklung sprunghaft vonstatten. So konnten bzw. können fast alle nach 1975 gebauten Rhein/ Seeschiffe aufgrund ihrer langen gradwandigen Laderäume als Containerschiffe eingesetzt werden. Alle Schiffe fahren ohne Ladegeschirr und haben extrem große Luken – zum Beispiel von 42 m Länge bei 499-BRZ- und 51 m Länge bei 999-BRZ-Schiffen.

Der Größenentwicklung sind bei den Binnenschiffen wie auch bei den Fluß-/Seeschiffen Grenzen gesetzt. Hinzu kommt, daß die größer gewordenen Schiffe nur noch auf bestimmten Strecken der Binnenwasserstraßen eingesetzt werden können. Nicht wenige Beteiligte sehen daher die weitere Entwick-

Binnencontainerschiff JOWI in Antwerpen in Beladung. (Foto: Guido Coolens/Hafen Antwerpen).
Unten: Schubverband bringt Container nach Hamburg. (Foto: DBR/Deutsche Binnenreederei)

Container

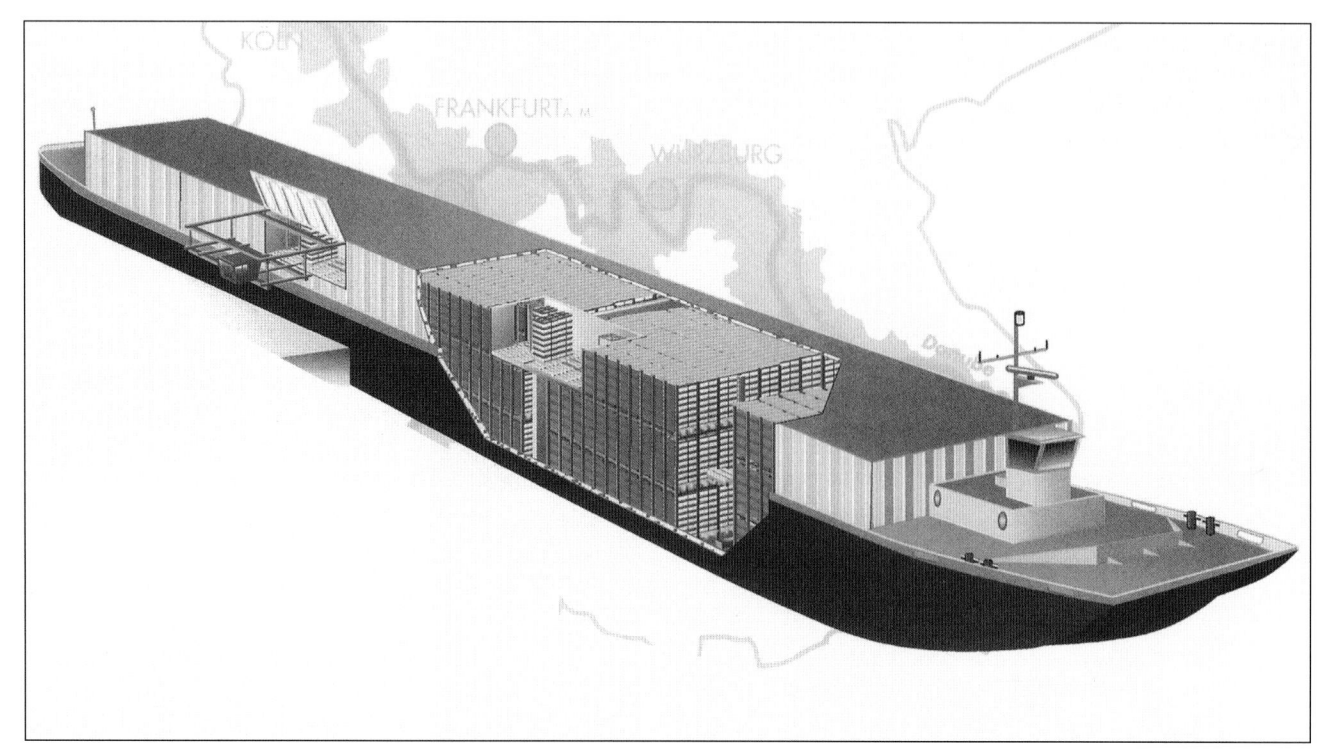

So könnte das Binnencontainerschiff der Zukunft aussehen.
(Foto: BMBF)

lung mehr in der Zielsetzung, die relative Langsamkeit der Fahrzeuge zu überwinden und auf diesem Feld nach neuen Lösungen zu suchen. Man dürfe sich nicht scheuen, heißt es, aus nautischer, technischer, ökonomischer und ökologischer Sicht zu erforschen, wie der Einsatz schnellerer Schiffe ermöglicht werden kann. Mit dem Einsatz innovativer Konzepte, wie etwa Katamaranschiffen mit Luftkissenunterstützung, müßte es doch zu erreichen sein, die Fahrgeschwindigkeit der Schiffe ohne negative Auswirkungen auf die Infrastruktur zu steigern.

Führende Köpfe in der Binnenschiffahrt weisen darauf hin, daß ihr Gewerbe noch längst nicht alle Potentiale ausgeschöpft, sich aber dennoch für viele unerwartet zu einem leistungsstarken Partner in den Logistikketten entwickelt hat. Das Angebot der Binnenschiffsoperators umfaßt längst nicht mehr nur den reinen Transport, sondern ebenfalls den Umschlag, die Depothaltung, Vor- und Nachlauf, Containerreparatur, wo gefordert die Be- und Entladung der Boxen und häufig eine DV-gemäße Informationsvernetzung.

Durch Bildung von Fahrgemeinschaften der Betreiber sind die Frequenz der Dienste ständig erhöht, die Servicequalität verbessert und die Produktivität gesteigert worden. Ihre unterschiedliche Flottenstruktur versetzt die Binnenschiffahrt in die Lage, sich den verschiedenen Partiegrößen im gebündelten Containeraufkommen flexibel anzupassen. Übereinstimmend heißt es, daß der Containerverkehr der Binnenschiffahrt für die Zukunft deutliche Wachstumschancen bietet, sowohl was den Überseecontainer betrifft, als auch eine stärkere Integration des Binnencontainerverkehrs, dessen Entwicklung für die Binnenschiffahrt erst in den Anfängen steckt. Allerdings muß noch eine ganze Reihe von Herausforderungen bewältigt werden. Dazu gehört, das Leistungsprofil der Wasserwege besser als bisher zu vermarkten, und zwar nicht nur im nationalen Bereich, sondern auch bei potentiellen Kunden in Übersee. Nur wer die Möglichkeiten der Wasserwege kennt, kann sich mit ihnen beschäftigen und sie entsprechend nutzen.

Container im Zu- und Ablaufverkehr

Feederschiffe/ Short Sea Trade

Die Einbeziehung kleinerer Häfen in die Überseecontainerverkehre erfolgt durch sogenannte Feederdienste mit Feederschiffen. Anders ausgedrückt sind die Feederdienste den Überseelinien zugeordnete Zubringer- und Verteilerverkehre im Küstenbereich, wobei der Küstenbereich inzwischen weit gefaßt ist und es mittlerweile zunehmend Relationen gibt, in denen Container auch über längere Seestrecken gefeedert werden.

Anfangs kamen in diesen Diensten die vorhandenen, als Küstenmotorschiffe bekannten kleineren Seeschiffe zum Einsatz, die dann aber nach und nach speziell für die Aufnahme von Containern konstruiert und je nach Fahrtgebiet größer wurden. Mit ihnen werden die Container von den für die Überseeschiffahrt weniger bedeutenden Hafenplätzen zu den zentralen größeren Häfen gebracht –

Aus der Anfangszeit der Feederverkehre: 499-BRT-Küstenmotorschiff BERND BECKER in Malmö.
(Foto: Hafenverw. Malmö)

Das Feederschiff DETLEF SCHMIDT Anfang der achtziger Jahre einkommend in Hamburg.
(Foto: Hafen Hamburg)

*Nahezu vollbeladen verläßt das Feederschiff BAUMWALL der Team-Lines – einem Zusammenschluß mehrere Reedereien für die Bedienung von Feederverkehren in Nord- und Ostsee – den Hamburger Hafen.
(Foto: Team-Lines)*

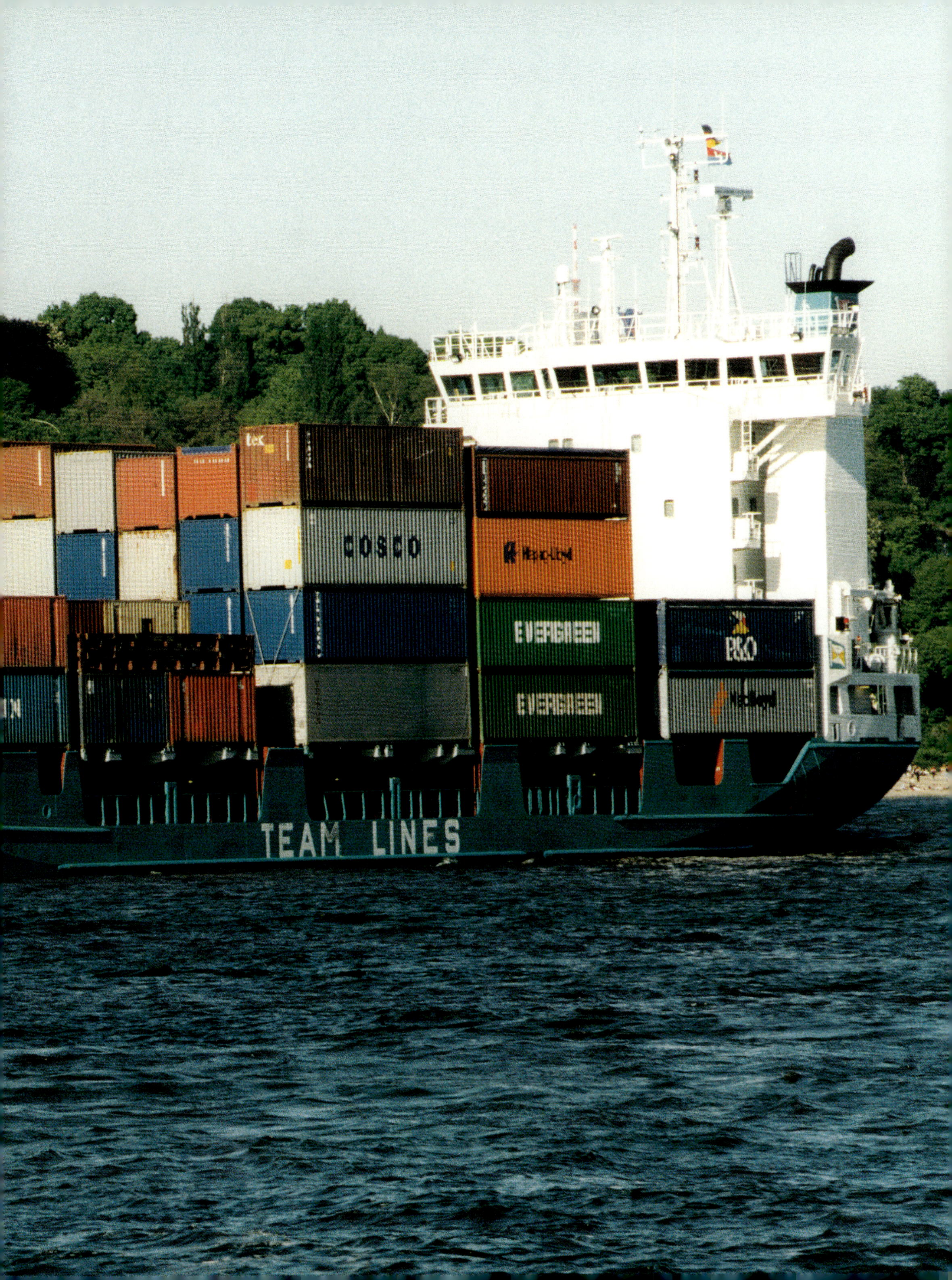
tex
COSCO
EVERGREEN
P&O
EVERGREEN
TEAM LINES

gefeedert – oder umgekehrt von diesen auf die kleineren Plätze verteilt. Zugrundegelegt war dabei die Zielsetzung, daß die großen und teuren Spezialschiffe für den Überseeverkehr möglichst nur wenige Häfen anlaufen sollen, um hohe Umlaufgeschwindigkeiten zu erzielen. Diese Konzeption brachte der Feederschiffahrt starke Wachstumsschübe, die bis heute anhalten. Für die kleineren Häfen bedeuten die Feederdienste, daß sie, und damit die von ihnen bedienten Regionen, den Anschluß an die leistungsfähigen Seeverkehre behalten, was sich wiederum positiv auch auf den Erhalt und die Fortentwicklung der gewachsenen lokalen Wirtschaftsstrukturen auswirkt.

Bei den auf den Überseelinien tätigen Reedereien gibt es bezüglich der Zubringer- und Verteiler-Verkehre ganz unter-

Container im Zu- und Ablaufverkehr

Hafen Boston: Container werden per Barge gefeedert. (Foto: Witthöft)

*Tyne Dock als Beispiel für viele der kleineren Häfen, die über Feederdienste mit den Hauptlinien des Containerverkehrs verbunden sind.
(Foto: Kinghorn-Davies/Port of Tyne Authority)*

schiedliche Philosophien: Die einen lehnen den Betrieb eigener Feederdienste kategorisch ab, konzentrieren sich also auf die Kernlinien des Geschäftes und meinen, mit dem Einkauf von Transportleistungen bei speziellen Feederschiff-Reedereien kostenkünstiger zu operieren. Andere Reedereien betreiben einen mehr oder weniger großen Teil der wesentlichen Routen zu den Nebenhäfen mit eigener bzw. gecharterter Tonnage, während eine dritte Gruppe das Ziel verfolgt, auch das Feedern möglichst vollständig in eigener Regie zu behalten, natürlich ebenfalls mit dem Einsatz von Containerschiffen. Diese Strukturen sind keineswegs festgefahren, sondern werden in der Regel flexibel gehandhabt. Die eingenständigen Feederschiffs-Reedereien, wie etwa die in den letzten Jahren stark gewachsene Hamburger Team-Lines, habe alle Linienschiffahrtscharakter mit festen Fahrplänen nach bestimmten Hafenplätzen. Dabei dienen sie keineswegs nur als Zubringer oder Verteiler für die Großschiffahrt allein, sondern sie sind durchaus auch als Carrier in die direkten Containerverkehre von einem Platz, von einem Land zum anderen eingeschaltet.

In den ersten Jahren der Entwicklung des Containerverkehrs, also Ende der sechziger Jahre und in den folgenden siebziger Jahren, bestand die größte Gruppe der Feederschiffe aus Fahrzeugen mit Tragfähigkeiten bis zu 1500 t und Stellplatzkapazitäten bis zu gut über 100 TEU. Ihr Einsatzgebiet war, auf den europäischen Bereich bezogen, vornehmlich das Nord-Ostsee-Gebiet mit dem Englischen Kanal und Brest als westlicher Grenze. In die Spanien- und Portugal-Dienste waren bis zu 3000 tdw große Schiffe eingestellt mit Kapazitäten bis zu 150 oder sogar 200 TEU.

Container

Inzwischen hat es auch bei den Feederschiffen eine enorme Größenentwicklung gegeben. Dabei gibt es zwar nach wie vor die kleinen Einheiten, die auch die entlegensten Plätze bedienen können oder in Fluß-/Seeverkehren fahren, jedoch hat die obere Größenklasse mächtig zugelegt. Einer der Gründe dafür ist, daß die auf den Hauptrouten in rascher Folge neu in Fahrt kommenden Schiffe immer größer werden, die dort bisher verkehrenden, ebenfalls noch neuen Schiffe ersetzen und sie auf Nebenrouten oder eben in die Feederdienste drängen. Durch das Bestreben, mit den großen Schiffen möglichst immer weniger Häfen anzulaufen – als Idealfall, wenn auch bis jetzt nie verwirklicht, gilt nach wie vor das Ein-Hafen-Konzept für jede Seite – um die Umlaufgeschwindigkeiten der teuren Großschiffe zu steigern, ergibt sich andererseits fast zwangsläufig der Bedarf an größerer Feedertonnage.

Heutzutage sind große Einheiten mit 2500 Containerstellplätzen und selbst darüber hinaus in den Feederverkehren keine Seltenheit mehr. Der Bedarf an dieser Tonnage ergibt sich daraus, daß über immer längere Strecken gefeedert wird, beispielsweise bereits von und nach Australien mit Singapur als Zentrum, worauf weiter unten noch einmal zurückgekommen wird. Oder aber auch dadurch, daß die Ostseehäfen nur noch mit Feederschiffen von den großen Nordseehäfen aus bedient werden. Ähnlich sieht es im Mittelmeer aus, wo praktisch nur noch die Häfen, die zwischen Suez und Gibraltar auf dem Weg liegen, also die Transhipment-Zentren Malta, Gioia Tauro und Algeciras, direkt bedient und als Hub genutzt werden. Alle anderen Häfen in der Ägäis und im Schwarzen Meer werden in der Regel nur noch von Feederschiffen bedient.

Mit der Indienststellung des MS BELL PIONEER der irischen Bell Lines im August 1990 ist in der Feederschiffahrt der Versuch unternommen worden, ein neues Konzept einzuführen, das des lukendeckellosen Containerschiffes, das wenig später auch in der Großschiffahrt realisiert worden ist. Die zunächst zwischen Rotterdam und Teesport eingesetzte, 106 m lange, 3900 tdw tragende und 15 Knoten schnelle Bell Pioneer hat Platz für 301 TEU. Durch den Wegfall der Lukendeckel sollte und wird letztlich der Umschlag beschleunigt. Auf breiter Front durchgesetzt hat sich dieses Konzept bislang allerdings nicht (s. Kapitel Lukendeckellose »Open-Top«-Containerschiffe).

*Oben:
Der Baltic Container Terminal im polnischen Gdynia.
(Foto: Port of Gdynia).*

*Nebenstehend:
Manche Ladung kommt auch auf eigenem Kiel zur Verladung längsseits.
(Foto: Richman & Associates)*

220

*Für die immer größer und schneller werdenden Feederschiffe der Zukunft, für die, die über längere Seestrecken eingesetzt werden, hat die Hamburger Werft Blohm + Voss einen Fast Monohull Containerschiffstyp konzipiert, der bei 157 m Länge und 1050-TEU-Stellplatzkapazität eine Geschwindigkeit von 24 Knoten bei vergleichsweise geringem Brennstoffverbrauch erreicht.
(Foto: Blohm + Voss)*

Wie in der Großschiffahrt, wo seit einiger Zeit zu beobachten ist, daß die dort neu in Fahrt kommenden Einheiten wieder schneller werden, gibt es auch für die Feederverkehre Bestrebungen, vor allem für die auf den längeren Seestrecken eingesetzten Schiffe, höhere Geschwindigkeit zu bieten. Als Beispiel dafür können die 1998/99 für die schweizerische Reederei Norasia in Fahrt gekommenen »Container-Fregatten« gelten. Je fünf dieser außergewöhnlich schlanken und durch ihre besondere Rumpfform auffallenden Schiffe entstanden in Kiel und in Shanghai. Entwickelt wurde dieser international beachtete Typ in enger Zusammenarbeit zwischen der Reederei und der Howaldtswerke-Deutsche Werft AG in Kiel speziell für die Anforderungen schneller Feederdienste über längere Seestrecken.

Diese 25 Knoten schnellen, ebenfalls lukendeckellosen Norasia-Neubauten von 216 m Länge und 26,66 m Breite haben eine maximale Stellplatzkapazität von 1388 TEU. Bei einer homogenen Beladung der Container mit 14 Tonnen beträgt die Stellplatzkapazität 823 TEU. Mit einem Fahrbereich von rund 10 000 Seemeilen sind sie auch für den Einsatz auf interkontinentalen Routen geeignet.

Ein zukunftsträchtiges größeres Feederschiff für längere Seestrecken bietet ebenfalls die Hamburger Werft Blohm + Voss an. Das Unternehmen, das sowohl Erfahrungen im Bau von Container- als auch schnellen Schiffen besitzt, hat ein »Fast Monohull«-Konzept entwickelt, das sich durch eine besondere Linienführung auszeichnet. Dabei handelt es sich um den Typ eines 1050-TEU-Schiffes (720 TEU à 14 Tonnen) für Dienstgeschwindigkeiten von 24 bis 27 Knoten mit einer Spitze von über 30 Knoten. Das neuartige Rumpfkonzept erlaubt nicht nur die Beibehaltung der bewährten Stahlbauweise, sondern laut Werft auch eine Leistungsersparnis von zwanzig Prozent gegenüber konventionellen Rumpfformen. Als Antrieb können weiterhin schweröltaugliche und damit sehr sparsame Dieselmotoren eingesetzt werden.

Das Blohm + Voss-Projekt entstand vor dem Hintergrund, daß die zunehmende Konzentration der internationalen Containerschiffahrt auf wenige Haupthäfen/Main Ports zu steigenden Anforderungen an die Feederschiffahrt führt – besonders die Geschwindigkeit betreffend. Die Groß- bzw. Überseeschiffahrt wird zuvor direkt angelaufene Häfen zunehmend im Transshipment bedienen wollen oder müssen, um Zeit zu sparen. Auf vielen Routen könnten, so ist die Zielsetzung des Projektes, jedoch schnelle Feederschiffe die durch Umladung entstehenden Zeitverluste wieder ausgleichen und damit einem Direktverkehr vergleichbare Transitzeiten bieten. Darüber hinaus können aber mit diesen neuen Typen, wie mit den vorher erwähnten Norasia-Schiffen, auch eigene Liniendienste eingerichtet werden, wobei die deutlich verkürzten Laufzeiten in vielerlei Hinsicht ein großes Akquisitionspotential bieten. Allerdings, und darauf soll bei dieser Gelegenheit noch einmal hingewiesen wer-

Container

den, sind die Grenzen zwischen »eigenen Liniendiensten« und Feederdiensten, die ja ebenfalls Linienschiffahrtcharakter haben, durchaus fließend.

Nach Angaben von Blohm + Voss (Dr.-Ing. U. Malchow in der »Deutschen Verkehrs-Zeitung« vom 10.12.1996) ist die Wirtschaftlichkeit von 24-Knoten-1000-TEU-Schiffen auf »Fast Monohull-Basis« anhand eines konkreten Beispiels überprüft worden: Danach gehen immer mehr internationale Reedereien aus Rationalisierungsgründen dazu über, ihre Container von Europa oder Nordamerika nach Australien von Singapur aus feedern zu lassen, was gegenüber den direkten Linien natürlich mit einem beträchtlichen Laufzeitnachteil verbunden ist. Für einen wöchentlichen Feederdienst rund um Australien werden zum Beispiel vier 18-Knoten-Schiffe/1000-TEU benötigt. Deren Rundreisedauer beträgt vier Wochen. Um diese Zeit auf drei Wochen zu verkürzen und damit unter Beibehaltung der wöchentlichen Abfahrtsfrequenz ein Schiff einsparen zu können, ist eine Geschwindigkeit von 23 bis 24 Knoten erforderlich, was für diese Größenklasse bisher als nicht realisierbar angesehen wurde.

Das »Fast-Monohull-Konzept« von Blohm+ Voss gestattet, die gültige Größen/Geschwindigkeits-Relation zudurchbrechen. Obwohl in einer konkreten Wirtschaftlichkeitsberechnung davon ausgegangen wurde, daß ein 1000-TEU-Schiff mit 24 Knoten Dienstgeschwindigkeit im täglichen Bunkerverbrauch und der Charterrate deutlich über einem vergleichbaren langsamen Schiff liegt, hat sich herausgestellt, daß die verkürzte Rundreise aufgrund des limitierten Anstiegs der Tageskosten zu vergleichbaren Kosten »produziert« werden kann. Die Kosten pro Slot für den Operator lassen sich damit auf einem »konventionellen Niveau« halten, so daß praktisch ohne Mehraufwand eine wesentlich verbesserte Transportqualität geboten werden kann. Soviel zu dem Blohm + Voss-Konzept.

Grundsätzlich wird die Feederschiffahrt in Europa von der Europäischen Union (EU) unterstützt, zumindest verbal im Rahmen der Zielvorstellungen für das Konzept »From Road to Sea«, mit dem vor allem Verkehre weg von der Straße auf die Wasserwege umgeleitet werden sollen. Gebracht hat dieser lobenswerte, weil sinnvolle Ansatz allerdings bisher wenig, da einfach noch zu viele Voraussetzungen fehlen. Zwar ist auch über die Defizite viel und einsichtig diskutiert worden, aber das war es dann auch mehr oder weniger. Immerhin ist aber Bewegung entstanden, und das eine oder andere gute Beispiel, daß es funktionieren könnte, gibt es ja auch schon. Es ist für die Schiffahrt eben nicht so einfach, mit den – noch – funktionierenden Lkw-Transporten zu konkurrieren. Die immer mehr verstopften Straßen könnten allerdings in Zukunft nach und nach ein Umdenken bewirken. Es ist auf jeden Fall zu hoffen.

Zusammenfassend ist festzuhalten, daß der Markt der Feederdienste in der weltweiten Containerschiffahrt einer der größten ist und dazu vor allem ein rastloses, sich ständig in Bewegung befindliches Element dieses großen Schiffahrtszweiges. Die Feederdienste sind mit einem Beförderungsvolumen von jährlich 15 Mio. TEU nicht nur ein unverzichtbarer Partner der Überseeschiffahrt, sondern sie spielen darüber hinaus eine unverzichtbare Rolle im internationalen Gütertransport, wie zum Beispiel im europäischen Küstenverkehr. Zwar befinden sich die sogenannten Short-Sea-Verkehre einerseits in einer Dauerperiode des Wachstums, der Wettbewerb unter den verschiedenen Anbietern ist jedoch andererseits auch hier gnadenlos und nicht selten ruinös. Ein hartes Geschäft.

Die Schiff-Flugzeug-Kombination

Als eine spezielle Variante der Zu- und Ablaufverkehre hat sich seit gut zwei Jahrzehnten der Transport von Containern im Zusammenspiel von Schiff und Flugzeug entwickelt. Von vielen wird diese Verbindung zwar als nicht unbedingt natürlich angesehen, aber sie wird als interessante Alternative genutzt. Große Volumina an Ladung werden nicht bewegt, so daß ein irgendwie nennenswerter Einfluß auf einen der anderen Verkehrsträger nicht besteht, aber weitere Entwicklungschancen werden von den Beteiligten durchaus erwartet.

Über die Anfänge der Sea/Air-Kombination gibt es unterschiedliche Angaben. Sie sind hier jedoch nicht von Bedeutung, da es sich seinerzeit wohl immer nur um gelegentliche Kombinationen dieser Art gehandelt hat. Einigermaßen gesichert ist, daß Ende der siebziger, Anfang der achtziger Jahre einige europäische Importeure von Elektroartikeln und Textilien aus Fernost entdeckten, daß die Sea/Air-Kombination eine durchaus überdenkenswerte Alternative zum schnellen, aber teuren Lufttransport und der billigeren, aber für manche Güter doch zu langsamen Beförderung über See sein könnte. Viele Angaben über das Ladungsaufkommen auf dem Sea/Air-Weg bzw. seine Entwicklung gibt es zwar nicht, aber jedenfalls auf der Route von Fernost über den Mittleren Osten nach Europa mit Dubai als Zentrum nahm das Volumen

Container im Zu- und Ablaufverkehr

von über 50 000 Tonnen im Jahre 1986 auf über 130 000 Tonnen in 1988 sprunghaft zu. Der Golfkrieg brachte dann jedoch einen Bruch, der bis heute nicht überwunden ist.

Entwickelt haben sich die Sea/Air-Verkehre zu einer Domäne einiger weniger hochspezialisierter Operators. Diese befassen sich in der Regel mit nichts anderem als mit dieser Form der internationalen Transporte und stützen sich dabei auf Absprachen mit Reedereien, Häfen, Flughäfen und Carriers. Nur über derartige engen Kontakte ist es möglich, eine solche komplizierte Transportvariante professionell abzuwickeln, da es ja bis heute keine direkte Kooperation zwischen den beiden Hauptverkehrsträgern See und Luft gibt. Die Abstimmung ist allein Aufgabe des Operators. Auch zukünftig wird eine Anpassung bzw. Abstimmung von Schiffs- und Flugplänen wohl Utopie bleiben. Dafür sind die zu bewegenden Mengen einfach zu gering.

Herausgebildet haben sich bei den Sea/Air-Transporten drei Hauptrichtungen. Es sind:
– der Verkehr von Fernost/Indien über die US-Westküste/Kanada (Seattle, Los Angeles und Vancouver sind die Haupthäfen) nach Europa,
– der Verkehr von Fernost/Indien über Plätze des Mittleren Ostens (vor allem über Dubai) nach Europa sowie Mittel- und Südamerika und
– als neuester Weg der, der den Fernen Osten über Rußland mit Europa verbindet.

Für alle diese und auch für die übrigen Routen gilt generell, daß sie, wenn sie genutzt werden sollen, auf der einen Seite kostenmäßig deutlich günstiger sein müssen als die durchgängige Luftfracht und auf der anderen Seite erheblich schneller als der Seetransport. Als Faustregel ist in diesem Zusammenhang einmal genannt worden, daß sich fünfzig Prozent der Kosten gegenüber dem reinen Lufttransport einsparen lassen müssen und 75 Prozent der Zeit gegenüber dem reinen Schiffsverkehr. Nur so mache es Sinn.

Das Verhältnis der Luftverkehrsgesellschaften zu den Sea/Air-Transporten wird als sehr unterschiedlich bezeichnet. Vielen sind sie nach wie vor so suspekt, daß sie sich nicht einmal damit befassen, bei anderen laufen sie nebenbei mit und wieder andere, wie etwa die Deutsche Lufthansa oder die niederländische Martinair, widmen diesem Geschäft große Aufmerksamkeit. Vor allem natürlich die Gesellschaften, die zur letztgenannten Gruppe zählen, haben sich inzwischen so mit den Besonderheiten dieser Transportart vertraut gemacht, daß sie flexibel auf Schwankungen (beispielsweise Verspätungen) reagieren können. Daß Seecontainer, deren Inhalt per Flugzeug weiterbefördert werden soll, an Bord der Schiffe so gestaut werden, daß sie im Transithafen als erste gelöscht werden können, gilt inzwischen als Selbstverständlichkeit.

Frachtverladung in eine Boeing 747-200F der Lufthansa Cargo. (Foto: Lufthansa)

Die Abwicklung im kombinierten See-Luftverkehr läßt sich am Beispiel des mittelöstlichen Emirates Sharjah folgendermaßen beschreiben: Die Container gelangen per Seeschiff von Indien kommend zum Seehafen Khor Fakkam. Von dort werden sie sofort per Lkw zum Flughafen Sharjah transportiert, wo sie entladen und die Packstücke dann für den Weitertransport auf Luftfrachtpaletten gestaut werden. Die leeren Seecontainer werden anschließend zum Hafen zurücktransportiert und dem nächsten Schiff wieder mitgegeben.

Es wäre mit Blick auf die Nutzer und anderen Beteiligten an dieser interessanten Transportvariante von großem Vorteil, wenn sich Reedereien und Luftverkehrsgesellschaften möglicherweise einmal auf die Einführung eines speziellen leichten 20-ft-Alu-Containers einigen könnten, der sowohl an Bord der Seeschiffe als auch der großen Frachtflugzeuge problemlos gestaut werden könnte. Gegenwärtig klingt das nach Zukunftsmusik. Aber muß es deswegen Illusion bleiben? Wenn man sich nämlich die Entwicklung des Containerverkehrs insgesamt in Erinnerung ruft und die Widerstände bzw. die Skepsis, die gerade in europäischen Reederkreisen herrschte, dann dürften auch auf diesem Feld sicher noch Überraschungen zu erwarten sein.

Quellenverzeichnis

Achilles, Fritz W., Seeschiffe im Binnenland, Hamburg 1985

Bertram, Volker (Herausgeber), Schiffstechnische, logistische und wirtschaftliche Aspekte von Containerschiffen mit mehr als 6000 TEU Kapazität, Hamburg 1995

Germanischer Lloyd, Jubiläumsschrift zum 125-jährigen Jubiläum

Hochhaus, Dr. Karl-Heinz, Deutsche Kühlschiffahrt (1902–1905), Bremen 1996

Hochhaus, Dr. Karl-Heinz, Kühlschiffahrt 1997/98, Schiff & Hafen 10/98

ISL Institut für Seeverkehrswirtschaft und Logistik, Bremen, Shipping Statistics Yearbook, div. Jahrgänge

Japan Maritime Research Institute, World Containerisation 1983, Tokio 1983

Kistner, Gerald, Geprüfte Sicherheit, Bremerhaven 1992

Lieb, Thomas C., Wettbewerbliche Perspektiven von Weltcontainerhäfen unter veränderten see- und landseitigen Rahmenbedingungen, Frankfurt a. M. 1990

Ordemann, Frank, Beurteilung alternativer Hafenanlaufstrategien im Containerseeverkehr am Beispiel der Hamburg-Antwerpen-Range, Bremen 1966

Payer, Dr. Hans G., Developments of reefer transportation, Hansa 9/98

Port of Rotterdam, Container Yearbook 1996

Renner, Dipl.-Ing. V./ Förster, Dipl.-Ing. W. im Auftrag des Bundesministers für Verkehr, Auswirkungen der Transportbehälterentwicklung auf die Binnenschiffahrt, 1998

Sager, Karl-Heinz, Die zweite Containerrevolution in der Linienschiffahrt, Schriftenreihe der DVWG Bd. 88, 1985

Technische Universität Hamburg-Harburg, Transport unter kontrollierter Atmosphäre, Hamburg 1993

Technische Universität Hamburg-Harburg, Transport von Früchten unter CA, Hamburg 1994

Witthöft, Hans Jürgen, Container – Transportrevolution unseres Jahrhunderts, Herford 1978

Zachcial, M., Strukturwandel in der Weltcontainerflotte, Hamburg 1995

Jahresberichte und anderes Informationsmaterial folgender Verbände, Unternehmen und Organisationen: Verband Deutscher Reeder, Hamburg, Verband für Schiffbau und Meerestechnik, Hamburg, Transfracht, Frankfurt, Hafen Duisburg, Hafen Hamburg, Hamburger Hafen- und Lagerhaus-Aktiengesellschaft, Bremer Lagerhaus-Gesellschaft, Hafen Antwerpen, Hafen Rotterdam, Hafen Singapore, Institute of International Container Lessors, New York, Eurokai, Hamburg, Xtra, Bremen, Germanischer Lloyd, Hamburg, Hapag-Lloyd AG, Hamburg, Hamburg-Süd, Hamburg, Troplast, Troisdorf, Seehorn Ingenieurges.mbH, Hamburg, P&O Nedlloyd, London, Schiffbautechnische Gesellschaft, Hamburg, Blohm + Voss, Hamburg, Howaldtswerke-Deutsche Werft, Kiel, Translift Gesellschaft für Hebe- und Förderanlagen, Grenzach-Wyhlen, Preussag Noell, Würzburg, Mannesmann Demag Fördertechnik Gottwald, Düsseldorf, MAN Fördertechnik GmbH, Leipzig, Ceres Amsterdam Marine Terminals, Amsterdam, Pressestellen der Hansestädte Bremen und Hamburg.

Zeitungen und Zeitschriften: Täglicher Hafenbericht, Hamburg, Schiff & Hafen, Hamburg, Hansa, Hamburg, Deutsche Verkehrs-Zeitung, Hamburg, Containerisation International, London, GL-Magazin, Hamburg, Hinterland, Rotterdam, Antwerp Port News, Antwerpen.

(Foto: Hamburg-Süd)